茶 叶

名优绿茶

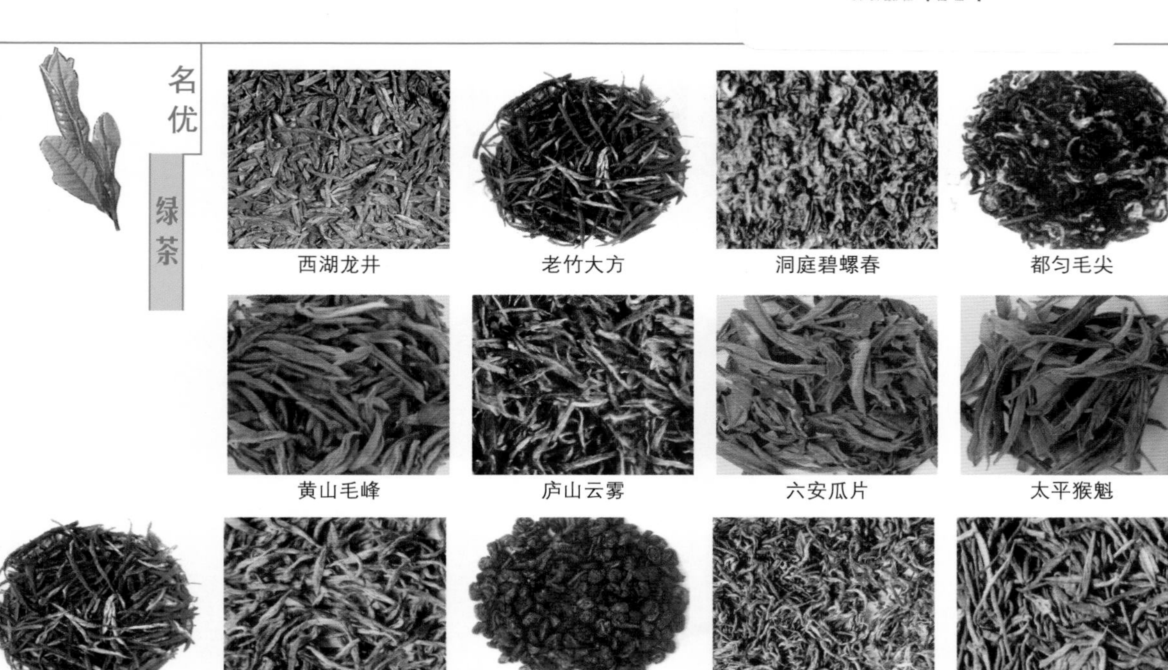

西湖龙井　老竹大方　洞庭碧螺春　都匀毛尖

黄山毛峰　庐山云雾　六安瓜片　太平猴魁

南京雨花茶　信阳毛尖　平水珠茶　金奖惠明茶　恩施玉露

名优红茶

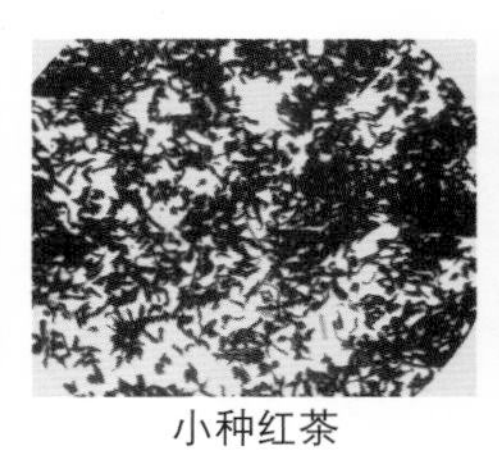

小种红茶

祁门红茶

滇红红茶

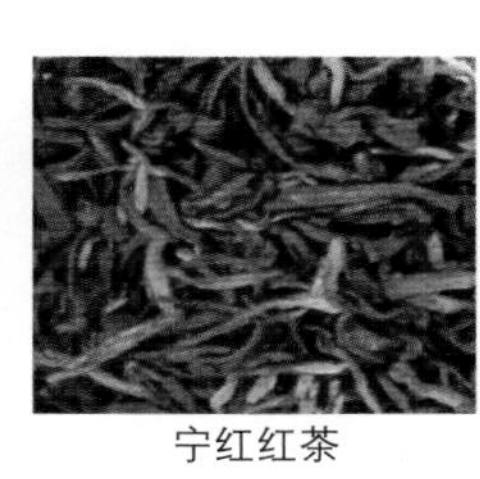

宁红红茶

名优乌龙茶

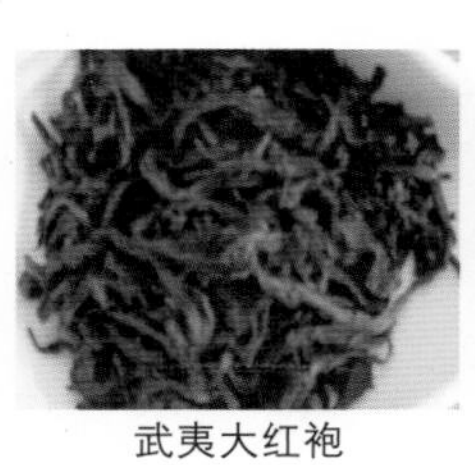

武夷大红袍

安溪铁观音

凤凰水仙

白毫乌龙茶

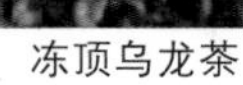

冻顶乌龙茶

名优白茶

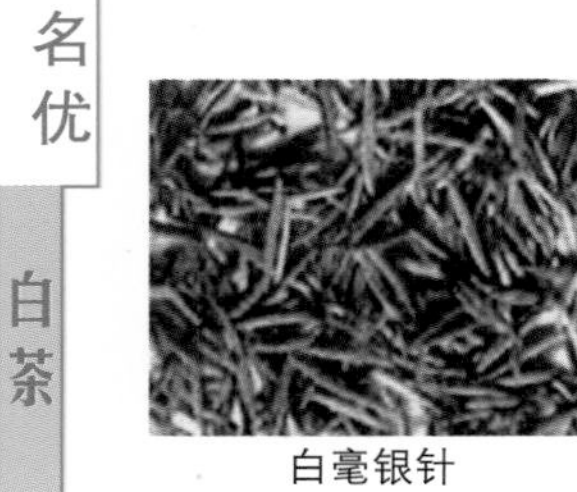

白毫银针

白牡丹

名优黄茶

君山银针

蒙顶黄芽

霍山黄芽

名优黑茶

普洱茶

仓梧六堡茶

沱茶

茶具

供春壶

提梁壶(时大彬)

莲瓣僧帽壶(时大彬)

松段壶(陈鸣远)

玉蜀黍水卫盂、燕茹、花生(陈鸣远)

玉川饮茶圆壶
(陈鸿寿、杨彭年)

半月瓦当壶
(陈鸿寿、杨彭年)

曼生壶

梅花壶(顾景舟)

竹段松梅壶(朱可心)

莲花茶具(蒋蓉)

提梁花边茶具(徐汉棠)

竹简壶(李昌鸿)

龙穿凤舞壶(沈蘧华)

生活型茶艺

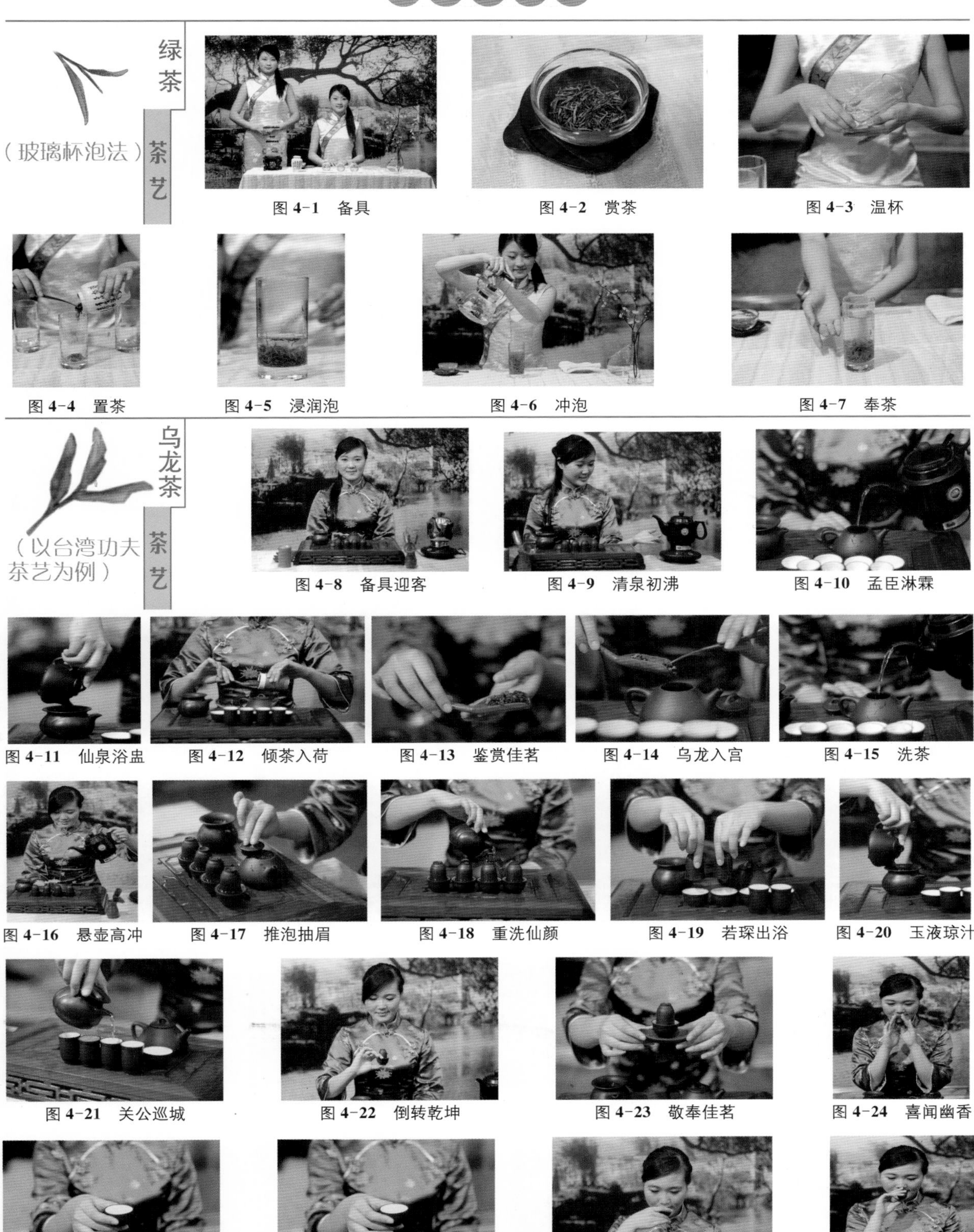

图 4-1 备具
图 4-2 赏茶
图 4-3 温杯
图 4-4 置茶
图 4-5 浸润泡
图 4-6 冲泡
图 4-7 奉茶
图 4-8 备具迎客
图 4-9 清泉初沸
图 4-10 孟臣淋霖
图 4-11 仙泉浴盅
图 4-12 倾茶入荷
图 4-13 鉴赏佳茗
图 4-14 乌龙入宫
图 4-15 洗茶
图 4-16 悬壶高冲
图 4-17 推泡抽眉
图 4-18 重洗仙颜
图 4-19 若琛出浴
图 4-20 玉液琼汁
图 4-21 关公巡城
图 4-22 倒转乾坤
图 4-23 敬奉佳茗
图 4-24 喜闻幽香
图 4-25 三龙护鼎
图 4-26 鉴赏汤色
图 4-27 细品佳茗
图 4-28 重赏余韵

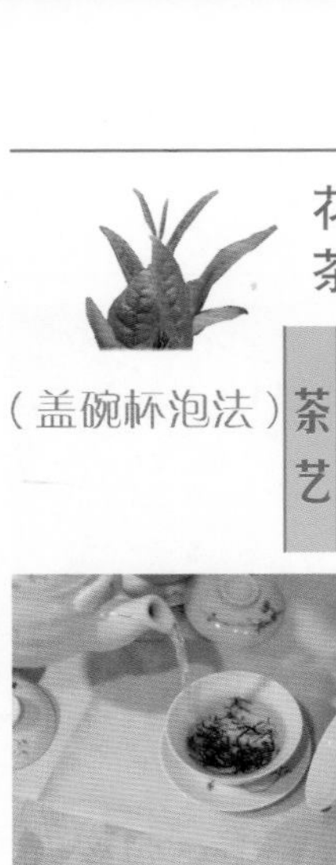

花茶茶艺（盖碗杯泡法）

图 4-29　备具

图 4-30　温碗

图 4-31　投茶

图 4-32　冲泡

图 4-33　奉茶

图 4-34　品饮

普洱茶茶艺（紫砂壶泡法）

图 4-41　备器

图 4-42　温壶

(a)　图 4-43　置茶　(b)

图 4-44　洗茶

图 4-45　冲泡

图 4-46　出汤

图 4-47　分茶

图 4-48　奉茶

图 4-49　品尝

红茶茶艺（壶泡清饮法）

图 4-50　备具

图 4-51　温具

图 4-52　赏茶

图 4-53　置茶

图 4-54　冲泡

图 4-55　分茶

图 4-56　品茶

舞台表演型茶艺

长流铜壶茶艺表演

长流铜壶茶艺表演融传统茶道、武术、舞蹈、禅学和易理为一炉，充满玄机妙理。每一式均模仿龙的动作，式式龙兴云动，招招景驰浪奔，令人目不暇接，心动神驰。

将进茶茶艺表演

将进茶茶艺表演是以广东潮汕功夫茶的冲泡方法作为基础结合中国诗词书画艺术以及现代多媒体技术手段编创的民俗性舞台茶艺表演。意在借古人豪迈诗情，抒发今日茶人满怀壮志的情感。

擂茶茶艺表演

擂茶茶艺表演表现的是客家人的传统饮茶习俗，是以生米、生姜和茶叶作为主要原料，研磨配置后加水烹煮而成，所以又名“三生汤”。

禅茶意蕴茶艺表演

禅茶意蕴茶艺表演是通过手印、上香、泡茶、敬茶等动作来向客人演示唐代寺庙中用来招待客人的佛门礼俗，旨在通过习禅饮茶明心见性。

荷香茶语茶艺表演

荷花一尘不染，可谓天性空灵；茶性至清至洁，令人神清气爽。“荷香茶语”茶艺表演正是在这淡淡的荷香中，品味荷花，嗅闻茶香，于喧嚣中而求宁静，在淡远中而出境界。

唐宫茶艺表演

唐宫廷茶艺表演是根据陆羽《茶经・五之煮》记载的煮茶程序来编排表演的，以体现“清明茶宴”的盛况。

清宫茶艺表演

清代皇宫上下饮茶蔚然成风，尤以乾隆皇帝为最。清宫茶艺表演反映的就是后宫嫔妃们用盖碗冲泡茉莉花茶的情景。

21 世纪高职高专旅游与酒店管理类专业“十二五”规划系列教材
荣获“2010 年度精品课程”和“第二届旅游管理类优秀教学成果奖”

茶艺服务与管理实务

（第 2 版）

主　编　杨　湧

副主编　金　疆　崔娟敏
　　　　彭晓杰　刘罡伟

参　编　张　巍　曾添媛

东南大学出版社

内容提要

本教材突破传统教材编写模式，紧密结合岗位工作任务和职业能力培养，以模块教学、项目导向、任务驱动、学做一体的教学模式对教材内容进行重新编排，突出茶艺服务与管理的实际运用，将理论与实践操作有机地融合在一起。同时，在内容安排上兼顾与国家职业技能鉴定等级考核有效衔接，使学生在学习本教材时，也能与自己的职业规划紧密联系，更突出其适用性。

本书分为上、中、下三编。上编：茶艺基础，主要通过对茶叶选配、用水选择、茶具组合、品茗环境营造、泡茶方法以及品饮要求等的学习，使学习者掌握作为一名初级茶艺师应该具备的茶艺知识；中编：生活型茶艺，主要通过对绿茶茶艺、花茶茶艺、红茶茶艺、乌龙茶茶艺和普洱茶茶艺的学习，使学习者掌握作为一名中级茶艺师应该掌握的茶艺知识和服务技能；下编：舞台表演型茶艺，主要通过对茶艺表演的编创编排要求、茶席设计的基本要素、茶艺解说词的运用以及茶艺礼仪等的学习，使学习者掌握作为一名高级茶艺师应该掌握的茶艺服务技能。在每个工作任务后设置模拟实训，在每个项目后设置项目测试，在每编后设置国家职业技能鉴定等级考核茶艺师（初级、中级、高级）的模拟考核试卷，并附有详细答案。

本书既可以作为高职高专旅游管理、酒店管理及相近专业学生的教材，也可作为茶艺企业及酒店从事茶艺服务与管理人员的培训教材或自学用书以及茶艺爱好者的学习参考书。

图书在版编目(CIP)数据

茶艺服务与管理实务 / 杨湧主编. —2 版. —南京：东南大学出版社，2012. 12(2022. 3 重印)
ISBN 978 - 7 - 5641 - 3565 - 2

Ⅰ. ①茶… Ⅱ. ①杨… Ⅲ. ①茶—文化—中国—高等(职业教育—教材) Ⅳ. ①TS971

中国版本图书馆 CIP 数据核字(2012)第 111628 号

茶艺服务与管理实务

出版发行	东南大学出版社
社　　址	南京市四牌楼 2 号　　邮　　编：210096
出 版 人	江建中
网　　址	http://www.seupress.com
电子邮箱	press@seupress.com
经　　销	全国各地新华书店
印　　刷	常州市武进第三印刷有限公司
开　　本	787 mm×1092 mm　1/16
印　　张	20.25
字　　数	493 千字
版　　次	2012 年 12 月第 2 版
印　　次	2022 年 3 月第 7 次印刷
书　　号	ISBN 978 - 7 - 5641 - 3565 - 2
定　　价	38.00 元

本社图书若有印装质量问题，请直接与营销部联系。电话(传真)：025 - 83791830

出版说明

当前职业教育还处于探索过程中，教材建设“任重而道远”。为了编写出切实符合旅游管理专业发展和市场需要的高质量的教材，我们搭建了一个全国旅游管理类专业建设、课程改革和教材出版的平台，加强旅游管理类各高职院校的广泛合作与交流。在编写过程中，我们始终贯彻高职教育的改革要求，把握旅游管理类专业课程建设的特点，体现现代职业教育新理念，结合各校的精品课程建设，每本书都力求精雕细琢，全方位打造精品教材，力争把该套教材建设成为国家级规划教材。质量和特色是一本教材的生命。

与同类书相比，本套教材力求体现以下特色和优势：

1. 先进性：(1) 形式上，尽可能以“立体化教材”模式出版，突破传统的编写方式，针对各学科和课程特点，综合运用“案例导入”、“模块化”和“MBA 任务驱动法”的编写模式，设置各具特色的栏目；(2) 内容上，重组、整合原来教材内容，以突出学生的技术应用能力训练与职业素质培养，形成新的教材结构体系。

2. 实用性：突出职业需求和技能为先的特点，加强学生的技术应用能力训练与职业素质培养，切实保证在实际教学过程中的可操作性。

3. 兼容性：既兼顾劳动部门和行业管理部门颁发的职业资格证书或职业技能资格证书的考试要求又高于其要求，努力使教材的内容与其有效衔接。

4. 科学性：所引用标准是最新国家标准或行业标准，所引用的资料、数据准确、可靠，并力求最新；体现学科发展最新成果和旅游业最新发展状况；注重拓展学生思维和视野。

本套丛书聚集了全国最权威的专家队伍和江苏、四川、山西、浙江、上海、海南、河北、新疆、云南、湖南等省市的近60所高职院校的最优秀的一线教师。借此机会，我们对参加编写的各位教师、各位审阅专家以及关心本套丛书的广大读者致以衷心的感谢，希望在以后的工作和学习中为本套丛书提出宝贵的意见和建议。

高职旅游与酒店管理类专业“十二五”规划系列教材编委会

高职旅游与酒店管理类专业
“十二五”规划系列教材编委会名单

高职旅游与酒店管理类专业
“十二五”规划系列教材编委会会员单位名单

扬州大学旅游烹饪学院
上海旅游高等专科学校
江苏经贸职业技术学院
太原旅游职业学院
浙江旅游职业学院
海南职业技术学院
桂林旅游高等专科学校
青岛酒店管理职业技术学院
无锡商业职业技术学院
扬州职业大学
承德旅游职业学院
南京工业职业技术学院
江苏农林职业技术学院
安徽工商职业技术学院
苏州科技学院
浙江育英职业技术学院
上海工会职业技术学院
上海思博学院
南京视觉艺术学院
湖南工学院
湖南财经工业职业技术学院
常州轻工职业技术学院
南京化工职业技术学院
成都市财贸职业高级中学
河北旅游职业学院
南京旅游职业学院
四川旅游学院(筹)
镇江市高等专科学校
海南经贸职业技术学院
昆明大学
黑龙江旅游职业技术学院
南京铁道职业技术学院
苏州经贸职业技术学院
三亚航空旅游职业学院
无锡市旅游商贸专修学院
金肯职业技术学院
江阴职业技术学院
湖南工业科技职工大学
江苏食品职业技术学院
浙江工商职业技术学院
新疆职工大学
陕西职业技术学院
海口经济职业技术学院
海口旅游职业学校
长沙环境保护职业技术学院
四川商务职业学院
广东韩山师范学院
吴忠职业技术学院
四川省商业服务学校
安徽城市管理职业学院

再版前言

本教材自第一版出版以来，得到有关专家、大专院校、从业人员以及广大读者的充分肯定和好评。为了进一步强化学生职业道德和职业精神培养，加强实践育人，强化教学过程的实践性、开放性和职业性，突出能力的培养，突出人才规格的专业技能性和岗位指向性，亦为了反映茶艺发展的新动向，编者对原教材进行了大幅度的修订。本教材在保留原教材精华与特色的基础上，突破传统教材模式，紧密结合岗位工作任务和职业能力培养，以项目导向、任务驱动、学做一体的教学模式对教材内容进行重新编排，突出茶艺服务与管理的实际运用，将理论与实践操作有机融合在一起。该教材编写主要突出以下特点：

第一，引入先进的职业教育思想和教学理念，对课程的教学内容和教学方法进行改革，实现技能、知识一体化，教、学、做一体化，将专业能力、方法能力、社会能力以及专业知识集成于具体的“工作任务”中，以完成实际工作任务所必需的知识、能力与素质来组织教材内容，形成了茶艺基础、生活型茶艺和舞台表演型茶艺三个从单一到多元的教学模块，15 个教学项目，35 个工作任务。学生通过相应模块、项目、任务的学习，可以具备与工作任务相对应的专业能力、方法能力和社会能力，并掌握适度、够用的理论知识。既满足课程教学需要，又为学生可持续发展奠定良好的基础。

第二，编写体例、编写形式遵循学生的认知规律。各篇前均设有导读，各项目中设有学习目标，每个工作任务均按照案例导入、理论知识、实践操作、模拟实训来设置教学过程，方便教学内容的开展及教学效果的检查和评估。

第三，注重教学内容的实用性和可操作性，内容安排上图文并茂，强调以应用为教学重点，基础理论以够用为度，注重与茶艺企业工作实际相结合，兼顾与国家职业技能鉴定等级考核有效衔接，难度适中，使学习者在学习本书时，也能与自己的职业规划紧密联系，更突出其适用性，并具有很强的可操作性。

本教材既可以作为高职高专旅游管理、酒店管理及相近专业学生的教材，也可以作为茶艺企业及酒店从事茶艺服务与管理的人员培训教材或自学用书以及茶艺爱好者的学习参考书。

本教材由杨湧担任主编，金疆、崔娟敏、彭晓杰、刘罡伟担任副主编，张巍、曾添媛参编，张秀英负责本书的审核。鉴于编者的学识和能力有限，书中不妥或疏漏之处，还望国内外同行和广大读者不吝赐教。

本教材在编写过程中，以“引进”和“编纂”为主，集思广益，借鉴了不少文献资料，听取了许多专家、学者的宝贵意见，编者在此表示衷心的感谢。

编者

2012 年 11 月

目　录

上编　茶艺基础

中编　生活型茶艺

下编　舞台表演型茶艺

上 编

茶艺基础

导读

中国是茶的故乡，也是最早利用茶和饮用茶的国家。老百姓们说，“开门七件事，柴米油盐酱醋茶”，茶是我国群众物质生活的必需品；文人们说，“文人七件宝，琴棋书画诗酒茶”，茶通六艺，茶是我国传统文化艺术的载体。人们视茶为生活的享受、健身的良药、提神的饮料、友谊的纽带、文明的象征，饮茶之乐，其乐无穷。正是在这饮茶过程中，逐渐形成了具有中国传统文化特点的茶艺。茶艺，简而言之就是泡茶技术与品茶艺术。中国茶艺历史源远流长，历来讲究雅人、名茶、鉴水、精器、环境以及冲泡各要素的完美组合，形成了丰富多彩且雅俗共赏的茶艺形式。

本编主要从茶艺服务人员的职业素质养成入手，向学习者系统地介绍了茶艺服务、茶叶、用水选择、茶具组合搭配、品茗环境营造和泡茶方法及品茗等茶艺基本知识，使学习者掌握作为一名茶艺师应该具备的茶文化知识，适用于所有从事茶饮服务的初中级茶艺服务人员。

精行俭德修心性
——茶　人

学习目标

- 掌握茶艺人员必备的个人形象要求
- 熟练茶艺服务过程中常用的仪态姿势
- 熟悉茶艺服务中的礼貌礼节
- 掌握茶艺服务的基本流程与要求

茶人(茶艺师)是指为客人提供茶艺服务的人员的总称,这里既包括了茶艺前台接待人员,也包括了茶艺表演人员。茶人作为茶文化的传播者、茶叶流通的“加速器”,不仅要具有良好的文化素质、丰富的茶叶知识、专业的泡茶技巧,还要具有良好的服务态度、得体的仪容仪表、优雅的言谈举止。正所谓“工欲善其事,必先利其器”,高素质的茶人才能为顾客提供高品位的茶艺服务。

茶艺礼仪认知

案例导入

理论知识学习忽视不得

某高校旅游管理专业的张小姐是一位漂亮女孩。由于形象很好,因此被校茶艺表演队选中,参加茶艺表演训练。小张本人也对茶艺专业非常感兴趣,参加训练十分刻苦。但是美中不足的是,小张对茶文化理论知识不太感兴趣,学期结束时,理论成绩差点没有通过考核。在进行教学实习时,小张选择了茶艺馆作为实习单位,但是在茶艺馆工作期间,其他同学很快都由助手升任主泡服务员,只有她由于理论知识有限,不能很好地服务于客人,被实习单位退回了学校。

点评:茶艺服务是一项操作性很强的工作,但这并不意味着茶艺服务人员就可以忽略茶文化的理论学习。因为茶艺服务也是一项知识性密集的工作,茶文化博大精深,涉及的知识内容既多又杂,在学习上有一定的难度。但如果没有深厚的茶文化知识内涵,是很难将具体的泡茶程序艺术化地展现出来的。而且对于大部分客人而言,品茶的过程也是一个学习的过程,很多客人通过品茶可以了解中国传统的茶文化知识,从而更增加了品茶的兴趣。因此茶艺服务人员作为茶文化的直接传播者,其自身的文化素质与业务素质都是十分重要的。

理论知识

一、茶艺知识

茶文化是中国传统文化的重要组成部分,也是人类最宝贵的精神财富之一。茶艺服务人员因其工作的特殊性，在日常工作中被赋予了弘扬茶文化的重要使命。因此茶艺服务人员要想做好本职工作，不仅要熟练掌握茶艺服务的基本技能与技巧，更要掌握从事茶艺工作所必需的相关知识。具体来说，茶艺服务人员应具备的文化知识主要有：

（1）掌握世界各产茶国各地区的茶叶发展概况和宗教信仰及民风民俗知识。

（2）掌握我国各类茶叶的种植、生产工艺，质量标准，茶叶的保健等知识。

（3）掌握有关泡茶用水的选择、水的温度和水的用量等常识。

（4）熟悉我国主要茶具的种类、产地以及选配知识。

（5）熟悉地方风味茶饮和少数民族茶饮的基本知识。

（6）掌握一些有关茶的音乐、绘画、诗词、书法和典故等知识。

（7）掌握一定顾客消费心理学知识。

（8）掌握茶艺专用外语知识。

（9）掌握茶艺馆的选址、装潢设计和经营管理知识。

（10）掌握一定的茶艺管理知识。

二、茶艺礼仪

茶艺礼仪是茶艺师高素质的外在体现，茶艺师通过得体的仪表、整洁的仪容和优雅的仪态使品茶者得到精神上的享受。

（一）仪表

仪表是指人的外表，着重在着装方面。茶艺服务人员得体的着装不仅可以体现其文化修养，反映其审美品味，而且还能赢得客人的好感，给客人留下良好的印象，提高茶艺服务的质量。在我国的茶楼中，服装式样一般以中式为宜，袖口不宜太宽，否则会沾到茶具或茶水。服装的颜色不宜太鲜艳，要与茶馆环境、茶具相配套。此外服装最好备有两套，以便换洗。

（二）仪容

仪容是指茶艺服务人员的容颜、容貌，着重在修饰方面，总的要求是适度、美观。具体包括：

1. 整齐的发型

发型原则上要适合自己的脸型和气质，要按泡茶时的要求进行梳理。总的要求是干净整齐，长发要将其束起或盘起，短发要梳理整齐，进行操作时头发不要散落到前面遮挡视线，尤其注意不要让头发掉落到茶具或桌面上，引起客人对于卫生条件的不满。

2. 干净的面容

面部平时要注意护理、保养。女服务员可以淡妆上岗，但切忌浓妆艳抹，尤其注意不得使用香水或香气过浓的化妆品，否则茶叶自然的香气会被破坏。男服务员不得留胡须，面部应修饰干净，以整洁的姿态面对客人。

3. 真诚的微笑

茶艺员的脸上永远只能有一种表情，那就是微笑。有魅力的微笑，发自内心的得体的微笑，这对体现茶艺员的身价十分重要。茶艺员每天可以对着镜子练微笑，真诚的微笑要发自内心，只有把客人当成了心中的“上帝”，微笑才会光彩照人。

4. 优美的手型

作为茶艺服务人员，拥有一双白净、细嫩的手是十分必要的。因为在泡茶过程中，双手处于主角地位，客人的目光会自始至终的停留在服务员的双手上，因此服务员平时要注意对手部的保养和修护。首先要做到手的洁净，不要残留肥皂水或化妆品的味道，以免污染茶叶或茶具，也不得留长指甲或染带色的指甲油；其次手上不要佩戴过多饰物，因为佩戴过于“出色”的首饰，会有喧宾夺主的感觉，体积过大的饰物也容易敲击到茶具，发出不和谐的声音，甚至会打破茶具，影响正常的茶叶冲泡服务。

茶艺服务中对手部的要求较多，为什么？

这是因为茶艺服务中服务人员的服务技巧、个人风采的展现以及许多操作动作都是徒手进行的。在泡茶过程中客人的视线也会较多地停留在茶艺服务人员的手上，因此为了使茶艺服务更具观赏性，特别要求服务人员的手型要优美，手指要灵活。

（三）仪态

即优雅的举止。优雅的举止，洒脱的风度，常常被人们称赞，也最能给人留下深刻的印象。举止是一种不说话的语言，但能反映一个人的素质、受教育的程度。茶事活动主要是通过泡茶者的一举手一投足，一颦一笑来完成。茶艺中的每一个动作都要圆活、柔和、连贯，而动作之间又要有起伏、虚实、节奏，才能给人一种赏心悦目的感觉。

1. 站姿

站姿是茶艺服务人员的基本功，挺拔的站姿会给人以优美高雅、端庄大方、精力充沛、信心十足和积极向上的印象。

站姿的基本要求是：站立时直立站好，从正面看，两脚脚跟相靠，身体重心线应在两脚中间。双脚并拢直立、挺胸、收腹、双肩平正自然放松，女性双手交叉，置于小腹部。双目平视前方，嘴微闭，面带微笑。男性则双脚微呈外八字分开。

2. 坐姿

由于茶艺服务人员在工作中经常要坐着为客人进行茶叶冲泡服务，所以，端正的坐姿也显得格外重要。

正确的坐姿是：泡茶时双腿并拢，挺胸、收腹、头正肩平，肩部不能因为操作动作的改变而左右倾斜。双手不操作时，平放在操作台上，面部表情轻松愉悦，自始至终面带微笑。坐姿根据泡茶时具体要求又可分为正式坐姿、侧点坐姿、跪式坐姿和盘腿坐姿四种。

(1) 正式坐姿：入座时，走到座位前转身，右脚后退半步，左脚跟上，轻稳的坐下。但要注意不要将椅子坐满，一般只坐椅子的 1/2 或 1/3。坐下后，上身正直，双肩放松；头正目平，下颌微收，双眼可平视或略垂视，面部表情自然；两膝间的距离，男服务员以松开一拳为宜，女服务员则双腿并拢，与身体垂直放置，或左脚在前，右脚在后交叉成直线；女性右手在上双手虎口交握，置放胸前或面前桌沿；男性双手分开与肩同宽，半握拳轻搭于前方桌沿。全身放松，调匀呼吸、集中思想。

(2) 侧点坐姿：如果由于茶椅、茶桌的造型不允许正式坐姿，可采用侧点坐姿的方法。

具体方法为:双腿并拢偏向一侧斜坐,脚踝可以交叉,双手如前交握轻搭腿部。

(3) 跪式坐姿:即日本人称的"正坐",常在日本茶道中使用。双膝跪于座垫上,双脚背相搭。臀部坐在双脚上,腰挺直,上身如站立姿势,头顶有上拔之感,坐姿安稳,双手搭前。

(4) 盘腿坐姿:一般适合于穿长衫的男性或表演宗教茶道。坐时用双手将衣服撩起(佛教中称提半把),徐徐坐下。衣服后层下端铺平,右脚置于左脚下,用双手将前面衣服下摆稍稍提起,不可露膝,再将左脚置于右腿下,最后将右脚置于左腿下。

3. 走姿

走姿是以站姿为基础,上身正直,目光平视,面带微笑;肩部放松,手臂自然前后摆动,手指自然弯曲;行走时身体重心稍向前倾,腹部和臀部要向上提,由大腿带动小腿向前迈进,行走线迹为直线。

行走时,身体的重心可稍向前,落在前脚的大脚趾上,以利于挺胸收腹,身体要保持平衡,切忌上身扭动摇摆。向右转弯时应右足先行,反之亦然。到达客人面前应为侧身状态,需转成正身面对;离开时应先退后两步再侧身转弯,切忌当着对方的面掉头就走,这样显得非常不礼貌。此外茶艺服务人员在行走时应注意保持一定的步速,不宜过急,否则会使客人感觉不安静、急躁。步幅不宜过大,否则会使客人感觉不舒服。茶艺服务人员在工作中经常是处于行走的状态中,其行云流水般的走姿,可以充分展现茶艺服务人员的温柔端庄、大方得体,轻盈的步态也可以给客人以丰富的动态美感。所以,茶艺服务人员应通过正规训练,熟练掌握正确优美的走姿,并运用到工作中。

4. 蹲姿

茶馆服务中,茶艺服务人员经常处于动态状况,因此身体各躯干的动作都要讲究端庄优雅,灵活得体。在取拿低处物品或为客人奉茶时,应注意不要弯身翘臀,这是极不雅观和极不礼貌的动作。正确的姿势应为:将双脚略为分开,屈膝蹲下,不要低头,更不要弯背,应慢慢低下腰部进行拿取。为客人进行奉茶时可采取交叉式蹲姿或高低式蹲姿的方法以示优雅。

(1) 交叉式蹲姿:下蹲时右脚在前,左脚在后,右小腿垂直于地面,全脚着地。左腿在后与右腿交叉重叠,左膝由后面伸向右侧,左脚跟抬起脚掌着地。两腿前后靠紧,合力支撑身体。臀部向下,上身稍向前倾。

(2) 高低式蹲姿:下蹲时左脚在前,右脚稍后(不重叠),两腿靠紧下蹲。左脚全脚着地,小腿基本垂直于地面,右脚脚跟提起,脚掌着地。右膝低于左膝,右膝内侧靠于左小腿内侧,形成左膝高右膝低的姿态,臀部向下,基本上以右腿支撑身体。一般男服务员可选用此种姿态。

三、茶艺礼节

礼节是人们在日常生活中,特别是在交际场合中,相互问候、致意、祝愿、慰问以及给予必要的协助与照料的惯用形式,是礼貌在语言、行为和仪态等方面的具体体现。俗话说"十里不同风,百里不同俗",各国、各地区、各民族都有自己的礼节形式,作为肩负传播中国茶文化重要任务的茶艺服务人员,要接待来自世界各地的客人,因此必须熟知他们的礼节形式,这样才能在工作中真正做到热情真诚,以礼相待。礼节的具体表现形式有:

1. 鞠躬礼

鞠躬礼分为站式、坐式和跪式三种，站式鞠躬与坐式鞠躬比较常见，其动作要领为：两手平贴大腿徐徐下滑，上半身平直弯腰，弯腰时吐气，直身时吸气；弯腰到位后略作停顿，再慢慢直起上身。根据行礼的对象，鞠躬礼又分成“真礼”、“行礼”和“草礼”。“真礼”要求上半身与地面呈90度角，用于主客之间；“行礼”用于客人之间，“草礼”用于说话前后，“行礼”与“草礼”弯腰程度较低。

跪式鞠躬礼一般常用于参加茶会，其动作要领为：以“真礼”跪坐姿势为预备，背颈部保持平直，上半身向前倾斜，同时双手从膝上渐渐滑下，全手掌着地，两手指尖斜相对，身体倾至胸部与膝盖间只留一拳空档，切忌低头不弯腰或弯腰不低头；稍作停顿慢慢直起上身，弯腰时吐气，直身时吸气。“行礼”两手仅前半掌着地，“草礼”仅手指第二指节以上着地即可。

2. 伸掌礼

这是习茶过程中使用频率最高的礼仪动作，表示“请”与“谢谢”，主客双方均可采用。两人面对面时，均伸右掌行礼对答；两人并坐（列）时，右侧一方伸右掌行礼，左侧方伸左掌行礼。伸掌姿势为：将手斜伸在所敬奉的物品旁边，四指自然并拢，虎口稍分开，手掌略向内凹，手心中要有含着一个小气团的感觉。手腕要含蓄用力，不至于动作轻浮。行伸掌礼的同时应欠身点头微笑，讲究一气呵成。

3. 寓意礼

在长期的茶事活动中，形成了一些寓意美好祝福的礼仪动作，在冲泡时不必使用语言，宾主双方就可进行沟通。最常见的有如下礼仪：

（1）凤凰三点头。即用手提水壶高冲低斟反复三次，寓意为向来宾鞠躬三次以示欢迎。高冲低斟是指右手提壶靠近茶杯口注水，再提腕使水壶提升，接着再压腕将开水壶靠近茶杯口继续注水，如此反复三次，恰好注入所需水量即提腕断流收水。在进行回转注水、斟茶、温杯、烫壶等动作时如单手回旋，则右手必须按逆时针方向、左手必须按顺时针方向动作，类似于招呼手势，寓意“来，来，来”，表示欢迎；双手同时回旋时，按主手方向动作。

（2）斟茶量。放置茶壶时壶嘴不能正对他人，否则表示请人赶快离开；斟茶时只斟七分即可，暗寓“七分茶三分情”之意，也便于客人握杯品饮。

四、茶艺用语

俗话说：“好话一句三春暖，恶语一句三伏寒。”茶馆是现代文明社会中高雅的社交场所，它要求茶艺服务人员在日常服务中要谈吐文雅、语调轻柔、语气亲切、态度诚恳、讲究语言艺术。茶艺服务人员的语言艺术特征主要表现为：

1. 用语礼貌

待客适宜用敬语（尊重语、谦让语和郑重语），杜绝使用蔑视语、烦躁语、不文明的口头语、自以为是或是刁难他人的斗气语。礼貌用语的具体要求为“请字当先，谢字随后，您好不离口”；以及服务五声：迎客声、致谢声、致歉声、应答声、送客声。

2. 语气委婉

当客人遇到尴尬境地而无法摆脱时，茶艺服务人员对客人可采用暗示提醒、委婉询问的方式，使客人自己（或协助客人）摆脱困境。这样既不伤客人体面，又解决了实际困难。对客人提出的问题要明确、简洁的予以肯定回答，绝不允许采用反诘、训诫和命令的语气。

3. 应答及时

语言是交流的工具，如果客人的问询得不到及时的应答，感情就得不到及时沟通，这就意味着客人受到了冷遇。因此应答及时是茶艺服务人员热情、周到服务的具体体现。无论客人的询问有多少次，要求有多么难，茶艺服务人员都要及时应答，然后一一满足其要求，解决其困难，使主、客的交流畅通无阻。客人讲话时，茶艺服务人员应认真倾听，平和地望着客人，视线间歇地与客人接触；对听到的内容，可用微笑、点头应对等做出反应；不能面无表情，心不在焉，不可似听非听，表示厌倦，不能摆手或敲台面来打断客人，更不得不自制地甩袖而去。遇到客人的不满或刁难行为，要冷静处理，巧妙应对，不得与客人发生冲突，必要时可请领班或经理出面解决。

4. 音量适度

语音音量的适度与否，既是语言的修养问题，也是茶艺服务人员的态度问题、感情问题。音量过大显得粗俗无礼，音量过小又会显得小气懈怠，两者都会引起客人的误解和不满。因此茶艺服务人员的语音在任何情况下都应做到自然流畅，不高不低，不快不慢，不急不缓，给人以亲切、舒适的美感。对不同的客人，茶艺服务人员应主动调整语言表达的速度，如对善于言谈的客人，可以加快语速，或随声附和，或点头示意；对不喜欢言语的客人，可以放慢语速，增加一些微笑和身体语言，如手势、点头。总之与客人步调一致，才会受到欢迎。对客人要热情礼貌，有问必答，顾客多时，要分清主次，恰当地进行交谈；说话声音要柔和、悦耳，控制好语调、语速，不得大声说话或大笑。

此外，在茶艺操作过程中，服务人员讲茶艺不要讲得太满，从头到尾都是自己一个人在说，这会使气氛紧张。有经验的茶艺服务人员知道应给客人留出思考空间，引导客人参与到泡茶过程中，这样可以增加服务的互动，使主、客双方增进交流，有利于服务质量的提高。引出客人话题的方法很多，如赞美客人，评价客人的服饰、气色、优点等，这样可以迅速缩短你和客人之间的距离。

模拟实训

1. 实训安排

实训项目	茶艺人员职业素质养成
实训要求	(1) 熟悉茶艺服务过程中常用的仪态姿势 (2) 掌握茶艺服务中的礼貌礼节问题
实训时间	45 分钟
实训环境	可以进行仪表仪容练习以及化妆练习的形体教室
实训方法	示范讲解、情境模拟、小组讨论法

2. 实训步骤及标准

(1) 实训练习

① 端庄的仪容、挺拔的站姿、优雅的坐姿和手势的运用；

② 实训练习展示(PPT 展示实训照片)。

(2) 用中英文简单表达各种礼貌用语

3. 中英文礼貌用语推荐

	中文介绍	英文介绍
礼貌用语	您好,欢迎光临!	Welcome to our tea house!
	早上好,先生。我能为您效劳吗?	Good morning, sir. Can I help you?
	您好,女士。我能为您做些什么呢?	Good morning/afternoon/evening, Madam. What can I do for you?
	请问先生几位?	For how many people, sir?
	您好!请问您喜欢喝哪几种茶?	What kinds of tea would you like?
	请问您有预定吗?	Have you had a reservation?
	请您稍等一下好吗?	Wait a moment, please!
	请这边走。	This way, please!
	谢谢您的夸奖。	Thank you for your compliments!
	很抱歉让您久等了。	Sorry to have kept you waiting.
	对不起,先生,我们只收现金。	Sorry, sir. We only take cash.

工作任务二 茶艺服务认知

包间费用怎么计算?

国庆节期间王经理请了几个老同学到茶艺馆品茗叙旧,事先与茶艺馆讲好了是包一个雅间半天收费 300 元钱。几个老同学多年不见聊得非常高兴。期间有人提议到外面合影留念,大家欣然同意。走时王经理嘱咐服务员不要收拾台面,他们一会儿就回来,还要继续喝茶。但服务员要求王经理先把账结了再走,并说这是茶馆规定。王经理只好先把包间费和茶水费一并结算清楚。大家到了外面,你一张,我一张,照得不亦乐乎,一转眼一个小时就过去了。王经理赶紧招呼大家回茶艺馆继续喝茶,可是回到茶艺馆后,服务员却给他们重新安排了一个包间,理由是时间太长了,原来的包间已经被别的客人使用了。而且新安排的这个雅间要重新收取包间费和茶水费,因为原有的茶饮已经被服务员倒掉了。这下可惹恼了大家,因为包间费和茶水费王经理已经交过了,茶饮点的还是名贵的冻顶乌龙茶,大家还没喝几回,怎么就给倒掉了呢。而服务员认为客人既然已经结账走了,虽然已经事先说明还要回来,但是时间太长,茶艺馆是不负责为客人预留包间和茶饮的,所以只能按接待新客人对待。鉴于王经理的这种情况,茶艺馆经理决定免收其包间费用,但是茶水费用只能按照八折收费。王经理虽然不愿意,但是为了不扫大家的兴,也只能同意了。但事后却表示再也不到这家茶艺馆来了。

点评：“顾客是上帝”这句话不是纸上谈兵，而应真正的落实到具体的服务中。上述案例表面上看是一起由包间费而引起的付费争议，实质上却反映出茶艺馆在经营中是否讲究诚信服务的经营宗旨问题。诚信服务是茶艺馆经营的根本，是在竞争激烈的市场中立于不败之地的不二法则，茶艺馆不能贪图一时的利益而失去服务的根本。

理论知识

一、服务准备

茶艺馆在开门营业前，应做好各项准备工作，以迎接顾客的光临。首先应对其营业环境进行布置，为客人提供一个幽静、雅致且富有情调的品饮环境；其次要准备好营业时所需的各项用品，并熟悉茶(点)单及当日的特选茶叶、特选茶点；要了解重要宾客的情况和特别事项等。充分的准备工作是优良服务和有效经营的重要保证。

(一) 茶艺馆的环境布置

在竞争激烈的现代社会环境中，茶艺馆已成为人们进行聚会聊天、释放紧张情绪、舒解情绪的最佳场所，因此茶艺人员应为客人营造一个幽静雅致、闲适安逸的品茗环境。

茶艺环境总体要求是清洁卫生，即看无杂物、听无噪音、闻无异味。任何杂乱、喧闹、不洁现象都会直接影响到对客服务质量。尤其是公共卫生间，由于茶饮服务的特殊性，使用频率一般较高，因此更要经常进行清理，以保持其整洁、卫生。为保持茶艺馆经营场所的环境与气氛，还要对温度、湿度、通风、采光、噪音以及空气卫生进行有效控制，确保茶艺馆环境的质量水平。

(二) 熟悉茶(点)单

茶(点)单是茶艺馆作为经营者和提供服务者向顾客展示其主要产品及服务的一览表，它往往能够体现茶艺馆的经营特色、服务档次和服务水平。作为茶艺服务人员对茶(点)单是否熟悉，将直接影响服务质量与经营效果。首先，熟悉茶(点)单可以方便茶艺人员进行推销。茶艺服务人员在介绍推销茶饮、茶点时，就好比是商店的售货员，而茶(点)单上的茶饮、茶点就是你的商品。一个不熟悉自己商品内容的售货员是很难对客进行推销服务的。所以茶艺服务人员对于茶(点)单上的茶饮、茶点的认知程度会直接影响最终的销售结果。其次，对茶(点)单的了解将有助于服务人员向客人提供建议。当客人对茶艺馆的茶饮、茶点不太了解时，常常乐于从服务人员那里得到帮助，服务人员可以根据客人的茶饮需要提出一些可供选择的建议。同时，对茶(点)单的熟悉还可以帮助服务人员回答客人的相关问询。

(三) 配好茶叶、茶具

茶艺服务人员应根据每日茶叶销售情况，领取当日所需的各类茶叶，并备好配套的茶具。一般来说茶具会因所泡茶叶种类的不同而有所区别，在器具使用上有些是可以共用的，有些必须根据茶叶的冲泡要求进行个性选配。但无论如何，洁净、齐整、无破损是必须的要求。有关茶叶、茶具的具体内容详见项目二和项目四。

(四) 人员准备

茶艺馆的服务专业性很强，不仅要求服务人员具有良好的文化素质、丰富的茶叶知识、专业的泡茶技巧，还要讲究个人卫生。具体要求是：

1. 淡妆上岗，不得浓妆艳抹，不得喷洒香水，不得吃任何有异味的食品。

2. 注意手部卫生，不得涂抹有香味的护手霜，不涂抹指甲油，不佩戴饰物。

3. 头发要干净、整洁，长发应束到后面或盘起，短发应梳理整齐，不要让头发垂下来遮挡视线。

4. 着装统一、干净、整齐。

实践操作

二、一般性对客服务

（一）迎宾服务

茶艺服务人员在迎接顾客时，既要注意服务态度，更要讲究接待方法。只有这样才能使主动、热情、耐心、诚恳、周到的服务宗旨得以全面的贯彻。具体来说，茶艺服务人员在迎接顾客时，应注意以下四个方面：

1. 站立到位

茶艺服务人员在工作岗位上均应采取站立迎客的服务方式，即使是岗位上允许就坐，当顾客光临时也应起身相迎。一般来说，茶艺服务人员站立迎宾的位置应处于既可以照看本人负责的服务区域，又易于观察顾客、接近顾客的地方。

2. 善于观察

服务行业有一条被广为流行的经验："三看顾客，投其所好。"实际上就是要求茶艺服务人员在迎接顾客时，通过察其意、观其身、听其言、看其行，从而对顾客进行准确的角色定位，以便为其提供有针对性的服务。当然这也要求服务人员平时要加强观察训练，培养"一瞬间"的观察能力。

3. 适时招呼

当顾客进入茶艺馆时，无论其目的如何，茶艺服务人员都应主动问候，这早已成为服务行业的一种礼貌习惯，被惯称为"迎客之声"。它与"介绍之声"、"送客之声"一道被并称为"接待三声"，是茶艺服务人员在工作中必须使用、必须重视，且必须作为正面接待顾客时开口所说的第一句话。"迎客之声"直接影响到顾客对茶艺馆以及茶艺服务人员的第一印象，因此在使用中茶艺服务人员要注意时机适当、语言适当、表现适当。

4. 合理安排

根据客人的人数、品饮要求以及是否预订等信息为其选择合适的桌位或者包间。如果是已经预定的客人，茶艺服务人员只需要按照事先的安排将其引领到具体位置即可。如果是未经预定的客人，茶艺服务人员就要通过"三看顾客"的服务技巧，为其选择合适的茶饮位置。

（二）点茶服务

恰到好处的推荐茶饮产品是一项专业技巧，这就需要茶艺服务人员要掌握好推荐时机，能够根据客人的状况进行推荐，根据品饮季节进行推荐，并多用建设性的语言，使客人感到服务人员是站在他们的立场上，为他们提供服务，而不是在为谋求茶艺馆的利润进行推销。

什么是存茶服务?

目前很多茶馆在经营管理中,都会为一些会员客人或是老顾客提供存茶服务。存茶的方式一般有两种,一种是将客人喝剩下的茶叶放在茶叶罐中,标记上客人的姓名,然后由茶艺馆放在储藏室内统一保管;另一种方式是服务员将客人喝剩的茶业记录在案,然后将剩余的茶叶入库保存,下次客人来时,再从库里取新的茶叶为客人冲泡。两种存放方式各有利弊。流动存茶的方式可以更好的保证茶叶质量,使客人每次喝到的茶叶都是最好的。但如果茶艺馆的用茶量比较大,就有可能造成客人下次再来喝到的茶叶与前次茶叶不是同一批,那么有些敏感的客人就会感觉味道不太一样。因此茶艺馆采取何种方式存茶,应取决于茶艺馆的存茶条件和多数客人的饮茶习惯,灵活掌握。

(三)冲泡服务

点茶完毕后,服务人员应根据客人的茶饮需求向柜台领取茶叶、并选配与之相适应的茶具,准备泡茶用水,进行茶叶的冲泡服务(详见项目六——冲饮)。

(四)茶点服务

客人在点茶或饮茶过程中,服务人员应相机询问客人是否需要配套的茶点、小吃,并及时介绍和推销该茶艺馆的特色茶点、小吃。当客人确认了茶点(小吃)后,应立即准备送上,并配送热毛巾和餐巾纸。

(五)台面服务

是指客人在饮茶过程中服务人员应注意观察,及时为客人添加茶水、再次推销茶饮以及及时清理桌面。

1. 添加茶水

现在大部分的茶艺馆都是在每张茶桌上配有一个电烧水壶(随手泡),以方便茶叶的冲泡和续斟服务。因此服务人员应随时观察客人的饮茶情况,及时为电烧水壶、茶壶续水以及为客人续斟茶水。次序为先女后男,先宾后主。

2. 再次推销茶饮

如果客人茶壶中的茶汤已经很淡了,应及时询问客人是否需要更换。如客人同意更换,泡茶服务同上。

3. 及时清理桌面

如果客人点了茶点或是小吃,服务人员应及时清理桌面,将桌上的空盘、果皮、干果壳以及其他废物收走,保持桌面的整洁有序。

三、结束工作

结束工作是指客人品饮完茶后,服务员应为其提供结账服务、送别服务并重新整理桌面等工作。

(一)结账收款

结账工作要求准确、迅速、彬彬有礼。客人可以到吧台结账,也可以由服务人员为客人结账。茶艺馆的结账方式一般有现付、签单和使用信用卡等。

(二) 送别

客人起身离去时,服务员应及时为客人拉开座椅以方便其行走,并注意观察和提醒客人不要遗忘随身携带的物品,代客保管衣物的服务员,要准确地将物品取递给客人。服务员要有礼貌地将客人送到茶艺馆门口,热情话别,并做出送别的手势,躬身施礼,微笑目送客人离去。

(三) 整理台面

1. 客人在离开之前,不可收拾撤台。客人离去后,应及时检查桌面、地面有无客人遗留物品,如果发现应及时送还给客人。

2. 按照规定的要求重新布置桌面,摆设茶具,清扫地面,保持环境卫生。

3. 服务柜台收拾整齐,补充服务用品。

4. 清洗、消毒茶具、用具,并按规定存放。

5. 经理检查收尾工作,召集服务人员简短总结,交待遗留问题。

四、针对性服务及特殊情况处理

茶艺馆每日要接待各种各样的客人,服务人员要想做好茶艺服务工作,就必须了解客人的心理活动和特点,了解客人的有关风俗习惯和生活特点,以便为他们提供有针对性的优质服务。同时,服务人员在工作中可能会遇到很多不可预知的问题,能否灵活地应变处理,将关系到客人对茶艺服务工作的满意程度。

(一) 常见针对性服务

1. 针对不同国家宾客的服务

(1) 日本、韩国宾客。日本和韩国都是极为重视茶饮的国家,在长期的品饮过程中都逐渐形成了极具本民族特色的饮茶方式。而且日本和韩国都是极为注重礼貌、礼节的国家,因此,茶艺服务人员在接待日本或韩国客人时,应注意泡茶的礼仪规范,因为他们不仅讲究喝茶,更注重喝茶的礼法,因此要让他们在严谨的茶叶冲泡服务中感受中国茶文化的博大精深及茶艺的风雅。

(2) 印度、尼泊尔宾客。印度、尼泊尔都是以信奉佛教为主的国家,因此在日常生活中惯用合十礼致意,茶艺服务人员也可采用此礼节形式来迎接宾客。此外要注意的是,印度人在拿食物、礼品或敬茶时,惯用右手,不用左手,也不用双手,因此茶艺服务人员在对其服务时要尊重他们的习惯。

(3) 英国宾客。英国人偏爱红茶,在品饮时喜欢添加牛奶、方糖、柠檬片等辅料。因此茶艺服务人员在提供服务时应根据客人的口味特点为其提供这些辅料,以满足宾客的品饮需求。

(4) 俄罗斯宾客。同英国人一样,俄罗斯人也偏爱红茶,而且口味喜“甜”,他们在品茶时一定要配备点心,因此茶艺服务人员在对其服务时,除了要提供白砂糖外,还可以推荐一些甜味茶食。

(5) 摩洛哥宾客。摩洛哥人酷爱品饮绿茶,而且要在茶饮中加入白糖,这是摩洛哥人社交活动中一种必备的饮料。因此,茶艺服务人员在对其服务中要为其准备适量的白糖。

(6) 美国宾客。美国人受英国人的影响,多数人爱喝加糖加奶的红茶,也酷爱冰茶,茶艺服务人员在服务中要留意这些细节,在茶艺馆经营许可的情况下,尽可能满足宾客的需要。

(7) 土耳其宾客。土耳其人喜欢品饮红茶,茶艺服务人员在服务时可遵照他们的习惯,准备一些白砂糖,供宾客加入茶汤中品饮。

(8) 巴基斯坦宾客。巴基斯坦人在日常生活中主要以牛羊肉和乳类为主要食物,为了消食除腻,饮茶已成为他们生活的必需。巴基斯坦人的饮茶风俗带有英国色彩,普遍爱好牛奶红茶,西北地区则流行饮绿茶,同样他们也会在茶汤中加入白砂糖。因此茶艺服务人员在服务中可以适当提供白砂糖。

2. 针对不同民族宾客的服务

我国是一个多民族的国家,各民族历史文化有别,生活风俗各异,因此茶艺服务人员要根据不同民族的饮茶风俗有针对性的为其提供茶艺服务。

(1) 汉族。汉族大多推崇清饮,茶叶以绿茶、花茶、黄茶、白茶及乌龙茶为主要茶品。茶艺服务人员可根据宾客所点的茶品,采用不同方法为宾客沏泡。如绿茶、花茶等可采用玻璃杯、盖碗沏泡,当宾客饮茶至杯的1/3水量时,要为宾客添水。一般为宾客添水3次后,应询问宾客是否需要换茶,因为此时茶味已淡。如客人许可,则根据客人所点的茶叶重新进行冲泡服务。

(2) 藏族。藏族人喝茶有一定的礼节,一般喝第一杯时会留下一些,当喝过两三杯后,会把再次添满的茶汤一饮而尽,这就表明客人不想再喝了。这时,茶艺服务人员就不要再为其添加茶水了。而且藏族客人最忌讳把茶具倒扣放置,因为按照他们的民族传统,只有死人用过的碗才倒扣着放。因此茶艺服务人员在泡茶时一定要尊重客人的风俗习惯。

(3) 蒙古族。茶艺服务人员在为蒙古族宾客服务时要特别注意敬茶时用双手,以示尊重。当宾客将手平伸,在杯口上盖一下,这就表明客人不再喝茶,茶艺服务人员即可停止为其续斟茶水。

(4) 傣族。茶艺服务人员在为傣族宾客斟茶时,应只斟浅浅的半小杯,而且要连斟三道,这就是俗称的"三道茶"。

(5) 维吾尔族。茶艺服务人员在对维吾尔族客人服务时,应尽量当着客人的面冲洗茶具,以示清洁;为客人端茶时一定要用双手,以示对客人的敬重。

(6) 壮族。茶艺服务人员在为壮族宾客服务时,要注意斟茶不能过满,否则视为不礼貌;奉茶时要用双手,以示对客人的尊重。

3. 针对VIP宾客的服务

(1) 茶艺服务人员每天要了解是否有VIP宾客预订,包括时间、人数、特殊要求等都要清楚。

(2) 根据VIP宾客的等级和茶艺馆的规定配备茶品、茶具。

(3) 所用的茶品、茶食必须符合质量要求,茶具要进行精心的挑选和消毒。

(4) 提前20分钟将所备的茶品、茶食、茶具摆放好,确保茶食新鲜、洁净。

(5) 客人到来后,茶艺服务人员应热情迎宾,必要时应由茶艺馆经理出面迎接,并引领客人至预留的雅间。

(6) 注重服务礼节,讲究服务的细节化、个性化,严格执行操作服务规范。

4. 针对特殊宾客的服务

(1) 对于年老、体弱的宾客,尽可能将其安排在离入口较近的位置,以便于出入,并帮助他们就坐，以示服务的周到。

（2）对于有明显生理缺陷的宾客，茶艺服务人员要尽量照顾到他们的不便之处，将他们安排在合适的位置就坐，以示体贴。茶艺服务人员千万不要用异样的目光注视他们，或在背后议论他们，因为这类客人对外界的反应一般非常敏感。因此，茶艺服务人员应本着尊重、关心、照顾、体贴的态度，热情而周到的去帮助他们，使他们感到你对他们的帮助是服务而不是同情。

（二）特殊情况的处理

1. 客人损坏茶具

当客人失手打碎了茶具时，服务人员应首先关心客人是否受伤，同时立即将破碎的茶具收拾干净，然后再为客人换上干净的茶具。但由于茶艺馆的茶具一般都是配套的专业用具，质地较好，因此在最终结账时服务员应委婉的向客人说明并收取赔偿费用。

2. 客人要求自己泡茶

一般到茶艺馆品茶的客人都是由服务人员为其提供泡茶服务，但也有部分客人出于种种原因，不喜欢被服务人员过多的打扰，就连泡茶也是自己来，对于这类客人服务人员应尊重他们的选择。在提供茶饮服务时，只要按其要求配好茶叶、茶具、泡茶用水即可，不要频繁地出入包间。但是一定要保证及时添加电烧水壶的泡茶用水。

3. 结账时客人反映账单有差异

客人在结账时认为结算的价钱与自己预计费用有出入时，应根据产生出入的原因采取不同的方法处理。若是因为服务人员在为客人点茶时没有介绍清楚具体的收费方法（如包间的计时与具体收费单价，茶饮是单杯计价还是以壶泡计价等）而引起争议，服务人员应拿来茶单向客人耐心解释，求得客人的谅解；若是因为收银员在开账单时出现错误，应立即修改账单，并向客人表示歉意。若是客人自己计算有误，也应耐心的向客人解释，必要时拿来账单与客人一起核算，不要有任何不耐烦和不满的情绪。总之，出现错账的情况，解决时应由经理出面，以示对客人的重视，任何减价、改价必须由经理签字认可。

4. 茶艺馆停电事故处理

茶艺馆一旦发生停电，服务人员首先应保持镇静，切忌惊慌失措，那样会给客人带来恐慌情绪。其次，管理人员应向有关部门询问停电的原因以及何时恢复供电，以便决定是否继续营业，并向客人解释正在采取措施恢复供电；如果短时间即可恢复供电而无须停止营业，应立即为每桌点上蜡烛。停电会直接影响到茶艺馆的正常经营与管理，因此有条件的茶艺馆应该安置小型发电机，以备不时之需。

5. 客人投诉的处理

茶艺馆的管理人员总是希望将客人的投诉控制在最低限度内，通常茶艺馆的服务质量越好，客人的投诉也就越少。但是一旦客人确有抱怨，就应当将其视为对茶艺服务管理的反馈，用来提高今后对客服务质量。服务人员也应在服务工作中和客人的投诉中吸取经验。处理客人的投诉程序如下：

（1）认真倾听客人的意见，并适时提问，以了解事情的来龙去脉。

（2）简要的重复客人的意见并表示理解。

（3）诚恳的赞同客人的某些意见，如“您这个意见非常正确”、“我们一定会认真改进”等，这样可以使客人感到你是站在他的立场上考虑问题，容易得到客人的信任，有利于解决问题。

(4) 及时处理客人意见，提出改进措施。

(5) 记录投诉的处理经过，可作为案例用于服务人员的培训。

模拟实训

1. 实训安排

实训项目	茶事服务接待
实训要求	(1) 掌握茶事服务的程序 (2) 熟悉服务过程中的注意事项
实训时间	45分钟
实训环境及工具	(1) 可以进行服务练习的模拟茶艺室 (2) 茶单、各类茶具、托盘、茶叶等
实训方法	示范讲解、情境模拟、小组讨论法

2. 实训步骤及要求

(1) 角色分配。

(2) 接待流程练习。

(3) 情境模拟练习。

项目测试

一、填空题

1. 茶艺诸要素中________是最根本的要素，也是最美的要素。

2. 作为一名茶艺工作者，在日常生活中应特别注意________和________的保养及训练。

3. 品茶环境应力求体现中国传统文化中的________的艺术境界。

4. 茶艺是指________和________的结合，其中又是以________为重。

5. ________是茶艺服务人员所必须具备的基本素质和应遵守的职业道德。

二、判断题

(　　)1. 茶艺表演人员行为要规范，坐要正、立要直、行要稳。

(　　)2. 从事茶艺服务工作的人员，应尊重各国、各民族的风俗习惯，这样才能在服务工作中做到热情真诚、以礼相待。

(　　)3. 茶艺服务人员在工作场所要保持安静，不要大声喧嚷，如遇宾客距离较远有事召唤，可高声回答，以便客人听到。

(　　)4. 一般来说茶具会因所泡茶叶种类的不同而有所区别，在器具使用上有些是可以共用的。

(　　)5. 印度人在拿食物、礼品或敬茶时，惯用左手，不用右手，也不用双手，因此茶艺服务人员在对其服务时要尊重他们的习惯。

项目二 此物清高世莫知——识 茶

学习目标

- 了解茶叶发展概况、用茶源流、茶树的生长习性
- 熟悉茶叶的分类、制茶方式的演变、茶叶的种植与加工方法
- 能够通过感官认识茶的种类——类型之差异
- 能够鉴别茶叶的好与坏——质量之差异
- 能够全面认识各种名优茶的品质特点

中国是茶树的故乡，不但茶区分布较广，而且茶叶种类多样，每种茶叶无论是在外观、香气或口感上，都有细微的差别，因而造就了中国茶叶的多样风貌。本项目主要介绍了茶叶的溯源、茶叶的种植与加工、茶叶的分类、茶叶的鉴别以及茶叶的储藏保管等五方面知识。通过本项目学习，能够对茶叶的相关知识有一个全面的认识。

工作任务一 茶叶认知

案例导入

安吉白茶实施原产地域产品保护

被誉为“茶中一绝”的安吉白茶，原产于安吉海拔 800 米高山特定区域，已成为蜚声海内外的名茶。目前安吉白茶种植面积达 2.5 万亩，产值超过 1.5 亿元。由于近年来市场上假冒伪劣安吉白茶频繁出现，影响了安吉白茶的声誉。因此安吉县向国家质监局申报了地域产品保护申请，获得批准。2004 年 4 月 13 日，在上海茶文化节国际会议中心的茶博会上，国家质量监督检验检疫总局发布公告，正式批准对安吉白茶实施原产地域产品保护。

点评：原产地域产品保护是一种源于欧洲的国际通行原产地保护措施，旨在保护原产地域的产品不受仿冒产品的侵害。目前，我国已先后有数十个茶叶品种申请了原产地保护，这可以对我国传统名茶以及历史名茶起到有效的保护作用。

理论知识

一、茶叶溯源

《神农本草经》记载：“神农尝百草，日遇七十二毒，得茶而解之。”据考证，神农氏是生活在公元前 2737 年以前的原始社会时期，距今已有 5 000 年的历史了。陆羽在《茶经》中也指出“茶之为饮，发乎神农氏，闻于鲁周公”，进一步证明我国早在原始社会时期就已经发现茶叶并利用茶叶了。

（一）茶树的植物属性

茶叶是采摘茶树的鲜叶经过加工制作而成，所以了解茶叶必须从茶树开始。

茶树是多年生木本常绿植物，在植物分类系统中属于被子植物双子叶植物纲，山茶科，山茶属，学名为 Camellia sinensis (L.)O. Kuntze。全世界山茶科植物共有 23 属 380 多种，我国就有 15 属 260 余种，大多分布在云南、贵州、四川一带，所以唐代的陆羽在《茶经》中称："茶者，南方之嘉木也。"原始的茶树是乔木型的大叶种，而现在世界各地栽培的茶树从形态、习性到物质的代谢积累，都存在着较大差异，这是因为茶树在漫长的传播过程中，被风土驯化所致。茶树从原产地出发，向西南传到印度、缅甸、泰国等南亚诸国，那里气候温暖潮湿，所以仍保持着大叶种的特征和特性；向东沿长江传至我国华中、华东地区，由于纬度和气候的不同，在一些比较寒冷的地区，逐渐演变成比较耐旱，耐寒，耐荫，树冠矮小，树叶较小的灌木型、中小叶种，分类上称为中国变种。我国长江中下游地区种植的茶树多属此种，而我国西南地区由于海拔高度不同，气候复杂，各种类型的茶树可同时存在。

野生的茶树是高大的乔木，现在云南的西南部还保存着一些野生的大茶树。如云南省的大黑山原始森林中，有一株 1 700 年前的野生大茶树，树高 32.12 米，树围 2.9 米，至今仍然枝叶繁茂，被人们称为"茶树王"。在云南省澜沧县邦崴发现有一株树龄在 1 000 年左右的过渡型"茶树王"。而在勐海县南糯山发现一株树龄在 800 多年的栽培型"茶树王"。茶树从野生型到过渡型再到栽培型，证明了人们是在野生茶树的基础上逐渐有意识地对它进行保护栽培，一直到现在大面积的人工种植。这说明，至少在 1 000 多年前，云南地区的居民已经开始采摘茶树的叶子做饮料用了。

（二）茶树的种植

作为饮料的茶叶是采摘茶树的鲜叶经过加工而制成的。因此茶叶的优良品质主要取决于茶树的品种和优越的自然生长环境。一般来说，茶树的生长主要受到土壤因素以及雨量、温度、海拔、风力与日照等自然环境的影响。

1. 土壤因素

从理论上讲，茶树适合在任何土壤中进行种植，但是人工种植的茶树，为保证产量及茶叶品质达到标准要求，就应考虑选择最合适的土壤条件。优良茶区的土壤应排水良好，表土深厚，在成分上应以含腐殖质及矿物质为佳，在化学性质方面以 pH 值 4.5～6 为适合。一般湿润多雨的地区，土壤的化学性质均呈现为酸性，干燥少雨的地区则呈现为碱性。酸性土壤的酸性由低到高又可分为砖红壤、赤红壤、红壤、黄壤、燥红土五类，茶园则多分布于前三种土壤。

2. 雨量

茶树性喜潮湿，需要多量而均匀的雨水，凡长期干旱、湿度太低或年降雨量少于 1500 毫米的地区，都不适合茶树的生长。全年雨量分配均匀无明显旱季，2/3 以上的雨水集中于主要生长的春夏季，并且年平均气温在 16～20℃的地区适合栽培茶树，不但有利于茶树的生长而且品质极佳。

根据测验分析表明，茶园一年间耗水量主要集中于春夏季，如果年降雨量超过 3 000 毫米，而蒸发量不及 1/2 或 1/3，即湿度太大时，容易发生霉病、茶饼病等，所以雨量及湿度对茶叶的发育有着重要的影响。如我国安徽祁门茶区年降雨量为 1 700～1 900 毫米，相对湿度为 70%～90%；武夷山茶区年降雨量为 1 900 毫米，相对湿度 80%，分布极为均匀。有些地区虽然年降雨量很大，但由于蒸发量也很大，所以也并不妨碍茶树的生长。如印度阿萨密邦的乞拉朋齐，年降雨量高达 12 000 毫米，但由于当地气温较高，雨水蒸发量很大，所以茶树生长非常茂盛，出产的红茶茶叶品质极佳。

3. 温度

茶树生长最适宜的温度在 16～20℃之间。低于 5℃时，茶树停止生长，高于 40℃时，茶树容易死亡。其适应性因茶树品种而异，一般来说小叶种茶树的生命力较大叶种强。温度较低的茶区茶叶产量不及温度较高的茶区，但品质却较好。茶区气候差异并不十分显著，平均气温在 21℃左右，气温垂直分布差异也不大。如海拔 10 米的茶区及海拔 800 米的茶区，温差不过 2℃，冬季气温最低多在 10℃以上，因此茶叶不但产量丰富而且品质很好。

4. 海拔

海拔高低对茶叶品质的优劣有着显著的影响，正所谓"高山出好茶"。翻开名优茶谱，一串串高山茶的名字，让人目不暇接，如"黄山毛峰"、"蒙顶甘露"、"武夷岩茶"等，其色、香、味、形是普通平地茶无可比拟的。以武夷山茶为例，同样品种的茶叶可分为三类：产于山岭的茶叶为"正岩茶"、产于半山腰的茶叶为"半岩茶"、产于平地溪谷的茶叶为"洲茶"，三类茶叶品质迥异，价格相差悬殊，皆因茶树海拔不同而形成。高山出好茶的主要原因就在于高山上优越的生态条件，正好满足了茶树生长的需要，这主要体现在以下三方面：

(1) 茶树生长在高山多雾的环境中，有利于茶叶色泽、香气、滋味、嫩度的提高。一是由于光线受到雾珠的影响，使得红橙黄绿蓝靛紫七种可见光的红黄光得到加强，从而使茶树芽叶中的氨基酸、叶绿素和水分含量明显增加；二是由于高山森林茂盛，茶树接受光照时间短，强度低，漫射光多，这样有利于茶叶中含氮化合物，诸如叶绿素、全氮量和氨基酸含量的增加；三是由于高山有葱郁的林木，茫茫的云海，空气和土壤的湿度得以提高，从而使茶树芽叶光合作用形成的糖类化合物缩合困难，纤维素不易形成，茶树新梢可在较长时期内保持鲜嫩而不易粗老。在这种情况下，对茶叶的色泽、香气、滋味、嫩度的提高，特别是对绿茶品质的改善，十分有利。

(2) 高山土壤有机质含量丰富。高山植被繁茂，枯枝落叶多，地面形成了一层厚厚的覆盖物，这样不但土壤质地疏松、结构良好，而且土壤有机质含量丰富，茶树所需的各种营养成分齐全，从生长在这种土壤的茶树上采摘下来的新梢，有效成分特别丰富，加工而成的茶叶，当然是香高味浓。

(3) 高山的气温对改善茶叶的内质有利。一般说来，海拔每升高 100 米，气温大致降低 0.6 摄氏度。而温度决定着茶树中酶的活性。现代科学分析表明，茶树新梢中茶多酚和儿茶素的含量随着海拔高度的升高气温的降低而减少，从而使茶叶的浓涩味减轻；而茶叶中氨基酸和芳香物质的含量却随着海拔升高气温的降低而增加，这就为茶叶滋味的鲜爽甘醇提供了物质基础。茶叶中的芳香物质在加工过程中会发生复杂的化学变化，产生某些鲜花的芬芳香气，如苯乙醇能形成玫瑰香，茉莉酮能形成茉莉香，沉香醇能形成玉兰香，苯丙醇能形成水仙香等。许多高山茶之所以具有某些特殊的香气，其道理就在于此。

当然任何事物都是有一定限度的。所谓高山出好茶，是与平地相比而言的，并非是山越高，茶越好。据对主要高山名茶产地的调查表明，这些茶山大都集中在海拔 200～600 米之间，海拔超过 800 米以上，由于气温偏低，往往茶树生长受阻，且易受白星病危害，用这种茶树新梢制出来的茶叶，饮起来涩口，味感较差。由上可见，高山出好茶，乃是由于高山的气候与土壤综合作用的结果。所以判定茶叶的品质，除海拔外，还要顾及其他因素，如湿度、雨量、土壤及茶树品种的适应性。只要气候温和、雨量充沛、云雾较多、温度较大以及土壤肥沃、土质良好，即使不是高山，也同样会生产出品质优良的茶叶。如产于西湖湖畔的“西湖龙井”，产于太湖流域的“洞庭碧螺春”、“顾渚紫笋”等，都是闻名遐迩的历史名茶，这种丘陵云雾茶和平地云雾茶历来为茶人们所称道。

5. 日照

日照的长短强弱直接影响茶叶品质数量。在日光充足照射下，茶树生长健全，单宁增多，适宜制作红茶；在弱光之下，如茶树适当的遮荫，则单宁减少，茶叶内组织发育被抑制，叶质较软，叶绿素含氮量提高，适宜制作绿茶；对于半发酵茶而言，日光更是重要到可以支配茶叶的品质。所以乌龙茶一般以上午 10 时及下午 3 时采摘的茶叶品质最优。

二、茶叶的分类

（一）茶叶的分类依据

我国是一个多茶类的国家，茶类之丰富，茶名之繁多，在世界上是独一无二的。茶叶界有句行话“茶叶学到老，茶名记不了”，便是指这琳琅满目的茶叶品名，即使是从事茶叶工作一辈子也不见得能够全部记清楚。市场上关于茶类的划分有多种方法，我们将其归纳为以下六种：

1. 依据茶叶的发酵程度分类

可分为全发酵茶、半发酵茶、不发酵茶和后发酵茶四类。

2. 依据产茶季节分类

可分为春茶、夏茶、秋茶和冬茶四类。

3. 依据茶叶的形状分类

可分为散茶、条茶、碎茶、圆茶、正茶、副茶、砖茶、束茶等。

4. 依据茶叶的制造程度分类

（1）毛茶，又称粗制茶或初制茶。各种茶叶经初制后的成品因其外形比较粗放，故统称为毛茶。

（2）精茶，又称精制茶、再制茶或成品茶。毛茶再经筛分、拣剔，使其成为外形整齐划一、品质稳定的成品。

5. 依据茶树品种分类

可分为小叶种茶和大叶种茶。

6. 依据茶叶的生产工艺分类

在影响茶叶品质的诸多因素中，生产工艺无疑是最直接也是最主要的，任何茶叶产品，只要是以同一种工艺进行加工而成就会具备相同或相似的基本品质特征。因此依据茶叶的制作工艺划分茶类是目前比较常用的茶叶划分方法。如“中国茶叶分类表”所示，主要分为基本茶类和再加工茶类两种。

（1）基本茶类

凡是采用常规的加工工艺，茶叶产品的色香味形符合传统质量规范的，都属于基本茶类。基本茶类一般是以茶的鲜叶为原料，经不同的工艺加工制作而成，不同茶叶所具有的基本品质特征是在不同的加工过程中被得以完成的。习惯上按干茶或茶汤的色泽不同，将基本茶类划分为绿茶、红茶、乌龙茶、黄茶、白茶和黑茶六种类型。

（2）再加工茶类

以基本茶类为原料经过进一步的加工，其加工过程中使茶叶的某些品质特征发生了根本性的变化，或是改变了茶叶产品的形态、饮用方式和饮用功效的茶叶统称为再加工茶类。包括花茶、紧压茶、速溶茶、浓缩茶、风味茶、保健茶及液态饮料等，分别具有不同的品味和功效。如在绿茶中加入茉莉花进行反复窨制就形成了茉莉花茶。

中国茶叶分类表

<table>
<tr><td rowspan="20">基本茶类</td><td rowspan="4">绿茶</td><td>蒸青绿茶</td><td>煎茶、玉露</td></tr>
<tr><td>晒青绿茶</td><td>滇青、川青、陕青</td></tr>
<tr><td>炒青绿茶</td><td>龙井、大方、碧螺春、雨花茶</td></tr>
<tr><td>烘青绿茶</td><td>黄山毛峰、太平猴魁、高桥银峰</td></tr>
<tr><td rowspan="3">黄茶</td><td>黄 芽 茶</td><td>君山银针、蒙顶黄芽</td></tr>
<tr><td>黄 小 芽</td><td>北港毛尖、沩山毛尖、温州黄汤</td></tr>
<tr><td>黄 大 芽</td><td>霍山黄大茶、广东大叶青</td></tr>
<tr><td rowspan="2">白茶</td><td>白 芽 茶</td><td>白毫银针</td></tr>
<tr><td>白 叶 芽</td><td>白牡丹、贡眉</td></tr>
<tr><td rowspan="4">乌龙茶</td><td>闽北乌龙</td><td>武夷岩茶、水仙、大红袍、肉桂</td></tr>
<tr><td>闽南乌龙</td><td>铁观音、奇兰、黄金桂</td></tr>
<tr><td>广东乌龙</td><td>凤凰单枞、凤凰水仙、岭头单枞</td></tr>
<tr><td>台湾乌龙</td><td>冻顶乌龙、包种、乌龙</td></tr>
<tr><td rowspan="3">红茶</td><td>小种红茶</td><td>正山小种、外山小种</td></tr>
<tr><td>工夫红茶</td><td>滇红、祁红、川红、闽红</td></tr>
<tr><td>红 碎 茶</td><td>叶茶、碎茶、片茶、末茶</td></tr>
<tr><td rowspan="4">黑茶</td><td>湖南黑茶</td><td>安化黑茶</td></tr>
<tr><td>湖北老青茶</td><td></td></tr>
<tr><td>四川边茶</td><td>南路边茶、西路边茶</td></tr>
<tr><td>滇桂黑茶</td><td>普洱茶、六堡茶</td></tr>
<tr><td rowspan="9">再加工茶类</td><td rowspan="2">花茶</td><td>传统花茶</td><td>茉莉银针、茉莉大白毫</td></tr>
<tr><td>工艺花茶</td><td>秋水伊人、出水芙蓉</td></tr>
<tr><td rowspan="3">紧压茶</td><td>砖茶</td><td>黑砖茶、花砖茶</td></tr>
<tr><td>饼茶</td><td>七子饼茶</td></tr>
<tr><td>沱茶</td><td>云南沱茶</td></tr>
<tr><td>萃取茶</td><td colspan="2">速溶茶、浓缩茶、罐装茶</td></tr>
<tr><td>果味茶</td><td colspan="2">荔枝红茶、柠檬红茶、猕猴桃茶</td></tr>
<tr><td>药用保健茶</td><td colspan="2">减肥茶、杜仲茶、降脂茶</td></tr>
<tr><td>含茶饮料</td><td colspan="2">茶可乐、茶汽水</td></tr>
</table>

（二）基本茶类

1. 绿茶

绿茶属于不发酵茶类(发酵度为0)，是我国产区最广、产量最多、品质最佳的一类茶叶，目前年产40吨左右，全国20多个产茶省(区)都有生产绿茶，其产量占我国茶叶总产量的70%左右。绿茶也是我国最主要的出口茶类，在世界绿茶总贸易量中，我国出口的占到80%左右。绿茶生产工艺为杀青→揉捻→干燥，按杀青的方式不同，可分为以下四种：

(1) 蒸青绿茶　采用蒸汽杀青制成的绿茶统称“蒸青”，有“中国蒸青”、“日本蒸青”、“印度蒸青”之分，日本的蒸青产量最高。蒸青绿茶一般具有“三绿”的特征，即干茶深绿色、茶汤黄绿色、叶底青绿色。大部分蒸青绿茶外形做成针状。“中国蒸青”有仙人掌茶、煎茶和玉露茶等。其中湖北的仙人掌茶品质较有特色，其外形状似翠绿的仙人掌，茸毛披露，滋味清鲜爽口。诗仙李白曾赞誉它：“尝闻玉泉山，山洞多乳窟。仙鼠白如鸦，倒悬清溪月。茗生此中石，玉泉流不歇。根柯洒芳津，采服润肌骨。丛老卷绿叶，枝枝相接连。曝成仙人掌，以拍洪崖肩。举世未见之，其名定谁传……”

(2) 晒青绿茶　色泽墨绿或黑褐，汤色橙黄，有不同程度的日晒气味。其中以云南大叶种制成的品质较好，称为“滇青”。其条索肥壮多毫，色泽深绿，香味较浓，收敛性强。中小叶种晒青绿茶主要有“川青”、“黔青”、“桂青”、“粤青”、“鄂青”、“豫青”、“陕青”、“湘青”等，外形一般紧直带毫，香味平淡。

(3) 烘青绿茶　外形挺秀，条索完整显锋苗，色泽绿润，冲泡后汤色青绿、香味鲜醇。烘青绿茶根据原料的老嫩和制作工艺的不同又可分为“普通烘青”和“细嫩烘青”两类。烘青茶吸香能力较强，普通烘青多用来制作花茶，直接饮用者不多。市场上常见的茉莉花茶多是以烘青茶作为原料的，各产茶省都有生产，主要有福建的“闽烘青”、浙江的“浙烘青”、安徽的“徽烘青”、四川的“川烘青”、江苏的“苏烘青”以及湖南的“湘烘青”等。细嫩烘青绿茶是以细嫩的芽叶为原料精工细作而成的，多为名茶。大多数细嫩烘青条索紧细卷曲、白毫显露、色绿、香高味鲜醇、芽叶完整。如安徽的黄山毛峰、太平猴魁、敬亭绿雪，福建的莲心茶等。

(4) 炒青绿茶　炒青绿茶在干燥过程中由于机械或手工力的作用不同，又可细分为长炒青、圆炒青和细嫩炒青。

① 长炒青。是一种初制茶，因其外形似少女弯弯的眉毛，故又被称为眉茶。一般外形条索细嫩紧结有锋苗，色泽绿润，内质香气高鲜，汤色绿明，滋味浓而爽口，富收敛性，叶底嫩绿明亮。长炒青精制而成的眉茶是我国主要的出口茶类，在国际市场上已遍及五大洲80余个国家和地区，其中主要是摩洛哥、阿尔及利亚、马里、利比亚等国，其主要的品种有珍眉、贡熙、雨茶、秀眉等，以珍眉为主要品种。珍眉的品质特征是：条索细紧挺直，平伏匀称，色泽绿润起霜，香气高鲜，滋味浓爽，汤色、叶底绿微黄明亮。贡熙是长炒青精制过程中分离出的圆形茶，形似珠茶，产量不大。雨茶原系从珠茶中分离出来的长形茶，由于适销对路，供不应求，所以现在长炒青在精制过程中一般都提取雨茶，其品质特征是：外形条索细短、尚紧，头圆脚细，色乌绿，香气纯，滋味浓，汤色黄绿，叶底嫩匀；秀眉呈片状，身骨轻，是精制过程中分离出来的下脚料，品质较次，俗称“三角片”。

② 圆炒青。圆炒青又称“平炒青”，因起源于浙江省绍兴县平水镇而得名。圆炒青颗粒细圆紧实，色泽绿润，香味醇和，宛如绿色的珍珠，故也被称为珠茶。珠茶主要销往西北非，

美国、法国也有一定的市场,“天坛牌珠茶”曾于1984年在西班牙马德里第23届世界优质食品评选会上荣获金奖。

③ 细嫩炒青。是采摘细嫩茶芽加工而成的炒青绿茶,按照外形可分为扁形、卷曲形、针形、圆珠形、直条形等。扁炒青主要有西湖龙井、老竹大方、峨眉竹叶青等,其中最著名的、产量最多的要数西湖龙井。西湖龙井茶外形扁平光滑挺削,以色绿、香郁、味醇、形美四绝而著称。

何谓富硒茶?

所谓富硒茶是指茶叶中的含硒量比一般茶叶要多得多,它不仅含有一般茶叶所共有的各种化学成分,而且还富含硒元素。根据富硒茶的各项试验结果表明,富硒茶在增强免疫力、阻断亚硝氨酸合成、抗肿瘤、抗氧化、清除自由基、延缓衰老、修复辐射损伤等方面都优于一般茶叶。

2. 红茶

红茶属于全发酵茶类(发酵度为100%),在国际茶叶市场上红茶的贸易量占世界茶叶总贸易量的90%以上,印度和斯里兰卡是世界上最大的红茶种植国和输出国。红茶最基本的品质特点是红叶红汤,干茶色泽偏深,红中带乌黑,所以英语称红茶为“Black Tea”。红茶制法大同小异,为萎凋→揉捻→发酵→干燥四个工序,按生产工艺主要分为小种红茶、工夫红茶和红碎茶三类。

(1) 小种红茶

我国福建省特产,由于在加工中采用松柴明火加温萎凋和干燥,因此干茶中带有浓烈的松烟香。小种红茶以福建崇安县星村桐木关所产的品质最佳,被称作“正山小种”或“星村小种”。外形条索粗壮长直,身骨重实,色泽乌黑油润油光,内质香高,具松烟香,叶底厚实光滑,呈古铜色。福安、政和等县生产的称为“外山小种”,品质较次。

(2) 工夫红茶

按产地的不同有“祁红”、“滇红”、“宁红”、“宜红”、“闽红”、“湖红”等不同的品种,品质各具特色。其中最著名的当属安徽祁门所生产的“祁红”和云南省生产的“滇红”。祁红色泽乌黑光润,有独特的蜜糖似的香气,被称为“祁门香”而享誉国际市场;滇红为大叶种工夫红茶,条索肥硕重实,满披金黄色芽毫,有花果香味,香高味浓。值得一提的是,湖北省生产的“宜红”,其茶汤常出现冷后浑似乳凝现象,这是茶汤中有效成分丰富、茶叶品质优良的一个标志。

(3) 红碎茶

是指在条红茶加工工序中,以揉切代替揉捻,或揉捻后再揉切。揉切的目的是充分破坏叶组织,使干茶中的内含成分更容易泡出,形成红碎茶滋味浓、强、鲜的品质风格。红碎毛茶经过精制后,称为供出口的红碎茶,包括叶茶、碎茶、片茶和末茶四个花色品种。红碎茶可直接冲泡,也可制成袋泡茶后连袋冲泡,然后加糖加乳,饮用十分方便。由于红碎茶的饮用方式较为特别,与其他茶类一般的清饮有很大的不同,因此品质强调滋味的浓度、强度和鲜爽度,汤色要求红艳明亮,以免泡饮时,茶的风味被糖奶等兑制成分所掩盖。

红碎茶是目前国际市场上销售量最大的茶类，占国际茶叶贸易总量的90%左右。我国在20世纪60年代以后才开始试制红碎茶，主产于云南、海南、广东、广西、四川、贵州等茶树大叶种和中叶种产地，其中云南、两广和海南用大叶型品种生产的红碎茶品质较好。

3. 乌龙茶(青茶)

乌龙茶又名青茶，属于半发酵茶类(发酵度为10%～70%)，主要产区为福建、广东、台湾三省。乌龙茶的成品外形紧结重实，干茶色泽呈深绿色或青褐色，香气馥郁，汤色金黄或橙黄，清澈明亮，滋味醇厚，富有天然的花香。高级的乌龙茶还具有特殊的韵味，如武夷岩茶因其特殊的生长环境而具有独特的岩韵、安溪铁观音具有的“观音韵”等品质风格。乌龙茶的生产工艺为：萎凋→做青→炒青→揉捻→干燥，半球形茶在加工过程中还增加了一道包揉的程序。按产地不同可分为闽北乌龙、闽南乌龙、广东乌龙和台湾乌龙四个类别。

(1) 闽北乌龙茶

指产于福建北部武夷山一带的乌龙茶，主要分为武夷岩茶、闽北水仙和闽北乌龙，以武夷岩茶最为著名。茶农们利用武夷山的悬崖绝壁、深坑巨谷的地理环境，在岩凹、石缝沿边砌筑石岸，构筑“盆栽式”茶园，俗称“石座作法”，从而达到“岩岩有茶，非岩不茶”，岩茶因而得名。岩茶的花色品种很多，大多以茶树品种命名，主要品种有水仙、乌龙、奇种、名枞，因而岩茶又可分为“岩水仙”和“岩奇种”两大类。奇种又可分为名枞奇种和单枞奇种。所谓单枞是以优良品种名称单独命名的岩茶，如奇兰、肉桂、梅占等。为与岩茶相区别，武夷山周边县、市所产的茶命名有所不同，如产于建瓯的“建瓯乌龙茶”、产于建阳的“建阳乌龙茶”等。其中大红袍、白鸡冠、铁罗汉、水金龟被誉为闽北四大名枞。

(2) 闽南乌龙茶

闽南乌龙茶的优良品种很多，以安溪县生产的乌龙茶最为著名。安溪县地处福建沿海，这里群山环抱，峰峦绵延，属亚热带季风气候，土壤大部分为酸性红壤，适宜种茶。民谚曰：“四季有花常见雨，一冬无雪却闻雷。”相传这里所产的茶“饱山岚之气，沐日月之精，得烟霞之霭，食之能疗百病”。安溪县所产乌龙茶占全国乌龙茶总产量的1/4左右，其中铁观音、黄金桂、毛蟹和本山被称为闽南四大名枞，其中又以铁观音品质最优、产量最多。

(3) 广东乌龙茶

主要产于广东汕头地区的潮安、饶平等县，主要品种有水仙和梅占等。潮安乌龙茶因主要产区为凤凰乡，所以一般以水仙品种结合地名称为“凤凰水仙”。凤凰水仙，根据原料的优次、制作工艺的不同分为凤凰单枞、凤凰浪菜和凤凰水仙三个品级。凤凰单枞是从凤凰水仙的茶树品种植株中选育出来的优异单株，采制特别精细，具有形美、色翠、香郁、味甘的特点。

(4) 台湾乌龙茶

台湾乌龙茶原产于福建，但是福建乌龙茶的制茶工艺传到台湾后有所改变，使得台湾乌龙茶别具一格。近几十年来，台湾政府相当重视推广茶叶的栽培新技术和加工新工艺，有效地提高了茶叶的品质，逐步形成了台湾乌龙茶的独特风格。台湾乌龙茶根据发酵程度和工艺流程的区别可分成重发酵的台湾乌龙和轻发酵的文山型包种茶与冻顶型包种茶两类。台湾乌龙发酵程度较重，一般达50%～60%，品质风格与红茶类似。其叶芽肥壮、白毫显，色泽绚丽，香气浓郁，茶汤呈琥珀般艳丽的橙红色，在国际市场上有“东方美人”之称。

文山包种茶和冻顶乌龙茶发酵程度较低，一般为8%～25%，外观呈深绿色，比较接近绿茶。干茶具有兰花清香，汤色黄绿清澈，过喉圆滑舒畅，具有"香、浓、醇、韵、美"五大特点，因色清、汤清所以又被称为清茶。

4. 黄茶

黄茶属轻发酵茶类（发酵度为10%），黄茶的制作与绿茶有相似之处，生产工艺流程为杀青→揉捻→闷黄→干燥，不同点是多一道闷黄工序，利用高温杀青破坏酶的活性，其后多酚物质的氧化作用则是由于湿热作用引起，并产生一些有色物质。变色程度较轻的是黄茶，程度重的则形成了黑茶。这个闷黄过程是黄茶制法的主要特点，也是它同绿茶的基本区别，因此成品茶具有黄叶、黄汤、香气清悦、滋味醇厚的品质特点。黄茶的品种不同，闷黄的方法也不尽相同，一般分湿坯闷黄和干坯闷黄两种。湿坯闷黄就是将杀青叶或经热揉后的揉捻叶进行堆闷；干坯闷黄则是初烘后再进行装篮堆积闷黄，闷黄时间需7天左右才能达到黄变的要求。黄茶按鲜叶的嫩度和芽叶大小，分为黄芽茶、黄小茶和黄大茶三类。

(1) 黄芽茶　可分为银针和黄芽两种，前者如君山银针，后者如蒙顶黄芽、霍山黄芽等。

(2) 黄小茶　有湖南的北港毛尖、沩山毛尖，浙江的平阳毛尖，皖西的黄小茶等。

(3) 黄大茶　黄大茶的产量较多，主要有安徽霍山黄大茶和广东大叶青。

5. 白茶

白茶属于轻微发酵茶类（发酵度为10%），是我国茶类中的特殊珍品。其生产工艺为萎凋→烘焙→拣剔→复火→装箱等五道工序。其中萎凋是形成白茶品质的关键工序。因其成品茶多为条状的白色茶叶，满披白毫，如银似雪而得名，茶汤色泽呈象牙色。白茶是我国的特产，主产于福建省福鼎、政和、建阳等县，主要销往东南亚和欧洲。产于福鼎的银针创制于清代嘉庆初年（1796），茶叶汤色为淡杏黄、味清甘鲜爽，被称为"北路银针"；产于政和的银针创制于19世纪初，茶叶汤味醇厚，香气清芬，被称为"西路银针"。现代的白毫银针选用政和大白茶或福鼎大白茶等优良茶树品种肥壮的春芽为原料，采其单芽或一芽一叶加工而成。白茶分为芽茶和叶茶两类。采用单芽为原料加工而成的为芽茶，称之为银针；采用完整的一芽一叶加工而成的为叶茶，称之为白牡丹。

6. 黑茶

黑茶属后发酵茶类。黑茶采用的原料较粗老，是压制紧压茶的主要原料，主要销往我国边疆少数民族地区及出口到俄罗斯等国家，因此习惯上把以黑茶为原料制成的紧压茶又称边销茶。黑茶既可直接冲泡饮用，也可以压制成紧压茶（如各种砖茶）。主要产于湖南、湖北、四川、云南和广西等省、自治区。黑茶的制造工艺为杀青→揉捻→渥堆→干燥，其中渥堆是黑茶制造的特有工序，也是形成黑茶品质的关键工序。黑茶按照加工方法及形状不同，可分为散装黑茶和压制黑茶两类。

(1) 散装黑茶　也称黑毛茶，主要有湖南黑毛茶、湖北老青茶、四川做庄茶、广西六堡散茶、云南普洱茶等。

(2) 压制黑茶　主要以湖南黑毛茶、湖北老青茶、四川的毛庄茶和做庄茶、广西的六堡散茶、云南普洱茶以及红茶的片末等副产品为原料，经整理加工后，汽蒸压制成形。根据压制的形状不同，又分为砖形茶，如茯砖茶、花砖茶、黑砖茶、青砖茶、米砖茶、云南砖茶等；枕形茶，如康砖茶、金尖茶；碗臼形茶，如沱茶；篓装茶，如六堡茶、方包茶等；圆形茶，如七子饼茶。压制黑茶总的要求是外形形状规格符合该茶类应有的规格要求,如外形平整,个体压制紧实或紧结,不起层脱面,压制的花纹清晰,茯砖茶还要求发花茂盛等;色泽具有该茶类应有的色泽特征,内质要求香味正,没有酸、馊、霉、异等不正常气味,也无粗、涩等气味。

(三)再加工茶类

1. 花茶

花茶是用茶叶和香花进行混合窨制而成,因为茶叶中充分吸收了花的香气,因而又被称为"香片"。花茶窨制时所用的原料被称为茶坯或素坯,以烘青绿茶为多,少数也选用红茶和乌龙茶。花茶因为窨制时选用的香花不同而又分为茉莉花茶、白兰花茶、珠兰花茶、桂花花茶、玫瑰花茶等。花茶的基本生产工艺是:茶坯复火→香花打底→窨制拼合→通花散热→起花→复火→提花→匀堆装箱。

花茶依据生产工艺的不同可分为熏花茶、工艺花茶和花草茶三类。

(1)熏花茶

是中国最传统的花茶,又名香片,是将茶叶和香花拼和窨制,利用茶叶的吸附性,使茶叶吸收花香而成。一般而言我国大陆地区多以绿茶窨花,台湾地区多以青茶窨花,目前也逐渐出现了以红茶窨花。花茶富有独特的花香,一般是以窨的花种进行命名,如茉莉花茶、珠兰花茶、白兰花茶、玫瑰花茶、桂花茶等。窨制花茶时,将茶坯及正在吐香的鲜花一层层地堆放,使茶叶吸收花香;待鲜花的香气被吸尽后,再换新的鲜花按上法窨制。花茶香气的高低,取决于所用鲜花的数量和窨制的次数。窨制次数越多,香气越高。市场上销售的普通花茶一般只经过一两次窨制,花茶香气浓郁,饮后给人以芬芳开窍的感觉,特别受到我国华北和东北地区人民的喜爱,近年来还远销海外。

(2)工艺花茶

是近年新发展起来的一类花茶,经过杀青、揉捻、初烘理条、选芽装筒、造型美化、定型烘焙、足干贮藏等工艺流程制作而成。工艺花茶集观赏、饮用、保健为一体,不但外形美观,而且经冲泡后,茶叶吸水膨胀,如同鲜花怒放,绚丽多彩,令人赏心悦目,深受中外茶人的欢迎。

(3)花草茶

花草茶主要是用植物的根、茎、叶、花、皮等部位,单独或综合干燥后,加以煎煮或冲泡的饮料。一经冲泡,杯中的茶叶与花草相互辉映,花形娇美、花色艳丽,闻起来香气宜人,沁人心脾,味道甘爽清醇、回味无穷,不但极具观赏性而且具有一定的营养保健功能。花草茶的茶叶一般选用红茶、绿茶或普洱茶,花草可选用的品种较多,可以是干花草,也可以是鲜花草。常用的花主要有杭白菊、贡菊、茉莉花、玫瑰花、金盏花、梅花、金莲花、熏衣草花、甘菊花、丁香花、红花、锦葵花等;常用的草叶主要有柿叶、荷叶、紫苏、薄荷、甜叶菊、蒲公英、覆盆子、柠檬草等;其他的还可选用一些植物的根、茎、果实,如陈皮、甘草、茴香、枸杞、生姜、白豆蔻、肉桂皮等。常见的花草茶口味有单一花草茶、综合花草茶、果粒混合花草茶、香料调味花草茶等。

2. 紧压茶

紧压茶是以红茶、绿茶、青茶、黑茶为原料,经加工、蒸压成型而成。中国目前生产的紧压茶主要有沱茶、普洱方茶、竹筒茶、米砖、花砖、黑砖、茯砖、青砖、康砖、金尖砖、方包砖、六堡茶、湘尖、紧茶、圆茶和饼茶等。

3. 萃取茶

萃取茶是以成品茶或半成品茶为原料,用热水萃取茶叶中的可溶物,再过滤弃去茶渣。获得的茶汁,可以按需要制成固态或液态。萃取茶主要有罐装饮料茶、浓缩茶和速溶茶等。

4. 果味茶

果味茶是在茶叶半成品或成品中加入果汁后制成的各种含有水果味的茶。这种茶既有茶味,又有果香味,风味独特。目前我国生产的果味茶主要有荔枝红茶、柠檬红茶、山楂茶等。

5. 药用保健茶

药用保健茶是指将茶叶和某些中草药拼合调配后制成的各种保健茶饮。由于茶叶本来就具有营养保健的作用,再经过与一些中草药的调配,更是增强了它的某些防病治病的功效。目前市场上的保健茶饮种类繁多,功效也不尽相同。

6. 含茶饮料

含茶饮料是现代高科技开发出来的新型饮品,在饮料中添加各种茶汁,就成了别具特色的茶饮料。如康师傅冰红茶、冰绿茶等。

(四) 非茶之茶

非茶之茶主要是指那些在市场上与茶叶具有同样功效的保健原料,它们既可以单独饮用,也可与茶叶搭配饮用。如杜仲茶、绞股蓝茶、刺五加茶、虫茶、菊花茶、八宝茶、金莲花茶等。这些茶饮大都是因为具有独特疗效而被人们普遍饮用,因此也被人们称为保健茶。

实践操作

三、认识中国名茶

(一) 名茶的概念与特点

名茶有传统名茶、历史名茶和创新名茶之分。尽管现在人们对名茶的概念尚不十分统一,但综合各方面情况,名茶必须具有以下几个方面的基本特点:

一是要具有独特的风格。主要表现在茶叶的色、香、味、形四个方面。杭州的西湖龙井茶一向以“色绿、香郁、味醇、形美”四绝著称于世,也有一些名茶往往以其一两个特色而闻名。如岳阳的君山银针,芽头肥实,茸毫披露,色泽鲜亮,冲泡时芽尖直挺竖立,雀舌含珠,数起数落,堪为奇观。

二是要有商品的属性。名茶作为一种商品必须在流通领域中显示出来。因而名茶要有一定产量,质量要求高,在流通领域享有很高的声誉。

三是要被社会所承认。名茶不是哪个人封的,而是通过人们多年的品评得到社会承认的。历史名茶,或载于史册,或得到发掘,就是现代恢复生产的历史名茶或现代创制的名茶,也需得到社会的承认或国家的认定。

综上所述,名茶,应是具有独特的外形和优异的品质,色香味俱佳,从而具有较大知名度。名茶的形成除了具备优越的自然条件、生态环境和精心采制加工外,往往还有一定的历史渊源和文化背景。目前我国已有 17 种无公害名茶,全国各地名茶开发总数达 500 多种，产量占全国茶叶总产量的5%（约30 000多吨），产值达8亿多元，占全国茶叶总产值的20%。

何谓中国十大名茶？

西湖龙井、洞庭碧螺春、安溪铁观音、云南普洱茶、黄山毛峰、君山银针、祁门红茶、武夷大红袍、庐山云雾、苏州茉莉花茶。

（二）名优绿茶

1. 西湖龙井

西湖龙井产于浙江省杭州市西湖西南的龙井村四周的狮峰山，梅家坞等地，故名西湖龙井茶。西湖龙井茶历史上曾有"狮"、"龙"、"云"、"虎"、"梅"五个字号。这一带多为海拔30米以上的坡地，西北有白云山和天竺山为屏障，阻挡冬季寒风的侵袭，东南有九溪十八涧，河谷深广，年均气温16℃，年降水量1 600毫米左右，尤其在春茶吐芽时节，常常细雨蒙蒙，云雾缭绕。山坡溪涧之间的茶园，常以云雾为侣，独享雨露滋润。茶区土壤属酸性红壤，结构疏松，通气透水性强。西湖龙井生长在这泉溪密布、气候温和、雨量充沛、四季分明的环境之中，因而造就了西湖龙井茶优良的品质特点。西湖龙井的采制技术有三大特点：一是早，二是嫩，三是勤。清明前采制的龙井茶品质最佳，被称为"明前茶"；谷雨前采制的品质尚好，被称为"雨前茶"。采摘十分注重茶芽的细嫩和完整，必须是一芽一叶，芽叶全长约1.5厘米。通常制作1千克特级西湖龙井茶，需要采摘7万～8万个细嫩的芽叶，再经过挑选，放入温度在80～100℃的光滑的特制铁锅内翻炒，通过"抓、抖、搭、捺、甩、堆、扣、压、磨"等专业手法才能炒制出色泽翠绿、外形扁平光滑、汤色碧绿、滋味甘爽的特级西湖龙井茶叶。

品质特点：高档的西湖龙井茶，外形扁平、挺秀、光洁、匀称，形如碗钉；色泽翠绿、黄绿呈糙米黄色；香气鲜嫩、馥郁、清高持久，沁人肺腑，似花香浓而不浊，如芝兰醇幽有余；味鲜醇甘爽，饮后清淡而无涩感，回味留韵，有新鲜橄榄的回味。冲泡在玻璃杯中，芽叶呈一旗一枪状，芽芽直立，嫩匀成朵，栩栩如生，素以"色绿、香郁、味醇、形美"四绝著称于世。西湖龙井根据原料的嫩度不同，分为特级、1～5级共6个级别。

2. 洞庭碧螺春

产于江苏苏州太湖洞庭东、西山，以碧螺峰的品质最好。因茶树与果树交错种植，茶吸果香，花窨茶味，形成碧螺春花香果味的天然品质。"入山无处不飞翠，碧螺春香千里醉"，正是对洞庭碧螺春的真实写照。相传，碧螺春原名"吓煞人香"，清康熙三十八年(1699)，康熙帝南巡经浙江回京途经苏州太湖，当地巡抚宋荦(luò)以"吓煞人香"茶进献，得到康熙帝的赞誉，特赐名为"碧螺春"。

碧螺春，顾名思义，"碧"是指茶叶碧绿，"螺"是指茶叶外形卷曲如螺，"春"是指茶叶采制于早春时节。碧螺春的采制工艺要求极高，采摘时间从清明开始，到谷雨结束。所采的芽叶必须是一芽一叶初展，芽长1.6～2.0厘米的茶芽。制作1千克优质碧螺春茶需要采摘这样的芽叶12万多个，然后经过精挑细拣，除去杂质，达到芽叶长短一致、大小均匀，再投入到150℃的锅中，凭借两手不停的翻斗上抛（杀青），直至锅中噼啪有声；接着降温热揉，使其条索紧密，卷曲成形，最后搓团显毫，使其干燥，这样才制成条索纤细、卷曲成螺的高级碧螺春茶。碧螺春根据原料嫩度不同，可分为特级、1～4 级共 5 个级别。

品质特点：特级碧螺春茶条索纤细，卷曲成螺，满身披毫，银绿隐翠，香气浓郁，滋味鲜醇甘厚，汤色碧绿清澈。冲泡时应先注水后投茶，让茶叶在杯中徐徐下沉，可领略到碧螺春那芽叶舒展，春满晶宫，清香袭人的奇观神韵美。

3. 黄山毛峰

产于安徽省黄山风景区内的桃花峰，紫云峰一带。黄山毛峰分特级和 1～3 级，共 4 个级别。特级黄山毛峰又分上、中、下三等，1～3 级各分两等。特级黄山毛峰为我国毛峰之极品，一般在清明前后采制，采摘一芽一叶初展的芽叶，经过轻度摊放后进行高温杀青、理条炒制、烘焙而制成。

品质特点：其形似雀舌，色泽嫩绿微黄而油润，俗称“象牙色”，香气清香高长，汤色清澈明亮，滋味鲜浓、醇厚，叶底嫩黄，肥壮成朵。

4. 六安瓜片

产于安徽省六安、金寨、霍山三县，这里山高林密，泉水潺潺，空气相对湿度达 70%以上，年降水量 1 200 毫米左右。金寨县齐云山蝙蝠洞周围，蝙蝠翔集，所排撒的粪便富含磷质，是天然的肥料，致使土壤肥沃，茶树生长繁茂，鲜叶葱翠嫩绿，芽大毫多，使其成品茶叶具有天赋的优异品质，用开水沏泡后，雾气蒸腾，清香四溢，被称之为“齐山云雾”。六安瓜片历史悠久，早在唐代书中就有记载。明代以前，六安瓜片就是专供宫廷饮用的贡茶。据《六安州志》记载：“天下产茶州县数十，惟六安茶为宫廷常进之品。”六安瓜片的采摘标准以对夹二三叶和一芽二三叶为主，经生锅、熟锅、毛火、小火、老火等五道工序。

品质特点：六安瓜片外形似瓜子形的单片，自然平展，叶缘微翘；色泽宝绿，大小匀整；茶汤滋味鲜醇回甘，清香高爽，汤色清澈透亮。

1905 年前后，六安茶行一评茶师，从收购的绿大茶中拣取嫩叶，剔除茶梗，作为新产品应市，获得好评。其他茶行也闻风而动，雇用茶工，如法采制，并起名蜂翅。此举又启发了当地一位茶农，把采回的鲜叶剔除梗芽，并将嫩叶、老叶分开炒制，结果成茶的色、香、味、形均使“蜂翅”相形见绌。于是附近茶农竞相学习，纷纷仿制，因制成茶叶外形顺直完整，形似葵花子，故称“瓜子片”，以后即叫成了“瓜片”。

5. 太平猴魁

产于安徽省黄山市黄山区新明乡的猴坑、猴岗及颜村三村，猴坑地入黄山，林木参天，云雾弥漫，空气湿润，相对湿度超过 80%，茶园土壤肥沃，酸碱度适宜，所产的猴茶品质超群，故名猴魁。其品质按传统分法：猴魁为上品，魁尖次之，再次为贡尖、天尖、地尖、人尖、元尖、弯尖等。猴魁为极品茶，依其品质高低又可分为 1～3 个级别或称上、中、下三魁。

品质特点：太平猴魁茶外形挺直、两端略尖，扁平匀整，肥厚壮实，全身白毫含而不露，色泽苍绿，叶脉呈猪肝色，宛如橄榄；冲泡后芽叶徐徐展开舒放成朵，或悬或沉；茶汤清绿，香气高爽，蕴有诱人的兰花香，味醇爽口。

太平县（现为黄山市黄山区）产茶历史可追溯到明朝以前。清末南京太平春、江南春、叶长春等茶庄，纷纷在太平产区设茶号收购加工尖茶，远销南京等地。江南春茶庄从尖茶中拣出幼嫩芽叶作为优质尖茶应市，一举成功。后来猴坑茶农王老二（王魁成）在凤凰尖茶园，选肥壮幼嫩的芽叶，精工细制成王老二魁尖，现称“魁尖”。由于猴坑所产魁尖风格独特，质量超群，使其他产地魁尖难以“鱼目混珠”，特冠以猴坑地名，叫“猴魁”。

6. 信阳毛尖

产于河南省信阳县，信阳地区的茶园主要分布在车云山、集云山、天云山、云雾山、震雷山等群山的峡谷之间，地势高峻，一般高达800米以上，群峦叠翠，溪流纵横，云雾多。这里还有“豫南第一泉”之称的黑龙潭和白龙潭，景色奇丽。信阳毛尖分为特级、一级、二级和三级四个级别。毛尖独特风格的形成是因为其采制的精巧。以一芽一叶或一芽二叶初展茶芽制作特级和一级毛尖；以一芽二三叶茶芽制作2～3级毛尖。芽叶采下后，分级验收，分级摊放，分别炒制。信阳毛尖曾荣获1915年万国博览会名茶优质奖，1959年被列为中国十大名茶之一。

品质特点：信阳毛尖外形呈直条形，细圆紧直，显白毫，香气清高，滋味醇浓，汤色嫩绿微黄、明亮，叶底嫩匀。

7. 庐山云雾

古称“闻林茶”，从明代起名庐山云雾至今。产于江西省庐山，尤其是五老峰与汉阳峰之间，终日云雾不散，所产之茶为最佳。由于气候条件，云雾茶比其他茶采摘时间晚，一般在谷雨后至立夏之间方开始采摘。以一芽一叶为初展标准，长约3厘米。经过杀青，抖散，揉捻，炒二青，理条，搓条，拣剔，提毫，烘干等九道工序而制成。

品质特点：庐山云雾外形条索紧结重实，色泽碧嫩光滑，芽隐绿；冲泡后香气芬芳高长，具有豆花香，滋味浓醇香甘。

相传，庐山种茶始于汉代，据《庐山志》记载，东汉时，佛教传入我国后，佛教徒便结舍于庐山。当时全山梵宫僧院多到三百多座，僧侣云集。东晋时，庐山成为佛教的一个重要中心，高僧慧远率领徒众在山上居住三十多年，山中栽有茶树。

8. 平水珠茶

产于浙江省绍兴市各县，是浙江省的独特产品，其产区包括浙江的绍兴、诸暨、新昌、萧山、余姚、天台等县，整个产区内山岭盘结，峰峦起伏，溪流纵横，气候温和，青山绿水，不少地方是著名的旅游胜地。平水是浙江绍兴东南的一个著名集镇，历史上很早就是茶叶加工贸易的集散地，各县所产的珠茶，过去多集中在平水进行精制加工、转运出口，故此在国际市场上将此类茶统称为“平水珠茶”。平水珠茶主要出口欧洲和非洲的一些国家，有稳定的市场，深受消费者的青睐。

品质特点：平水珠茶外形浑圆紧结，色泽绿润，身骨重实，好似一颗颗墨绿色的珍珠，冲泡后，颗颗珠茶释放展开，别有一番趣味。茶汤香高味浓，经久耐泡是其一大特点。

（三）名优红茶

红茶是国际茶叶市场上贸易量最大的一类茶叶，占世界茶叶总贸易量的90%以上，印度和斯里兰卡是世界上最大的红茶种植国和输出国。红茶最基本的品质特点是红叶红汤，干茶色泽偏深，红中带乌黑，所以英语称红茶为“Black Tea”。

1. 祁门红茶

简称祁红，产于安徽省祁门县。祁门的槠叶种是全国制作红茶最好的茶树品种。祁门红茶采摘标准较为严格，高档茶以一芽二叶为主，一般均系一芽三叶及相应嫩度的对夹叶。鲜叶采制后，经过萎凋、揉捻、发酵，使芽叶由绿色变成紫铜红色，香气透发，然后以文火烘焙至干。国外把“祁红”与印度的“大吉岭茶”和斯里兰卡的乌巴茶并列为世界公认的三大高香茶。祁红1915年参加巴拿马万国博览会时荣获金奖。

品质特点:祁红外形条索紧结,色泽乌黑泛灰光,俗称“宝光”;内质香气浓郁高长,似蜜糖香,又蕴藏有兰花的香气,汤色红艳,滋味醇厚,回味隽永。

祁门产茶历史悠久,在唐代就很有名。据历史记载,清朝光绪以前祁门是生产绿茶的,清光绪二年(1876),安徽人余干臣始创红茶成功,后来,在他的带动下,附近茶农纷纷改制红茶,逐渐形成祁红产区。

2. 滇红红茶

产于云南省凤庆、临沧、双江等地。制作滇红选用嫩度适宜的云南大叶种茶树鲜叶作原料,这种鲜叶内含的多酚类物质比其他茶树丰富,制成的红茶香高味浓,汤色红艳,品质上乘,是我国工夫红茶的新葩。制作工艺包括萎凋,揉捻或揉切,发酵,干燥,精制等工序。

品质特点:滇红外形条索紧结,肥硕雄壮,干茶色泽乌润,金毫明显,汤色艳丽,香气高长,滋味浓厚鲜爽,在国外广受欢迎。

云南是世界茶叶的原产地,然而,云南红茶的生产仅有50年的历史。1938年底,云南中国茶叶贸易股份公司成立,派人分别到顺宁(今凤庆)和佛海(今勐海)两地试制红茶,利用云南大叶种茶鲜叶试制红茶成功,当时命名为“云红”,后改为“滇红”。后因战事连绵,滇红直至50年代后才开始发展。

(四) 名优乌龙茶

乌龙茶又名青茶,属于半发酵茶类,主要产区为福建、广东、台湾三省。乌龙茶的成品外形紧结重实,干茶色泽青褐,香气馥郁,汤色金黄或橙黄,清澈明亮,滋味醇厚,富有天然的花香,高级的乌龙茶还具有特殊的韵味。

1. 大红袍

大红袍为历史名茶,原产于福建省武夷山市风景区内的九龙窠的悬崖峭壁上。这里独特的生长环境造就了大红袍独特的品质。大红袍母树所在地两旁岩壁直立,太阳直射时间短,温湿的小气候特别适宜茶树的生长,更难得的是崖悬终年有清泉滴下,滋润着茶树,随泉水落下的还有落叶、苔藓等有机物,好比不断地给茶树施天然有机肥。得天独厚的生态环境,使得大红袍“臻山川精英秀气之所钟,品俱岩骨花香之胜”,成为历代贡品。清代咸丰年间,在民间斗茶赛中大红袍被评为武夷四大名枞之首,尊为“武夷茶王”。乾隆皇帝在品评全国各地贡茶后赋诗:“建城杂进土贡茶,一一有味须自领。就中武夷品最佳,气味清和兼骨鲠。”诗中所赞美的武夷茶即大红袍。如今大红袍原产地尚存六棵母树,武夷山市人民政府委托给福建省茶叶龙头企业、武夷星茶业有限公司独家管护、承制。母树所产的大红袍堪称国宝,在2002年广州市茶博会上,20克的母树大红袍拍卖到人民币18万元,被广州市南海渔村酒楼购得,创下中国茶叶拍卖史上的纪录。为了确保这六棵大红袍母树不受损害,当地政府已向人民保险公司投保了1亿元人民币。从20世纪80年代开始,当地政府组织科研人员进行大红袍的无性繁殖攻关取得了成功,现在纯种大红袍已经被商品化生产。

品质特点:大红袍的外形条索紧结,色泽绿褐鲜润,冲泡后汤色橙黄明亮,叶片红绿相间,典型的叶片有绿叶红镶边之美感。香气馥郁有兰花香,香高而持久,“岩韵”明显。

2. 铁观音

铁观音为历史名茶，创制于清乾隆年间(1723—1736)，原产于安溪县西平乡，现已被广泛引种各地。铁观音既是茶树品种的名称，也是商品茶的名称。据有关部门研究表明，安溪铁观音所含的芳香类物质非常丰富，其香气馥郁持久，有兰花香、栀子花香、桂花花香等不同的天然香型，冲泡后开起杯盖立即芬芳扑鼻，满室生香。其茶汤纯爽甘鲜，入口回甘带蜜味，并且还有一种若有若无的令人心醉神迷的独特韵味，茶人们称之为“观音韵”。铁观音曾多次在国内外荣获金奖，1986 年，“新芽牌”铁观音在法国巴黎举行的国际美食博览会上被评为世界十大名茶之一，荣获“金桂奖”。

品质特点：铁观音外观卷曲、壮结、沉重，色泽乌润，富有光泽，砂绿显，红点明，呈“青蒂绿腹蜻蜓头”状，素有“美如观音重如铁”之说。铁观音开泡后汤色金黄或黄绿，艳丽清澈，叶底肥厚明亮，具有绸面光泽。

铁观音的传说

关于“铁观音”的由来有两种传说。一说是安溪县松林头茶农魏荫信佛，每天清晨必奉清茶一杯于观音大士像前，十分虔诚。一天，他上山砍柴，偶见岩石隙间有一株茶树，在阳光的照射下，闪闪发亮，极为奇异，遂挖回精心加以培育，并采摘试制，其成茶沉重似铁，香味极佳，疑为观音所赐，即名为铁观音。另一说是乾隆皇帝一生嗜茶成癖，尝遍名山名茶。一次，他微服游历江南，进入福建一家茶馆品饮了一种茶，感觉其味甘醇爽滑，有一种特殊的天然兰花香气，又色泽暗绿，如铁压手，不觉赞誉此茶香美赛观音。此后不久，当地纷纷传闻那日饮茶客人乃当今皇帝，于是约定俗成此茶名为铁观音，且名声大振。

3. 凤凰单枞

为历史名茶，属于广东乌龙茶类，始创于明朝末年，因原产于广东潮州市潮安县凤凰镇，并经单枞单独制作而得名。凤凰镇生产的乌龙茶以凤凰水仙种的鲜叶为原料，产品分为三个品级。最普通的称为“凤凰水仙”，优质的称为“凤凰浪菜”，而用品质最优异的单株青叶单采单制生产出来的顶级茶才称为“凤凰单枞”。凤凰单枞与大红袍、铁观音等名茶不同，它实际上是众多品质各异的优良单株茶树所产乌龙茶的总称。已知的凤凰单枞至少有 80 多个品系(株系)。这些不同品系的香型也各不相同，有黄枝香、桂花香、米兰香、芝兰香、茉莉香、玉兰香、杏仁香、肉桂香、夜来香、暹朴香，即所谓的“凤凰单枞十大香型”。凤凰水仙茶树讲究“老树出珍品”，最名贵的称之为“宋种”，相传已有数百年树龄。

品质特点：优质凤凰单枞条索较挺直，肥硕油润，汤色橙黄清澈明亮，有优雅自然花香气，滋味浓郁、甘醇、爽口、回甘有独特蜜味，极耐冲泡，有“形美、色翠、香郁、味甘”之誉，1982 年被评为全国名茶。

4. 台湾乌龙茶

台湾乌龙茶是乌龙茶中的极品，也是享誉海内外的历史名茶，其茶树品种及采制技术均来自武夷山，其发酵程度达 50%。在台湾，乌龙茶可按发酵程度分为三类：茶青萎凋后，发酵程度轻(8%～10%)，经炒青、揉捻、干燥等程序生产出来的轻发酵乌龙茶称为“包种”；

发酵度达15%～25%，再经过炒青，揉捻，初干，包揉(热包揉)，干燥等工艺程序生产出来的乌龙茶称为中发酵茶，以冻顶乌龙、高山乌龙为代表；发酵程度达50%的为重发酵茶，以白毫乌龙为代表。

台湾乌龙茶外形优美，披满白毫，故又被称为“白毫乌龙茶”。优质的台湾乌龙茶的品质特点在于茶芽肥壮，茶条较短，含红、黄、白、青、褐五色，鲜艳绚丽；茶汤色呈琥珀般的橙红色，滋味甘醇醉人，带有一股天然熟果的甜蜜香，入口浓厚圆润，过喉爽滑生津，让人一啜难忘，深受欧美等各国上层人士的欢迎，据说英国女皇品饮此茶后龙颜大悦，赐名为“东方美人”(Orient Beauty)。

5. 冻顶乌龙

为台湾历史名茶，属台湾乌龙茶类，创至于清代嘉庆年间(1796—1820)，由柯朝先生将武夷山的茶种传入台湾，而后在南投县鹿谷乡得到发展。冻顶乌龙茶有传统风味与新口味之别。传统风味的冻顶乌龙发酵程度达28%左右，外观色泽墨绿，汤色金黄或蜜黄，带橙红，香气以桂花香、糯米香为上乘，滋味甘醇韵浓。近十多年来，冻顶乌龙逐渐向轻发酵方向发展，一般平均发酵度仅18%左右，外形紧结、整齐、卷曲成球形，色泽墨绿、鲜丽带油光，茶汤颜色春茶为蜜黄色、冬茶为蜜绿色，澄清明丽，有水底光。香气比传统做法更高，花香馥郁，茶汤入口富活性，过喉甘滑、喉韵明显。因为市场销路好，如今“冻顶乌龙”早已发展到南投县以及周边的各个茶区，不再是冻顶山的特产。

据传说，清咸丰五年(1855)，南投鹿谷乡村民林凤池，前往福建赶考，衣锦还乡时带回武夷乌龙茶苗36株，种于冻顶山等地，逐渐发展成当今的冻顶茶园。

(五) 名优黄茶

1. 君山银针

产于湖南省岳阳市洞庭湖君山岛，以注册商标“君山”命名，为黄茶类针形茶。据说初唐时，有一位云游道士名叫白鹤真人，他从海外仙山归来在君山上建寺、挖井，并把带回的8株茶苗种在这里。真人用白鹤井的水冲泡所种的仙茶，水一冲入杯中，立即升起一团白雾，慢慢化为一只白鹤冲天而去，因此茶得名“白鹤茶”。因茶叶产于君山，泡入杯中，茶芽三起三落，而后根根挺立竖于杯底，宛若银针，故后又得名“君山银针”。古时君山银针仅年产一斤多，现在年产量也只有300多公斤。每年清明前三四天开采鲜叶，以春茶首摘的单一茶尖制作，制1公斤君山银针约需5万个茶芽。君山银针的制作工艺虽然精湛，但对其外形并不作修饰，保持其原状即可，只从色、香、味三个方面下工夫。

品质特点：君山银针成品外形芽头茁壮，坚实挺直，白毫如羽，芽身金黄光亮，素有“金镶玉”之美称；内质毫香鲜嫩，汤色杏黄明净，滋味甘醇甜爽，叶底肥厚匀亮。从古至今，以其色、香、味、奇并称四绝。

2. 蒙顶黄芽

产于四川省名山县蒙顶山山区，以“黄山牌”注册商标名世，因生产厂家注册商标不同，故茶名有“山”与“顶”之别。蒙顶茶栽培始于西汉，距今已有两千年的历史了，古时为贡品供历代皇帝享用，新中国成立后曾被评为全国十大名茶之一。

蒙顶黄芽以每年清明节前采下的鳞片开展的圆肥单芽为原料成品茶，芽条匀整，扁平挺直，色泽黄润，全毫显露。汤色黄中透碧，甜香鲜嫩，甘醇鲜爽，叶底全芽嫩黄。

（六）名优白茶

白茶是我国茶类中的特殊珍品，主产于福建省福鼎、政和、建阳等县，主要销往东南亚和欧洲。因其成品茶多为芽头，满披白毫，如银似雪而得名。白茶分为芽茶和叶茶两类。采用单芽为原料加工而成的为芽茶，称之为银针；采用完整的一芽一叶加工而成的为叶茶，称之为白牡丹。

1. 白毫银针

简称银针，又叫白毫，产于福建省福鼎县和政和县。1891 年开始外销，1912 年至 1916 年达到鼎盛，1982 年被评为全国名茶。银针白毫芽头肥壮，遍披白毫，挺直如针，色白似银。开汤后，汤色杏黄，茶芽芽尖向上，先浮后沉，上下交错，熠熠生辉，好似群笋出土，蔚为杯中奇观，被茶人们形象的称为“正直之心”。白毫银针香气嫩爽、滋味醇厚、味甘性寒，有明显的降火退热、清凉解毒之功效。

2. 白牡丹

原产于福建省建阳县水吉。因绿叶夹银色白毫芽形似花朵，冲泡后绿叶托着嫩芽，宛若蓓蕾初开，故名白牡丹。成品白牡丹两叶抱一芽，芽叶连枝，叶绿垂卷，叶态自然，夹以银白毫心，称为“抱心形”。冲泡后绿叶映衬绿芽，宛如蓓蕾初绽，绚丽秀美。汤色杏黄明亮，香气鲜嫩持久，味道清醇微甜，叶底均匀完整，绿叶之间叶脉微红，故有“红妆素裹”之誉。

3. 贡眉

产于福建省建阳、建瓯、浦城等县（市），以菜茶的芽叶为原料，俗称“小白”，以别于用福鼎大白茶、政和大白茶芽叶生产的“大白”。优质贡眉色泽翠绿，汤色橙黄或深黄，叶底匀整、柔软、鲜亮，味道醇爽、香气鲜醇，主销香港、澳门地区，贡眉为上品，寿眉次之。

（七）名优黑茶

黑茶按照加工方法及形状不同，可分为散装黑茶和压制黑茶两类。散装黑茶中较具代表性且市场销量较大的主要有普洱茶。压制黑茶中较具代表性且市场销量较大的主要有茯砖茶、康砖茶、金尖茶、沱茶、六堡茶、七子饼茶等。

1. 普洱茶

产于云南普洱及西双版纳、思茅等地，因自古以来即在普洱集散，因而得名。普洱茶的生产历史十分悠久，可以追溯到东汉时期，距今已达 2 000 年之久。民间有“武侯遗种”（武侯是指三国时期的丞相诸葛亮）的说法，故普洱茶的种植利用至少已有 1 700 多年的历史。唐朝时普洱名为步日，银生茶为普洱茶的前身，元朝时称之为普茶，明万历年才定名为普洱茶，极盛时期是在清朝。《普洱府志》记载：“普洱所属六大茶山……周八百里，入山作茶者十余万人”，可知当时盛况。思茅与西双版纳一带为其主要原料生产地，普洱与思茅为加工和集散中心，明朝时期以普洱为中心向外辐射六条茶马古道，将普洱茶行销至中国本土、西藏、越南、缅甸、泰国等地，并转运到港澳、东南亚，甚至欧洲。光绪二十三年（1897）以后，法国、英国先后在思茅设立海关，增加了普洱茶的出口远销，普洱茶马古道随之兴旺。

普洱茶以云南大叶种茶树鲜叶为原料，加工中有一道泼水堆积发酵的特殊工艺，使得成茶有一股独特的陈香。普洱茶具有降血脂、减肥、助消化、醒酒、解毒等诸多功效。人们在吃过酒肉后，常泡一杯普洱茶，以助消化和醒酒提神，普洱茶流行于许多国家和港澳地区，被称为美容茶、减肥茶和益寿茶。用普洱茶蒸压后可制成普洱沱茶，七子饼茶，普洱茶砖。

品质特点：普洱散茶外形条索肥硕，色泽褐红，呈猪肝色或带灰白色。冲泡后汤色红浓明亮，香气具有独特陈香，叶底褐红色，滋味醇厚回甘，饮后令人心旷神怡。普洱沱茶，外形呈碗状，每个重量为100克和250克两种。普洱方茶呈长方形，规格为15厘米长、10厘米宽、3.35厘米厚。七子饼茶形似圆月，为多子、多孙、多富贵之意。

2. 黑砖茶

为现代名茶，创制于1939年5月，原产于湖南省安化县白沙溪茶厂，以安化三级黑毛茶为主要原料，拼入少量四级黑毛茶后经过毛茶处理，蒸压定型和包装刷唛等工艺程序制成。其中白沙溪茶厂的黑砖1988年获全国首届食品博览奖，1995年被中国茶叶流通协会授予中国茶叶名牌产品证书，主销山西、陕西、宁夏、甘肃、内蒙古等地，深受各族人民的欢迎。

黑砖茶外形呈长方形，有2千克、0.5千克、0.45千克三种规格。砖面色泽黑褐，外形平整，四角分明。内质香气纯正，滋味浓厚微涩，汤色红黄微暗，叶底暗褐。

3. 沱茶

外形似一个倒扣着的厚壁碗，直径约8厘米左右。有绿茶沱茶和黑茶沱茶之分。绿茶沱茶用晒青绿茶蒸压而成，称云南沱茶和重庆沱茶；黑茶沱茶以普洱散茶蒸压而成，称云南普洱沱茶。云南沱茶香气馥郁、滋味醇厚，曾获国家银质奖和全国名茶称号；重庆沱茶曾获国际金奖；云南普洱沱茶有独特的陈香，滋味醇厚，有显著的降血脂功效，也曾获国际金奖。

（八）名优花茶

1. 茉莉花茶

又名香片，是花茶中产销量最多的品种，以福建福州宁德和江苏所产品质最好。茉莉花茶是选用特种造型工艺茶或经过精制后的绿茶茶坯与茉莉鲜花窨制而成。窨制时，将经加工干燥的茶叶（多烘青绿茶制成茉莉烘青，或用特色名茶如龙井、大方、毛峰等，制成特种茉莉花茶）与含苞待放的茉莉鲜花按一定比例拼和，经通花，起花，复火，提花等工序即成。茉莉花茶除具有绿茶某些性能外，还具有很多绿茶所没有的保健作用，它既保持了绿茶浓郁爽口的天然茶味，又饱含茉莉花的鲜灵芳香。茉莉花茶是在绿茶的基础上加工而成，但是在加工过程中其内质会发生一定的理化作用，减弱饮用绿茶时的涩感，使其滋味更加鲜浓醇厚，更易上口。这也是北方人喜爱喝茉莉花茶的一个重要原因。

2. 珠兰花茶

是选用黄山毛峰、徽州烘青、老竹大方等优质茶为茶坯，加入珠兰或米兰窨制而成。由于珠兰花香持久，茶叶完全吸附花香需要较长时间，因此珠兰花茶要适当储存一段时间（3～4个月），其香气更为浓郁隽永。珠兰花茶由于既有兰花的幽雅芳香，又有绿茶的鲜爽甘美，因此尤其受到女士的青睐。主要产于安徽歙县，此外，福建、广东、浙江、江苏、四川等地亦生产。

模拟实训

1. 实训安排

实训项目	中国名茶推荐
实训要求	(1) 掌握中国十大名茶的外形特征、品质特点 (2) 能够针对中国十大名茶的品质特点进行推荐
实训时间	50 分钟
实训环境及工具	(1) 可以进行名茶识别的模拟茶艺室 (2) 多媒体教室、中国十大名茶
实训方法	示范讲解、情境模拟、小组讨论法

2. 实训步骤及标准

(1) 分组讨论,对展示台上的茶叶进行分类;

(2) 确定各茶叶的名称、产地;

(3) 通过看、闻、查(查阅资料)、问(向老师询问了解)进一步了解茶叶的品质特点、历史典故等茶文化知识。

3. 中国名茶推荐(中英文)

中国名茶	中文介绍	英文介绍
西湖龙井 West Lake Longjing (Dragon Well) Tea	高档的西湖龙井茶,外形扁平、挺秀、光洁、匀称,形如碗钉;色泽翠绿、黄绿呈糙米黄色;香气鲜嫩、馥郁、清高持久,沁人肺腑,似花香浓而不浊,如芝兰醇幽有余;味鲜醇甘爽,饮后清淡而无涩感,回味留韵,有新鲜橄榄的回味。冲泡在玻璃杯中,芽叶呈一旗一枪状,芽芽直立,嫩匀成朵,栩栩如生,素以"色绿、香郁、味甘、形美"四绝著称于世。	The appearance of top grade West Lake Longjing (Dragon Well) Tea is characterized by flatness, straightness, smoothness and evenness in its jade-green or yellow-green color. It has delicate, rich and durable fragrance of flower. It tastes refreshing, sweet and mellow but not astringent. It has sweet and durable aftertaste of fresh olive. Infused in a glass, its buds and leaves look like "spears and flags". With its straight buds and even leaves, it's extremely lively. Dragon Well Tea is known throughout the world for its four unique qualities "green color, delicate aroma, mellow taste and beautiful shape".
黄山毛峰 Huangshan Maofeng Tea	形似雀舌,色泽嫩绿微黄而油润,俗称"象牙色",香气清香高长,汤色清澈明亮,滋味鲜浓,醇厚,叶底嫩黄,肥壮成朵。	The tea leaf of Huangshan Maofeng Tea looks like a swallow's tongue. It is glossy in tender yellow-green color. It has delicate and lingering aroma, clear and bright tea liquor, and fresh and mellow taste. The infused tea leaves are tender yellow, fat and strong with bud and leaf being together.

续表

中国名茶	中文介绍	英文介绍
洞庭碧螺春 Biluochun Tea	特级碧螺春茶条索纤细，卷曲成螺，满身披毫，银绿隐翠，香气浓郁，滋味鲜醇甘厚，汤色碧绿清澈。冲泡时应先注水后投茶，让茶叶在杯中徐徐下沉，可领略到碧螺春那雪花飞舞、芽叶舒展、春满晶宫、清香袭人的奇观神韵美。	The top-grade Biluochun Tea, with soft fuzz on it, has slender and green leaf that curls into the shape of spiral, strong and floral aroma, fresh and sweet taste, as well as green clear liquor. For making Biluochun Tea, the water should be poured before the tea, letting the tea leaves go down slowly in the glass. We can feel the charm and beauty of Biluochun Tea — as fresh fragrance coming, leaves and buds unfold gently in the crystal glass, just like dancing snow flakes.
信阳毛尖 Xinyang Maojian Tea	信阳毛尖外形呈直条形，细圆紧直，显白毫，香气清高，滋味醇浓，汤色嫩绿微黄、明亮，叶底嫩匀。	Xinyang Maojian Tea has straight, thin, round and tight leaves with white fuzz on. It gives out the fresh and enduring fragrance as well as rich and mellow taste. The tea liquor is yellow-green and steeped leaves are tender and even.
六安瓜片 Liuan Guapian Tea	六安瓜片外形似瓜子形的单片，自然平展，叶缘微翘；色泽宝绿，大小匀整；茶汤滋味鲜醇回甘，清香高爽，汤色清澈透亮。	Liuan Guapian Tea is single-leafed like a sunflower seed. It is flat, stretched and even with slightly curly edge in green color. It has fresh taste and sweet aftertaste, delicate and durable aroma, as well as clear and transparent liquor.
祁门红茶 Keemun Black Tea	祁红外形条索紧结，色泽乌黑泛灰光，俗称"宝光"；内质香气浓郁高长，似蜜糖香，又蕴藏有兰花的香气，汤色红艳，滋味醇厚，回味隽永。	Keemun Black Tea leaves are tight-stripped and look dark green with grey glimmer, commonly called "the glimmer of treasure". It gives out the rich and enduring aroma, which smells like honey and orchid. It has bright and red liquor color, pure and mellow taste, as well as sweet and lingering aftertaste.
铁观音 Tieguanyin (Iron Mercy Goddess) Tea	铁观音外观卷曲、壮结、沉重，色泽乌润，富有光泽，砂绿显，红点明，呈"青蒂绿腹蜻蜓头"状，素有"美如观音重如铁"之说。铁观音冲泡后汤色金黄或黄绿，艳丽清澈，叶底肥厚明亮，具有绸面光泽。	Tieguanyin (Iron Mercy Goddess) Tea leaf is curled, strong and heavy in dark green color with luster. It is sand-green with a red spot, looking like the head of dragon fly. Therefore, it wins a reputation of being "as elegant as Mercy Goddess, and as heavy as iron". When steeped, Tieguanyin (Iron Mercy Goddess) liquor is golden or yellow-green, bright and clear. The infused tea leaves are fat and thick, soft and glossy, just like silk.

续表

中国名茶	中文介绍	英文介绍
大红袍 Dahongpao Tea	大红袍的外形条索紧结，色泽绿褐鲜润，冲泡后汤色橙黄明亮，叶片红绿相间，典型的叶片有绿叶红镶边之美感。香气馥郁有兰花香，香高而持久，"岩韵"明显。	Dahongpao Tea has tight-stripped leaves in glossy green-brown color. When steeped, its liquor is bright in orange color. With dark-red color on the edges of the tea leaves and green color in the center, its beauty is described as "green leaves with red edges". It has strong and durable fragrance with orchid aroma and the obvious "rock charm".
冻顶乌龙 Dongding Oolong Tea	冻顶乌龙茶外形紧结、整齐，卷曲成球形，色泽墨绿、鲜丽带油光，茶汤颜色为蜜黄色或蜜绿色、澄清明丽，有水底光。	Dongding Oolong Tea is tight, even and curls into the shape of a ball. It is bright and glossy in dark-green color. The liquor is honey-yellow or yellow-green.
君山银针 Junshan Silver Needle Tea	君山银针成品外形芽头茁壮，坚实挺直，白毫如羽，芽身金黄光亮，素有"金镶玉"之美称；内质毫香鲜嫩，汤色杏黄明净，滋味甘醇甜爽，叶底肥厚匀亮。从古至今，以其色、香、味、奇并称四绝。	Junshan Silver Needle Tea has strong and straight tea buds covered with soft white fuzz and it takes on a glimmering golden color. That's why it is also called "jade set in gold". It has fresh and delicate fragrance, clear apricot-yellow liquor color and sweet mellow taste. The infused tea leaves are fat, thick, even and bright. Through the ages, its color, fragrance, taste and peculiar shape are known as "the four bests".
云南普洱 Yunnan Pu'er Tea	普洱散茶外形条索肥硕，色泽褐红，呈猪肝色或带灰白色。冲泡后汤色红浓明亮，香气具有独特陈香，叶底褐红色，滋味醇厚回甘，饮后令人心旷神怡。	The loose-leafed Pu'er Tea is characterized by its big leaves and brown-red color with white fuzz in the stripes. After brewing, the liquor is bright and red with its unique aged aroma and tea leaves have become brown-red. Having enjoyed the mellow taste and sweet aftertaste, you'll feel relaxed and happy.
茉莉花茶 Jasmine Tea	茉莉花茶是在绿茶的基础上加工而成的，既保持了绿茶浓郁爽口的天然茶味，又饱含茉莉花的鲜灵芳香。在加工过程中其内质会发生一定的理化作用，减弱饮用绿茶时的涩感，使其滋味更加鲜浓醇厚，更易上口。	Jasmine Tea is made on the base of green tea and it has both the refreshing flavor of tea and the fresh fragrance of jasmine flower. In the producing process, the astringent taste of green tea is reduced after the physical and chemical change and jasmine tea tastes more fresh, mellow and tasty.

4. 填写实训报告单

班级：________ 组别：________ 姓名：________ 学号：________

项目 茶叶名称	所属类别	产地	历史典故	采制	特点
西湖龙井 West Lake Longjing (Dragon Well) Tea					
黄山毛峰 Huangshan Maofeng Tea					
洞庭碧螺春 Biluochun Tea					
信阳毛尖 Xinyang Maojian Tea					
六安瓜片 Liuan Guapian Tea					
祁门红茶 Keemun Black Tea					
铁观音 Tieguanyin (Iron Mercy Goddess) Tea					
大红袍 Dahongpao Tea					
冻顶乌龙 Dongding Oolong Tea					
君山银针 Junshan Silver Needle Tea					
云南普洱 Yunnan Pu'er Tea					
茉莉花茶 Jasmine Tea					

工作任务二　茶叶识别

案例导入

品尝销售

御茶园是一家以经营各类茶叶销售和茶艺服务为主的综合性茶楼。最近为了扩大茶叶的销售，茶楼搞了一次独特的营销策划"销售茶叶"，即凡是有客人购买茶叶，服务人员都要为客人选择几种同类茶叶并提供现场冲泡服务，以便客人进行试尝和选择。这种方法一经推出，立即受到了客人们的好评，并且吸引了大量顾客前来购买茶叶。

点评：专业的茶叶鉴别是需要掌握大量的茶叶知识的，如各类茶叶的生产工艺、等级标准、价格行情，以及茶叶的审评、检验等方法。而对于一般的茶叶消费者来说，日常购茶只要能够掌握“一看、二闻、三品”这三步茶叶鉴别方法就可以对茶叶的品质进行一个初步的判断了。御茶园的品尝销售茶叶正是通过“一看、二闻、三品”这种方法使消费者全面了解茶叶的品质，这种独特的销售方法有效地提升了御茶园的品牌效应。

理论知识

茶叶的选购不是易事，要想得到好茶叶，需要掌握大量的知识，如各类茶叶的等级标准、价格行情，以及茶叶的审评、检验方法等。茶叶的好坏，主要从色、香、味、形四个方面鉴别，但是对于普通饮茶之人，购买茶叶时，一般只能观看干茶的外形和色泽，闻干香，使得判断茶叶的品质更加不易。

一、茶叶鉴别

（一）真假茶的鉴别

真茶与假茶，一般可用感官审评的方法去鉴别。就是通过人的视觉、感觉和味觉器官，抓住茶叶固有的本质特征，用眼看、鼻闻、手摸、口尝的方法，最后综合判断出是真茶还是假茶。鉴别真假茶时，通常首先用双手捧起一把干茶，放在鼻端，深深吸一下茶叶气味，凡具有茶香者，为真茶；凡具有青腥味，或夹杂其他气味者即为假茶。同时，还可结合茶叶色泽来鉴别，用手抓一把茶叶放在白纸或白盘子中间，摊开茶叶，精心观察，倘若绿茶深绿，红茶乌润，乌龙茶乌绿，且每种茶的色泽基本均匀一致，当为真茶。若茶叶颜色杂乱，很不协调，或与茶的本色不相一致，即有假茶之嫌。如果通过闻香观色还不能做出抉择，那么，还可取适量茶叶，放入玻璃杯或白色瓷碗中，冲上热水，进行开汤审评，进一步从汤的香气、汤色、滋味上加以鉴别，特别是可以从已展开的叶片上来加以辨别：

1. 真茶的叶片边缘锯齿上半部密而下半部稀而疏，近叶柄处平滑无锯齿；假茶叶片则多数叶缘四周布满锯齿，或者无锯齿。

2. 真茶主脉明显，叶背叶脉凸起。侧脉7～10对，每对侧脉延伸至叶缘三分之一处向上弯曲呈弧形，与上方侧脉相连，构成封闭形的网状系统，这是真茶的重要特征之一；而假茶叶片侧脉多呈羽毛状，直达叶片边缘。

3. 真茶叶片背面的茸毛，在放大镜下可以观察到它的上半部与下半部是呈45～90度角弯曲的；假茶叶片背面无茸毛，或与叶面垂直生长。

4. 真茶叶片在茎上呈螺旋状互生；假茶叶片在茎上通常是对生，或几片叶簇状生长。

（二）春茶、夏茶、秋茶的识别

1. 干看

主要从干茶的色、香、形三个因子上加以判断。凡绿茶色泽绿润，红茶色泽乌润，茶叶肥壮重实，或有较多白毫，且红茶、绿茶条索紧结，珠茶颗粒圆紧，而且香气馥郁，是春茶的品质特征；凡绿茶色泽灰暗，红茶色泽红润，茶叶轻飘松宽，嫩梗宽长，且红茶、绿茶条索松散，珠茶颗粒松泡，香气稍带粗老，是夏茶的品质特征；凡绿茶色泽黄绿，红茶色泽暗红，茶叶大小不一，叶张轻薄瘦小，香气较为平和，为秋茶的标志。

在购茶时还可结合偶尔夹杂在茶叶中的茶花、茶果来判断是何季茶。如果发现茶叶中夹有茶树幼果，其大小近似绿豆时，那么就可以判断为春茶；若幼果接近豌豆大小，那么可以判断为夏茶；若茶果直径已超过0.6厘米，那么便可以判断为秋茶。不过，秋茶时由于鲜茶果的直径已达到1厘米左右，一般很少会有夹杂。而且茶叶在加工过程中，通过筛分、拣剔，很少会有茶树花、果夹杂。所以在判断季节茶时，必须进行综合分析，方可避免片面性。

2. 湿看

就是对茶叶进行开汤审评，作进一步判断。凡茶叶冲泡后下沉快，香气浓烈持久，滋味醇厚，绿茶汤色绿中显黄，红茶汤色艳现金圈、叶底柔软厚实，正常芽叶多者即为春茶；凡茶叶冲泡后，下沉较慢，香气稍低，绿茶滋味欠厚稍涩，汤色青绿，叶底中夹杂铜绿色芽叶，红茶滋味较强欠爽，汤色红暗，叶底较红亮、叶底薄而较硬，夹叶较多者即为夏茶；凡茶叶冲泡后香气不高、滋味平淡、叶底夹有铜绿色芽叶、叶张大小不一、夹叶多者即为秋茶。

（三）高山茶与平地茶的识别

高山茶与平地茶相比，由于生态环境有别，不仅茶叶形态不一，而且茶叶内质也不相同。相比而言两者的品质特征有如下区别：

(1) 高山茶新梢肥壮，色泽翠绿，茸毛多，节间长，鲜嫩度好。由此加工而成的茶叶，往往具有特殊的花香，而且香气高，滋味浓，耐冲泡，条索肥硕、紧结，白毫显露。

(2) 平地茶的新梢短小，叶底硬薄，叶张平展，叶色黄绿少光。由它加工而成的茶叶，香气稍低，滋味较淡，条索细瘦，身骨较轻。在上述众多的品质因子中，差异最明显的就是香气和滋味两项。

（四）香花茶与拌花茶的区分

花茶，又称香花茶、熏花茶、香片等。它以精制加工而成的茶叶（又称茶坯），配以香花窨制而成，是我国特有的一种茶叶品类。花茶既具有茶叶的爽口浓醇之味，又具鲜花的纯清雅香之气。所以，自古以来，茶人对花茶就有"茶引花香，以益茶味"之说。

目前市场上的花茶主要有香花茶与拌花茶的区分。

1. 香花茶

窨制花茶的原料，一是茶坯，二是香花。茶叶疏松多细孔，具有毛细管的作用，容易吸收空气中的水汽和气体。它含有的高分子棕榈酸和萜烯类化合物，也具有吸收异味的特点。花茶窨制就是利用茶叶吸香和鲜花吐香两个特性，一吸一吐，使茶味花香合二而一，这就是窨制花茶的基本原理。花茶经窨制后，要进行提花，就是将已经失去花香的花干，进行筛分剔除，尤其是高级花茶更是如此。只有少数香花的片、末偶尔残留于花茶之中。

2. 拌花茶

拌花茶就是在未经窨花和提花的低级茶叶中，拌上一些已经窨制、筛分出来的花干，充作花茶。这种花茶，由于香花已经失去香味，茶叶已无香可吸，拌上些花干只是造成人们的一种错觉而已。所以从科学角度而言，只有窨花茶才能称作花茶，拌花茶实则是一种假冒花茶。

3. 香花茶与拌花茶的识别

要区分香花茶与拌花茶，通常用感官审评的办法进行。审评时，只要用双手捧上一把茶，用力吸一下茶叶的气味，凡有浓郁花香者，为香花茶；茶叶中虽有花干，但只有茶味，却无花香者乃是拌花茶。一般说来，上等窨花茶，经冲泡后，头泡香气扑鼻，二泡香气纯正，三泡仍留余香。上面所有这些，在拌花茶中是无法达到的，最多在头泡时尚能闻到一些低沉的香气，或者是根本闻不到香气。

（五）新茶与陈茶的鉴别

对于大部分茶叶而言，还是“以新为贵”。要判断新茶与陈茶，可以从以下三个方面进行辨别：

1. 可以根据茶叶的色泽分辨陈茶与新茶。大抵来说，绿茶色泽青翠碧绿，汤色黄绿明亮；红茶色泽乌润，汤色红橙泛亮，是新茶的标志。

2. 可从香气分辨新茶与陈茶。随着时间的延长，茶叶的香气就会由高变低，香型就会由新茶时的清香馥郁而变得低闷混浊。

3. 可从茶叶的滋味去分辨新茶与陈茶。不管何种茶类，大凡新茶的滋味都醇厚鲜爽，而陈茶却显得淡而不爽。

总之，新茶都给人以色鲜、香高、味醇的感觉。当然，只要保存得当，即使是隔年陈茶，同样具有香气馥郁、滋味醇厚的特点。

明前茶品质好价格高的原因

对茶叶来说，清明是个重要的分界线，清明前采摘制成的茶叶俗称“明前茶”。“明前金，明后银”，意思是说过了清明节，茶叶的品质和价格就下降了。明前茶的香气物质和滋味物质含量丰富，因此品质非常好。清明前气温普遍较低，茶树体内的养分得到充分积累，加上春季气温低，茶树生长速度缓慢，芽叶细嫩，叶张厚实，能达到采摘标准的产量很少，物以稀为贵。

这一时期的茶叶，叶绿素含量高，尤其是叶绿素 A 含量较高，因此制成的绿茶色泽绿润，冲泡后如朵朵兰花或片片竹叶。其氨基酸的含量很高，一些具有清香或熟栗香的挥发性成分含量也较高，而具有苦涩味的茶多酚含量相对较低，使得茶叶入口香高而味醇。

实践操作

二、茶叶审评

茶叶审评是一项难度较高、技术性较强的工作，也是每一个从事茶艺工作的人员必须掌握的基本技能。要掌握这一技能，一方面要通过长期的实践来锻炼自己的嗅觉、味觉、视觉、触觉，使自己具备敏锐的审辨能力。一方面要学习有关的理论知识，如茶叶审评对环境的要求、审评抽样、用水选择、茶水比例、泡茶的水温及时间、审评程序等。

（一）茶叶感官审评室的环境与设施

1. 环境条件

茶叶感官审评室应空气清新、无异味，温度和湿度使感官审评人员感觉适宜，室内安静、整洁。审评室应背南面北开窗，室内的墙壁和天花板应刷成白色，使室内光线柔和明亮，无异色反光。

2. 茶叶感官审评室的设施要求

(1) 评茶台。评茶台分为干评台和湿评台。干评台是评定茶叶外形的工作台，一般高

90 厘米，宽 60 厘米，长度依实际需要而定。台面漆成无反射光的黑色，靠北窗安放。湿评台是评定茶叶内质的工作台，一般高 85 厘米，宽 45 厘米，长 150 厘米，台面漆成无反射光的乳白色，安放在干评台后 1 米左右。

(2) 样茶柜架。审品室内可配置适当的样茶柜架用以存放待评茶叶。

(3) 审评用具。审评杯碗、评茶盘(匾)、称茶器、网匙、计时器、吐茶桶。

(4) 审评用水。凡新鲜的雨水、自来水、井水和地表水符合下列条件的都可用于审评用水：第一，理化指标及卫生指标应符合中华人民共和国 GB 5149《生活饮用水卫生标准》的规定；其次，水质无色、透明、无沉淀、不得含有杂质。

(二) 茶叶审评程序

1. 干茶取样

将干茶放于专用的茶样盘中，评定茶叶的大小、粗细、轻重、长短、碎片、末茶情况。干茶的外形，主要从五个方面来看，即嫩度、条索、色泽、整碎和净度。

(1) 嫩度。是决定茶叶品质的基本因素，所谓“干看外形，湿看叶底”，就是指嫩度。一般嫩度好的茶叶，容易符合该茶类的外形要求(如龙井之“光、扁、平、直”)。此外，还可以从茶叶有无锋苗去鉴别。锋苗好，白毫显露，表示嫩度好，做工也好。如果原料嫩度差，做工再好，茶条也无锋苗和白毫。但是不能仅从茸毛多少来判别嫩度，因各种茶的具体要求不一样，如极好的狮峰龙井是体表无茸毛的。再者，茸毛容易假冒，人工做上去的很多。芽叶嫩度以多茸毛做判断依据，只适合于毛峰、毛尖、银针等“茸毛类”茶。

(2) 条索。指各类茶应具有一定的外形规格，如炒青条形、珠茶圆形、龙井扁形、红碎茶颗粒形等等。一般长条形茶，看松紧、弯直、壮瘦、圆扁、轻重；圆形茶看颗粒的松紧、匀正、轻重、空实；扁形茶看平整光滑程度是否符合规格。一般来说，条索紧、身骨重、圆(扁形茶除外)而挺直，说明原料嫩，做工好，品质优；如果外形松、扁(扁形茶除外)、碎，并有烟、焦味，说明原料老，做工差，品质劣。

(3) 色泽。茶叶色泽与原料嫩度、加工技术有密切关系。各种茶均有一定的色泽要求，如红茶乌黑油润、绿茶翠绿、乌龙茶青褐色、黑茶黑油色等。但是无论何种茶类，好茶均要求色泽一致，光泽明亮，油润鲜活，如果色泽不一，深浅不同，暗而无光，说明原料老嫩不一，做工差，品质劣。茶叶的色泽还和茶树的产地以及季节有很大关系。如高山绿茶，色泽绿而略带黄，鲜活明亮；低山茶或平地茶色泽深绿有光。制茶过程中，由于技术不当，也往往使色泽劣变。

购茶时，应根据具体购买的茶类来判断。比如龙井，最好的狮峰龙井，其明前茶并非翠绿，而是有天然的糙米色，呈嫩黄。这是狮峰龙井的一大特色，在色泽上明显区别于其他龙井。因狮峰龙井卖价奇高，茶农会制造出这种色泽以冒充狮峰龙井。方法是在炒制茶叶过程中稍稍炒过头而使叶色变黄。真假之间的区别是，真狮峰匀称光洁、淡黄嫩绿、茶香中带有清香；假狮峰则角松而空，毛糙，偏黄色，茶香带炒黄豆香。不经多次比较，确实不太容易判断出来。但是一经冲泡，区别就非常明显了。炒制过火的假狮峰，完全没有龙井应有的馥郁鲜嫩的香味。

(4) 整碎。指茶叶的外形和断碎程度应以匀整为好，断碎为次。

(5) 净度。主要看茶叶中是否混有茶片、茶梗、茶末、茶籽和制作过程中混入的竹屑、木片、石灰、泥沙等夹杂物的多少。净度好的茶，不含任何夹杂物。此外，还可以通过茶的干香来鉴别净度。无论哪种茶都不能有异味，青气、烟焦味和熟闷味均不可取。

2. 开汤审评

是指在专用的审茶杯中将干茶用沸水冲泡后将茶汤倒入审茶杯中，观察茶叶内质的汤色、香气、滋味、叶底等四个因子。先嗅香气、再看汤色、细尝滋味、后评叶底。茶叶感官审评，是根据茶叶的形、质特性对感官的作用，来辨明茶叶品质的高低。通过视觉、嗅觉、味觉、触觉，对茶叶的优次进行评定，是目前国际上对茶叶等级评定最通用的方法。审评时，先干茶审评而后开汤审评。

(1) 汤色。是茶叶形成的各种色素，溶解于沸水中而反映出来的色泽。汤色在审评中变化较快，为了避免色泽的变化，审评中要先看汤色或者嗅香气与看汤色结合进行。

汤色审评主要抓住色度、亮度、清浊度三个方面。常用的评茶术语有：

清澈：茶汤清净透明有光泽。

鲜艳：汤色鲜明有活力。

鲜明：汤色明亮略有光泽。

明亮：茶汤清净透明。

乳凝：茶汤冷却后出现的乳状混浊现象。

混浊：茶汤中有大量悬浮物，透明度差，是劣质茶的表现。

(2) 香气。是茶叶冲泡后随水蒸气挥发出来的气味。由于茶类、产地、季节、加工方法的不同，就会形成与这些条件相应的香气。如红茶的甜香、绿茶的清香、乌龙茶的果香或花香、高山茶的嫩香等。审评香气除辨别香型外，主要比较香气的纯异、高低、长短。香气纯异是指香气与茶叶应有的香气是否一致，是否夹杂其他异味；香气高低可用浓、鲜、清、纯、平、粗来区分；香气的长短也就是香气的持久性，香高持久是好茶。常用的评茶术语有：

清高：清香高而持久。

清香：清鲜爽快。

纯正：茶香不高不低，纯净正常。也适用于红茶香气。

平正：茶香较低，但无异杂气。也适用于红茶香气。

焦香：烘干充足或火攻高，使之带有饴糖甜香。

甜和：香气虽不高，但有甜感。

果香：类似某种干鲜果香。

(3) 滋味。是评茶人的口感反应。评茶时首先要区别滋味是否纯正，一般纯正的滋味可以分为浓淡、强弱、醇和几种；不纯正的滋味有苦涩、异味。好的茶叶浓而鲜爽，刺激性强，或者富有收敛性。常用的评茶术语有：

回甘：回味较佳，略有甜感。

浓厚：茶汤味厚，刺激性强。

浓醇：浓爽适口，回味甘醇。刺激性比浓厚弱而比醇厚强。

醇厚：茶味纯正浓厚，有刺激性。

醇正：清爽正常，略带甜。

醇和：醇而平和，带甜。刺激性比醇正弱而比平和强。

平和：茶味正常，刺激性弱。

淡薄：入口稍有茶味，以后就淡而无味。

涩：茶汤入口后，有麻嘴厚舌的感觉。

苦：入口即有苦味，后味更苦。

(4) 叶底。是冲泡后剩下的茶渣。一般好的茶叶的叶底，嫩芽叶含量多，质地柔软，色泽明亮均匀一致，叶形较均匀，叶片肥厚。

最易判别茶叶质量的，是冲泡之后的口感滋味、香气以及叶片茶汤色泽。所以如果允许，购茶时应尽量冲泡后尝试一下。若是特别偏好某种茶，最好查找一些该茶的资料，准确了解其色香味形的特点，每次买到的茶都互相比较一下，这样次数多了，就容易很快掌握关键之所在了。

模拟实训

1. 实训安排

实训项目	茶叶鉴别
实训要求	(1) 能够熟练掌握茶叶质量鉴别的方法与流程 (2) 能够熟练使用茶叶鉴别用具的使用
实训时间	45 分钟
实训环境及工具	(1) 可以进行茶叶鉴别的茶艺实训室 (2) 多媒体教室、六大类茶叶的代表茶叶及花茶 (3) 天平秤、茶荷、随手泡、盖碗、白瓷碗、汤匙
实训方法	示范讲解、情境模拟、小组讨论法

2. 实训步骤及要求

(1) 分组讨论，对展示台上的茶叶进行鉴别分类；

(2) 确定各茶叶的品质特征；

(3) 通过一看二闻三冲泡的鉴别流程对茶叶的八项质量因子分别进行鉴别；

(4) 用中英文简单介绍评茶术语。

3. 填写实训报告单

班级：________　组别：________　姓名：________　学号：________

项目 茶叶名称	外形	干茶色泽	香气	茶汤色泽	滋味
西湖龙井					
黄山毛峰					
洞庭碧螺春					
太平猴魁					
信阳毛尖					
六安瓜片					
祁门红茶					
铁观音					
大红袍					

续表

项目 茶叶名称	外形	干茶色泽	香气	茶汤色泽	滋味
冻顶乌龙					
凤凰单枞					
君山银针					
白毫银针					
云南普洱					
茉莉花茶					

工作任务三 茶叶储存

茶叶为什么变色了

张先生最近出差去杭州买回来一些明前的西湖龙井，为了便于观赏龙井茶叶独特的外形，特地买回一个晶莹剔透的玻璃茶罐储存茶叶。但是放置一段时间后却发现茶叶的色泽不如原先绿了，甚至有的还变成了褐色，这让张先生很是纳闷。经过请教一些茶艺专家才明白，原来茶叶是不能放在透明的储存罐中的，更不能放在阳光直射的地方，这样会加快茶叶的氧化，导致茶叶色泽的褐变。

点评：好茶应具备色、香、味、形四个基本要素。选购到品质好的茶叶，还要讲究科学的储存方法，这样才能保证茶叶的质量不受损害。尤其是色泽翠绿的绿茶，更要注意储存容器的选择。一般来说在储存时最好选用不透明的器物，并且要远离阳光的照射，否则会加速茶叶的氧化而发生颜色的褐变。

理论知识

对于从事茶事服务的人来说，不可不知茶的保藏方法，因为品质很好的茶叶，如不妥善加以保藏，就会很快变质，颜色发暗，香气散失，味道不良，甚至发霉不能饮用。为防止茶叶吸收潮气和异味，减少光线和温度对茶叶的影响，避免茶叶挤压破碎，损坏茶叶美观的外形，就必须采取妥善的保藏方法。

一、茶叶储存基本要求

茶叶是疏松多孔的干燥物质，收藏不当，很容易发生不良变化，如变质、变味和陈化等。造成茶叶变质、变味和陈化的因素主要为：温度、湿度、水分、氧气和光线等。因此茶叶在储存时应注意防潮、抗氧化、遮光、低温和阻气。

1. 防潮

茶叶的水分含量在3%左右时，茶叶的成分与水分子呈单层分子关系，可以的效地把脂质与空气中的氧分子隔离开来，阻止脂质的氧化变质。当茶叶的水分含量不超过5%时，水分就会转变成溶剂作用，引起激烈的化学变化，加速茶叶的变质。因此储藏茶叶必须要求茶叶干燥，一般应保持水分在5%以内。

2. 抗氧化

茶叶包装中的氧含量必须控制在1%以下，氧气过多将会导致茶叶中某些成分氧化变质。例如，抗坏血素容易氧化变成脱氧抗坏血酸，并进一步与氨基酸结合发生色素反应，使茶叶味道起变化。因此茶叶在储存中可采用真空包装法或充气包装法来减少氧气的存在。真空包装是把茶叶装入气密性好的软薄膜包装袋内，包装时对袋内抽真空，然后封口。充气包装则是在抽出空气的同时充入氮气，充氮包装的目的在于保护茶叶的色、香、味稳定不变，保持其原有的质量。

3. 遮光

光线的照射可加速茶叶的化学反应，对储存茶叶极为不利。光能促进植物色素或脂质的氧化，特别是叶绿素易受光的照射而褪色，其中紫外线最为显著。因此日常储存茶叶时，必须遮光以防止叶绿素和其他成分生光催化反应。

4. 低温

温度越高，茶叶品质变化越快，平均每升高10度，茶叶的色泽褐变速度将增加3～5倍。如果将茶叶储存在0℃以下的地方，就能较好地抑制茶叶的陈化和品质的损失。

5. 阻气

茶叶疏松多细孔，容易吸收异味。此外，茶叶香味也极易散失，因此，日常储存茶叶时最好将茶叶分隔成小包装，防止茶香的散发和外界异味的侵入。

茶叶受潮后怎么办？

答：茶叶受潮后，茶条会由硬变软，时间一长就会发生霉变，所以一旦发现茶叶受潮，应及时采取补救措施，可以将茶叶摊放在土炕和火墙上烘干，或者可将茶叶置于一干净的锅内，用文火慢慢烘干，但是决不能将茶叶直接放在阳光下晾晒，以防茶叶被氧化和变色。

实践操作

二、茶叶储存方法

1. 常温储存

茶叶大量储存时，应建立防潮仓库，并将茶叶密封处理。少量储存，可用缸或铁皮箱，将生石灰放入编织袋或布袋中，置入缸底或箱底，约占总体的1/3左右，在生石灰上铺几层纸。将茶叶包成小纸包（外用牛皮纸，内用桃花纸），包外写出品名、储存日期，叠放于生石灰上面，缸口需用防潮松软之物压紧，铁皮箱应用双层盖密闭。传统的龙井茶储存方法是用陶瓷瓦坛石灰法，至今已有400多年的历史，其方法可供各种茶叶储存参考。方法如下：选用块状生石灰，用20～33 cm大小的布袋盛装，每袋约1 kg，扎紧袋口，外用牛皮纸松包，并用麻绳松扎，以防止生石灰吸水膨胀而破包。每坛约6～7 kg茶叶，高档龙井茶要用牛皮纸加两张元书纸分成0.5 kg一包，分别置于坛的四周，中间放生石灰包一个，坛口用四五张厚草纸或棉垫盖住，上加瓦坛或盖密闭，防止透气。一般放置15天左右，约2/3生石灰已风化，要及时更换，每两次换生石灰约隔30天左右，如生石灰未风化，中心放生石灰包，约

6～7 kg茶叶放1 kg的生石灰包。贮藏花茶和红茶时，一般不应用生石灰作干燥剂，否则会失去花香。花茶一般用干木炭或硅胶作吸湿剂。另外，茶叶通常不宜混藏，若将几种风格不一、香气迥异的茶叶贮藏在一起，则会因相互感染而失去本来的特色。贮藏茶叶的坛口，应用麻纸或书写纸封住，再用重实平整干燥的砖块压住，以防茶叶漏气、受潮、变质。

2. 低温储存

茶叶少量储存时，可将干燥适度的茶叶装入有双层盖的防潮茶叶罐内，再放入一包抗氧化剂，密封外盖口。为防止家庭用的冰箱有其他物品串味，应在罐外套几层塑料袋。茶叶大量储存时，应建立防潮冷库，或利用冷藏箱或柜。首先，将茶叶含水量控制在6%以下，装入布袋放入冷库内，同时再在冷库内放若干盛有生石灰的编织袋，使茶叶含水量进一步下降到3%左右。保管期间，如果生石灰已化开，应更换一两次。需要使用时，再取出进行小包装，这样可保证新茶的晶质。如用冷藏箱或柜贮存，可将茶叶先放在石灰缸内吸去一部分水，当茶叶足够干后，再移入冷藏箱、柜，需要使用时，取出再进行小包装。

3. 无氧保存法

将茶叶装入多层复合袋或罐中，抽出氧气成真空包装，有的再充入氮气，使茶叶在无氧环境中停止自动氧化而变质。如再冷藏则更佳。

4. 冰瓶保存法

在冰瓶底层放入硅胶小布包，将含水量正常的茶叶分成小包置于冰瓶中，用双层盖盖住，利用冰瓶隔热的作用，避免因夏季高温而加快茶叶的氧化速度 。

以上所介绍的各种茶叶储存方法，应根据具体的储存条件不选择，特别是家庭储存，可视茶叶保存量的多少而选择其中几种适用方法。但要注意的是茶叶必须分成小包储存，需要使用时只需取出一小包，饮用完毕后再取另一包。另外，为了避免经常开启茶叶罐，使茶叶变味，使用的茶叶罐应宜小不宜大。

模拟实训

1. 实训安排

实训项目	茶叶储存
实训要求	（1）能够熟练掌握茶叶储存的方法 （2）能够熟练使用茶叶储存用具
实训时间	45分钟
实训环境及工具	（1）可以进行茶叶储存练习的茶艺实训室 （2）多媒体教室、六大类茶叶的代表茶叶及花茶 （3）各种储存器具
实训方法	示范讲解、小组讨论法

2. 实训步骤及要求

（1）分组讨论，怎样才能延长茶叶的保质期；

（2）根据不同茶叶的品质特征确定储存方法；

（3）正确使用各种储存工具。

3. 填写实训报告单

项目 茶叶名称	低温储存	常温储存	无氧保存法	冰瓶保存法
西湖龙井				
黄山毛峰				
洞庭碧螺春				
太平猴魁				
信阳毛尖				
六安瓜片				
祁门红茶				
铁观音				
大红袍				
冻顶乌龙				
凤凰单枞				
君山银针				
白毫银针				
云南普洱				
茉莉花茶				

项目测试

一、填空题

1. 茶艺是在________下的茶事实践活动，是________和________的结合，尤以________为主。

2. 中国和世界的茶文化最早是以________为基础的，故________有中国茶文化的摇篮之称。

3.《茶经》是唐人________所著，完成于________年，全书共分________卷，是世界上第一部茶学专著。

4. 斗茶又被称为________，即____。

5. 一般茶树都有喜________气候和________、________、________的环境特点。

6. 我国的国家一级茶区分为四个，即________、________、________、________。

7. 历史上________下诏罢造龙团凤饼茶，改制________以贡，大大推动了散茶的生产。

8. 我国饮茶方法经历了________、________、________、________等几个阶段。

9. 适合茶树生长的气温为________。

10. 茶叶中基本茶类分__________、__________、__________、__________、__________、__________。

11. 我国绿茶由于加工方法的不同又分为________、________、________、________。

12. 在绿茶制造过程中要保留________，防止________。

13. 红茶茶汤出现的“冷后浑”现象，是由于________和茶多酚发生化学反应而形成的。

14. 乌龙茶按其产地又可分为________________、__________、________、__________四类。

15. 碧螺春产自________，宜采用________________________方法冲泡。

16. 绿茶具有__________、__________的特点，其基本工艺是 __________、________、________。

17. 红茶具有________、________的特点，其基本工艺是________、________、________、________。

18. 乌龙茶色泽__________，叶底具有__________的特点，其基本工艺是 __________、________、________、________、________。

19. 黄茶具有__________的特点，其中__________是关键程序，又可分为__________和________、________三类。

20. 黑茶一般原料________，是制作________的原料。

21. 苍梧六堡茶产自________，属于________茶。

22. 普洱茶具有一股独特的________味道。

23. 陆羽在《茶经》中称：“茶者，南方之嘉木也”。这南方是指我国的________________。

二、选择题

1. (　　)是世界上茶树的发源地。

A. 中国　　B. 日本　　C. 印度　　D. 斯里兰卡

2. (　　)是中国茶文化的发源地.

A. 云南　　B. 四川　　C. 贵州　　D. 福建

3. 世界上最早发现茶并利用茶的人是(　　)。

A. 神农氏　　B. 扁鹊　　C. 李时珍　　D. 陆羽

4. 茶之为用在中国最早是被当做(　　)。

A. 药　　B. 食品　　C. 饮料

5. “茶”字是在我国(　　)时被固定下来的。

A. 秦　　B. 唐　　C. 宋　　D. 明

6. 潮汕功夫茶是形成于(　　)时的一种泡茶方式。

A. 唐朝　　B. 宋朝　　C. 明清　　D. 现代

7.《茶谱》的作者是(　　)。

A. 丁渭　　B. 蔡襄　　C. 赵佶　　D. 朱权

8.《大观茶论》的作者是(　　)。

A. 丁渭　　B. 蔡襄　　C. 赵佶　　D. 朱权

9. 中国茶道的创始人被公认是(　　)。

A. 神农氏　　B. 陆羽　　C. 卢全　　D. 赵佶

10. 顾渚紫笋是(　　)时的贡茶。

A. 唐　　B. 宋　　C. 元　　D. 明清

11. 我国花茶的生产是(　　)时得以长足发展的。

A. 唐　　B. 宋　　C. 元　　D. 明清

12. 唐代盛行的泡茶方式是(　　)。

A. 烹茶法　　B. 点茶法　　C. 撮泡法

13. 龙井茶的外形特征及要求是(　　)。

A. 条索纤细,卷曲成螺,毛毫披满全身,色泽银绿隐翠

B. 扁平挺直尖削,光滑匀齐,色泽绿润

C. 条索细紧,匀齐显锋 ,有金毫色泽,乌黑油润

14. 乌龙茶外形具有的“绿叶红镶边”是由于(　　)工序产生的。

A. 杀青　　B. 做青　　C. 揉捻

15. 点茶法是指(　　)。

A. 将饼茶碾碎,放入锅里煮,加入适当盐调味

B. 将茶碾成细末,放入碗中注入沸水,调匀,并反复击打

C. 将茶放入碗中,直接注入沸水即可

16. 习惯上将六大茶类称为红、绿、黄、白、黑、青茶,请问青茶是指(　　)。

A. 绿茶　　B. 乌龙茶　　C. 普洱茶

17. 西湖龙井向以(　　)四绝著称于世。

A. 色绿、味醇、香郁、形美

B. 色艳、香浓、味醇、形美

C. 色绿、香高、味醇、形奇

18. 碧螺春向以(　　)四绝著称于世。

A. 色绿、味醇、香郁、形美

B. 色艳、香浓、味醇、形美

C. 色绿、香高、味醇、形奇

19. 市场上常见的花茶多是以(　　)为原料加工的。

A. 炒青绿茶　　B. 烘青绿茶　　C. 晒青绿茶

三、判断题

(　　)1. 绿茶在制造过程中,杀青的主要目的是通过高温增强酶的温性,促进茶多酚物质的氧化作用。

(　　)2. 花茶品质以香气为主,通常以鲜、浓、纯三方面来评比。

(　　)3. 乌龙茶的制作工艺有萎凋、做青、杀青、揉捻、干燥五道程序。

(　　)4. 红茶开汤后应先看汤色后嗅香气,绿茶则先嗅香气后看汤色。

(　　)5. 茶叶审评泡茶水温标准为 90℃。

(　　)6. 概括来说,茶叶的品质特征即是茶叶的色、香、味、形。

(　　)7. 白茶类一般未经揉捻工序,其形状大多呈自然花瓣形。

(　　)8. 铁观音外形卷曲,是因在加工中的包揉工序产生。

(　　)9. 茶叶的水分含量在 6%时,茶叶成分与水分子呈单层分子关系,可阻止茶叶氧化变质。

(　　)10. 槟榔味、槟榔香、槟榔色是苍梧六堡茶的典型特点。

项目三 无水不可与论茶——鉴 水

学习目标

- 熟悉品茗用水的种类
- 掌握品茶与用水的关系
- 能够鉴别常用品茗用水的质量标准
- 能够针对不同茶叶的冲泡要求处理水的温度

自古佳茗须有好水相配，方能相得益彰。明代许次纾在《茶疏》中说："精茗蕴香，借水而发，无水不可与论茶也。"明代茶人张大复在《梅花草堂笔谈》中讲得更为透彻："茶性必发于水，八分之茶，遇十分之水，茶亦十分矣；八分之水，试十分之茶，茶只八分耳。"可见水质的好坏，对茶叶的色、香、味，特别是对茶汤的滋味影响很大。现代科学研究证实，水是人类赖以生存六大营养素中最重要的一种，水中的矿物质和微量元素对人体健康至关重要，一天喝8杯水，是人们认识的健康标准。但随着环境污染的日益严重，水的健康问题已经是刻不容缓。面对市场上琳琅满目，包装多样的生活用水，我们应该如何选择健康用水泡茶才能彰显茶的特性？通过本项目的学习，了解品茶与用水的关系，掌握生活中常用水的类别与品鉴，掌握品茗用水的选择。

工作任务一 选 水

案例导入

茶水中为什么有股怪味

玉壶春是某市一家著名的茶艺馆，由于地处风景秀丽的旅游区，再加上其富有浓厚中国古典文化的装潢布置以及管理有方，所以生意十分兴隆，不但本地经常有一些文人墨客来这里举行茶话会，就连一些周边县市的顾客也慕名前来。但是最近一段时间，很多客人却反映茶叶的质量不如以前了，喝起来总有一股子怪味。尤其是一些名优绿茶，泡完后没有出现令人赏心悦目的"茶相"，影响了客人对茶叶的选购，当然也影响到了茶艺馆的声誉和企业形象。茶艺馆的经理获知这个情况后，马上会同采购部经理、大堂服务经理商量寻找问题的成因。采购部经理经过调查没有发现供货渠道上的问题，也就是说采购回来的茶叶本身没有任何问题。大堂经理也从茶叶的选配环节入手，逐一查找，结果发现，问题出在茶艺服务人员身上。原来，由于茶艺馆的生意繁忙，配水室的水供不上使用，于是有的茶艺服务人员在给客人添水时就自作主张地接自来水再烧开给客人饮用。由于自来水没有经过任何化学处理，所以也就不难解释为什么泡出的茶带有一股怪味了。

点评：茶叶的冲泡是一项十分复杂的系统工作，稍有不慎就会影响茶汤的最终质量。

因此作为茶艺服务人员必须熟练掌握茶具的选配、茶叶用水以及茶叶的冲泡等知识与技巧，不能贪图方便、草率了事。

理论知识

一、水的分类

自古以来，用以泡茶之水就极为考究。陆羽的“其水，山水上，江水中，井水下”成为千百年来人们品茗用水所遵循的定律。品茗用水向来就有天水、地水之分，以及现代高科技产品——再加工水。

（一）天水

包括雨、雪、霜、露、雹等。在雨水中最适宜泡茶的为立春雨水。立春雨水中得到自然界春始生发万物之气，用于煎茶可补脾益气。我国中医认为露是阴气积聚而成的水液，是润泽的夜气。甘露更是“神灵之精、仁瑞之泽、其凝如脂、其甘如饴”。用草尖上的露水煎茶可使人身体轻灵、皮肤润泽。用鲜花中的露水煎茶可使人容颜娇艳。

（二）地水

包括泉水、溪水、江水、河水、池水、井水等。

1. 泉水

科学分析表明，泉水涌出地面之前为地下水，经地层反复过滤，涌出地面时，水质清澈透明，沿溪涧流淌，吸收空气，增加溶氧量，并在二氧化碳的作用下，溶解了岩石和土壤中的钠、钾、钙、镁等元素，具有矿泉水的营养成分。山泉水大多出自岩石重叠的山峦，悬浮物含量少，富含二氧化碳和各种对人体有益的微量元素。经过砂石过滤的泉水，水质清净晶莹，含氯、铁等化合物极少，用这种泉水泡茶，能使茶的色香味形得到最大发挥。我国的五大名泉——江苏镇江的中冷泉、无锡惠山的惠山泉、苏州虎丘的观音泉、杭州的虎跑泉、济南趵突泉前等都是沏茶的优质泉水。

2. 江、河、湖水

均属地表水，含杂质较多，混浊度较高。一般说来，江、河、湖水沏茶难以取得较好的效果，但在远离人烟、植被生长繁茂、污染物较少之地江、河、湖水，仍不失为沏茶好水。如浙江桐庐的富春江水、淳安的千岛湖水、绍兴的鉴湖水就是例证。唐代陆羽在《茶经》中说：“其江水，取去人远者”说的就是这个意思。

3. 井水

宜取深井之水。因为深井之水也属地下水，在耐水层的保护下，不易被污染；同时被过滤的距离远，水质洁净。而浅层井水则易被地面污染物污染，水质一般较差。有些井水含盐量高，不宜用于泡茶。所以若能汲得活水井的水沏茶，同样也能泡得一杯好茶。

4. 自来水

一般采自江、河、湖水，经过净化处理后符合饮用水卫生标准。但有时因为处理水质所用的氯化物过多，使自来水产生一种异味，对沏茶是不利的。此时可将自来水注入洁净的容器，让其静置过夜，使氯气挥发散失。煮水时适当延长沸腾的时间，也可收到同样效果。

（三）再加工水类

主要指经过再次加工而成的太空水、纯净水和蒸馏水等。

实践操作

二、认识三种常用泡茶用水

(一) 矿物质水

市场上含有矿物质的水主要有三类:一类是天然的矿泉水,另一类是加有矿物质的矿物质水。此外,天然水、山泉水则大多取自山川湖泊等地表水,经过简单过滤,含有少量的矿物质。很多人比较难分清楚矿物质水与天然矿泉水的区别,它们都含有矿物质,但有什么不同呢?通常,矿物质水是指在纯净水的基础上人工添加几种矿物质制成,其含量及矿物质种类有限,对于天然矿泉水,国家标准规定的某些矿物质如偏硅酸,是不允许添加入矿物质水中的,因此,不能与天然矿泉水相比。此外,添加的矿物质被人体吸收、利用的情况及对人体的健康的作用也尚不清楚。

天然矿泉水则以埋藏在天然矿物岩层地下的深层地下水为原水,经过自然的过滤,保留了原水中对人体有益的天然矿物质(偏硅酸、钙、镁、钾等)及微量元素,而且种类丰富。其中,偏硅酸含量的高低,是我国鉴定天然矿泉水是否达标所采用的重要的界限指标之一。偏硅酸只存在于天然矿泉水中,不能以人工添加的形式加入到饮用水中。市面上常见的矿泉水多满足偏硅酸≥25.0 mg/L 的国家标准。

天然矿泉水有以下几种分类方法。

(1) 按照矿泉水的特征分类可分为:①偏硅酸矿泉水;②锶矿泉水;③锌矿泉水;④锂矿泉水;⑤硒矿泉水;⑥溴矿泉水;⑦碘矿泉水;⑧碳酸矿泉水;⑨盐类矿泉水等九类矿泉水。

偏硅酸矿泉水是泡茶用水的首选。硅是人体必需的微量元素,一般以偏硅酸形态出现。偏硅酸是有益人体健康的微量元素,易被人体吸收,能有效地维持人体的电解质平衡和生理机能,对人体心血管、骨骼生长等具有保健功能。

锶矿泉水是指矿泉水中锶含量达到0.20 mg/L,且锶含量较高的一类矿泉水,锶含量较高的矿泉水口感有点咸。锶对人体有促进骨骼和牙齿生长发育的功能,是人体必需的微量元素。锶能减少人体对钠的吸收,有预防“三高”和心血管疾病的作用。人体每日需摄入锶1.9毫克左右,锶型矿泉水可强化骨骼,提高智力,具有延缓衰老和养颜的辅助功效。

(2) 按照矿泉水的矿化度分类(见下表)

序号	名称	矿物质含量
1	超低矿化度矿泉水	矿物质含量<50 mg/L
2	低矿化度矿泉水	矿物质含量 50~500 mg/L
3	中矿化度矿泉水	矿物质含量 500~900 mg/L
4	高矿化度矿泉水	矿物质含量>1 500 mg/L
5	淡矿泉水	矿物质含量<1 000 mg/L
6	盐类矿泉水	矿物质含量>1 000 mg/L

矿化度是单位体积中所含离子、分子及化合物的总量，也就是溶解性总固体。目前国际上对矿泉水矿化度比较公认的看法是中矿化度的矿泉水最适合人体吸收，这种矿泉水所含的宏量矿物盐类和微量元素含量适中，有维护人体液电解质平衡和促进人体排出毒素的作用。因此这类矿泉水被认为是优质矿泉水，已成为一种传统的占主导地位的看法。

(3) 按矿泉水的酸碱性分类(见下表)

序号	名称	pH 值
1	强酸性矿泉水	<2
2	酸性矿泉水	2～5
3	弱酸性矿泉水	5～7
4	中性矿泉水	7
5	弱碱性矿泉水	7～8.5
6	碱性矿泉水	8.5～10
7	强碱性矿泉水	>10

人的血液是呈弱碱性的，正常的 pH 值是 7.35～7.45 之间。美国医学家、诺贝尔奖获得者雷翁教授认为，酸性体质是百病之源。经常饮用弱酸性水会使我们的体质逐渐转为酸性。当酸性物质在体内越来越多时，量变引起质变，就会引起各种疾病。与碱性体质相比，酸性体质的人常会感到身体疲乏、记忆力衰退、注意力不集中、腰酸腿痛。最明显的是在体重上，酸性体质者体重起伏不定，好不容易降下来的重量，很快又回复到原有体重，甚至更高。进入我们体内的食物在分解时会成为酸性，所以需要体内钙、钠、钾等碱性物质中和，尤其是钙离子。而当血液和组织液受到污染时，钙离子就会偏离，酸毒就会一直留在体内成为酸性体质，导致各种慢性疾病。因此我们平时饮用的矿泉水最好是弱碱性水。

(二) 纯净水

1. 什么是纯净水

纯净水是自来水通过先进的工艺技术处理的一种饮用水。通过沙滤、活性炭吸附除味，再经反渗透膜过滤，去除离子后的水，又称纯净水、太空水(航天技术中水的再生利用技术)，是不含任何杂质，无毒无菌，易被人体吸收的含氧活性水。而且经电脑控制的生产设备从生产到灌装一体化，保证了水的纯净度和卫生质量。

2. 纯净水对人身体健康有没有影响

纯净水是否有利于健康呢？国家发改委公众营养与发展中心柴巍中博士在“2005 年中国饮用水行业高层论坛”会上强调指出“纯净水具有极强的溶解矿物质、微量元素的能力，人们大量饮用纯净水后，体内原有微量元素、营养素和营养物质，就会迅速地溶解于纯净水中，然后排除体外，使人体内的营养物质失去平衡，出现健康赤字，不利于身体健康。现在许多欧洲国家都规定纯净水不能直接作为饮用水。”美国著名水专家马丁·福克斯医学博士在《健康的水》一书中强调指出：“喝被污染的水和脱盐水(即纯水)都会对我们的健康造成伤害。”我国海军医学研究所给水部丁南瑚研究员等人，从 1987 年至 1994 年对小白鼠进行了7年试验，让其长期喝蒸馏水，结果发现小白鼠生长较慢，体重下降，骨质疏松，肌肉萎缩，脑垂体和肾腺系统功能被破坏。大连某海岛驻军，曾饮用自制的蒸馏水（纯净水），时间久了，官兵们患上了各种缺乏矿物质的疾病。中国科学院资深院士陈梦雄认为："长期饮用纯净水会减少人体对矿物质和有益元素的摄取。从对健康的关系而言，天然水优于纯净水，矿泉水优于天然水。"国内外大量动物试验和临床反应都证明，长期饮用纯净水有害健康。

（三）自来水

1. 什么是自来水

自来水是指通过水处理厂净化、消毒后生产出来的符合国家饮用水标准的供人们生活、生产使用的水。它主要通过水厂的取水泵站汲取江河湖泊及地下水，并经过沉淀、消毒、过滤等工艺流程，最后通过配水泵站的输配水管道输送到各个用户。

2. 自来水怎么喝

（1）煮沸饮用

自来水一定要煮沸3分钟才能饮用，没有烧开的水里含有多种微生物、病原体以及大量的细菌，人体长期喝这种水容易感染细菌，严重时甚至会感染上肝炎。此外自来水厂经过氯化处理，以清除微生物等杂质的同时，氯与水中残留的有机物相互作用，会形成卤代烃、氯仿等有毒的致癌化合物。研究证明，卤代烃、氯仿含量与水温变化及沸腾持续时间长短密切相关。水温达到90℃时，卤代烃含量由原来的每升53微克上升到191微克，氯仿由每升43.8微克上升到177微克，均超过国家标准2倍。当水温升到100℃，卤代烃和氯仿的含量分别下降到110微克和99微克，仍超过国家标准。如果继续沸腾，持续3分钟后，卤代烃和氯仿含量分别降至9.2微克和8.3微克，此时才成为安全的饮用水。

此外，应该喝一次烧开、不超过24小时的水。在暖瓶里存放多日的开水，或多次煮沸的残留水、放在炉灶上沸腾很久的水，其成分都已经发生变化而不能饮用了。

（2）学会养水

自来水目前仍为我国家庭中主要的用水，但是用这种水泡出的茶香气口感都不好。这是因为自来水有很重的消毒剂的味道。自来水中的消毒剂主要是氯，在与空气接触之后，很快就会散发。所以通过提前用盛水的容器将自来水接好存放的方法可以降低甚至消除自来水的异味。

日常生活中饮水应注意哪些问题？

日常生活中应注意饮水健康，有这样几种水不应饮用：

（1）老化水不喝。

（2）千滚水（即反复烧开的水）不喝。

（3）不开的水不喝。

（4）重新煮开的水不喝。

模拟实训

1. 实训安排

实训项目	泡茶用水的选择
实训要求	(1) 观察煮沸后的矿泉水、纯净水、自来水 (2) 分别品尝用矿泉水、纯净水、自来水冲泡的绿茶茶汤滋味
实训时间	45 分钟
实训环境	可以进行实训练习的茶艺实训室
实训工具	各类矿泉水、矿物质水、纯净水、自来水及煮水器具
实训方法	示范讲解、情境模拟、小组讨论法

2. 实训步骤及要求

(1) 分组讨论，了解并掌握展示台上的各类品茗用水的特点、最佳口感温度及适合茶叶；

(2) 对各类品茗用水进行煮沸，观察不同温度下水的变化；

(3) 将煮沸的各类水凉至不同温度再用来冲泡绿茶，观察汤色并品尝茶汤的滋味。

3. 填写实训报告单

水类 实训内容	矿物质水	天然矿泉水	纯净水	自来水
水质				
矿物质含量				
茶汤汤色				
茶汤香气				
茶汤滋味				

工作任务二　用　　水

案例导入

陆羽的三沸之水

陆羽在《茶经 · 茶之煮》中对烹茶之水做了如下论述："其沸如鱼目，微有声，为一沸。缘边如涌泉连珠，为二沸。腾波鼓浪，为三沸。已上水老，不可食也"。这句话的大意为：当锅中出现一个个如鱼眼睛的气泡，并微微作响时，为一沸，这时水太嫩，习惯上称为"婴孩水"，不可用来泡茶。到锅边的水如泉水般带着气泡向上涌时，为二沸之水，这时的水最宜用于泡茶。最后到了锅中水浪翻滚蒸汽升腾时，为三沸之水。再烧下去，水就煮老了，只好倒掉不用。可见最好的水应该是用旺火烧到"涌泉连珠"时。

点评:从古至今,历代茶人对品茗用水都极为讲究,唐代因为是煮茶法,即将茶叶放入锅中煮沸饮用,锅上不加盖。因此可以直接看到煮水的过程。到了宋代,煮茶法改为点茶法,煮水的过程不能直接看到,只能采用听的方法,即听音辨水法,以“背二涉三”的水为最佳,即煮过了二沸,还未到三沸之水。为了更好地掌握煮水的技术,南宋李南金专门写了一首诗教人们辨水:“砌虫唧唧万蝉催,忽有千车捆载来。听得松风并涧水,户呼缥色绿瓷杯。”

理论知识

一、品茶与用水的关系

1. 水质与茶的关系

选择泡茶用水时应首先对水的软硬度与茶汤的品质有一个简单了解。一般泡茶用水都使用天然水。天然水按其来源可分为泉水(山水)、江水(河水)、湖水、溪水、井水、雨水、雪水等,自来水也是经过净化后的天然水。

天然水可分为软水和硬水两类。凡含有较多钙、镁离子的水称为硬水,主要有泉水、江河之水、溪水、自来水和一些地下水;不含或含少量钙、镁离子的水称为软水,如天然水中的雨水、雪水。硬水又分为暂时硬水和永久硬水。暂时硬水的硬度是由碳酸氢钙与碳酸氢镁引起的,经煮沸后生成不溶性的碳酸盐而沉淀,这样硬水就变为软水了。平时用铝壶烧水,沉积在壶底的白色沉淀物就是碳酸盐。永久硬水的硬度是由硫酸钙和硫酸镁等盐类物质引起的,经煮沸后不能去除。泡茶用水以软水为宜。

市面上包装出售的矿泉水是泡茶的最佳选择吗?

市面上包装出售的矿泉水并不一定适合用来泡茶。因为水中矿物质的增加会影响水质本身的口感。若以矿泉水泡茶,茶汤真正的味道势必受到水质的影响。此外,矿泉水最适宜常温饮用。只有那些低矿化度弱碱性偏硅酸矿泉水,具有清澈洁净、口感微甜的特点,用来泡茶,茶香扑鼻,汤色清澈,滋味醇厚,是泡茶用水的最好选择。

2. 水温与茶的关系

水温高低是影响茶叶水溶性物质溶出比例和香气成分挥发的重要因素。水温低,茶叶滋味成分不能充分溶出,香味成分也不能充分散出来。但水温过高,尤其加盖长时间闷泡,也会造成茶汤色泽和嫩芽黄变,茶香也变得低浊。一般而言,泡茶水温与茶叶中有效物质在水中的溶解度成正比,水温越高,溶解度越大,茶汤越浓;反之,水温越低,溶解度越小,茶汤也就越淡。茶水比为 1∶50 时冲泡 5 分钟,茶叶的多酚类和咖啡因溶出率、因水温不同而异。水温 87.7℃以上时,两种成分的溶出率分别为 57%和 87%以上。水温为 65.5℃时,其值分别为 33%和 57%。这里要指出的是,上面所说的泡茶水温无论高低,都必须是将水烧开后,即水温达到 100℃的沸水再冷却至泡茶所需的温度。泡茶水温的高低和用茶量的多少也影响冲泡时间的长短。水温高,用茶多,冲泡时间宜短;水温低,用茶少,冲泡时间宜长。

泡茶水温的掌握,主要是因茶而异。

3. 水的老嫩与茶的关系

古人对泡茶用水的老嫩极为讲究。煮水时水沸过久容易加速水溶氧的散失而缺乏刺激性，用这种水泡茶茶汤应有的新鲜风味会受到损失。关于这些问题，唐代陆羽在《茶经》中早有叙述(参考案例导入)，明代许次纾的《茶疏》也持相同观点，认为"水一入铫，便需急煮，候有松声即去盖以消息其老嫩。蟹眼之后，水有微涛，是为当时。大涛鼎沸、旋至无声，是为过时；过则老而散香，决不堪用。"以上说明，泡茶烧水要大火急沸，不要文火慢煮，以刚煮沸起泡为宜，用这样的水泡茶，茶汤香味皆佳。水沸腾过久，即古人所说的"水老矣"，此时溶于水中的二氧化碳挥发殆尽，泡茶鲜爽味便大为褪色。而未沸腾的水，古人称为"嫩水"，因其水温低，茶中有效成分不易泡出，使得茶汤香味低淡，而且茶叶漂浮于表面，饮用不便，故也不适宜用来泡茶。

实践操作

二、宜茶用水的质量标准

1. 目测法——泡茶用水的色度

泡茶用水色度不得超过 15 度，并不得有其他异色；混浊度不超过 5 度；不得有异味；不得含有肉眼可见物。

2. 煮水法——泡茶用水的软硬度

泡茶用水的硬度应低于 25 度。用硬度高的水泡茶，茶汤形成沉淀而浑浊。水的硬度一般以每升水所含的碳酸钙的量来衡量，含量为 1 mg/L 时为 1 度。硬度小于 10 度的水质为软水，大于 10 度的水质为硬水，泡茶以软水为佳。

3. pH 试纸——泡茶用水的 pH 值

茶水色泽对酸度的反应很敏感，用 pH 为 7 的水泡茶，茶汤的自然酸度为 pH 4.8～5.0，这时绿茶的汤色黄绿明亮，红茶汤色红艳明亮；当茶汤 pH＞7 时，绿茶汤色加深，红茶汤色因茶黄素自动氧化而晦暗；pH＞9 时茶汤暗黑；但 pH＜3 时，茶汤出现浑浊沉淀物。

三、不同茶叶对用水的要求

1. 绿茶冲泡水温

(1) 细嫩的高级绿茶

细嫩的高级绿茶以 75～90℃的水温泡茶为宜。茶叶愈绿、愈嫩，冲泡水温越要低，这样泡出的茶汤嫩绿明亮，滋味鲜爽，茶叶中所含的维生素 C 也不会被破坏；水温过高，茶汤容易变黄，滋味较苦，这是因为茶叶中所含的咖啡碱大量渍出，并且维生素 C 也被大量破坏。

(2) 普通绿茶

宜用 90℃冲泡水温煮沸的开水冲泡。如果水温较低，茶叶中的有效成分不易渍出，茶味淡薄。

2. 花茶冲泡水温

(1) 窨制花茶

宜用 95℃煮沸的开水冲泡。如果水温较低，茶叶中的有效成分不易渍出，茶味淡薄。

(2) 工艺花茶

宜用 100℃煮沸的开水冲泡。水温较低，茶叶中的有效成分不易渍出，茶味淡薄。

3. 乌龙茶冲泡水温

宜用正沸的开水冲泡，还要在冲泡前用开水淋烫茶具，冲泡后在壶外用开水浇淋，以提高茶的色香味。对于原料较老的紧压茶，则要求水温更高，将砖茶敲碎，放在锅中熬煮，可使茶叶在沸水中保持较长时间，充分提取茶叶的有效成分，以便获得浓度适宜的茶汤。

4. 普洱茶冲泡水温

(1) 普洱散茶

宜用煮沸的开水冲泡。

(2) 普洱紧压茶

适合煮饮法。将拆散的普洱茶放入茶壶中煮沸饮用。

5. 冰茶冲泡水温

调制冰茶时，最好用温水(40～50℃)冲泡，尽量减少茶叶蛋白质和多糖等高分子成分溶入茶汤，加冰时出现沉淀物，同时，冷茶水还可提高冰块的制冷效果。

模拟实训

1. 实训安排

实训项目	煮水练习
实训要求	(1) 通过煮水的实践操作，掌握茶叶与用水温度的关系 (2) 能够用英文简单介绍各类煮水用具并进行介绍
实训时间	45 分钟
实训环境	可以进行实训练习的茶艺实训室
实训工具	各式煮水器具
实训方法	示范讲解、情境模拟、小组讨论法

2. 实训步骤及要求

(1) 分组讨论，了解并掌握展示台上的各类煮水用具的名称、适合茶叶及操作方法；

(2) 练习各类煮水用具的使用手法。

3. 中英文用水介绍

用水介绍	中文介绍	英文介绍
水质要求	陆羽在《茶经》中就品茗用水的选择认为“其水，山水上，江水中，井水下”，即泡茶用水应以山水，也就是泉水为最好。并且专门讲到煮水应恰到好处，不老不嫩方能尽显茶之最佳口味。	The Tea Sage Lu Yu pointed out in his Book of Tea that “water from the mountain spring is the best, and then is the water from the river, the last is the water from the well”, which means natural mountain spring water is the best for tea. He especially talked about the proper control of water boiling stages, and the water that has been boiling for not too long or too short can bring the best flavor out of tea.

续表

用水介绍	中文介绍	英文介绍
水质要求	但是并不是所有的矿泉水都适合用来泡茶。这是因为水中矿物质的含量过高反而会影响水质本身的口感，茶汤真正的味道势必受到水质的影响。只有那些具有低矿化度、弱碱性和偏硅酸型的矿泉水，才是泡茶用水的最好选择。	Not all the mineral water is suitable for tea brewing. That's because the high mineral content in water will affect the flavor of water itself, and the quality of water will affect the true taste of tea. Only the Strontium-type mineral water of low salinity, alkalescence, and metasilicic acid is the best choice for tea brewing.
水温要求	名优绿茶宜用 80～90℃的开水冲泡，这样泡出的茶汤嫩绿明亮，滋味鲜爽，茶叶中所含的维生素 C 也不会被破坏。	Water at 80～90℃ is preferred for famous green tea of high grade. The tea infused in this way has bright tender green liquor and mellow taste and at the same time, the vitamin C in tea will not be destroyed.
	红茶、花茶以及乌龙茶，宜用正沸的开水冲泡。	The boiling water is the best for infusing black tea, scented tea and Oolong tea.

4. 填写实训报告单

班级：________　组别：________　姓名：________　学号：________

用具名称	材质	特点	所需能源	适合茶叶

项目测试

一、填空题

1. 自古泡茶不但讲究茶叶的色香味形之美，更注重宜茶之水与泡茶之具的选择，故有“______________________________”之说。

2. 我国古人在宜茶用水的标准上，常用________、________、________、________、________五字概括。

3. 唐陆羽在《茶经》中说“宜茶之水，以________上、________中、________下。”

二、选择题

1. 冲泡龙井茶，用 200 mL 的玻璃杯，冲入 150 mL 的开水，一般应投入（　　）克左右的茶叶。

A. 4　　B. 3　　C. 5

2. 细嫩的高级绿茶，泡茶水温以(　　)为宜。

A. 75～80℃　　B. 80～85℃　　C. 85～90℃

3. 茶汤饮用和闻香的温度以(　　)为宜。

A. 45～55℃　　B. 55～65℃　　C. 65～80℃

三、技能题

根据以下茶叶特点选择品茗用水，通过煮水冲泡观察茶叶与用水的关系。

鉴定内容	绿茶	红茶	花茶	乌龙茶(普洱茶)
温度				
水质特征				
茶汤特征				
香气特征				
滋味特征				

项目四 器因茶珍而增彩
——备　具

学习目标

- 熟悉茶具的种类，并能够鉴别各类茶具的质量优劣
- 掌握不同茶叶的器具的搭配方法
- 能够独立完成茶具选配工作
- 能够熟练使用各类茶具

茶具，古代亦称茶器或茗器，是中国茶文化中不可分割的重要组成部分。明代许次纾在《茶疏》中说："茶滋于水，水精于器，汤成于火，四者相顾，缺一则废。"唐代陆羽在《茶经·四之器》中也专门讲到了茶具。可见我国古人历来重视泡茶的用具。中国茶具种类繁多、造型优美，兼具实用和鉴赏价值，为历代饮茶爱好者所青睐。茶具的使用、保养、鉴赏和收藏，已成为专门的学问世代不衰。珍贵的茶品和精美的茶具相配，给茶艺本身增添了无穷的魅力，正所谓"茶因器美而深韵，器因茶珍而增彩"。所以茶器具的选配、使用技艺是茶艺服务中应掌握的重要技能之一。

工作任务一　选　具

案例导入

法门寺的金银茶具

1987 年 5 月，我国考古学家在陕西法门寺地宫中发掘出一套晚唐时期僖宗皇帝的银质鎏金茶具，计 11 种 12 件。这批茶具是于公元 874 年封存在地宫中，用于供奉释迦牟尼真身佛骨，距今已有 1 000 多年历史了。这是至今见到的最高级的古茶具实物，堪称国宝。金银茶具一方面反映出了唐代皇室饮茶的奢华，另一方面也反映出了唐代茶文化的阶段性。唐代随着茶叶的广泛种植和茶事活动的逐渐增多，从山林寺院、皇宫富邸逐渐普及到民间成为"比屋之饮"的茶逐渐成为深受人们喜爱的一种专门饮料，对饮茶用具也产生了特殊的需求，从而引起了茶器具由通用化到专用化的改变。

点评：从金银茶具的考证探索，学者们认为，唐代存在着两种茶文化现象：一种是以文人、僧侣为主体的民间茶文化，一种是以皇室为主体的宫廷茶文化。这两种茶文化精神内涵是有所区别的：前者崇尚自然、俭朴，而后者崇尚奢华、繁缛。但两种茶文化共同体现了"和"、"敬"精神，这无疑是正确的。盛唐、中唐的清饮阶段发展到晚唐古乐伴饮阶段，茶具也由朴质发展到豪华，把品茗技艺推向高层次、高格调、高情趣的境界。

理论知识

一、茶具的种类

随着时代的进步和饮茶方式的变化，茶具的种类也在不断变化。唐代陆羽在《茶经·四之器》中记载的茶具有24件之多。现代人们常用的茶具按材质的不同主要有以下几个种类：

1. 陶土茶具

陶土器具是新石器时代的重要发明，最初是粗糙的土陶，然后逐步演变为比较坚实的硬陶，再发展为表面敷釉的釉陶。宜兴古代制陶颇为发达，在商周时期，就出现了几何印纹硬陶，秦汉时期，已有釉陶的烧制。陶器中的佼佼者首推宜兴紫砂茶具，早在北宋初期就已经崛起，成为别树一帜的优秀茶具，明代大为流行。《桃溪客语》说"阳羡(即宜兴)瓷壶自明季始盛，上者与金玉等价"，可见其名贵。

紫砂茶具的泥料选用宜兴特有的紫砂陶土，陶器内外均不施釉，烧成后的成品主要呈现紫红色，因而被称为紫砂。紫砂陶土不同于一般陶土，陶泥具有砂性，泥质细腻柔韧，可塑性强，渗透性好。前人总结了用紫砂茶具泡茶的七大优点：第一，泡茶不失原味，可以使茶叶"色香味皆蕴"，茶叶越发醇郁芳沁；第二，泡茶不易霉馊变质；第三，壶经久用，空壶注水也有茶味；第四，茶壶耐热性能好，冬天沸水注入也不会出现冷炸现象，而且可以文火炖烧；第五，紫砂茶具传热缓慢，使用提携不烫手；第六，壶经久用、把玩，色泽光润美观；第七，紫砂泥色多变，色调淳朴古雅，耐人寻味。正因为紫砂茶具有如上优点，再加上其造型简练大方，式样繁多，可谓"方非一式，圆不一相"，因此成为历代茶人所偏爱的一种茶用具。

你知道紫砂壶为什么在明代才开始盛行吗？

明代以前人们主要是以饼茶为主，通常是将饼茶碾碎或煮或点(即将茶叶碾碎成粉末状放入碗中直接冲水)，基本用不上壶。明初，朝廷倡导散茶，泡茶的方法改为放入茶壶中注水冲泡品饮，因此具有发味留香的紫砂壶得到了众多文人茶士的喜爱，开始流行起来，直至现代成为颇受茶人们欢迎的茶具珍品。

2. 瓷器茶具

瓷器茶具可分为白瓷茶具、青瓷茶具、青花瓷茶具和黑瓷茶具等。

(1) 白瓷茶具

白瓷，早在唐代就有"假玉器"之称。唐代饮茶之风大盛，促进了茶具生产的相应发展，全国有许多地方的瓷业都很兴旺，形成了一批以生产茶具为主的著名窑场。各窑场争美斗奇，相互竞争。白瓷茶具具有坯质致密透明，上釉、成陶火度高，无吸水性，音清而韵长等特点。因色泽洁白，能反映出茶汤色泽，传热、保温性能适中，加之色彩缤纷，造型各异，堪称饮茶器皿中之珍品。我国著名的瓷都景德镇就是以生产白瓷闻名中外。

(2) 青瓷茶具

青瓷茶具自晋代开始发展，主要产地在浙江，当时最流行的是一种叫"鸡头流子"的有嘴茶壶。宋时，五大名窑之一的浙江龙泉哥窑达到鼎盛时期，主要生产各类青瓷器，包括茶壶、茶碗、茶盏、茶杯、茶盘等，瓯江两岸盛况空前，群窑林立，烟火相望，运输船舶往返如梭，一派繁荣景象。南宋时，龙泉已成为全国最大的窑业中心，其优良产品不仅成为当代珍品，更是当时皇朝对外交换的主要物品，特别是造瓷艺人章生一、章生二兄弟俩的哥窑、弟窑，无论是釉色还是造型都达到了极高造诣。哥窑被列为宋朝五大名窑之一，弟窑亦被誉为名窑之巨擘。16 世纪末，龙泉青瓷在法国市场出现时，轰动了整个法兰西。他们认为无论怎样比拟，也找不出适当的词汇称呼它。后来只得用欧洲名剧《牧羊女》中的主角雪拉同的美丽青袍来比喻，从此以后，欧洲文献中的“雪拉同”就成了龙泉青瓷的代名词。现世界上所有著名博物馆，都珍藏有龙泉青瓷。

(3) 青花瓷茶具

我国彩瓷茶具的花色品种很多，其中尤以青花瓷茶具最引人注目。青花瓷茶具，其实是指以氧化钴为呈色剂，在瓷胎上直接描绘图案纹饰，再涂上一层透明釉，然后在窑内经 1 300℃ 左右高温还原烧制而成的器具。它的特点是：花纹蓝白相映成趣，有赏心悦目之感；色彩淡雅幽静可人，有华而不艳之力，加之彩料之上涂釉，显得滋润明亮，更平添了青花瓷茶具的魅力。

青花瓷茶具是到元代中后期才开始批量生产，特别是瓷都景德镇，成为我国青花瓷茶具的主要生产地。元代以后除景德镇生产青花瓷茶具外，云南的玉溪、建水，浙江的江山等地也有少量青花瓷茶具生产。但无论是釉色、胎质，还是纹饰、画技，都不能与同时期景德镇生产的青花瓷茶具相比。明代，景德镇生产的青花瓷茶具诸如茶壶、茶盅、茶盏等的花色品种越来越多，质量越来越精，无论是器形、造型、纹饰等都冠绝全国，成为其他生产青花茶具窑场模仿的对象。清代，特别是康熙、雍正、乾隆时期，青花瓷茶具在古陶瓷发展史上又进入了一个历史高峰，它超越前朝，影响后代。尤其是康熙年间烧制的青花瓷器具，更是“清代之最”。

你知道景德镇四大传统名瓷及特点吗？

景德镇四大传统名瓷：青花瓷、青花玲珑瓷、粉彩瓷、高温颜色釉瓷。

景德镇瓷器特点：薄如纸、白如玉、明如镜、声如磬。

(4) 黑瓷茶具

始于晚唐，鼎盛于宋，延续于元，衰微于明、清。这是因为自宋代开始，饮茶方法已由唐时煎茶法逐渐改变为点茶法，而宋代流行的斗茶，尤为黑瓷茶具的崛起创造了条件。宋代福建斗茶之风盛行，斗茶者们根据经验认为建安窑所产的黑瓷茶盏用来斗茶最为适宜，因而驰名。宋朝蔡襄《茶录》认为：“茶色白，宜黑盏，建安所造者绀黑，纹如兔毫，其坯微厚，久热难冷，最为要用。出他处者，或薄或色紫，皆不及也。其青白盏，斗试家自不用。”这种黑瓷兔毫茶盏，风格独特，古朴雅致，而且磁质厚重，保温性能较好，故为斗茶行家所珍爱。因此其他瓷窑也竞相仿制，如四川省博物馆藏有一个黑瓷兔毫茶盏，就是四川广元窑所烧制，其造型、瓷质、釉色和兔毫纹与建瓷不差分毫，几可乱真。浙江余姚、德清一带也曾出产过漆黑光亮、美观实用的黑釉瓷茶具，最流行的是一种鸡头壶，即茶壶的嘴呈鸡头状，日本东京国竞博物馆至今还存有一件，名叫“天鸡壶”，被视作珍宝。

3. 漆器茶具

漆器茶具始于清代，主要产于福建福州，故又被称为“双福”茶具。福州生产的漆器茶具多姿多彩，特别是创造了红如宝石的“赤金砂”和“暗花”等新工艺以后，更加绚丽夺目。

4. 金属茶具

主要是指采用金、银、铜、锡等金属为材料制作的茶具，古已有之。尤其是以锡作为储茶器具，对防潮、防氧化、防光和防异味有较好的效果。金属茶具泡茶，一般行家们评价不高，为泡茶行家所不屑使用。如明朝张谦德所著《茶经》，就把瓷茶壶列为上等，金、银壶列为次等，铜、锡壶则属下等。现代，金属茶具已基本上销声匿迹。

5. 竹木茶具

主要有竹木茶盘、茶池、茶道具、茶碗等。历史上，广大农村，包括茶区，很多人使用竹或木碗泡茶，它价廉物美，经济实惠。我国的南方，如海南等地有用椰壳制作的壶、碗泡茶的，既经济实用又是很好的艺术欣赏品。而用木罐、竹罐盛装茶叶更是随处可见，特别是福建省武夷山等地的乌龙茶木盒，在盒上绘以山水图案，制作精良，别具一格。

6. 玻璃茶具

玻璃质地透明，光泽夺目，外形可塑性大，形态各异，用途广泛。采用玻璃杯泡茶，特别是冲泡名优绿茶，茶具晶莹剔透，茶汤色泽鲜艳，茶叶在冲泡过程中上下飘扬、亭亭玉立使人赏心悦目。但是玻璃茶具的缺点是茶具导热快，不透气，保温能力差，茶香容易散失。

7. 其他茶具

除了上述六类常见的茶具之外，还有用玉石、水晶、玛瑙以及各种珍稀原料制成的茶具。

二、茶具选配的要求

长期的茶事实践活动中，茶具作为物质形具，已远远超出了饮茶这一生理行为的界限，逐渐成为一种生活艺术，成为茶文化中不可缺少的重要组成部分。现代人们对茶具选择的具体要求主要可以概括为以下八个方面：

1. 材质

茶具的材质与泡茶、品茶所表现出来的个性特征密切相关，不同的茶叶应选用不同材质的茶具冲泡。器具材质对泡茶品茶的影响主要体现硬度、密度、透光度及由此产生的吸水性、透气性、保温性(导热特征)等几个方面。自唐朝茶事兴盛以来，茶器具的选材十分广泛，涉及金、银、铜、玉、陶、瓷、木材、竹材、石材等。现代人所用茶具的材制主要为铜、铝、陶瓷、搪瓷、紫砂、玻璃、竹、木等，又以选用玻璃、陶瓷、紫砂为最多。玻璃茶具的材料密度高，硬度亦高，具有很高的透光性。但导热快、易烫手、坚硬而易碎，无透气性。其优点是使用方便，购买方便，并有利于观赏杯中茶叶、茶汤的变化；瓷质茶具硬度、透光度低于玻璃但高于紫砂。瓷具质地细腻光洁，能充分表达茶汤之美，保温性高于玻璃，在工艺特色上，特别是在表现中国传统文化风格上，优于玻璃器皿；紫砂茶具的硬度、密度低于瓷器，不透光，但具有一定的透气性、吸水性、保温性，这“三性”对滋育茶汤大有益处，并且能用来冲泡粗老的茶叶。

2. 形状

茶具的形状不仅要满足人们外观审美的需求，同样也要满足茶艺演示的技术性要求。以茶壶为例，壶的大小、口腹的比例、壶口到壶底的高度都与泡茶的个性需求有关。如乌龙茶的冲泡要求在高温状态下进行，又是即泡即饮，每泡沥干，不留茶汤。因此宜选择那些体积小、壶口小的紫砂壶，使茶汤量适合杯数，同时又有利于蓄温、升温，促进茶汤浓醇，茶香焕发。其他茶具，如储水壶应做到壶流细长，品茗杯要大小适宜，这些均为茶艺演示的技术所需。

3. 体积

茶具在体积上应符合实际需求，如开水壶的体积、泡茶壶的体积应与品茶的人数相适应，各件茶具包括辅助用具的体积应体现主次、层次，实现相互匹配，具有和谐一致的统一性。如在小茶桌上配一块薄薄的小茶巾，甚是洁雅。如换一块洗脸毛巾，虽可用但不雅。

4. 感觉

主要是指对品茗杯的使用要求。我国茶人自古就格外重视品茗时的精神感受，这在中国茶道艺术中几乎是至高无上的。所以品茗杯不仅外形要具有特色，要注重杯子的大小、壁厚程度、杯口的弧形等特征，更要注意在色泽上（特别是内壁色泽）更应宜茶。如品茗杯特别是功夫茶小杯，应拢指端杯有稳定感，品茗时有舒适的口感。

5. 保温

茶器具中凡用于泡茶、品茶的主器具，一般都有保温性要求。只有选配了保温性能、散热特性符合要求的器具，才能确保茶艺演示全过程的完美。

6. 便携

茶艺表演由于注重表演环境的营造，所以常选择在一些风景秀丽的自然环境中进行茶事实践活动。因此茶器具也要具有便携的特点，所选茶具应简易方便，形成精巧组合。如泡茶容器一般选小瓷壶或紫砂壶而不选较复杂的盖碗三件套；品茗杯应注重小巧且有一定的壁厚，不易破碎，贮水的保暖瓶应选有较高真空度，外观细长的，以确保适用且方便。

7. 齐全

齐全是相对于茶饮需求而言的。不同的人、不同的场合、不同的茶叶以及不同的冲泡方式，所选用的茶具种类与数量是有所不同的。如从个人饮茶需要出发，可能只需一把茶叶一杯水，十分简单；从茶艺演示要求出发，茶具的选配就要有意境的追求、文化的品位、生活艺术的讲究，那么茶具的齐全便不可忽视。一套齐全的茶具组合应包括贮水瓶、储茶罐、泡茶器具、品茶用具等几类。

8. 耐用

即茶具的实用性。选配茶具应是在实用性基础上追求艺术性。这两者颠倒就会妨碍茶事的顺利进行，影响泡茶、品茶过程的享受效果。易碎、易烫手等不安全因素应事先予以排除。

实践操作

三、不同材质茶具的选用

（一）玻璃用具的选用

玻璃质地透明，光泽夺目，形态各异。用玻璃杯泡茶，茶汤的鲜艳色泽、茶叶的细嫩柔软以及茶叶在冲泡过程中的上下舞动、徐徐舒展得以一览无余，给人以无限的遐想，可以说是一种极富诗意的动态艺术欣赏。

按玻璃茶具的加工分类，有物美价廉的普通浇铸玻璃茶具和价格昂贵华丽的刻花玻璃（俗称水晶玻璃）两种。玻璃茶具的种类大多为杯、壶、盘等制品，如直筒玻璃杯、玻璃煮水器、玻璃公道杯、玻璃茶壶等。目前结合市场消费者的需求，玻璃制造上面又开发出玻璃闻香杯、玻璃品茗杯、玻璃盖碗、玻璃同心杯等，丰富了玻璃茶具的种类。

玻璃茶具在选择时，应通过外观质量检查茶具的平整度，观察有无气泡、夹杂物、划伤、线道和雾斑等质量缺陷，存在此类缺陷的玻璃茶具，在使用中会发生变形，降低玻璃的透明度、机械强度和玻璃的热稳定性，不宜选用。由于玻璃是透明物体，在挑选时经过目测，基本就能鉴别出质量好坏。

（二）瓷器茶具的选用

瓷器无吸水性，音清而韵长。瓷器以白为贵，约为1 300℃烧制而成。瓷器能够反映出茶汤的色泽，传热保温性能适中，对茶不会发生化学反应，泡茶能获得较好的色香味，且造型美观精巧，适合用来冲泡轻发酵、重香气的茶叶。

最常见的瓷器茶具有白瓷茶具、青瓷茶具。瓷器茶具的花色比紫砂更具观赏性。它的图案或清新俊朗或清淡悠扬。另外，目前由于陶瓷新工艺、新技术与新材质的深度开发，瓷器茶具的家居装饰的品种也越来越丰富，一些新瓷器茶具中还加入各式花样图案，来满足青年消费者的喜好。

白瓷以景德镇的瓷器最为著名，青瓷茶具则主要产于浙江、四川等地，尤以浙江西南的龙泉县内的龙泉青瓷最为有名。龙泉青瓷以造形古朴挺健、釉色翠青如玉著称于世。另外还有产于四川、浙江等地的黑瓷茶具，广东等地产的仿古仿旧茶具都各具特色。

在选购陶瓷茶具时，应考虑其实用性及艺术性兼具。购买瓷器茶具时应主要对瓷器本身进行察看：器形是否周正，有无变形；釉色是否光洁，色度一致，有无砂钉、气泡眼、脱釉等。如果是青花或彩绘则看其颜色是否不艳不晦，不浅不深，有光泽（浅则过火，深则火候不够；艳则颜色过厚，晦则颜色过薄）。最后要提起轻轻弹叩，再好的瓷器有裂纹便会大打折扣。

总之在选购陶瓷茶具时，应考虑其实用性及艺术性兼具。茶壶的造型变化多端、层出不穷，由于市场的变革，使得许多茶壶徒有外形，而根本谈不上基本的实用要求。茶壶的好坏也不是以价格的高低去衡量，选择一款适合自己的茶具远比购买一套外形花哨但并无实际用途的茶具来得重要。

如何选择茶具？

现代市场上茶具种类多种多样，但是怎么才能选到适合自己，突出茶饮特性的茶具呢？一般来说我们可以从以下五个方面去考虑：一定的保温性能、有助于育茶发香、有助于茶汤滋味醇厚、方便泡茶、具有一定的工艺特色可供把玩欣赏。

（三）紫砂茶具的选用

宜兴紫砂壶以其简单、古朴的造型，淳朴古雅的色调，高超的制作工艺以及泡茶时所独具的吸湿性能和保温性能，不但成为茶人们所偏爱的茶具，而且也是收藏爱好者们争相收藏的佳品，因此被誉为“天下第一品”。

1. 紫砂茶具的选购

评价一件紫砂壶的内涵，必须具备三个主要因素：美好的结构，精湛的制作技巧和优良的功能。形象结构是指紫砂壶的嘴、扳、钮、盖、脚应与壶的整体比例协调；精湛的技艺是评价壶艺优劣的准则；优良的实用功能，是指壶的容积与重量的恰当，壶扳应便于执握，壶的周围应严丝合缝，壶嘴要出水流畅。同时还要考虑壶的泥质、色泽和图案的脱俗和谐。选购紫砂壶，如若收藏当然是以名家壶或名贵壶为首选，但若只是用于泡茶，则不必过于讲究其名贵性，只要是把好的紫砂壶就可以了。一般在选购紫砂壶时应从以下几方面进行：

（1）外形

紫砂壶的造型多种多样，色泽丰富多彩，具有很高的艺术美和造型美。在选购时，可根据自己的爱好与审美情趣进行挑选。如是自己单独使用，则可以挑选较小的壶，因为茶要即冲即饮为好，壶大放茶叶也多，就会造成不必要的浪费；如果是多人泡茶使用，则可挑选大一点的紫砂壶。

（2）质地

泥质要润，胎骨要坚，色泽要润。选购新壶可先轻拨壶盖，以声音铿锵轻扬，听起来悦耳者为佳，声音过于低沉或尖锐都不好。

（3）味道

选购新壶时应注意闻闻壶中的味道。一般新壶可能会略带土味，这是正常的。但是如果有火烧味、油味或是人工着色味则不可取。

（4）精密度

壶盖与壶身的密合程度要好，否则茶香易散，不能蕴味。其测定方法是：在茶壶中注水半壶以上，盖上壶盖，用手指轻压壶盖上的气孔，再倾壶倒水，如果滴水不漏，则壶的密合度很好，反之则差。

（5）出水

壶的出水效果与“流”的设计有关。倾壶倒水，能使壶中滴水不存者为佳；此外出水时水柱长且不散为佳；将茶壶去盖倒放在桌面上，查看壶口与壶嘴是否与桌面贴合，若壶嘴高于壶口，倒茶时茶汤会从壶口溢出，反之，则注水未满水却先由壶口流出，这两种壶都不适合用来泡茶。

（6）特性

壶的特性应与茶的特性相配合。紫砂壶泡茶，一般是壶音频率较高者适宜冲泡重香气的茶，如清茶；壶音稍低者适宜冲泡重滋味的茶，如乌龙茶；高壶口小，宜泡红茶；矮壶口大，宜泡绿茶。但必须适度，过高则茶失味，过矮则茶易从口盖溢出，大煞风景。

你知道明代紫砂壶制作的“四大名家”和“三大妙手”是谁吗？

“四大名家”：董翰、赵梁、文畅、时朋。

“三大妙手”：时大彬、李仲芳、徐友泉。

2. 紫砂茶具的使用与保养

（1）新壶新泡

新购买的紫砂壶应首先确定用来冲泡哪种茶叶。比较讲究的冲泡应不同的茶叶配以不同的茶壶。新壶在使用前，应先用茶汤煮一下，一则去除茶壶中的土味，也可使茶壶达到滋养。具体做法是：将壶放入干净的器皿中，盛水煮壶，到水将沸未沸时，再将茶叶放入锅中同煮。等煮沸后捞出茶渣，再稍过些时候取出新壶置于干燥且无异味处自然阴干便可使用。

(2) 紫砂壶的日常保养

紫砂壶每次使用完毕,都应将壶中的茶渣倒掉,并用热水冲去残汤,以保持清洁。清洗壶的表面时,可用手加以擦洗,洗后再用干净的细棉布或其他较细软的布进行擦拭,然后放于干燥通风且无异味处阴干。平时紫砂壶应经常擦拭,并用手不断抚摸,不仅手感舒服,而且能焕发出紫砂陶质本身的光泽,久而久之壶体浑朴润雅,耐人寻味。

模拟实训

1. 实训安排

实训项目	茶具推荐练习
实训要求	(1) 熟悉常见茶具种类,掌握各类茶具的材质、特点和产地 (2) 能够对茶具的外形、材质、特点进行介绍,并结合冲泡茶叶的要求进行中英文的推荐
实训时间	45 分钟
实训环境	可以进行茶具推荐模拟练习的茶艺实训室或茶艺馆
实训工具	各式茶具
实训方法	示范讲解、情境模拟、小组讨论法

2. 实训步骤及要求

(1) 分组讨论,了解并掌握各类茶具的名称、用途;

(2) 用中英文简单介绍各类茶具的品质特点。

3. 中英文茶具推荐

茶具名称	中文介绍	英文介绍
玻璃茶具	玻璃质地透明,光泽夺目,形态各异,是冲泡名优绿茶的首选茶具,可以欣赏茶汤鲜艳的色泽,茶叶的细嫩柔软以及冲泡过程中的上下舞动,给人以无限的遐想,被茶人们生动地称之为"杯中观茶舞",十分生动有趣。	Glass tea wares in various shapes and sizes are transparent and lustrous. So they are best for making green tea of quality. Through the glass ware, the bright color of tea liquor, the tender tea leaves and the whole procedure can be observed. The dancing of the tea leaves in glass makes one full of imaginations.
瓷器茶具	瓷器茶具无吸水性,音清而韵长,以白为美。瓷器茶具能够反映出茶汤的色泽,传热保温性能适中,对茶不会发生化学反应,泡茶能获得较好的色香味,且造型美观精巧,适合用来冲泡轻发酵、重香气的茶叶。	With silvery sound and lingering charm, porcelain tea wares are exquisite, especially the white ones. They don't absorb water. Nor do they produce any chemical reaction to the tea, whose flavor could be better brought out. Moreover, they can not only conduct warm properly, keep the warm but show the color of tea liquor better. So they are the best for making slightly-fermented and dense-fragranced tea.

续表

茶具名称	中文介绍	英文介绍
紫砂茶具	宜兴紫砂茶具造型古朴，色调古雅，泡茶具有发味留香、抗馊防腐和变色韬光的独特优势，不但是深受茶人们喜爱的茶具，而且也是收藏爱好者们争相收藏的佳品，因此被誉为“天下第一品”。	With a tinge of primitive elegance, Yixing red-pottery tea wares are of primitive simplicity in shape. When used to make tea, they have advantages of stimulating flavor, remaining fragrance and antisepticizing. What's more, their color would be changing and becoming glossier with time. Therefore, red-pottery tea wares are not only popular with tea lovers, but favorite collections for collectors. As a result, they are praised as "The first and best in the world".
紫砂壶	紫砂壶在选购时要注意壶体结构精密，出水流畅，整体比例协调，便于提拿，同时还要考虑壶的泥质、色泽和图案的脱俗和谐。	When it comes to buying red-pottery tea wares, the following should be taken into account: the structure of the pot being delicate, water coming out smoothly, the body of the pot being in good proportion and being easy to carry. At the same time, the quality, color and luster of pottery should also be considered. The pattern should be refined and harmonious.

4. 填写实训报告单

班级：________ 组别：________ 姓名：________ 学号：________

茶具名称	材质	品质特点	用途
茶　盘			
茶　船			
紫砂壶			
公道杯			
茶道具组合			
茶　巾			
随手泡			
盖　碗			
玻璃杯			
闻香杯			
品茗杯			
茶　荷			
小茶盘			

工作任务二 配 具

案例导入

"壶里茶山"

"壶里茶山"是福建、广东以及台湾茶人流行的一种养壶方法。即泡茶后，只将茶渣倒出，而将茶汤留在壶中慢慢自然阴干，日久累积即成为"壶里茶山"。甚至很多茶人在选购老壶时(用过的紫砂壶)还以是否有"壶里茶山"为判断依据。一把有"壶里茶山"的"老壶"，往往价格不菲。

点评：其实所谓"壶里茶山"，实际上就是我们日常生活中泡茶留下的茶锈。因为紫砂壶有吸附茶香的特点，而且经常用茶水滋润可以使壶色光润，因此也就有了"壶里茶山"一说。但是如果维护不当，壶中会产生异味，所以在再次冲泡前应用热水冲烫一遍，再进行新茶的冲泡。至于将剩余的茶渣留在壶中用来养壶的方法绝不可取。因为茶渣闷在壶里易产生酸馊异味，对紫砂壶实在是有害无益。

理论知识

一、茶艺常用器具与功能

现代泡茶使用的茶具种类繁多，造型各异。大体来说，根据泡茶时各茶具的具体用途可将其分为主泡器、助泡器、煮水器和储茶器四大类。

1. 主泡器

(1) 茶壶。茶壶是主要的泡茶器具，一般以陶质为佳，此外还有瓷质、玻璃质地以及石质茶壶等。好茶讲究的是色、香、味、形俱佳，过喉甘润且耐泡。但空有好茶，没有好壶来泡，也是无法将茶的精华展现出来的，正所谓"水为茶之母，器为茶之父"，所以泡茶讲究的是好壶、好水、好茶。

(2) 茶船。用来放置茶壶的容器，又称茶池或壶承。茶船形状有盘形、碗形，茶壶置于其中。当注入壶中的水溢满时，茶船将水接住，避免弄湿桌面。茶船多为陶制品，古朴造型的茶船，增添了人们喝茶的乐趣。同时茶船也是养壶的必须器具，以盛接淋壶的茶汤。

(3) 茶盘。用以承放茶壶、茶杯的盘子，多为木制或竹制。茶盘分为上下两层，上层用以承托茶具，下层承接泡茶时淋下的废水。茶盘的产生主要是为了乌龙茶的冲泡便利。因为乌龙茶的冲泡过程较复杂，从开始的烫壶、烫盏，到后来的次次冲泡均需热水淋壶，双层茶船可使废水流到下层，不致弄脏台面。

(4) 茶海。又称公道杯，形状似无柄的敞口茶壶。因乌龙茶的冲泡非常讲究时间，就是几秒十几秒之差，也会使得茶汤质量大大改变。所以即使是将茶汤从壶中倒出的短短十几秒时间，开始出来以及最后出来的茶汤浓淡也会有所不同。因此要先把茶汤全部倒至茶海中，然后再分至杯中。这样既可沉淀茶渣、茶末，又可使茶汤浓淡均匀。现在茶艺馆中也常用不锈钢的过滤器，置于茶海之上，令茶汤由滤器流入茶海，以滤去茶渣。茶汤倒入茶海后，可依喝茶人数多寡分茶，人数多时，可利用较大的茶海冲两次泡茶，再平均分茶；而人数少时，将茶汤置于茶海中，也可避免茶叶泡水太久而生成苦涩味。

（5）茶杯。冲泡的茶叶不同，使用的茶杯也不尽相同。一般来说，泡不同的茶叶应使用与之相匹配的茶杯，现代常使用的茶杯主要有：

①品茗杯：常见的有紫砂杯和瓷质杯，一般只容一口茶汤，常与紫砂壶相配，专门用来品饮乌龙茶。

②闻香杯：杯身细长，借以保留茶香，用以闻香之用，是乌龙茶特有的茶具，一般与品茗杯配套，质地相同，加一茶托则为一套闻香组杯。

③盖碗：又称盖杯，分为茶碗、碗盖和杯托三部分，一般用于冲泡花茶或绿茶，但现代在专业审评茶叶质量时也多用此杯。

2. 助泡器

（1）茶则。从茶叶罐中取茶叶的器具，一般多为竹木制品。

（2）茶匙。将茶叶由茶罐或茶则拨入茶壶中的器具，多为竹质，如今亦有黄杨木质，一端弯曲，用来投茶入壶或自壶内掏出茶渣。

（3）茶漏。也称茶斗，放置茶壶口上导茶叶入壶，防止茶叶因壶口较小而掉落壶外。

（4）茶擂、茶针。茶擂用以压碎茶叶，可使茶叶冲泡时茶汤较浓。茶针用来疏通茶壶的内网，保持水流畅通。

（5）茶荷。形状多为有引口的半球形，瓷质或竹质，用于盛放干茶，供客人欣赏干茶并投入茶壶之用。好的瓷质茶荷本身就是工艺品，与茶匙、茶漏的作用相似，但它的功能较多元化。以茶荷取茶时，可由此判断茶罐中茶叶的多少，决定置茶量。

（6）茶仓。即分茶罐，泡茶前先将欲冲泡的茶叶倒入茶仓，既节省空间又美观。

（7）茶夹。将茶渣自茶壶中夹出。

（8）茶巾。主要的作用是为了擦干茶壶，将茶壶或茶海底部残留的水擦干，也可用来擦拭清洁桌面的水滴。

（9）香炉。泡茶时用来焚点香支以增加泡茶情趣。

（10）温度计。用来判断水温的辅助器。

（11）水方、茶盂、水盂。盛接弃置茶水的器皿。

3. 煮水器。又称随手泡，是加热煮水用的器皿，种类很多。常用的有风炉与水壶、酒精灯与水壶、电茶壶等。

4. 储茶器。即储存茶叶的罐子，无杂味且密封性能好，不透光为最佳。

你知道怎么去除茶具中的茶渍吗？

玻璃茶具和瓷质茶具使用久了，内壁中会挂上一层难看的茶渍。这时我们可以用干净的软布蘸上香烟灰或是牙膏轻轻擦拭，茶渍就会马上去除了。

二、选配用具

（一）根据茶叶特性选择茶具

古往今来，大凡讲究品茗情趣的人，都以“壶添品茗情趣，茶增壶艺价值”为泡茶准则，注重对泡茶用具的选配。我国历史上有关因茶选具的记述很多，如唐代以饮用饼茶为主，采用烹茶法，茶汤呈淡红色，因此陆羽认为“青则益茶”，以青色的越瓷茶具为上品；宋代饮茶习惯逐渐由烹茶法改为点茶法，茶汤以色白为美，这样对茶盏色泽的要求也就有了相应变化，讲究“盏色贵黑青”，认为建安黑釉茶盏才能充分反映出茶汤的色泽。明代由团茶改为散茶，由点茶法改为瀹饮法，由于茶类的多样，茶汤色泽出现了黄绿色、黄白色、红色、金黄色、橙黄色等，因此茶具色泽也以白色为时尚。在壶的选用上并不过分注重色泽，而是更为注意壶的雅趣，强调以小为贵。清代以后，茶具品种增多，形状多变，再加上茶类的多样化，从而使人们对茶具的种类、色泽、质地、式样、大小等都提出了新的具体要求。具体来说，品饮不同的茶叶应选用不同的茶具：

一般来说茶具会因所泡茶叶种类的不同而有所区别，在器具使用上有些是可以共用的，有些必须根据茶叶的冲泡要求进行个性选配。但无论如何，洁净、齐整、无破损是必须的要求。具体来说，服务人员应准备的茶具主要包括以下几类：

1. 乌龙茶用具

主要用来冲泡各种乌龙茶以及一些紧压茶（如普洱茶）。包括主泡器、备水器、辅助用具等三类。

（1）主泡器：茶船（盘）、紫砂壶、公道杯、闻香杯、品茗杯。

（2）备水器：电烧水壶。

（3）辅助用具：茶针、茶则、茶匙、茶漏、茶夹、茶巾、杯托、温度计、计时器、托盘、储茶罐等。

2. 玻璃杯用具

主要用来冲泡名优绿茶、黄茶、白茶以及工艺花茶。

（1）主泡器：玻璃杯、茶盘。

（2）备水器：电烧水壶，也可以选用以酒精为燃料的透明石英壶。

（3）辅助用具：茶则、茶匙、茶巾、水盂、杯托、温度计、计时器、托盘、储茶罐等。

3. 瓷壶用具

主要用来冲泡红茶、中档绿茶以及花茶。

（1）主泡器：瓷壶、品茗杯、茶盘。

（2）备水器：电烧水壶。

（3）辅助用具：茶则、茶匙、茶针、茶漏、茶夹、茶巾、水盂、温度计、计时器、储茶罐、托盘等。

4. 盖碗用具

主要用于冲泡绿茶、花茶或乌龙茶。

（1）主泡器：茶船、盖碗、公道杯、品茗杯。

（2）备水器：电烧水壶。

（3）辅助用具：茶则、茶匙、茶夹、茶巾、杯托、温度计、托盘、计时器、储茶罐等。

（二）根据不同品茗条件选配用具

1. 特别配置

讲究精美、齐全、高品位和艺术性。一般会依据某种文化创意选配一个茶具组合，件数多、分工细，使用时一般不使用替代物件，力求完备、高雅，甚至件件器物都能引经据典，具有文化内涵。

2. 全配

以能够满足各种茶的泡饮需要为目标，只是在器件的精美、质地、艺术等要求上较“特别配置”低些。

3. 常配

是一种中等配置原则，以满足日常一般泡饮需求为目标。常见的茶具有：一个方便倒茶弃水的茶池（茶船）、茶壶，适量的杯盏、茶叶罐、茶则、茶海（茶盅）。这种茶具的组合搭配在多数饮茶家庭及办公接待场所均可使用。

4. 简配

简配有两种，一种是日常生活需求的茶具简配，一种是为方便旅行携带的简配。家用、个人用简配一般在“常配”基础上，省去茶海、茶池，杯盏也简略一些，不求与不同茶品的个性对应，只求方便使用而已。

如何泡出健康好茶

平时在工作中没有时间也没有条件选择配套的茶具，但又想泡出汤清味醇的茶饮，那就可以选择同心杯组作为日常茶具。同心杯组即在茶杯内附一个滤网，使茶叶不至于泡在水中过久。这种茶具最适合在工作场合使用。

实践操作

三、茶具使用基本手法

1. 提壶、杯手法

（1）侧提壶，大型壶：右手除拇指外其他的四指握住壶把，左手食指、中指按住壶钮或盖。

（2）中型壶：右手除拇指外其他的四指握住壶把。

（3）小型壶：右手拇指和中指勾住壶把。

（4）飞天壶：右手大拇指按住盖钮，其他四指勾住壶把。

（5）提梁壶：右手握提梁把，左手食指、中指按壶的盖钮。

（6）紫砂壶：右手拇指和中指握住壶把，无名指、小指顶住，食指按住壶盖。

2. 握杯手法

（1）大茶杯，无柄杯：右手握住茶杯基部，女士用左手指尖托杯底。

（2）有柄杯：右手食指、中指勾住杯柄，女士用左手指尖轻托杯底。

（3）闻香杯：右手手指把闻香杯握在拳心，或者把闻香杯捧在两手间。

（4）品茗杯：右手大拇指、食指握杯两侧，中指抵住杯底，无名指及小指自然弯曲。

（5）盖碗：左手大拇指与食指扣在杯身两侧，中指托杯底。右手拇指、食指、中指按在盖钮上，无名指和小指搭住碗壁。

3. 翻杯手法

（1）无柄杯：右手反手握茶杯的左侧基部，左手用大拇指轻托在茶杯的右侧基部；双手翻杯成手相对捧住茶杯。

（2）有柄杯：右手反手握杯，左手手背朝上用大拇指、食指与中指轻扶茶杯右侧基部；双手同时转动手腕，茶杯轻轻放下。

4. 温具手法

(1) 温壶法:左手大拇指、食指和中指按在壶钮上,揭开壶盖,把壶盖放到茶盘中。右手提壶注水,按逆时针方向低斟,先浇淋壶的外壁,使水流顺茶壶口冲进;再使水从高处冲入茶壶;等注水量为茶壶的 1/2 时再低斟,使开水壶及时断水,轻轻放下。双手取茶巾放在左手手指上,右手把茶壶放在茶巾上,双手按逆时针方向转动,使茶壶各部分充分接触开水。然后把水倒入水盂中即可。

(2) 温杯法:右手提壶逆时针转动,使水流沿茶杯壁冲入,约容量的 1/3 后断水,用右手的大拇指和食指捏住玻璃杯下端,中指、无名指、小指自然向外,左手的中指轻托杯底,将水沿杯口借助手腕的自然动作,旋转一周,但必须滴水不漏。

(3) 温盖碗法:提壶逆时针向盖内注水,注入碗内的 1/3 容量时壶断水,开水壶复位。右手取渣匙插到缝隙里,左手手背朝外护在盖碗外,手掌轻靠碗沿,右手用渣匙从内向外拨动碗盖,左手用拇指、食指和中指把碗盖盖在碗上。右手大拇指和中指搭在碗身中间部位,食指抵住盖钮下凹处,左手托碗底,端起盖碗,右手呈逆时针转动,使盖碗内各部位接触热水。最后右手提盖钮把碗盖靠右斜盖,端起盖碗移到水盂上,水从盖碗左侧倒进水盂。

模拟实训

1. 实训安排

实训项目	茶具选配及使用练习
实训要求	熟悉泡茶中使用的每种茶具名称,掌握各茶具的操作手法
实训时间	45 分钟
实训环境	可以进行茶具使用练习的茶艺实训室
实训工具	各式茶具
实训方法	示范讲解、情境模拟、小组讨论法

2. 实训步骤及要求

(1) 分组讨论,了解并掌握展示台上的各类茶具的名称、用途;

(2) 练习各种茶具的使用手法;

(3) 掌握茶具的摆放原则与方法。

3. 茶具中英文介绍

茶具名称	中文介绍	英文介绍
茶　盘	茶盘,上为盘用来承载茶具,下为仓用来承接废水。	Tea tray, the upper part is the "plate", used to hold tea wares; the lower is the "cab-in", used to store waste water.
茶　船	茶船是用来放置茶壶的容器,同时也是养壶的必需器具,以盛接淋壶的茶汤。	Tea pad, used for setting pots, meanwhile, tea pad is also necessary for teapot maintaining, catching the tea liquor used for pouring tea pot.

续表

茶具名称	中文介绍	英文介绍
紫砂壶	紫砂壶产自江苏宜兴，造型古朴典雅，保温性能好，最适宜冲泡乌龙茶、黑茶或者普洱茶，具有“泡茶不走味，贮茶不变色，盛夏不易馊”的特点。	The red-pottery teapots are produced in Yixing, Jiangsu Province. They have primitive elegance and good performance of temperature keeping. They are the best for making oolong tea, dark tea, or pu'er tea. The red-pottery teapots can prevent the tea from losing its flavor and fresh color. In summer they can keep the tea from decaying quickly.
公道杯	公道杯可以均匀茶汤浓度，同时沉淀茶渣。	Fair cup, used to even tea liquor and settle tea dregs.
茶道	茶道具也称“茶艺六宝”，是以茶筒归拢的茶针、茶夹、茶漏、茶则和茶匙六件泡茶工具的合称。茶针疏通壶嘴堵塞。茶夹在温杯时夹取杯身以及需要将茶渣从壶中夹出时使用。茶漏是在投茶叶时放置于壶口，扩大壶口面积防止茶叶溢出。茶则用来从茶罐中量取干茶。茶匙用于从茶荷或茶仓中拨取茶叶。	Tea set is also named as the "six treasures of tea art", which is the general term of tea pin, tea tongs, tea funnel, tea scoop, tea spoon and tea container. Tea pin is used to clear the block of the spout of teapot. Tea tongs is for picking up the cups when they are warmed or fetching the tea dregs. Tea funnel is put at the mouth of the pot when tea is cast. It's used to prevent tea leaves from falling out of the tea pot by enlarging the mouth of the pot. Tea scoop is used to fetch dry tea from the tea canister. Tea spoon is for getting the tea from the tea holder or tea caddy.
随手泡	随手泡是现代泡茶时最常用且方便的烧水用具。	Instant kettle set is the most convenient water heating device commonly used in modern tea making.
盖 碗	盖碗一般用于冲泡花茶或绿茶。盖碗又称三才杯，茶盖在上，谓“天”；茶托在下，谓“地”；碗居中，谓“人”。意喻天地人三才合一，共同孕育茶之精华。	Covered bowl is used to infuse scented tea or green tea. It is also named "three talent" cup and "three talents" are heaven, earth and people. The lid is on the top, which refers to "heaven"; the saucer is at the bottom, which stands for "earth"; and the bowl is between them, which represents "people". "Three talents" unite to bring the essence out of tea.
玻璃杯	玻璃杯晶莹剔透，便于欣赏茶汤色泽和茶叶的上下舞动，是冲泡名优绿茶的首选器具。	Glass, glittering and transparent, is convenient for observing liquor color and tea dancing. It is the first choice for infusing famous green tea of high grade.
闻香杯	闻香杯是用来嗅闻杯底留香的器具。杯身细长，便于聚集香气，有利于闻出茶的香型，并欣赏茶香的变化。	Fragrance smelling cup is used to smell the fragrance remained at the bottom. It is tall and slender for collecting the fragrance of the tea. It allows the tea drinkers to smell fragrance and enjoy the changes of aromas.

续表

茶具名称	中文介绍	英文介绍
品茗杯	品茗杯用来鉴赏茶汤，品啜佳茗。	Tea cup, used for viewing and savoring tea liquor.
茶　荷	茶荷为盛放干茶的用具，兼具赏茶功能。	Tea holder is used to hold the dry tea and it also has a function of tea appreciation.
水　盂	水盂又称茶盂、废水盂，用来储放泡茶过程中的废水、茶渣。	Water basin is also called tea basin or waste water basin. It is used to store the waste water or tea dregs while tea making.

4. 填写实训报告单

班级：________　组别：________　姓名：________　学号：________

冲泡要求 / 茶具名称	绿茶用具	花茶用具	乌龙茶用具	普洱茶用具
茶　盘				
茶　船				
紫砂壶				
公道杯				
茶道具组合				
茶　巾				
随手泡				
盖　碗				
玻璃杯				
闻香杯				
品茗杯				
茶　荷				
小茶盘				

项目测试

一、填空题

1. 茶器具材质的硬度关系到泡茶的结果，其中________器具硬度最高。

2. 茶具的文化与审美价值是中国茶文化的重要________，茶具的选配是________的重要技艺之一。

3. 在专用茶具出现以前，饮茶是以________和________代替的。

4. 晋惠帝在八王之乱后，返回洛阳时，有“侍从持瓦盂承茶”，这瓦盂是指________。

5. 从________到________是茶具由通用走向专用的转折时期。
6. 中国历史上第一套形制完备的专用茶器具诞生于唐代，由________创制共________件。
7. 紫砂壶产于________，因其工艺精湛，造型独特，故有“________”的称誉。
8. 宋代斗茶之风兴起，茶具以________生产的________为上品。
9. 目前，我国的茶具仍以________和________最为人们喜爱和使用。
10. 有关茶具的记载最早出现在汉代的______________中。
11. 被称为广东潮汕四宝的茶具包括________、________、________、________。
12. 茶海又称________，用于______________。

二、选择题

1. 从茶事实践活动出发，茶具可分为(　　)个部分。
A. 3　　B. 4　　C. 5
2. 茶海就是公道杯，作用是(　　)又方便续茶。
A. 闻香　　B. 赏茶　　C. 均匀茶汤
3. 在专用茶具出现之前，饮茶是以(　　)代替的。
A. 茶瓶、鼎　　B. 食器、酒具　　C. 陶罐、竹罐
4. 对茗盏的要求，唐代讲究(　　)。
A. 青则益茶　　B. 宜黑盏　　C. 纯白为重
5. 第一个在紫砂壶上署名的是(　　)。
A. 金沙僧　　B. 供春　　C. 时大彬
6. “壶中妙手称三大”，三大具体指的是(　　)。
A. 时大彬　李仲芳　徐友泉
B. 时大彬　李仲芳　惠孟臣
C. 陈鸣远　惠逸公　杨彭年
7. 被称为“壶艺泰斗”“一代宗师”的现代制壶大师是(　　)。
A. 顾景舟　　B. 朱可心　　C. 徐汉棠
8. (　　)是中国古代茶具的变革时期。
A. 唐代　　B. 宋代　　C. 明清
9. 明代紫砂壶制作四大名家中包括(　　)。
A. 供春　　B. 时朋　　C. 陈鸣远
10. 被称为潮汕四宝之一的玉书煨是指(　　)。
A. 用于烧开水的壶
B. 用于烧开水用的火炉
C. 用于泡茶的茶壶
11. (　　)，中国茶具无论是从理论上、实践上还是物质上都趋于成熟完备。
A. 西汉　　B. 晋至隋唐　　C. 宋　　D. 明清
12. 我国至今保存的最高级的古茶具实物，是在(　　)出土的一套银制鎏金茶具。
A. 洛阳白马寺　　B. 河北柏林禅寺　　C. 陕西法门寺

三、判断题

(　　)1. 在专用茶具出现以前，饮茶是以茶瓶、陶罐代替的。

(　　)2. 因斗茶讲究茶色鲜白,饮茶壶选用黑色的,“茶色白,宜黑盏”,以通体黑釉的“建盏”为上品。

(　　)3. 汉晋到隋唐是茶具由通用走向专用的转折时期。

(　　)4. 一般来讲,硬度高,胎身薄的茶具散热较慢。

(　　)5. 茶叶与茶具的搭配很重要,需要“门当户对”、“意气相投”,这是泡好茶的一大要素,故有“器为茶之父”之说。

(　　)6. “曼生壶”是由陈鸿寿设计杨彭年制作的壶中精品。

(　　)7. 金银茶具是唐代宫廷的专用茶具。

(　　)8. 紫砂是指化学成分为铁质黏土的粉砂岩。

四、技能题

根据以下茶叶特点选择茶具并进行介绍:

鉴定内容	绿茶	红茶	花茶	乌龙茶(普洱茶)
器具选用				
器具摆放				
器具功能介绍				

项目五 茶烟轻扬落花风——造境

学习目标

- 了解品茗环境的构成及营造原则
- 了解品茗环境的类型
- 能够进行字画、瓷器等陈设物赏析
- 能够进行品茗环境的设计和营造

俗话说："喝酒喝气氛，品茶品文化。"品茶和作诗一样，强调情景交融，尤重意境。中国诗学则一贯主张"一切景语皆情语，融情于景，寓景于情，情景交融，自有境界"。品茗，除了要有好的茶叶、好的茶具、好的用水、好的泡茶技艺之外，品茗环境的营造也是不可忽视的重要环节。古往今来，历代名家无不注重品茗环境的选择，希望能达到"景、情、味"三者的有机结合，从而产生最佳的心境和精神状态。通过本项目的学习，使学习者掌握品茗环境的构成要素，能够进行品茗环境的选择与营造。

工作任务一 悉意解境

案例导入

色彩、书法、绘画在品茗环境中的运用

北京的儒雅茶艺馆整体装修风格为古朴淡雅型，以淡蓝和白色为主色调，馆内厅堂挂有巨幅仿唐代画家吴道子的《嘉陵山水图》，线条粗放简练，各茶室内还用行书的书法作品装饰，使得茶馆中品茗环境更显典雅。相反，沈阳的名茶秋毫茶艺馆装修风格和儒雅茶艺馆截然相反。名茶秋毫茶艺馆整体以橙色和红色为主色调，装饰画卷以精巧细致的工笔作品和神秘的篆书作品为主，给人富丽堂皇的感觉。

点评：营造品茗环境时常用古字画装饰，而古字画的选择又要和品茗环境的整体风格相适应。古朴典雅型选择浅淡素雅的颜色可以渲染一种宁静、恬悦、淡雅的环境氛围；行书和草书在线条上富有流动美，有助于感情的流露，而篆书显得华丽，一般不用。豪华高贵型色调以暖调明调为主，可以表现热烈、愉快、喜庆的气氛，在书法方面限制较少，绘画多用工笔花鸟以彰显富贵。

理论知识

一、品茗与环境的内在联系

品茗是物质与精神的结合体，无论追求怎样的用具，向往何等的环境，都是为了使人、茶、自然三者相互统一，相互和谐。

品茗在某种意义上讲，是一种用心灵去体味的精神活动。在品茗中欣赏精美的茶具，品尝甘冽的清泉，享受自然的清风明月，最终凝结到先苦后甘、清香温和的茶汤中，给人以回味，给人以联想，给人以人生的启迪，从而达到一种磨砺和修养。无论是文人还是芸芸众生，对茶的体味可能程度不同，但如果用心去品，去思，去想，都可能得到或多或少的感悟。如历代文人对茶的追求，不单单在于茶的本身，而是追求一种纯净、深远、空灵的意境，而茶恰恰为他们带来平静与和谐，带来质朴与纯美，令文人在选择茶事环境时，表现出不嗜奢华，偏好自然淳朴的个性，追求自然野趣，讲究天人合一，自然天成。饮茶已成为一种生活艺术，而清山秀水、小桥亭榭、琴棋书画、幽居雅室是品茗环境的理想选择。

二、品茗环境的构成

环境，即品茗的场所，主要包括室外环境和室内环境两部分。

对于室外环境，中国茶艺讲究的是野幽清寂、林泉逸趣、回归自然。正如唐代诗僧灵一诗中所写："野泉烟火白云间，坐饮香茶爱此山。岩下维舟不忍去，青溪流水暮潺潺。"在这种环境中品茶，茶人与自然最易展开精神上的沟通，使尘心洗净，达到精神上的升华。

品茶室内环境整体布置上可以选择木、竹、布等融入自然的装饰，创造出一番和谐、自然的环境，使人有一种回归自然、全身放松的感觉。要求窗明几净，装修简素，格调高雅，气氛温馨，使人有亲切感和舒适感。室内装潢陈设应简洁素雅，不可富丽堂皇，奇异夺目。要令品茶人有洁净清静之感，对茶对茶友心生恭敬之意。在光线设计上，最好取自然采光，但忌阳光直接照射。室内光线不能明亮耀眼，但也不能像酒吧、咖啡馆那样采用较为昏暗的光源。如采用人工光源，最好是选用连续光谱的光源（如白炽灯），因为日光灯类等不连续光谱的光源会影响茶叶的品评。

茶室内部应宁静空寂，忌嘈杂，可以播放一些背景音乐，但不能过于强烈。一般多选择那些能够显示茶室历史文化和独特韵味的中国传统艺术形式，如评弹、琵琶等。室内空气应新鲜、纯净，忌各种气味，如香水、菜肴等。

你知道中国茶艺追求怎样的自然环境吗？

中国茶艺所追求的幽野清静的自然环境，大体上可分为以下四种：一是"鸟声低唱禅林雨，茶烟轻扬落花风"，幽寂的寺院美；二是"云缥缈，石峥嵘，晚风清，断霞明"，幽玄的道观美；三是"远眺城池山色里，俯聆弦管水声中"，幽静的园林美；四是"蝴蝶双双入菜花，日长无客到田家"，幽清的田园美。

三、品茗环境的类型

根据装潢布局、陈列摆设、整体风格等的不同，品茗环境主要有以下五种类型：

1. 园林式

该布置讲究人与自然的和谐之美。它以中国江南园林建筑为蓝本，有小桥流水，亭台楼阁，曲径花丛，拱门回廊，令人有一种"庭院深深深几许"的感觉。室内陈设多以民艺、木雕、文物、字画等为主，清静悠闲的气氛，有一种返璞归真、回归大自然的感觉，令人有种进入“庭有山林趣，胸无尘俗思”的境界，并可领略中国文人的心境及思维。

2. 古典式

该布置以传统的家居厅堂为蓝本，摆设古色古香的家具，张挂名人字画，陈列古董、工艺品等，布置典雅清幽。所用的茶桌、茶椅、茶几等，古朴、讲究，或红木、或明式，也有采用八仙桌、太师椅等，反映中国文人家居的厅堂陈设，让人有种时光倒流的感受。

3. 乡土式

该布置强调乡土特色，追求乡土气息，以乡村田园风格为主轴，大都以农业社会时代的背景作为布置的基调，如竹木家具、马事、牛车、蓑衣、斗笠、石臼、花轿等，充分反映乡土的气味。

4. 日本和式

该布置以拉门隔间，内置矮桌、坐垫，以木板、榻榻米为地。入内往往需脱鞋，席地而坐，以竹帘、屏风或矮墙等作象征性的间隔，顶上大都以圆形灯笼为照明器，有一种浓厚的东洋风味。

5. 综合式

该布置是将古今设备结合，东西形式合璧，室内室外相衬的多种形式融为一炉的茶室，以现代的科技设备创造传统的情境，以西方的实用主义结合东方的情调，这类环境布置颇受年轻朋友的欢迎。

实践操作

四、造境陈设赏析

书画、瓷器、紫砂壶和绿色植物是品茗环境中常用的陈设布置，它们的合理运用营造出品茗环境特有的意境。

1. 书画赏析

茶与书画之缘，源远流长。一方面是书画家及其作品对饮茶事象的欣赏，对饮茶文化的宣传，对制茶技术的传播等，起着积极的推动作用；另一方面是茶和饮茶艺术激发了书画家的创作激情，为丰富书画艺术的表现提供了物质和精神的内容。茶与书画都具有清雅、质朴、自然的美学特征，这就是茶与书画结缘的基础所在。

中国美术史上，曾出现过不少以茶为题材的绘画作品。这些作品从一个侧面反映了当时的社会生活和风土人情，几乎每个历史时期，都有一些代表作并流传于世。

(1)《萧翼赚兰亭图》

唐代阎立本的《萧翼赚兰亭图》是我们现在能够看到的最早的茶画，是画家根据唐代何延之《兰亭记》故事所作，它保存于台北“故宫博物院”。《萧翼赚兰亭图》纵 27.4 厘米，横 64.7 厘米，绢本，工笔着色，无款印。描绘唐太宗御史萧翼向王羲之第七代传人的弟子袁辩才求取“天下第一行书”《兰亭集序》的故事。画面上辩才和尚处于正中，与对面的萧翼侃侃而谈；萧翼恭恭敬敬袖手躬身坐于长方木凳之上，似正凝神

倾听辩才和尚的话语；一侍僧立于两者之间。画面左下角为烹茶的老者与侍者，形象明显小于其他三人，老者蹲坐于蒲团之上，手持“茶夹子”，正欲搅动茶釜中刚刚投入的茶末，侍童正弯着腰持茶托盏，准备“分茶”。

(2)《文会图》

《文会图》是宋徽宗赵佶的作品，他的“瘦金体”书法和工笔画在中国美术史上独树一帜。《文会图》描绘了一个共有二十个人物的文人聚会场面。在优美的庭院里，池水、山石、朱栏、杨柳、翠竹交相辉映。巨大的桌案上有丰盛的果品和各色杯盏。文士们围桌而坐，或举杯品饮，或互相交谈，或与侍者轻声细语，或独自凝神而思，还有的是刚刚到来。旁边的一个桌几上，侍者各司其职，有的正在炭火炉旁煮水，有的正在一碗一碗点茶。从图中可以清晰地看到各种茶具，其中有茶瓶、茶碗、茶托、茶炉等。整幅画面人物神态生动，场面气氛热烈，现收藏在台北“故宫博物院”。

(3)《斗茶图》

赵孟頫的《斗茶图》中设四位人物，两位为一组，左右相对，每组中的长髯老者皆为斗茶营垒的主战者，各自身后的年轻人在构图上都远远小于长者，他们是“侍泡”或徒弟一类的人物，属于配角。《斗茶图》是绘画中以斗茶为题材的影响最大的作品。整个画面用笔细腻遒劲，人物神情的刻画充满戏剧性张力，动静结合，将斗茶的趣味性、紧张感表现得淋漓尽致。

(4)《玉川先生煮茶图》

《玉川先生煮茶图》是清代金农《山水人物图册》之一，纸本设色，纵24.4厘米，横31厘米。金农为“扬州八怪”之一，写隶书古朴，楷书自创一格，号称“漆书”，亦能篆刻作画，画竹、梅、鞍马、佛像、人物、山水，格调拙厚淳朴。《玉川先生煮茶图》作于乾隆二十四年，用笔古拙，富有韵味。画卢仝在芭蕉荫下烹泉煮茶，一赤脚婢持吊桶在泉井汲水。图中卢仝纱帽笼头，颌下蓄长髯，双目微睁，神态悠闲，身着布衣，手握蒲扇，亲自候火定汤，神形兼备，显示了金农浓重的文人画风格。

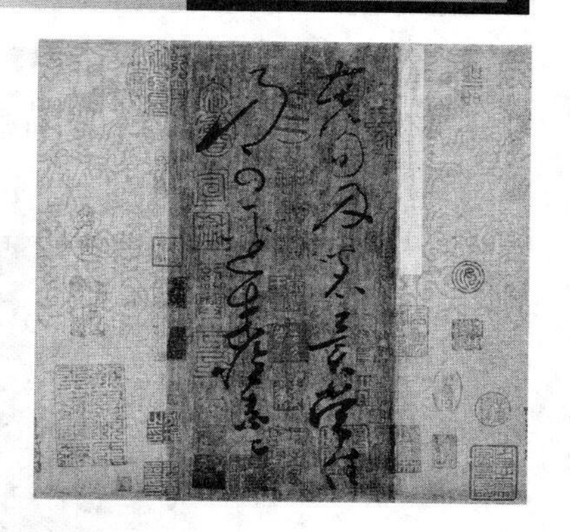

(5)《苦笋帖》

唐代僧人怀素的作品，是现存最早的与茶有关的佛门手札。作品显清逸之态，透古雅淡泊意趣，钩连盘行而简洁飞动的笔画充分体现了茶与禅的种种缘分。

(6)《煎茶七类卷》

为徐渭(字文长)逝世前一年所作，是其最晚的作品，笔画挺劲而腴润，布局潇洒而不失严谨，多存雅致之气。

2. 紫砂壶鉴赏

紫砂壶是指用宜兴紫砂泥烧制的泡茶壶。紫砂泥质地细腻，可塑性强，渗透性好，成型后放在1 150℃高温下烧制，制成的壶具有良好的透气性能，泡茶不走味，储茶不变色，盛暑不易馊。紫砂壶名家始于明代供春，其后的四大家——董翰、赵梁、元畅、时朋均为制壶高手，清代陈鸣远、杨彭年等形成不同的流派和风格，近现代顾景周、朱可心、蒋蓉等制壶师工艺精湛、手法精细。

(1) 供春壶

供春壶是明代正德、嘉靖年间，江苏宜兴制砂壶名艺人供春所做的壶。供春壶造型古朴精工，温雅天然，质纯薄坚实，负有盛名，有“供春之壶，胜于金玉”的说法。

(2) 蚕桑壶

清代制壶师陈鸣远的仿自然形壶的力作。壶身扁圆折腹，腹下部素面，上部则雕蚕食桑叶状。壶盖是一片桑叶，上卧一条金蚕。壶身上的其他蚕均半藏半露在桑叶中，栩栩如生，十分生动。壶泥白色微黝，调砂，更逼真似蚕。此外，陈鸣远还有四足方壶、莲形银提梁壶、南瓜壶、束柴三友壶等作品流传于世。

(3) 紫砂竹节壶

清代嘉庆时期，制壶高手杨彭年和陈鸿寿合作的产物。杨彭年与陈鸿寿合作制成的壶被世人称为“曼生壶”，多由杨彭年制造壶坯，陈鸿寿题名镌刻。紫砂竹节壶是曼生壶的代表作，壶色紫黑透红，紫而不姹，红而不嫣，透贴和谐，细腻而不耀眼。造型取材于竹，壶体雕作挺拔的竹竿两节，流与把若杈枝，枝叶折曲依附主干，寓意生机，从端庄稳重中给人一种欣欣向上的感觉。

(4) 百果壶

百果壶制作者是女陶艺家蒋蓉，壶艺师个人尤其喜爱制作仿自然的壶，以西瓜、荷叶壶为最雅。百果壶高 14 厘米，宽 25 厘米，壶嘴是藕节，壶把是菱角，壶盖是蘑菇，壶足是芋头，壶身四周还有一些瓜子、花生之类，十分自然。制壶者巧妙的构思，使人忘记看到的是壶，而是在欣赏鲜活果蔬之生趣。

模拟实训

1. 实训安排

实训项目	详解品茗环境
实训要求	熟悉品茗环境的构成，掌握品茗环境的类型，能够进行品茗环境陈设物品的赏析
实训时间	45 分钟
实训环境	可以进行设计演示的多媒体教室，可以进行参观的茶艺馆
实训工具	多媒体设备，茶艺馆的陈设布置
实训方法	示范讲解、实地参观、小组讨论法

2. 实训步骤及要求

(1) 分组参观本地茶艺馆、茶室、茶楼，观察品茗环境的布置及陈设安排；

(2) 分组讨论总结品茗环境的布置特点及具体设计方法；

(3) 教师对各组的成果进行总结，并利用 PPT 演示讲解。

3. 填写实训报告单

班级：________ 组别：________ 姓名：________ 学号：________

环境布置 / 茶艺馆名称	环境类型	字画效果	瓷器效果	茶具效果	绿植效果	其他陈设效果	整体布置效果

工作任务二 和意造境

老舍茶馆新京调茶餐坊的环境布置

“老舍茶馆新京调茶餐坊”属历史上京城六大茶馆类别之“大茶馆”形式，是集餐、茶、戏于一体的综合性茶馆。在简约流畅的现代风格布局中，融合了诸多古典、民俗元素，入门时的屏风采纳了皇宫顶部的图案，舞台的背景为四合院屋顶俯视图，包间、雅座到散台的独特设计，配合着灯光效果，使这“大茶馆”颇具小剧院的感觉。每个细节无不体现着宣南文化。回廊中充分展示了老北京的民俗长卷。神态各异、栩栩如生的五行八作，摔跤、中幡、京韵大鼓等泥塑大师的巨作将老北京点滴的市井生活活灵活现地拉到了您面前。眼里欣赏着民间剪纸、皮影、鬃人、京剧人物等装饰宣南文化的艺术精品，耳畔则回响着胡同里走街串巷、买卖的吆喝声。城南旧事的真实场景和浓浓的京味情调将带您体验一个集百姓、士大夫、皇亲国戚于一体的老北京百态生活。

点评：品茗环境的设计要突出特色。品茗场所的外观店面、内部环境设计可根据周围环境氛围、消费群体、不同功能需求与经济能力、个人喜好等确定，不拘泥于固定的程式，但应形成自身的特色，才能引人注意。

理论知识

一、品茗环境营造的认知

品茗是一种享受，所以，品茗环境的布置往往就成了人们最难掌握的一件事。营造品茗环境，主要由品茗场所中的实境景象和虚化境象两方面入手。

实境景象，指由品茗场所中的装饰布置、陈列摆设等构成的，能被品茗者看到、触摸到的实际景象，如桌椅陈设、竹木装饰、插花字画等。

虚化境象，指品茗场所中弥漫的气氛，这种气氛可使人们通过耳朵、鼻子、身体而感觉到，比如香气、琴音、光影、色调等。

二、品茗环境营造的原则

1. 要充分体现品茗环境定位的特色。

营造品茗环境过程中，无论是装饰物的选择、陈设的布置还是灯光音乐的运用等都要紧紧围绕环境定位来进行，充分体现出品茗环境的特色。

2. 要体现茶文化的精神和茶艺的要求。

茶艺要求安静、清新、舒适、干净，四周可陈列茶文化的艺术品，或一幅画、一件陶瓷工艺品、一套茶具、一个盆景等，这些都应随着定位不同而布置，或绚丽、或幽雅、或朴实、或宁静，尽可能利用一切有利条件，如阳台、门厅小花园甚至墙角等，只要布置得当，窗明几净，都能创造出一个良好的品茗环境。

3. 要从整体上考虑，使形式与功能以及各功能区域之间能相协调、相呼应。

4. 要注重实用性与经济性，量力而行，不要盲目追求高档、豪华的原则。

实践操作

三、品茗环境的营造

(一) 实境景象的营造

品茗场所中的实境景象可以通过字画的悬挂、饰品陈列、茶具展示、植物点缀、茶室插花和水的运用等方面来营造。

1. 字画悬挂

挂画早在陆羽《茶经》中已有具体的说明,到宋代不仅有挂画,也有了挂字的卷轴。一般茶挂以不挂花轴为原则,因为茶室内有插花,若挂画则以写意的水墨画为上,韵味与书法相同。如果是工笔或写实之画,则求其赋色高古,笔墨脱俗,色不宜过分鲜丽,以免粗俗或喧宾夺主。

若挂书法以字轴为多,所挂的字轴往往依季节、时间、所品的茶类等具体情况而定。挂画以一幅为宜,悬挂位置以茶室正位为佳。

2. 饰品陈列

为了烘托品茗场所中的文化韵味,常用一些装饰物作为装饰。装饰物包括的内容非常庞杂,很多装饰细节的东西,需要在平时去发现,去积累,甚至本身不是装饰物的东西,被独具慧眼地放置到茶室,会显现出非同凡响的效果。比如一个葫芦,一件蓑衣,一套渔具,都是非常有情趣的饰品,为你打造出一派田园野趣、自然风光。江南情调的木雕花窗、蓝印花布,老北京风味的鸟笼、红灯笼,巴蜀特色的竹椅,少数民族的地毡、竹楼,欧式风情的油画、壁纸,都能让人兴趣盎然。除了这些非常有特色的装饰物,一般的窗帘、靠垫、纱幔、屏风、竹帘、盆景、鲜花等的布置摆放,要注意整体的协调和舒适性。

3. 茶具展示

茶室中可以摆设各种茶具的展示柜,展示瓷质、陶制等各种质地的茶具。这样既可以供人参观欣赏,满足人们的好奇心,又可以烘托茶室的文化氛围。

4. 植物点缀

绿色植物在茶室中具有净化空气、美化环境、陶冶情操的作用,茶室里恰当地点缀一些绿色植物,可使茶室显得更加幽静典雅、情趣盎然,营造出赏心悦目、舒适整洁的品茗环境,从而使客人达到心境平和,怡心悦目的审美情趣。适宜茶室陈设的绿色观叶植物,既有多年生草本植物,又有多年生木本、藤本植物,如广东万年青、观音莲、君子兰、巴西木、马拉巴栗、散尾葵、苏铁、橡皮树、棕竹、绿萝、吊兰等。

5. 茶室插花

茶室插花又称“茶室之花”或“茶会之花”。茶室插花一般采用自由型插花。花器可选择碗、盘、罐、筒、篮等。器小而精巧、淳朴,以衬托品茗环境,表达主人心情,亦可寓意季节,突出主题,增进茶趣。在花材选择上,应选用时令花木,原野和高山采来的野花或院子里种植的花均可。花形要小,以体现出谦美的风格。茶室插花在选材上还应注意:一是不宜选用香气过浓的花,如丁香花,为的是防止花香冲淡焚香的香气以及防止花香混合茶特有的香气。二是不宜选用色泽过艳过红的花,以防破坏整个茶室静雅的艺术气氛。三是不宜选用已经盛开的花,以含苞待放的花为宜,使人观赏花的变化,领悟人生哲理。

花材的数量首先要以奇数、单一、不对称为原则。插花往往是一花三叶或一花五叶，无论花、叶都以奇数为主，不对称，不刻板，处处留有余地。若花有两朵时，取其一开一合，或一正一侧；有四片叶子时，使其中一片见其背面，表阴叶之美。花开为阳，合而为阴；叶正面为阳，背面为阴，阴阳互生，以增美感。其次，以手法细致朴实，形色简雅为主。茶室插花属于静态观赏品，形体宜小，花枝利落不繁，一花一叶不为少，花取素白或半开更显淡雅而富有灵感。再者，摆放位置宜较低，以坐赏为原则。也可根据茶室设计选配台座、花几等，摆放位置多以主人的右后方约一臂之距为宜。

你知道插花什么时候融入品茗环境的吗？

将花融入品茗环境中起源于宋代，那时，将焚香、挂画、插花、点茶合称为"生活四艺"。

6. 水的运用

人类社会活动的历史以水为永恒的伴侣，村旁的小溪、乡镇旁的支流、城市旁的大江大河。人类的生存与活动没有一刻能离得开水。在自然界，水与人的亲和力是如此的亲密，以致人们形成了对水的无尽的钟情与垂爱。设置若干活动的水景可以把人与大自然和谐相处的意境融入品茗环境中，增添清雅、轻松的气氛。

水的流动可以有多种形式、形态。如杭州"太极茶馆"内水中的溪流载茶点，浙江宾馆草坪露天茶室外巨型紫砂壶注水造型。还有溪流式的小桥流水、流水动水车转、高山流水式的小型瀑布、多层沙缸滤清水、农家村居青竹引山泉、假山流水、池塘式的"涟漪皱秋水"，还有小型造型喷泉等。

（二）虚化境象的营造

虚化境象，指品茗场所中弥漫的气氛，这种气氛是人们能感觉得到但却摸不着的，它们时时刻刻存在于人们的四周，通过嗅觉、听觉、触觉，引发着人们的各种感觉、感受和感想。对虚化境象进行合适的设计、布置，对品茗环境氛围的形成起着十分重要的作用。

1. 配乐

音乐在品茗环境中的运用极为普遍。音乐使空间变得丰满，弥漫在空中的音乐可以唤起人们美好的回忆。当音乐与你的心境吻合，与你产生共鸣时，能使你忘却忧郁，进入一种忘我的境界。

品茗环境运用的音乐应当轻柔优雅，不宜用热烈、奔放的曲目，这与质朴、自然、素雅的茶性相符合，如有条件可专设音乐演奏，如古琴演奏。

2. 焚香

焚香是燃烧香品散发香气。焚香使饮茶者有视觉上的景象享受，随着细细烟雾轻盈回旋、飘渺，或多或少带走几许俗尘凡嚣。

（1）香品类型

香品的原料有植物性、动物性及合成三种，这些香料制成的香品可依散发香气的方式不同而制成各种形状，一般称香木槐、香丸、线香、香粉盒为四大香品。其中线香又可分为横式线香、直式线香、盘香、香环；香粉又可分为散状的（撒在炙热的炭上散发出香气和香烟）及制成一定形状的（也称"香篆"）。

(2) 香品的选择

①要配合茶叶。浓香的茶需要焚较重的香品;幽香的茶要焚淡香品。

②要配合时空。春季、冬季焚较重的香品;夏季、秋季焚较淡的香品。空间大焚较重的香品;空间小焚较淡的香品,若空间极小的雅室宜选用香花,不宜选用焚香类。

③焚香必须有香具。品茗焚香的香具以香炉为最佳选择。

④注意插花与焚香的协调搭配。花有真香非烟燎,香气燥烈会损花。因此,花下不可焚香。焚香时,香案要高于花台,插花和焚香要尽可能保持较远的距离。另外,檀香香气浓烈,若在室内点檀香,各种花香则难以体会。

3. 光影

形影相随,有光才有影,有物才有影,而影像又能反映与之对应的物与光。品茗环境内的光分为自然光与人工照明光两种,而影像是人与物在光照情况下的反映。光线与影像无时不在人的周围,影响着人的情绪与感觉。

品茗环境中应该采用何种光线强度,何种照射方式呢?这需要分析人们对光线明暗、光线照射方式的心理感受与视觉感受。古代人们对雅致茶室的要求是窗明几净,室内采光以达到眼睛感觉舒适的要求为宜。而现代人不仅要求窗明几净,还要求运用光线与影像形成特定的品茗环境休闲氛围。

(1) 漫射光的运用

直射光相对于漫射光对人体的感觉是光线强度大。漫射光由于受到物体的遮挡,发生折射、散射,降低了强度,显得柔和不刺眼,具有安详、宁静、平和的特性。它能分散人们的注意力,松弛神经,使人产生轻松、舒适的情感。

带有一定色彩的漫射光,把色彩均匀地铺洒四周,使一切都笼罩在薄幕之中,深邃神秘,朦朦胧胧,营造了品茗环境的休闲氛围。人处于此环境中,有浑然一体的感觉,会产生一种与整个氛围融洽、和谐的情感倾向。

不同色彩给人的感觉不同

光线与色彩的和谐运用有助于品茗环境氛围的营造,但不同色彩给人的感觉是不同的。暖色调如红、橙、黄能让人感觉暖意,冷色调如绿、青、灰、黑让人感到清凉。色彩对人的感觉既有社会因素,又有心理因素,也有传统习惯及文化传承因素,它会从多方面影响人的情绪与环境气氛。如身处大红环境,能使人精神振奋,情绪热烈,倍感温暖。而粉红色,有浪漫情调,让人感觉安逸、宽松。

(2) 光线运用的细节

露天环境以自然光线为主,白天不用灯。晚上用招牌性的红灯笼,或借用路灯之光,饮茶者也有欣赏满天的星星和月光之乐。

品茗环境灯饰布置及光线的设计,应不用或少用直射光源,而用漫射光线,光源灯罩多用磨砂玻璃、丝纱灯笼等,形式可以多样。

光照度相对于大多数场合的光照度要暗些。一般人不希望在品茗休闲时,照在身上的光线是周围环境中最明亮的,如果感到自己是易被人观察的对象,容易产生紧张情绪;相反，如果感到他人注意不到自己，本身却能方便地观察周围事物时，精神会比较轻松。在品茗环境中较具观赏性的地方和需要观察清楚的地方，光线可适当亮些，如物品陈列处、通道高低处、摆放茶食茶点处、绿化观赏树木等。

品茗环境可以运用不同形状、色彩、高低、质地、光强度的灯笼、壁灯、烛光、台灯、挂灯、射灯，在室内外的顶上、地上、墙壁、空中等设置各种光源。

(3) 光影互动

设计部分光线与影像的互动，可以增加品茗环境的动态景象，营造幽雅、闲适的品茗氛围。如室内放置几处植株瘦而高、叶片细而修长的植物，在室外自然光或人工光源的映照下，既有光学上的“形影相随”，又有耐人寻味的雅致情趣。光源也可以是晃动式的，如置放蜡烛于水面上的杯内，点燃蜡烛作为光线，让烛光随风摇曳；或悬挂灯笼随风而动，从枝叶间洒出几缕光线，透过叶隙，形成影重重、像叠叠的景象，让人心生愉悦之情。

模拟实训

1. 实训安排

实训项目	营造品茗环境的营造
实训要求	(1) 熟悉品茗环境的构成 (2) 掌握实境景象、虚化境象常用的要素 (3) 能够进行品茗环境的设计
实训时间	45 分钟
实训环境	可以进行设计演示的多媒体教室，可以进行实际布置的茶艺实训室
实训工具	多媒体设备，茶挂、装饰品、插花花材花器等相关物品
实训方法	示范讲解、小组讨论法、小组设计

2. 实训步骤及要求

(1) 分组讨论，了解并掌握品茗环境实境景象、虚化境象常用的要素；

(2) 分组练习茶室插花，认识香品，熟悉音乐；

(3) 各组对不同类型品茗环境的实境景象进行设计，并进行 PPT 演示讲解。

3. 填写实训报告单

班级：________ 组别：________ 姓名：________ 学号：________

营造要素 环境类型	字画悬挂	饰品陈列	茶具展示	植物点缀	茶室插花	水的运用	配乐	焚香	光影
古典式									
乡土式									
日本和式									
综合式									

项目测试

一、选择题

1. 品茗场所环境的营造，讲求情调，以(　　)为主，它通常由园林、建筑物、摆设、茶具等几方面组成。

A. 浪漫　　B. 华丽　　C. 热闹　　D. 清幽

2. (　　)品茗环境讲究人与自然的和谐之美。

A. 园林式　　B. 古典式　　C. 乡土式　　D. 综合式

3. (　　)品茗环境以传统的家居厅堂为蓝本，摆设古色古香的家具，张挂名人字画，陈列古董、工艺品等，布置典雅清幽。

A. 园林式　　B. 古典式　　C. 日本和式　　D. 综合式

4. (　　)品茗环境以拉门隔间，内置矮桌、坐垫，以木板、榻榻米为地。

A. 园林式　　B. 古典式　　C. 日本和式　　D. 综合式

5. 虚化境象，指品茗场所中弥漫的气氛，这种气氛可使人们通过耳朵、鼻子、身体而感觉到，比如(　　)、琴音、光影、色调等。

A. 书画　　B. 茶叶　　C. 香气　　D. 瓷器

6. 挂画以(　　)为宜，悬挂位置以茶室正位为佳。

A. 一幅　　B. 两幅　　C. 三幅　　D. 五幅

7. 茶室插花又称“茶室之花”或“(　　)”。

A. 茶器之花　　B. 饮茶之花　　C. 品茗配花　　D. 茶会之花

8. 茶室插花一般用(　　)插花，花器可选择碗、盘、罐、筒、篮等。

A. 扇型　　B. 球型　　C. 自由型　　D. 花枝型

9. 茶室插花不宜选用(　　)的花。

A. 香气淡雅　　B. 已经盛开　　C. 含苞待放　　D. 花形较小

10. 香品的原料有植物性、(　　)及合成三种，这些香料制成的香品可依散发香气的方式不同而制成各种形状。

A. 动物性　　B. 化学性　　C. 矿物性　　D. 自然性

二、判断题

(　　)1. 室内品名环境在光线设计上，最好取自然采光，但忌阳光直接照射。

(　　)2. 茶室内部应宁静空寂，忌嘈杂，可以随意播放一些背景音乐。

(　　)3. 家庭品茗场所一般以安静、清新、舒适、干净为原则。

(　　)4. 一般茶挂以挂花轴为原则。

(　　)5. 品茗环境中的装饰物要与环境整体相协调。

(　　)6. 牡丹、芍药均可用于茶室插花。

(　　)7. 品茗环境运用的音乐应当轻柔优雅，不宜用热烈、奔放的曲目。

(　　)8. 香环、香丸、线香、香粉盒被称为四大香品。其中线香又可分为横式线香、直式线香等。

(　　)9. 焚香时，香案要高于花台，插花和焚香要尽可能保持较远的距离。

(　　)10. 品茗环境灯饰布置及光线的设计，应不用或少用漫射光源，而用直射光线，

三、问答题

1. 试述营造品茗环境遵循的原则。
2. 简述如何设计品茗环境的实境景象。
3. 怎样进行茶室插花?
4. 茶室插花花材选择需注意些什么?
5. 如何选择品茗焚香时所用的香品。

项目六 高山流水有知音——冲饮

学习目标

- 熟悉茶叶冲泡要素
- 熟悉茶叶品评要素
- 掌握不同茶叶的用量、水温和浸泡时间
- 掌握茶叶冲泡的基本流程

冲泡，是指用开水将成品茶所内含的可溶性物质浸出到茶汤中的过程；品尝，是指赏形、闻香、观色、品味的过程。茶的真香本味、品质高低，必须通过正确的冲泡和品尝才能够体味到。作为冲泡者，要了解茶的科学知识，掌握合理的冲泡程序，并经过自己的反复实践，才能泡出一杯美味的中国茶。同时，泡茶、品茶不仅是满足人们的物质需求，更是让人们在这一过程中修身养性、陶冶情操。中国不仅拥有丰富的茶类，与茶相关的丰富文化更是取之不尽的精神财富。

工作任务一 冲泡

案例导入

为什么水烧开了还不泡茶？

张先生同几个朋友去茶艺馆喝茶聊天。平时在家他主要喝花茶，一把茶叶，一个杯子，再加一壶开水足已。今天朋友们都说喝绿茶对身体最有好处了，所以他也随波逐流地点了一杯碧螺春。茶艺服务员将茶具、茶叶一一摆在桌上，便开始进行冲泡服务。一会儿水烧开了，但是茶艺服务员只是将烧水壶关了，却没有开始冲泡。这下张先生着急了，他连声对服务员说："快点泡茶，一会水凉了泡出茶就不好喝了"。谁知他的话声未落，却引来一片笑声。经过茶艺服务员的解释，他才明白，原来并不是所有的茶叶都必须用开水冲泡，有的茶叶如果水温过高反而会影响茶汤的色、香、味、形，而且还没有营养了。

点评：不同的茶叶其冲泡水温也各不相同，尤其是一些高档绿茶，因其茶芽细嫩，如果水温过高不但会烫伤茶芽，而且还会影响到茶汤特有的品质特点。所以作为一名茶艺工作人员应熟练地掌握不同茶叶的冲泡知识。

理论知识

一、泡茶方式演变

我国有数千年的饮茶史，人们的饮茶方法随着制茶技术和饮茶实践的发展进步，有过四次较大的演变。

1. 第一阶段——生煮羹饮

陆羽在《茶经·六之饮》中说:“茶之为饮,发乎神农氏,闻于鲁周公。”这说明早在原始社会时期,人们就已经开始采摘茶树的叶子并进行利用了。当人们发现茶树叶子具有解渴、提神和治疗某些疾病的功效,就将其熬煮食用,这也就是后人所谓的“生煮羹饮”。

2. 第二阶段——烹茶法

烹茶即煮茶,也称煎茶,即将茶叶放入烧沸的水中煮开饮用。唐代封演《封氏闻见记》卷六有这样的记载:“楚人陆鸿渐为茶论,说茶之功效,并煎茶、炙茶之法。造茶具二十四事,以都统笼贮之,远近倾慕,好事者家藏一副。有常伯熊者,又因鸿渐之论广润色之。于是茶道大行。王公朝士无不饮者。御史大夫李季卿宣慰江南,至临淮县馆(今江苏洪泽县西)。或言伯熊善茶者,李公请为之。伯熊著黄被衫乌纱帽,手执茶器,口通茶名,区分指点,左右刮目。茶熟,李公为吸两杯而止”。文中所提到的泡茶方式就是唐朝时期受到上流社会阶层以及文人们十分推崇的烹茶法。由此可见早在唐代,泡茶就已经十分讲究服饰、程式并有一定的讲解,可以在客人面前进行表演,具有了一定的观赏性,因此烹茶法也就成为中国最早的茶艺表现形式。唐人饮茶讲究鉴茗、品水、观火、辨器,在饮茶方式上有烹茶法、庵(音 yan,淹)茶法、煮茶法等,但以烹茶法最为盛行。因此烹茶法也就成为中国最早的茶艺表现形式。

3. 第三阶段——点茶法

宋代,烹茶法逐渐被淘汰,点茶法盛行。点茶法是放到茶盏里用瓷瓶烧开水注入,加以击拂产生泡沫后再饮用,也不再添加食盐以保持茶叶的真味。具体方法为:先将饼茶烤炙后,再敲碎成细末用茶箩筛分以备各用。然后将茶末放入茶盏中,加入少许开水,搅拌调匀后,再注入更多的开水,并以特制的工具——茶筅击打调汤至理想状态(有泡沫,且茶盏边壁不留或少留水痕)。

4. 第四阶段——瀹饮法

瀹饮法即将茶叶直接放入茶壶中或茶杯中,用开水直接冲泡即可饮用。这种方法不仅简便,而且保留了茶叶的清香味,受到了讲究品茶情趣的文人们的喜爱与推广,这也是我国茶艺史上的一次革命,至今仍为人们所使用。

二、泡茶三要素

好茶必须要有好水和好的茶具,但是如果只强调这些,而不熟练掌握泡茶的技术,还是得不到很好的效果。泡茶技术的好坏主要取决于茶叶的用量、泡茶的水温、冲泡的时间三个要素。

(一) 茶量

茶叶的用量就是在每杯或每壶中放入适当分量的茶叶。要想泡出一杯(壶)好茶,首先必须掌握茶叶的用量。每次泡茶用多少茶叶并没有统一的标准,主要是根据茶叶的种类、茶具的大小以及饮茶者的饮用习惯而定。

1. 因茶而异

(1) 绿茶类

1 g 绿茶,冲入开水 50～60 mL。通常一只容水量在 100～150 mL 的玻璃杯,投茶量

2～3 g。如果用壶泡法，茶叶用量按壶大小而定，一般以每克茶冲 50～60 mL 水的比例，将茶叶投入茶壶待泡。细嫩的名优绿茶用量也可视品饮者的需要稍做调整。

(2) 白茶类和黄茶类

冲泡白茶和黄茶时，用茶量与绿茶相仿，每克茶的开水用量为 50～60 mL。要注意的是，在冲泡针状黄茶时，如君山银针，每杯茶的投放量应恰到好处，太多和太少都不利于欣赏杯中茶的姿形景观。

(3) 乌龙茶类

我国乌龙茶品种丰富，茶叶外形差异较大，如凤凰水仙系的乌龙茶、武夷岩茶、台湾文山包种茶的茶叶呈粗壮的条索形，铁观音呈螺钉状，而台湾冻顶乌龙等呈外形紧结的半球状，因此投茶量也应有所不同。一般冲泡乌龙茶，适宜使用江苏宜兴出产的紫砂壶，根据品茶人数选用大小适宜的壶，投茶量视乌龙茶的品种和条形而定，条形紧结的半球形乌龙茶，量以壶的二三成满即可；松散的条索形乌龙茶，用量以容器的八成满为宜。

(4) 红茶类

红茶品饮，主要有清饮和调饮两种。清饮泡法，每克茶用水量以 50～60 mL 为宜，如选用红碎茶则每克茶叶用水量 70～80 mL。调饮泡法，是在茶汤中加入调料，如加入糖、牛奶、柠檬、咖啡、蜂蜜等，茶叶的投放量，则可随品饮者的口味而定。

(5) 黑茶类

以普洱茶散茶为例，一般选用盖碗冲泡，投茶量为 5～8 g，如用小壶冲泡，茶叶投放三四成即可。

(6) 花茶类

花茶多用盖碗冲泡，视盖碗大小，每碗置花茶 2～3 g。

2. 因地而异

投茶量的多少与饮茶者的饮用习惯有着密切的关系。我国西北少数民族地区，人们常年以肉食为主，缺少蔬菜，因此茶叶便成为他们补充维生素的最佳途径。他们饮用的茶叶多为紧压茶类，如金尖、康砖、茯砖和方包茶等，茶叶原料较粗老，所以普遍采用煮渍法，并且在茶中加入糖、乳、盐或其他调味品，茶叶用量较大。我国华北和东北地区的广大人民喜饮花茶，通常用较大的茶壶泡茶，茶叶用量较少；长江中下游地区人们主要饮用绿茶或是龙井、碧螺春等名优茶，一般用较小的瓷杯或玻璃杯，每次茶叶用量也不多。福建、广东、台湾等省，人们喜饮功夫茶，茶具虽小，但用茶量却较多，每次投入量几乎为茶壶容积的二分之一，甚至更多。

3. 因人而异

茶叶用量还与饮茶者的饮茶史和饮茶习惯有关。一般经常饮茶者喜饮浓茶，茶叶用量较多；初次饮茶者则喜淡茶，茶叶用量较少。

此外，饮茶时间不同，对茶汤浓度的要求也有区别，饭后或酒后适饮浓茶，茶水比可大；睡前饮茶宜淡，茶水比应小。总而言之，泡茶用量的多少，关键是要掌握好茶与水的比例，茶多水少，则味浓；茶少水多，则味淡。

(二) 水温

水温高低是影响茶叶水溶性物质溶出比例和香气成分挥发的重要因素。水温低，茶叶滋味成分不能充分溶出，香味成分也不能充分散出来。但水温过高，尤其加盖长时间闷泡，也会造成茶汤色泽和嫩芽黄变，茶香也变得低浊。一般而言，泡茶水温与茶叶中有效物质在水中的溶解度成正比，水温越高，溶解度越大，茶汤越浓；反之，水温越低，溶解度越小，茶汤也就越淡。

泡茶水温的掌握，主要是因茶而异，与茶的老嫩、条形松紧有关。大致说来，茶叶原料粗老、紧实、整叶的，要比茶叶原料细嫩、松散、碎叶的茶汁浸出要慢得多，所以冲泡水温要高。

（三）时间

泡茶时间必须适中，时间短了，茶汤会淡而无味，香气不足；时间长了，茶汤太浓，茶色过深，茶香也会因散失而变得淡薄。这是因为茶叶一经用水冲泡，茶中可溶解于水的浸出物，会随着时间的延续，不断浸出和溶解于水中。所以，茶汤的滋味总是随着冲泡时间延长而逐渐增浓的。沸水冲泡茶汤后，在不同时间段，茶汤的滋味、香气也是不一样的。

茶叶冲泡的时间和次数与茶叶种类、泡茶水温、用茶数量和饮茶习惯等都有关系。据测定，一般茶叶泡第一次时，其可溶性物质可渍出50%～55%；泡第二次，能渍出30%左右；泡第三次，能渍出10%左右；泡第四次，则所剩无几了，所以茶叶以冲泡三次为宜。当然茶叶冲泡的次数也是因茶而异，冲泡乌龙茶时，因为壶小茶叶量多，故一般冲泡七次仍有余香。不同的茶叶由于茶芽嫩度不同，所以在冲泡时有着不同的具体要求。

一般普通红茶和绿茶，头泡茶以冲泡30～50秒左右饮用为好，若想再饮，到杯中剩有1/3茶汤时，再续开水。

冲泡黄茶和白茶时，因为这两类茶在加工时未经揉捻，加之冲泡水温又低，茶汁不易浸出，需加长冲泡时间。所以常在冲泡50～75秒后才开始品茶，不过品茗者可以通过这段时间尽情欣赏茶芽的变化。

如果冲泡的是乌龙茶，由于用茶量较大，又经过“温润泡”，因此第一泡1分钟左右将茶汤倒出；从第二泡起，每次应比前一泡多浸泡15秒左右，这样可使茶汤浓度不致相差太大。

泡茶的时间如何掌握？

泡茶时间的长短，与茶叶原料的老嫩和饮用方法有关，要因茶而异，以茶汁浸出，而又不损害其色香味为度。

实践操作

三、茶叶冲泡基本程序

不同的茶叶有不同的冲泡方法，就是同一种茶叶，因其原料老嫩的不同其泡法也是不尽相同。但是无论何种茶叶何种泡法，有一些基本的冲泡程序是要共同做到的。

（一）备具

根据冲泡的茶叶品种选择合适的茶具，如冲泡绿茶选用玻璃杯、花茶选用盖碗。

（二）煮水

将水放入电烧水壶中或装入水壶放在酒精炉上烹煮、烧沸，再根据茶叶的老嫩将沸水凉至合适的冲泡温度。

保温杯不宜泡茶

有人喜欢用保温杯泡茶，以保持其温度。但保温杯泡茶有其不利之处。

茶叶是一种富含营养成分的饮料。茶叶中含有茶多酚、单宁、芳香物质、氨基酸和多种维生素，保温杯泡茶，由于温度一直保持很高，使芳香物质很快挥发掉，减少了应有的芳香。同时高温还能使茶多酚和单宁浸出过多，使茶汤色浓、味苦涩，并有闷沤味。此外，由于维生素不耐高温，长时间高温浸泡也会使其损失较多。因此，不宜用保温杯泡茶。

（三）备茶

将要冲泡的茶叶按品饮者的口味浓淡需求准备好，倒入茶则中备用。如是高级名茶，还可先让品饮者欣赏干茶的外形、色泽和闻香。

（四）温壶（杯）

泡茶前先用开水冲烫茶壶、茶杯，既可以提高器具本身的温度，以利于泡茶时茶香的散发，又可以通过开水的冲洗，使茶具更加清澈洁净。

（五）置茶

将备好的茶叶投入茶壶（杯）中。

（六）初泡

即第一次冲泡，有温润泡和浸润泡之分。

温润泡也称洗茶，即将烧好的水注入壶（杯）中，浸泡数秒后即将茶汤倒掉。温润泡的用意在于使揉捻后的茶叶稍微舒展，以利于第一泡茶发挥出应有的色、香、味。温润泡是乌龙茶、普洱茶冲泡常选用的初泡方法。

浸润泡，即将烧好的水注入壶（杯）中，至壶（杯）容积的1/3，轻轻晃动壶（杯）10～15秒，使干茶与水充分接触，以利于茶叶吸收水的温度和湿度，有助于正泡的进行。浸润泡是绿茶冲泡常选用的初泡方法。

（七）正泡

将开水再次注入壶（杯）中，浸泡30～60秒，即可分茶或奉茶。若用壶泡需进行分茶；若用杯泡则要将泡好的茶分别奉客人。

（八）分茶

将茶汤倒入茶海或注入各品茗杯中。将茶汤倒入茶海是为了使每杯茶汤的色、香、味都做到均匀，再将浓淡一致的茶汤分别注入各杯，杯中茶汤以七分满为佳。

（九）奉茶

常用奉茶的方法是双手奉茶，用右手的伸掌礼表示“请品茶”。奉茶时要注意先后顺序，先长后幼、先客后主。同时，在奉有柄茶杯时，一定要注意茶杯柄的方向是客人的顺手面，即有利于客人的手拿茶杯的柄。

以上冲泡程序是一些茶叶的共性程序，具体到每种茶叶其冲泡方法各有特色，并不完全一样，特别是在茶艺馆中为客人泡茶，其程序和动作都极为规范，必须努力掌握不同茶叶的冲泡要领，才能泡色、香、味、形俱佳的好茶。

1. 实训安排

实训项目	茶叶基本冲泡
实训要求	(1) 掌握茶叶用量要求 (2) 掌握不同茶类的泡茶水温要求以及浸泡时间要求 (3) 掌握茶叶冲泡基本流程,能够完成基本冲泡
实训时间	45 分钟
实训工具	电随手泡、温度计、茶盘、茶叶、玻璃杯、瓷壶、品茗杯等
实训方法	示范讲解、情境模拟、小组讨论法、分组练习

2. 实训步骤及要求

(1) 教师讲解示范,介绍茶叶冲泡的基本要素,演示茶叶冲泡基本流程与注意事项。

(2) 小组讨论,了解并掌握各类茶的冲泡要素。

(3) 分组练习:

①讨论并掌握展示台上的各类茶叶的冲泡用量;

②练习煮水和水温控制的方法;

③通过冲泡不同的茶叶,观察不同茶叶在不同水温下的变化,掌握茶叶、水温、浸泡时间的有效结合;

④练习并掌握茶叶冲泡基本流程。

3. 填写实训报告单

班级:________　组别:________　姓名:________　学号:________

项目 / 茶叶名称	茶叶用量	水温要求	浸泡时间	注意事项
西湖龙井				
碧螺春				
铁观音				
大红袍				
君山银针				
茉莉花茶				
云南普洱				
祁门红茶				

工作任务二　品　茗

“此时无茶胜有茶”

山东某市新开了一家名为品茗轩的茶艺馆，在开业庆典酬宾时为客人演示乌龙茶的冲泡。当客人茶过三巡后，服务员却为每位客人送上了一小杯白开水，这下引起了很多客人的好奇。客人们在服务人员的示意、指导下将这杯白开水慢慢吸入口中，细细玩味，直到含不住时再吞下去。没想到咽下白开水后，张口再吸一口气，顿时感到满口生津，回味甘甜，无比舒畅。多数人都有一种“此时无茶胜有茶”的感觉。而后这家茶艺馆迅速在当地竞争激烈的茶艺市场上站稳了脚跟，生意日渐兴隆。试分析这家茶艺馆的成功之处。

点评：乌龙茶茶汤较浓，长时间的饮用会使人的舌蕾感觉苦涩，这时喝上一口白开水，不但可以缓解口中的苦味，而且细细品味还会使人感觉如同喝了白糖水似的，无比甘甜。同时也避免了客人因喝茶过浓而产生“茶醉”现象。更何况这也映衬了茶道的精神内涵和人生的哲理——“平平淡淡总是真”。所以这道程序的增加不失为这家茶艺馆的经营亮点。

理论知识

人们饮茶，既有物质需要和生理需要，又有精神和艺术的追求。同时，茶类不同，饮法不同，人们从中汲取的主要内涵也是不同的。如品饮花茶，人们追求的是花香和茶味；品饮红茶，人们追求的是茶汤中的“浓、强、鲜”；品饮乌龙茶，人们追求的是茶汤的甘滑；品饮高档名优绿茶，人们追求的是茶的色、香、味、形。所以，品茗是茶叶冲泡过程中的重要环节，通过“品茶”来感受茶的真香本味，判断茶的品质高低。

一、品评要素

一般来说，饮茶时可以从茶形、茶色（干茶、茶汤）、茶香、茶味、叶底五个方面来品茗鉴茶。

1. 茶形

茶形指干茶的外观形状。由于茶树品种各异，季节生长有别，各类茶的采摘标准不同，再加上加工制作方法多姿多彩，因此茶叶的外形也是形态各异，令人赏心悦目。品茗时观茶形主要是观察干茶吸水湿润而展示的一种新的姿态。

2. 茶色

茶色可以从干茶色泽和茶汤色泽两个方面来品评。干茶色泽与原料嫩度，加工技术有密切关系。茶汤色泽简称“汤色”，是茶叶形成的各种色素溶解于沸水中而反映出来的色泽。汤色会随着浸泡时间、冲泡次数等因素的变化而变化。

3. 茶香

茶香是茶叶冲泡后随水蒸气挥发出来的气味。由于茶类、产地、季节、加工方法的不同，就会形成与这些条件相应的香气。如红茶的甜香、绿茶的清香、乌龙茶的果香或花香、高山茶的嫩香等。

4. 茶味

茶味是茶叶中的成分溶于水后给人的整体口感反应。茶是饮料，其价值取决于茶滋味的好坏。一般纯正的滋味可分为浓淡、强弱、醇和几种；不纯正的茶汤滋味有苦涩、异味之分。

知识问答

茶叶滋味的苦、涩、鲜、甜与哪些物质成分有关？

茶叶中多酚类物质产生涩味；氨基酸产生鲜味；可溶于水的糖产生甜味；咖啡碱、花青素和茶皂素等物质产生苦味。

5. 叶底

叶底亦称茶渣，即指干茶经开水冲泡后所展开的叶片。茶叶原料的优劣、存放是否适当、制程是否正常等通常都能在叶底里反映出来。所以认真分辨叶底，细心感受会得到更多关于所饮之茶的信息。

实践操作

二、品茗赏茶

品茗赏茶，一般从观茶（干茶）、看色（茶汤）、闻香、品味、看底（叶底）五个方面入手。

1. 观茶

观茶即观察干茶的外形和色泽。所谓干茶，就是未冲泡的茶叶；所谓开汤，就是用开水冲泡干茶，冲出茶汤的内质来。无论何种茶类，好茶均要求外形完整，条索紧实，色泽油润鲜活，光泽明亮。

2. 看色

茶叶依颜色分有绿茶、黄茶、白茶、青茶、红茶、黑茶六大茶类。开汤之后，各类茶汤颜色的变化是评茶的重要依据。茶汤色泽主要有嫩绿、黄绿、浅黄、深黄、橙黄、黄亮、金黄、红亮、红艳、浅红、深红、棕红、黑褐、棕褐、红褐、姜黄等等。

辨别汤色主要从色度、亮度、清浊度三个方面入手，优质茶汤色清澈明亮有光泽；劣质茶混浊、透明度差、无光泽。观察汤色要快而及时，因为茶多酚类物质，溶解在热水中后与空气接触很容易氧化变色。

知识问答

绿茶、红茶茶汤久置后会有什么变化？

绿茶的汤色氧化即变黄；红茶的汤色氧化即变暗。红茶在茶汤温度降至20℃以下后，常发生凝乳混汤现象，俗称“冷后浑”。冷后浑出现早且呈粉红者，茶味浓、汤色艳；冷后浑呈暗褐色者，茶味钝、汤色暗。

3. 闻香

观察茶形、茶色，只能看出茶叶表面品质的优劣，不能全面体会茶叶品质，所以还要用嗅觉识别茶香。茶香缥缈不定，变化无穷。有的清幽淡雅，有的馥郁甜润；有的高爽持久，有的鲜香沁人。茶叶的香型主要有花香型和果香型两大类。其表现出来的香气又可分为清香、高香、浓香、幽香、纯香、甜香、火香、陈香等。

（1）闻香的方法

嗅闻茶香由热嗅、温嗅和冷嗅三个环节构成。

①热嗅，即热茶闻香。开汤泡一壶茶，倒出茶汤，嗅闻茶汤的热香，判断一下茶汤的香型是清香、花香、果香或是麦芽糖香，同时判断茶汤有无烟味、油臭味、焦味或其他异味。综合判断出茶叶的新旧、发酵程度、焙火轻重。

②温嗅，即温茶闻香。茶汤温度稍降后，嗅闻茶香，这时可以仔细辨别茶汤香味的清浊浓淡，更能认识其香气特质。

③冷嗅，即冷茶闻香。待喝完茶汤，茶渣冷却后，嗅闻茶的冷香，判断茶香的持久性。香高持久为优质茶的表现；劣等茶香气持久性差。

（2）闻香的技巧

①在茶汤浸泡5分钟左右开始嗅闻茶香，闻香的过程是：吸（1秒）——停（0.5秒）——吸（1秒）。

②嗅闻茶香时，可以直接从茶汤中闻香，也可闻杯盖上的留香，或用闻香杯慢慢的闻杯底留香。

③为了正确判断茶香的高低、长短、强弱、清浊及纯异等，嗅时应重复一两次，每次3秒左右。但嗅时不宜过久，以免因嗅觉疲劳而失去灵敏度。

4. 品味

品尝茶汤滋味是通过味觉器官再次对茶叶品质进行判断的过程。

茶有百味，其中主要有甘、鲜、苦、涩、活。甘是指茶汤入口回味甘甜；鲜是指茶汤的滋味清爽宜人；苦是指茶汤入口舌根感到的类似奎宁的一种不适的味道；涩是指茶汤入口的麻舌之感；活则是指品茶时有一种舒适美妙，富有活力的心理感受。在这五味的基础上，茶汤的滋味又可具体分为：鲜爽、浓烈、浓厚、浓醇、鲜醇、醇厚、回甘等。优质的茶叶滋味甘醇浓稠，有活性，饮后喉头甘润的感觉持久。

你知道舌头的不同部位感受的滋味不同吗？

舌头可以辨别口味好坏，它分为舌根、舌体和舌尖。舌根感受苦味，舌尖感受甜味，舌缘两侧后部感受酸味，舌尖与舌缘两侧前部感受咸味，舌心感受鲜味和涩味。

（1）品味茶汤的温度要适宜

品味茶汤的温度以40～45℃为最适合，如高于70℃，味觉器官容易烫伤，影响正常品味；低于30℃时，味觉品评茶汤的灵敏度较差，且溶解于茶汤中与滋味有关的物质在汤温下降时，逐步被析出，汤味由协调变为不协调。

（2）品味茶汤的量要适宜

品味时，每一品茶汤的量以5 mL左右最适宜。过多时，感觉满嘴是汤，口中难以回旋辨味；过少又觉得太空，不利于辨别。每次在三四秒内，将5 mL的茶汤在舌中回旋两次，品味三次即可。

5. 看底

分辨叶底是品鉴茶叶的最后一个步骤。茶叶叶底中的主要呈色物质是叶绿素、叶黄素、胡萝卜素及红茶色素与蛋白质结合的产物，这些物质不溶于水，泡茶时，它们会保留于叶底茶渣中。

辨识叶底主要靠视觉和触觉，用眼看、用手指捏，辨认叶底的老嫩、色泽、均匀度、软硬、厚薄，并留意有无掺杂及异常损伤等。以下为六大茶类的常见叶底颜色：

(1) 红茶：黄红色到红褐色；

(2) 绿茶：翠绿色到黄绿色；

(3) 乌龙茶：绿叶红镶边；

(4) 黄茶：黄色；

(5) 黑茶：褐红色；

(6) 白茶：黄白色。

模拟实训

1. 实训安排

实训项目	品茗鉴茶
实训要求	(1) 熟悉茶叶品评要素 (2) 掌握正确的品茗方法及茶叶品质的鉴别方法 (3) 能够正确的品茗鉴茶
实训时间	90 分钟
实训工具	电随手泡、茶盘、茶叶、玻璃杯、盖碗、白瓷碗、汤匙、品茗杯等
实训方法	示范讲解、小组讨论法、分组练习

2. 实训步骤及要求

(1) 教师讲解示范，介绍茶叶的品评要素及正确品茗鉴茶的方法。

(2) 小组讨论，了解并掌握正确的品茗方法及茶叶品质的鉴别方法。

(3) 分组练习：

①通过品饮不同的茶叶，观察不同茶叶色香味形及叶底；

②通过比较同种不同级别的茶叶，掌握茶叶品质的鉴别方法。

3. 填写实训报告单

班级：________　组别：________　姓名：________　学号：________

项目 茶叶名称	茶形	茶色	茶香	茶味	叶底	品质评定
西湖龙井						
碧螺春						
铁观音						
大红袍						
君山银针						
茉莉花茶						
云南普洱						
祁门红茶						

4. 实训效果自评

班级：________ 组别：________ 鉴定人：________ 鉴定时间：________

能够正确品茗			能够判断茶叶品质			能够进行品鉴介绍			英文品茗鉴茶方法介绍		
能	较能	不能	能	较能	不能	能	较能	不能	好	较好	不好

项目测试

一、选择题

1. 泡茶技术的好坏主要取决于茶叶的用量、(　　)、冲泡的时间三个要素。

A. 茶具的大小　B. 泡茶的水温　C. 茶具的形状　D. 茶具的质地

2. 绿茶冲泡时茶水的比例为(　　)。

A. 1/50～1/60　B. 1/40～1/50　C. 1/30～1/40　D. 1/20～1/30

3. 松散的条索形乌龙茶，用量以容器的(　　)为宜。

A. 五成满　B. 六成满　C. 七成满　D. 八成满

4. 饭后或酒后适饮(　　)茶，茶水比可(　　)；睡前饮茶宜(　　)，茶水比应(　　)。

A. 浓 大 淡 小　B. 淡 大 浓 小　C. 淡 小 浓 大　D. 浓 小 淡 大

5. (　　)是影响茶叶水溶性物质溶出比例和香气成分挥发的重要因素。

A. 茶量　B. 茶叶　C. 香气　D. 水温

6. 泡茶水温的掌握，主要是(　　)，与茶的老嫩、条形松紧有关。

A. 因人而异　B. 因茶而异　C. 因地而异　D. 因时而异

7. 一般普通红茶和绿茶，头泡茶以冲泡(　　)饮用为好，若想再饮，到杯中剩有1/3茶汤时，再续开水。

A. 10～20秒　B. 20～30秒　C. 30～50秒　D. 60～70秒

8. 红茶干茶的香型为(　　)。

A. 清香　B. 毫香　C. 嫩香　D. 甜香

9. 下列哪项不符合绿茶的干茶色泽描述？(　　)

A. 黄绿　B. 乌褐　C. 墨绿　D. 翠绿

10. 绿茶的汤色氧化即变(　　)；红茶的汤色氧化即变(　　)。

A. 黄　黄　B. 黄　黑　C. 黄　暗　D. 红　暗

二、判断题

(　　)1. 泡茶的水温主要是根据茶叶的种类、茶具的大小以及饮茶者的饮用习惯而定。

(　　)2. 我国华北和东北地区的广大人民喜饮花茶，通常用较大的茶壶泡茶，茶叶用量较少。

(　　)3. 水温过低，尤其加盖长时间闷泡，也会造成茶汤色泽和嫩芽黄变，茶香也变得低浊。

(　　)4. 对于大宗的红茶、花茶而言，由于茶叶加工原料适中，可用 80～85℃的开水冲泡。

(　　)5. 泡茶的水温，通常是指将泡茶用水烧沸后，再让其自然冷却至所需的温度而言。

(　　)6. 饮茶时可以从茶形、茶色、茶香、茶味、叶底五个方面来品茗鉴茶。

(　　)7. 汤色会随着浸泡时间、冲泡次数等因素的变化而变化。

(　　)8. 茶叶原料的优劣、存放是否适当、制程是否正常等通常都能在汤色里反映出来。

(　　)9. 不好的茶就是已经坏了的茶。

(　　)10. 通过热嗅可以仔细辨别茶汤香味的清浊浓淡，更能认识其香气特质。

三、问答题

1. 试述茶叶冲泡基本程序。
2. 试述品茗时的品评要素。
3. 试介绍闻香的方法。
4. 试述品尝茶味的技巧。
5. 如何辨识叶底？

综合考核——茶艺师(初级)模拟测试

第一部分 理论测试

注意事项

1. 考试时间:60分钟
2. 本试卷依据2001年颁布的《茶艺师国家职业标准》命制
3. 请首先按要求在试卷的标封处填写您的姓名、准考证号和所在单位的名称
4. 请仔细阅读各种题目的回答要求,在规定的位置填写您的答案
5. 不要在试卷上乱写乱画,不要在标封处填写无关内容

一、填空题(请将正确答案填入题中的横线处。每空0.5分,满分30分)

1. 我国战国时期的第一部药物学专著中记载"神农尝百草,日遇七十二毒,得茶而解之",这部书是________。

2. 人类利用茶叶的三个阶段是________、________和________。其中饮用又分为________、________和________。

3. 茶的名称很多,有________、________、________、________、________等,现在已不经常使用。

4. 世界最早的茶叶专著是《茶经》,其作者是________,字鸿渐,被世人誉为________。

5. 唐代释皎然的《饮茶歌诮崔石使君》中有"孰知茶道全尔真,唯有丹丘得如此"。丹丘指的是________。

6. 龙井茶的四绝是________、________、________、________。

7. 绿茶的制作工艺分为________、________、________。________是形成绿茶品质的关键技术措施,其主要目的:一是彻底破坏鲜叶中的酶的活性,制止多酚类的酶促氧化;二是散发青草气,发展茶香;三是蒸发一部分水分,使之变柔软,增强韧性,便于揉捻成形。

8. 茶叶的内质审评包括________、________、________、________四项。

9. 茶叶中的主要化学成分有________、________、________、________、________、________、________。

10. 黑茶成品繁多,炒制技术不尽相同,形状多样化,品质不一,但其共同特点是:

(1)____;

(2)____;

(3)____;

(4)____。

11. 祁门红茶产自________,其特有的香气被称为________。

12. 茶叶的储藏应注意________、________、________等。

13. 冲泡过程中左右手要尽量交替进行,________________________。

14. 龙井茶的采摘十分强调细嫩和完整，只采一个嫩芽的称“________”；采一芽一叶，称“________”，采一芽二叶初展的称“________”。

15. 漆器茶具始于清代，主要产于________一带。

16. 目前，我国的茶具仍以________和________最为人们喜爱和使用。

17. 碧螺春产自________，益于用________法冲泡。

18. 陆羽在《茶经》中说“茶之为用，味主寒，为饮最宜精行俭德之人”。精行俭德且指________、________、________。

19. 花茶又被称为________，是以________为主要原料，拌以茉莉花干窨制而成。

20. 被誉为可以喝的古董茶是________，产于我国________，按其发酵程度可分为________。

二、判断题（请将判断结果填入题号前的括号中。正确的画“√”，错误的画“×”。每题 1 分，满分 15 分）

(　　)1. 参加无我茶会不分尊卑长幼。

(　　)2. “欲把西湖比西子，从来佳茗似佳人”是苏东坡一首诗中的名句。

(　　)3. 浙江的观音泉是我国五大名泉之一。

(　　)4. 斗茶之风出现在唐代。

(　　)5. 绿茶杀青中老叶多采取“老杀”。

(　　)6. 茶树的原产地在印度。

(　　)7. 碧螺春产于湖南的君山岛。

(　　)8. 奉茶时要注意先后顺序，先长后幼，先客后主。

(　　)9. 被称为武夷山四大名枞的茶叶是大红袍、铁罗汉、白鸡冠、水金龟。

(　　)10. 茶艺师在工作时不能使用有香气的化妆品。

(　　)11. 龙井茶采摘的三大特点是：早、嫩、勤。

(　　)12. 中国西南茶区位于中国西南部，包括云南、贵州、四川三个省和西藏东南部。

(　　)13. 黄茶的加工分为杀青、揉捻、闷黄、干燥。

(　　)14. 构成茶叶的主要化学成分是茶多酚和生物碱。

(　　)15. 茶汤色泽与泡茶用水的温度无关。

三、选择题（请将正确答案的字母填入题内的括号中。每题只有一个正确答案。每题 1 分，满分 10 分）

1. “何须魏帝一丸药”的下联是(　　)。

A. 龙涎烹茗笋丛生　　B. 绿茶盏内味如春

C. 且尽卢仝七碗茶　　D. 半局残棋劫后谈

2. “不寄他人先寄我，应缘我是别茶人。”这句诗句的作者是(　　)。

A. 释皎然　　B. 白居易　　C. 卢仝　　D. 元稹

3. 我国少数民族地区都有饮茶习惯，其中酥油茶是(　　)的饮茶习俗。

A. 维吾尔族　　B. 藏族　　C. 蒙古族　　D. 回族

4. 我国发行的第一套茶文化邮票上的古茶树是在(　　)。

A. 四川省　　B. 福建省　　C. 广东省　　D. 云南省

5. “安吉白茶”属于哪一类茶？(　　)

A. 青茶　　B. 绿茶　　C. 红茶　　D. 白茶

6. 陆羽所著的《茶经》中，有专门关于泡茶用水的论述，书中认为最宜泡茶的水是(　　)。

A. 泉水　　B. 井水　　C. 江水　　D. 河水

7. 紫砂壶的成型方法是(　　)。

A. 滚坯成型法　　B. 注浆成型法　　C. 泥片镶接成型法

8. 紫砂壶起源于中国的哪个朝代？(　　)

A. 宋朝　　B. 明朝　　C. 清朝

9. 下列茶叶中，存放时间越长，品质越好的是(　　)。

A. 太平猴魁　　B. 六安瓜片　　C. 普洱茶

10. 世界茶树的原产地是(　　)。

A. 日本　　B. 中国　　C. 印度

四、连线题(将下列有对应关系的词用线正确连接。每小题2分，满分14分)

1. 将下列茶叶与产地正确连接

西湖龙井　　岳阳市

竹叶青　　杭州市

君山银针　　峨眉山市

2. 将下列名茶与茶类正确连接

六堡茶　　青茶

霍山黄芽　　黑茶

黄金桂　　黄茶

3. 将下列制茶工序名称与茶类正确连接

发酵　　黑茶

摇青　　红茶

渥堆　　青茶

4. 将下列名茶与外形分类正确连接

六安瓜片　　扁形茶

碧螺春　　片形茶

杭州龙井　　卷曲形茶

5. 将下列评茶用语与对应的审评项目正确连接

明亮　　汤色

醇厚　　香气

浓郁　　滋味

6. 将下列茶叶化学成分与对应的滋味正确连接

茶多酚　　苦味

氨基酸　　涩味

咖啡碱　　鲜味

7. 将下列制壶大师与对应的年代正确连接

时大彬　　　　　　　　现代

杨彭年　　　　　　　　明朝

顾景舟　　　　　　　　清朝

五、简答题(要求叙述简明扼要。第1～4小题每小题4分,第5小题15分,共31分)

1. 茶具的种类繁多,从制作材料上区分,大体上可分为哪几种?(六种以上)

2. 名茶简述:西湖龙井(产地、品质特点、泡饮方法)

3. 请介绍三种中国茶艺寓意礼的表现形式及内涵。

4. 简述坐姿的基本要领。

5. 请谈谈目前茶叶行业中存在的问题,并谈谈你对茶艺师这个行业是如何理解认识的以及自己今后在这个行业的发展。

第二部分 技能测试

1. 考场、物品准备

(1) 采光良好,无异味,能容纳茶叶展柜的模拟茶室一个。

(2) 中国十大名茶。

(3) 随手泡两个,消毒器具一套,盖碗、玻璃公道杯各一套,品茗杯若干个。

(4) 电子称一个,包装纸、包装盒若干。

2. 考核内容

(1) 仪容仪表、礼节礼貌的检查。

(2) 待客服务流程考核。

(3) 识茶、推荐、冲泡展示的考核。

(4) 茶叶包装的考核。

(5) 中文问答题,时间为3分钟。

(6) 汉译英,英译汉各两题,时间为3分钟。

3. 评分标准与评分记录

系别:________ 班级:________ 姓名:________ 学号:________

序号	鉴定内容	考核要点	配分	考核评分的扣分标准	扣分	得分
1	仪表及礼仪	形象自然、得体,能够正确运用礼节,表情自然,面带微笑,招呼客人及时,有礼貌。	10分	招呼客人不及时扣1分,配饰繁杂扣1分		
				礼节表达不够准确扣1分		
				表情生硬扣1分,目光低视扣1分		
				不注重礼貌用语扣1分,仪表欠端庄扣1分		
2	器具准备	用具准备齐全,能够满足茶叶推荐服务的需要。	10分	用具不全,不能完成茶叶推荐项目扣3分		
				用具摆放杂乱扣2分		
3	推荐展示	能够根据客人需求提供针对性的茶叶展示,介绍。	30分	与客人沟通不及时扣5分		
				不能准确对茶叶进行介绍扣10分		
				茶叶展示动作不规范、不熟练扣5分		
4	茶叶包装	能够根据茶叶特点和客人需求选择包装用具;能够熟练、快速地进行茶叶的封存及包装。	10分	包装用具选择不合理扣2分		
				包装不规范,造型粗糙扣3分		

续表

序号	鉴定内容	考核要点	配分	考核评分的扣分标准	扣分	得分
5	结账收款	能够熟练办理现金、信用卡结账业务，能够做到唱收唱付，收银准确迅速。	10分	结账不够熟练扣4分		
				未能做到唱收唱付扣2分		
6	解答疑问	回答问题及时、准确，语言生动，音色优美动听。	20分	回答问题不够准确扣5分		
				语言生硬扣3分		
7	英文茶艺介绍	英语介绍茶艺主题内涵准确、明白，发音清楚、准确，语速合适。	10分	发音不准，介绍不清楚扣4分		
				发音尚准，介绍不完整扣2分		
合计：100分						

考评员：________　年　月　日　　　　核分人：________　年　月　日

中　编

生活型茶艺

导读

生活型茶艺是一种在日常生活中为客人提供泡茶品饮的茶艺方式，因为茶艺本来就是泡茶的技艺和品茶的艺术，所以它有别于以解渴为目的的喝茶方式，具有一定的艺术韵味。主要包括日常生活中常见的绿茶、乌龙茶、红茶、黄茶、白茶、普洱茶、花茶等茶艺表现形式。生活型茶艺具有传统性和改良性两个基本特点。

传统性的生活型茶艺主要是以一些民间一直流传而且没有经过专业人员加工整理的冲泡技艺为主。如四川和北方地区的盖碗茶艺，以冲泡花茶为主(也有用盖碗冲泡绿茶的)；闽粤地区的功夫茶艺，用小壶小杯专门冲泡乌龙茶。改良性的生活型茶艺是随着现代茶文化复兴和人们对茶艺的喜爱，在传统茶艺的基础上进行加工整理和改良提高，使之更加规范化、艺术化，更具有观赏性。如台湾现代功夫茶艺、玻璃杯茶艺(西湖龙井茶)等。

本编通过绿茶茶艺、花茶茶艺、红茶茶艺、乌龙茶茶艺和普洱茶茶艺的学习，使学习者掌握作为一名中级茶艺师应该掌握的茶艺基础知识和泡茶服务技能。

项目一 从来佳茗似佳人——绿茶茶艺

学习目标

- 了解绿茶的历史,熟悉绿茶的功效
- 能够结合绿茶知识进行茶叶推荐
- 掌握绿茶的几种投茶方法
- 掌握西湖龙井茶的玻璃杯泡法及冲泡要领
- 能够触类旁通掌握盖碗泡法和壶泡法

绿茶属于不发酵茶,是我国产区最广、产量最多、品质最佳的一类茶叶。绿茶花色品种非常丰富,外观形状、品质各不相同,冲泡方法自然也不尽相同。绿茶茶艺常见的表现形式主要可分为玻璃杯泡法、盖碗泡法和壶泡法三种,又尤以玻璃杯泡法最为常见。本项目中就以玻璃杯泡法为例,向学习者介绍冲泡绿茶的方法及冲泡要领,并能够熟练运用玻璃杯泡法进行西湖龙井茶艺表演。

工作任务一 绿 茶 详 解

案例导入

绿茶——21 世纪的和平饮料

如今,生活中的电器越来越多,大家电如电视、冰箱、空调;小家电如手机、吹风机、榨汁机、加湿器、电磁炉等。它们在给人们带来了方便快捷的同时,对健康也带来一定的危害。是电器,总会产生电磁辐射。国内外研究表明,长期、过量的电磁辐射会对人体生殖系统、神经系统和免疫系统造成直接伤害,是心血管疾病、糖尿病、癌突变的主要诱因,也是造成孕妇流产、不育、畸胎等病变的诱发因素。那么,日常采取什么办法可以防止电磁辐射呢?据第二次世界大战后的调查,在日本广岛原子弹爆炸中,凡有长期饮用绿茶习惯的人,放射性伤害较轻,存活率较高。因此专家建议,对于生活紧张而忙碌的人群来说,抵御电磁辐射最简单的办法就是在每天上午喝 2～3 杯的绿茶。这是因为茶叶中含有丰富的维生素 A 原,它被人体吸收后,能迅速转化为维生素 A。因此,绿茶不但能消除电磁辐射的危害,还能保护和提高视力。

点评:绿茶具有提神疗烦,解热止渴,杀菌消炎,防龋固齿,明目清心,解烟醒酒,降压除脂,减轻癌变,预防原子辐射伤害等功效。因此绿茶被誉为原子时代的饮料、21 世纪的和平饮料。

理论知识

一、绿茶简介

绿茶是我国茶叶种植面积最广、产量最高、品种最多、成品茶形状最丰富的茶类。绿茶在加工制造过程中，由于鲜叶中的多酚氧化活性酶在加工初期就被破坏，从而阻止了多酚类物质的酶促氧化作用，较好地保留了鲜叶中原有的各种化学成分，从而形成绿茶“清汤绿叶”的品质特征。绿茶根据鲜叶的加工工艺可分为：炒青绿茶、烘青绿茶、蒸青绿茶和晒青绿茶四种。

1. 炒青绿茶

炒青绿茶因干燥方式采用炒干而得名。炒青绿茶按外形可分为长炒青、圆炒青和扁炒青三类。长炒青形似眉毛，又称为眉茶，品质特点是条索紧结，色泽绿润，香高持久，滋味浓郁，汤色、叶底黄亮，如婺源茗眉。圆炒青外形如颗粒，又称为珠茶，品质特点是外形圆紧如珠、香高味浓、耐泡，如平水珠茶。扁炒青又称为扁形茶，成品扁平光滑、香鲜味醇，如西湖龙井。

2. 烘青绿茶

烘青绿茶是指采用烘笼进行烘干制成的绿茶。烘青毛茶经再加工精制后大部分作为熏制花茶的茶坯，香气一般不及炒青高，少数烘青名茶品质特优，如黄山毛峰、六安瓜片、敬亭绿雪、天山绿茶、顾渚紫笋等。

3. 蒸青绿茶

蒸青绿茶是中国最古老的绿茶，是指采用蒸汽杀青制作而成的绿茶，目前以日本产量最多。蒸青绿茶一般具有三绿的特征，即干茶深绿色、茶汤黄绿色、叶底青绿色。大部分蒸青绿茶外形做成针状。湖北的仙人掌茶是我国蒸青绿茶的典型代表，其外形状似翠绿的仙人掌，茸毛披露，滋味清鲜爽口。曾被诗仙李白赞誉“茗生此中石，玉泉流不歇。枞老卷绿叶，枝枝相接连”。

4. 晒青绿茶

晒青绿茶是指用日光晒干的绿茶，是制作紧压茶的原料，如砖茶、沱茶等。主要分布在湖南、湖北、广东，广西、四川、云南、贵州等省有少量生产。晒青绿茶以云南大叶种的品质最好，称为“滇青”；其他如川青、黔青、桂青、鄂青等品质各有千秋，但不及滇青。

二、绿茶功效

绿茶较多的保留了鲜叶内的天然物质，其中茶多酚、咖啡碱保留鲜叶的85%以上，叶绿素保留50%左右，维生素损失较少，从而形成了绿茶“清汤绿叶，滋味收敛性强”的特点。最新科学研究结果表明，绿茶中保留的天然物质成分，对防衰老、防癌、抗癌、杀菌、消炎等均有特殊效果，为其他茶类所不及。具体功效如下：

1. 抗衰老

绿茶所含的抗氧化剂有助于抵抗老化。因为人体新陈代谢的过程，如果过氧化，会产生大量自由基，容易老化，也会使细胞受伤。SOD(超氧化物歧化)是自由基清除剂，能有效清除过剩自由基，阻止自由基对人体的损伤。绿茶中的儿茶素能显著提高SOD的活性，清除自由基。

2. 抗菌

研究显示，绿茶中儿茶素对引起人体致病的部分细菌有抑制效果，同时又不致伤害肠内有益菌的繁衍，因此绿茶具备整肠的功能。有研究表明茶多酚能清除机体内过多的有害自由基，能够再生人体内的 α～VE、VC、GSH、SOD 等高效抗氧化物质，从而保护和修复抗氧化系统，对增强机体免疫、防癌、防衰老都有显著效果。常喝绿茶能降低血糖、血脂、血压，从而预防心脑血管疾病。日本昭和大学的医学研究小组在 1 mL 稀释至普通茶水的 1/20 浓度的茶多酚溶液里放入 10 000 个剧毒大肠杆菌，五个小时后细菌全部死亡，一个都不剩。

3. 降血脂

科学家做的动物实验表明，绿茶中的儿茶素能降低血浆中总胆固醇、游离胆固醇、低密度脂蛋白胆固醇以及三酸甘油酯的含量，同时可以增加高密度脂蛋白胆固醇。对人体的实验表明则有抑制血小板凝集、降低动脉硬化发生率。绿茶含有黄酮醇类，有抗氧化作用，亦可防止血液凝块及血小板成团，降低心血管疾病的发生率。

4. 瘦身减脂

绿茶含有茶碱及咖啡因，可以经由许多作用活化蛋白质激酶及三酸甘油酯解脂酶，减少脂肪细胞堆积，因此达到减肥功效。

饮用绿茶减肥防病，但经期慎饮

绿茶中含有一定的咖啡因，和茶多酚并存时，能制止咖啡因在胃部产生作用，避免刺激胃酸的分泌，使咖啡因的弊端不在体内发挥，但却促进中枢神经、心脏与肝脏的功能。而且，绿茶中的芳香族化合物还能溶解脂肪，防止脂肪积滞体内，咖啡因还能促进胃液分泌，有助消化与消脂。但女性在经期最好不要多饮用。有研究称，除了人体正常的铁流失外，女性每次月经期还要额外损失 18～21 毫克的铁。而在月经期间多喝绿茶，绿茶中较多的鞣酸成分就会与食物中的铁分子结合，形成大量沉淀物，妨碍肠道黏膜对铁分子的吸收，并且，绿茶越浓，对铁吸收的阻碍作用就越大。

5. 防龋齿、清口臭

绿茶含有氟，其中儿茶素可以抑制龋菌的生成，减少牙菌斑及牙周炎的发生。茶所含的单宁酸，具有杀菌作用，能阻止食物渣屑繁殖细菌，故可以有效防止口臭。

实践操作

三、绿茶冲泡

绿茶是六大茶类中产量最多的茶，也是外形变化最丰富的茶类，绿茶在色、香、味上，讲求嫩绿明亮、清香、醇爽。在六大茶类中，绿茶的冲泡，看似简单，其实极考工夫。因绿茶不经发酵，保持茶叶本身的鲜嫩，冲泡时略有偏差，易使茶叶泡老闷熟，茶汤黯淡，香气钝浊。所以在冲泡绿茶时，我们要根据绿茶的品种、外形、品质，选用相适宜的茶具，并采用相应的冲泡方法。

（一）投茶方式

绿茶常用的投茶方式主要有上投法、中投法和下投法。

1. 上投法

上投法是指先将杯具温热，倒入七分满的热水，然后投入适量的茶叶即可。常用于冲泡茶芽特别细嫩的绿茶。

2. 中投法

中投法是指先将杯具温热，投入适量的茶，随即注入 1/3 左右的热水，随后摇动杯具使茶叶充分受热，茶叶缓缓舒展，茶香飘逸，然后再注入开水至七分满即成。常用于冲泡名优绿茶。

3. 下投法

下投法是先将杯具温热，投入适量的茶，然后注入水至七分满即可。常用于冲泡普通绿茶，一般用茶壶冲泡的也多采用下投法。

（二）冲泡方式

绿茶常见的冲泡方式主要有玻璃杯泡法、壶泡法和盖碗泡法三种。

1. 玻璃杯泡法

(1) 基本茶具

无花纹玻璃杯、石英水壶、茶盘、茶罐、茶荷、茶则、茶匙、茶巾等。

(2) 冲泡程式

备具→赏茶→温杯→置茶→浸润泡→冲泡→奉茶→品尝→收具

2. 壶泡法

(1) 基本茶具

茶壶及品茗杯（宜选用青花瓷、白瓷或青瓷及素色花纹瓷具）、杯托、茶盘、茶匙、茶荷、茶叶罐、水壶（宜选用素色花纹瓷或石英壶）、茶巾（以白色为佳）等。

(2) 冲泡程式

备具→温具→赏茶→冲泡→斟茶→奉茶→品尝→收具

3. 盖碗泡法

(1) 基本茶具

盖碗（宜选用青花瓷、白瓷或青瓷及素色花纹瓷具）、茶盘、茶匙、茶荷、茶叶罐、水壶（宜选用素色花纹瓷或石英壶）、茶巾（以白色为佳）等。

(2) 冲泡程式

备具→温具→赏茶→冲泡→斟茶→奉茶→品尝→收具

模拟实训

1. 实训安排

实训项目	绿茶冲泡
实训要求	(1) 熟悉绿茶的三种冲泡方法 (2) 熟练掌握绿茶的玻璃杯泡法
实训时间	45 分钟
实训环境	可以进行绿茶冲泡练习的茶艺实训室
实训工具	玻璃杯、白瓷壶、小茶碗、盖碗、茶道具、电随手泡、茶荷、绿茶若干
实训方法	示范讲解、小组讨论法、情境模拟

2. 实训步骤及要求

(1) 指导教师介绍名优绿茶及冲泡要求；

(2) 指导教师演示绿茶的三种冲泡方法；

(3) 分组讨论并掌握常见绿茶冲泡方法；

(4) 重点练习玻璃杯绿茶泡法的流程、手法。

3. 实训效果展示

工作任务二　西湖龙井茶艺

“春风拂面苏堤绿，西子湖畔龙井香”
——袁勤迹和“龙井问茶”

“春风拂面苏堤绿，西子湖畔龙井香”。在一曲《从来佳茗似佳人——西湖龙井》的乐曲声中，“龙井问茶”的茶道表演徐徐向观众走来。晶莹剔透的玻璃茶具组合，清新典雅的丝绸服饰搭配，优美动听、淡泊清远的茶道音乐，行云流水般独具韵律的泡茶过程，将古代文人的四艺“挂画、插花、焚香、点茶”巧妙地融为一体。“龙井问茶”整个表演过程雅得令人惊叹，美得令人感动。

点评：“龙井问茶”茶艺表演来自西子湖畔的袁勤迹女士创作、表演的，这位集音乐、色彩、服饰、瓷器、舞蹈、舞台布置、书画、插花等各方面的艺术修养于一身的女士，她的学识不仅广博而且精深，有着极高的美学素养，她在茶道创作编排和表演中注重人文精神，将舞蹈、音乐、插花与泡茶过程完美结合，并将之挥洒自如地展现出来，让人们在观摩的同时享受到了人与自然的和谐之美。

一、西湖龙井

“欲把西湖比西子，从来佳茗似佳人”。西湖龙井茶集名山、名寺、名湖、名泉和名茶于一体，因产于中国杭州西湖的龙井茶区而得名，为中国十大名茶之一。特级西湖龙井茶扁平、光滑、挺直，色泽嫩绿光润，香气鲜嫩清高，滋味鲜爽甘醇，叶底细嫩呈朵，有“四绝”之赞誉，即色绿、香郁、味甘、形美。清明节前采制的龙井茶简称明前龙井，美称女儿红，“院外风荷西子笑，明前龙井女儿红”，这优美的句子如诗如画，堪称西湖龙井茶的绝妙写真。泡一杯龙井茶，喝出的却是世所罕见的独特而骄人的龙井茶文化。

十八棵御树的传说

相传在清乾隆年间，乾隆皇帝好周游天下。一次，在饱览西湖湖光山色之后，巡游狮峰山。一路上，狮峰雄伟高耸，泉水清澈见底，茶园碧绿连片，处处鸟语花香。采茶女们肩背茶篓，穿梭于茶园间，忙着采茶。乾隆深为此情此景所陶醉，挽起袖子学着采茶女的样子采起茶来。当他兴致正浓时，忽有太监来报：“皇太后有病，请皇上急速回京。”乾隆一听，随手把采下的茶芽往自己袖袋里一放，速返京城去了。乾隆回到皇宫，见太后本无大病，只是近日饮食油腻，肝火上升，今见皇儿回朝，心里高兴，病也去了几分，遂问起皇儿在外的情况。交谈之中，太后闻到似有阵阵清香迎面扑来，便问乾隆："皇儿从杭州带来了什么好东西？如此清香！"乾隆用手一摸，忽然想起是在狮峰山下胡公庙前采下的一把茶叶，于是忙叫宫女泡上一杯，太后接过香茶，慢慢品饮。说也奇怪，太后喝完茶汤，顿感特别舒适。如此连喝几天，居然肝火平了，肠胃也舒服了。于是乾隆传旨下去，封胡公庙前茶树为御茶树，年年岁岁采制送京。从此，胡公庙前的18棵茶树就被称为"十八棵御茶"。

二、冲泡准备

1. 备具

基本茶具为无花纹玻璃杯、石英水壶、茶盘、茶罐、茶荷、茶则、茶匙、茶巾等。

2. 选茶

具有绿茶皇后之称的西湖龙井，素以"色绿、香郁、味甘、形美"四绝著称于世。冲泡高档西湖龙井，多用玻璃杯（壶）冲泡，优点是宜赏形，能观赏到茶叶在水中缓慢舒展、变幻的姿态。水流泻下，芽尖争先恐后地冲向水面，呈直立状悬空停驻；少顷，缓慢下沉，如春笋出土，似金枪林立，如此三起三落，美妙至极。下面以西湖龙井茶为例，进行品质特征的介绍：

（1）茶色：色泽翠绿、黄绿呈糙米黄色；

（2）茶香：香气鲜嫩、馥郁、清高持久，沁人肺腑，似花香浓而不浊，如芝兰醇幽有余；

（3）茶味：味鲜醇甘爽，饮后清淡而无涩感，回味留韵，有新鲜橄榄的回味；

（4）茶形：扁平、挺秀、光洁、匀称，形如碗钉；

（5）叶底：细嫩呈朵。

3. 煮水

冲泡西湖龙井茶可用80℃左右开水，水温的掌握因茶而异。

4. 冲泡要领

（1）温杯洁具。冲泡前，先以初沸水冲洗玻璃杯，目的在于预热和对客人表示尊敬。

（2）掌握茶量。茶与水的比例为1∶50，即1 g茶叶用50 mL开水冲泡。普通玻璃杯的容量一般为220～250 mL，可投入大约3 g左右的茶，冲泡至玻璃杯七分满即可。

（3）冲水。冲水时，注意水柱从高处三起三落沿杯边注水，称为"凤凰三点头"，若直接将水冲击茶叶，反而易烫伤嫩芽叶。

（4）浸润泡。向杯中倾入适当温度的开水，用水量为杯容量的四分之一至五分之一。放下水壶，提杯向逆时针方向转动数圈，目的在于使茶叶浸润，吸水膨胀，便于内含物质浸出，约30秒后开始冲泡。

（5）品茶。一般先闻香，再观色，啜饮。饮一小口，让茶汤在嘴内回荡，与味蕾充分接触，后徐徐咽下。绿茶大多冲泡三次，以第二泡的色香味最佳。因此，当客人杯中的茶水见少时，要及时为客人添注热水。

实践操作

三、西湖龙井茶艺演示

"上有天堂，下有苏杭"，西湖龙井是素有人间天堂之称的杭州特产，清明前采制的龙井

茶称为“明前龙井”，是龙井茶的极品。当它触及你的舌尖，那山水之气也仿佛沁入心脾，令人神清气爽。下面就让我们共同领略这大自然赐予的绿色精灵。

1. 静心备具

根据冲泡时的先后顺序将准备好的茶具合理地放置好。冲泡高档绿茶要用透明无花的玻璃杯，以便更好地欣赏茶叶在水中上下翻飞、翩翩起舞的仙姿，观赏碧绿的汤色、细嫩的茸毫，领略清新的茶香。

2. 初识仙姿

用茶匙将茶罐中的茶叶拨出少许于茶荷中，献给嘉宾欣赏茶叶的外形、色泽和闻其干香。西湖龙井茶色泽翠绿，外形扁平光滑，形似碗钉，享有“色绿、香郁、味醇、形美”四绝之盛誉。

3. 温杯洁具

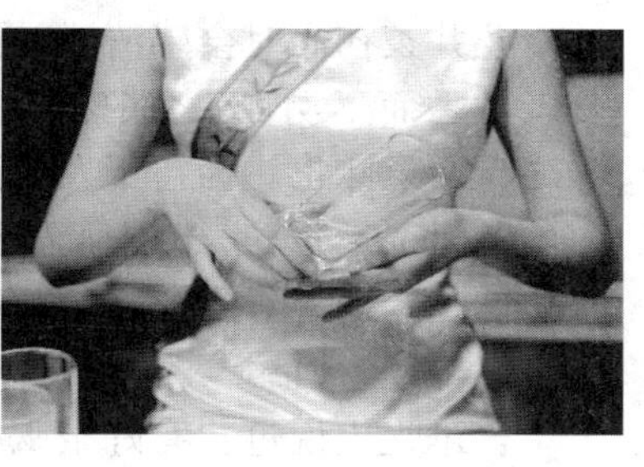

即将水壶中的开水注入玻璃杯中，进行烫杯。泡茶要求所用的器皿必须至清至洁。这道程序是当着各位嘉宾的面，把本来就是干净的玻璃杯再烫洗一遍，以示对嘉宾的尊敬。

4. 悉心置茶

“茶滋于水，水藉于器”。茶与水的比例适宜，冲泡出来的茶才能不失茶性，充分展示茶的特色。一般来说，茶叶与水的比例为1∶50，即50 mL容量的杯子放入1 g茶叶。将茶叶用茶则从茶荷中轻轻拨入玻璃杯内，每杯用茶2～3 g。置茶要心态平静，茶叶勿掉落在杯外。敬茶惜茶，是茶人应有的修养。

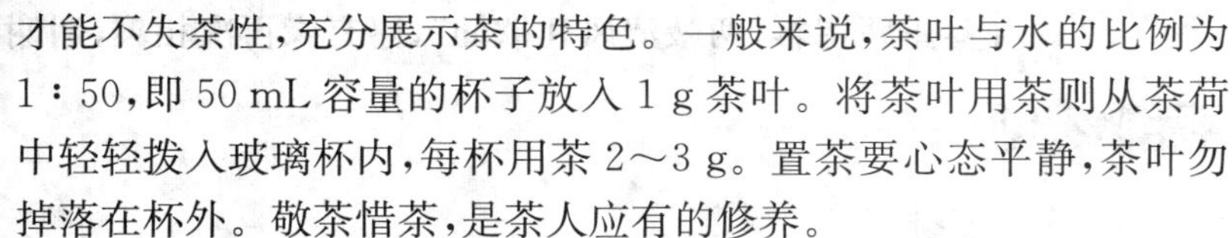

5. 温润茶芽

将水壶中的开水沿着杯壁注入杯中（开水温度为80℃左右），水量为杯容量的1/4～1/3，温润的目的是浸润茶芽，使干茶吸水舒展，便于内含物析出，为将要进行的冲泡打好基础，时间约30秒左右。

6. 悬壶高冲

温润的茶芽已经散发出一缕清香，这时高提水壶，让水直泻而下，接着利用手腕的力量，上下提拉注水，反复三次（雅称“凤凰三点头”，冲入杯内的水至总容量的七成左右，意为“七分茶，三分情”），使杯内的茶叶上

下翻动，杯中上下茶汤浓度均匀。凤凰三点头不仅是泡茶本身的需要，也是为了显示冲泡者的姿态优美，更是中国传统礼仪的体现。三点头像是对客人鞠躬行礼，是对客人表示敬意。

7. 甘露敬宾

双手将泡好的茶依次敬给客人，并行伸手礼（示意“请用茶”）。

8. 辨香识韵

待茶叶舒展后，请客人慢慢啜、细细品。评定一杯茶的优劣，必从色、形、香、味入手。先闻其香，清新醇厚，无浓烈之感；再观其色，澄清碧绿，其形一旗一枪，交错相映，上下沉浮；细品慢啜，体会齿颊留芳、甘泽润喉的感觉。

9. 谢客收具

奉茶完毕，应将所用茶具收放原位。行鞠躬礼，退至后台。

龙井茶初品时会感清淡，需细细体会，慢慢领悟。正如清代茶人陆次之所说：“龙井茶，真者甘香而不洌，啜之淡然，似乎无味，饮过后，觉有一种太和之气，弥沦于齿颊之间，此无味之味乃至味也。为益于人不浅故能疗疾，其贵如珍，不可多得也。”品赏龙井茶，像是观赏一件艺术品。透过玻璃杯，看着上下沉浮的茸毫，看着碧绿的清汤，看着娇嫩的茶芽，龙井茶仿佛是一曲春天的歌、一幅春天的画、一首春天的诗。让人置身在一派浓浓的春色里，生机盎然，心旷神怡。

鲁迅先生说过：“有好茶喝，会喝好茶，是一种清福。”今天我们在此共饮清茶也是一种缘分。“一杯春露暂留客，两腋清风几欲仙”，愿有缘再次相聚，谢谢大家。

模拟实训

1. 实训安排

实训项目	西湖龙井茶艺
实训要求	(1) 熟悉西湖龙井茶的品质特点 (2) 能够独立进行西湖龙井茶艺的表演
实训时间	45 分钟
实训环境	可以进行茶艺表演练习的茶艺实训室
实训工具	茶盘、西湖龙井茶、玻璃杯、茶道具、随手泡、茶荷、茶巾、音响
实训方法	示范讲解、小组讨论法、情境模拟

2. 实训步骤及要求

(1) 指导教师讲解西湖龙井茶艺的表演要求；

(2) 指导教师演示西湖龙井茶艺；

(3) 分组分步骤练习西湖龙井茶的冲泡；

(4) 独立进行西湖龙井茶艺表演。

3. 西湖龙井茶艺中英文解说

程序名称	中文介绍	英文介绍
前言 Introduction	“上有天堂，下有苏杭”，西湖龙井是素有人间天堂之称的杭州特产，清明前采制的龙井茶，称为“明前龙井”，是龙井茶的极品。当她触及你的舌尖，那山水之气也仿佛沁入心脾，令人神清气爽。下面就让我们共同领略这大自然赐予的绿色精灵。	“Just as there is paradise above, there are Suzhou and Hangzhou on the earth.” The West Lake Dragon Well is the speciality of “Paradise Hangzhou”. It has always been particular about the picking time, the earlier, the better. Among all, the best one is picked before Tomb Sweeping Day, which is called “Ming Qian tea”. When it touches the tip of your tongue, it's simplicity of mountain will make you feel refreshed and pleased. Now, let's enjoy it.
静心备具 Preparing utensil	根据冲泡时的先后顺序将准备好的茶具合理的放置好。冲泡高档绿茶要用透明无花的玻璃杯，以便更好地欣赏茶叶在水中上下翻飞、翩翩起舞的仙姿，观赏碧绿的汤色、细嫩的茸毫，领略清新的茶香。	According to the procedure of brewing tea, prepare the tea set in proper places. When making top grade Dragon Well, we should use transparent glasses without any patterns, so that we can appreciate the beautiful dancing of the tender leaves and the jade-green color of the tea liquor as well as the refreshing fragrance.
初识仙姿 Appreciating the dry tea	用茶匙将茶罐中的茶叶拨出少许于茶荷中，献给嘉宾欣赏茶叶的外形、色泽和闻其干香。西湖龙井茶色泽翠绿，外形扁平光滑，形似碗钉，享有“色绿、香郁、味醇、形美”四绝之盛誉。	Get a little tea leaves from tea canister with tea spoon into the tea holder, and show it to the guests to appreciate the shape, color and fragrance of the tea leaves. The Dragon Well tea is characterized by smoothness and flatness, and it is famous for its “four bests”—green color, delicate aroma, mellow taste and beautiful shape.
温杯洁具 Scalding tea wares	将水壶中的开水注入玻璃杯中，进行烫杯。泡茶要求所用的器皿必须至清至洁。这道程序是当着各位嘉宾的面，把本来就是干净的玻璃杯再烫洗一遍，以示对嘉宾的尊敬。	Pour hot water into the glasses to scald and clean them. The tea wares should be as clean as possible before tea making. It is done in front of the guests. To rinse the clean-already glasses with hot water is to show our respect to everyone present.
悉心置茶 Casting tea leaves	“茶滋于水，水藉于器”。茶与水的比例适宜，冲泡出来的茶才能不失茶性，充分展示茶的特色。一般来说，茶叶与水的比例为1∶50，即50 mL容量的杯子放入1 g茶叶。	“Water is the mother of tea while utensil is the father of tea.” Well proportioned tea and water can help to make the best tea liquor. Generally speaking, the ratio of tea and water is 1∶50, that is, put 1 gram tea into a cup with a volume of 50mL.

续表

程序名称	中文介绍	英文介绍
悉心置茶 Casting tea leaves	将茶叶用茶则从茶荷中轻轻拨入玻璃杯内，每杯用茶2～3 g。置茶要心态平静，茶叶勿掉落在杯外。敬茶惜茶，是茶人应有的修养。	Get the tea leaves from the tea holder with a tea spoon and put into a glass, 2～3g each glass. When put the tea leaves, be peaceful in mind and don't drop the tea leaves outside, as respecting and cherishing tea is required for tea lovers.
温润茶芽 Moistening tea buds	将水壶中的开水沿着杯壁注入杯中(开水温度为80℃左右)，水量为杯容量的1/4～1/3，温润的目的是浸润茶芽，使干茶吸水舒展，便于内含物析出，为将要进行的冲泡打好基础，时间约30秒左右。	Pour hot water (the temperature of water should be about 80℃) along the wall into the glass with the amount of 1/4 or 1/3 of the glass volume in order to moisten and warm the tea, which can make the tea sprouts extend and bring the nourishing ingredients out. As the preparation for the brewing, it takes about 30 seconds.
悬壶高冲 Rinsing high	温润的茶芽已经散发出一缕清香，这时高提水壶，让水直泻而下，接着利用手腕的力量，上下提拉注水，反复三次(雅称“凤凰三点头”，冲入杯内的水至总容量的七成左右，意为“七分茶，三分情”)，使杯内的茶叶上下翻动，杯中上下茶汤浓度均匀。“凤凰三点头”不仅是泡茶本身的需要，也是为了显示冲泡者的姿态优美，更是中国传统礼仪的体现。三点头像是对客人鞠躬行礼，是对客人表示敬意。	The moistened tea gives out faint scent. Rinse high and then hold the kettle up and down three times rhythmically as if a hovering phoenix is greeting and saluting to the guests, which make the tea liquor even. And the glass should be 70% full. That is called "70 percent tea, 30 percent affection".
甘露敬宾 Presenting sweet tea	双手将泡好的茶依次敬给客人，并行伸手礼(示意“请用茶”)。	Serve tea to the guests with both hands and invite them to enjoy it.
辨香识韵 Appreciating tea	待茶叶舒展后，请客人慢慢啜、细细品。评定一杯茶的优劣，必从色、形、香、味入手。先闻其香，清新醇厚，无浓烈之感；再观其色，澄清碧绿，其形一旗一枪，交错相映，上下沉浮；细品慢啜，体会齿颊留芳、甘泽润喉的感觉。	After the tea leaves extend, ask the guests to savor it slowly. To assess the quality of tea, four aspects should be considered, the color, shape, fragrance and taste. Firstly, smell its fragrance first, good one should be fresh and mellow, not strong. Secondly, appreciate the liquor color, which is yellow-green and bright. Then the shape, tea leaves look flat. For a bud and two leaves look like the tongue of a sparrow. Finally savor the tea liquor slowly, experiencing the fragrance lingering in the mouth and sweetness moistening the throat.

续表

程序名称	中文介绍	英文介绍
谢客收具 Expressing thanks	奉茶完毕，应将所用茶具收放原位。行鞠躬礼，退至后台。	After serving the tea, put away all the tea wares. Bow to the guests, and retreat to the back-stage.
结束语 Concluding remarks	龙井茶初品时会感清淡，需细细体会，慢慢领悟。正如清代茶人陆次之所说："龙井茶，真者甘香而不洌，啜之淡然，似乎无味，饮过后，觉有一种太和之气，弥沦于齿颊之间，此无味之味乃至味也。为益于人不浅故能疗疾，其贵如珍，不可多得也。" 鲁迅先生说过："有好茶喝，会喝好茶，是一种清福。"今天我们在此共饮清茶也是一种缘分。"一杯春露暂留客，两腋清风几欲仙"，愿有缘再次相聚，谢谢大家。	First savoring the Dragon Well, you will feel it is very light. However, just as tea lover of Qing Dynasty, Lucizhi said, "The Dragon Well tea is sweet, mellow but not too strong. After drinking it, you can feel the fragrance, lingering in your mouth , and enjoy the supreme harmony. This lightest taste tastes best. It so benefits people and cures that it is precious." Mr. Lu Xun said: "It is a kind of happiness if you have a good tea and can enjoy it." We are destined to drink the tea together today. Just as the poem goes, "A cup of sweet dew make guests stay, the coolness after drinking makes one feel free." We are looking forward to your coming again. Thank you.

4. 技能提升——西湖龙井茶艺表演

项目测试

一、选择题

1. 绿茶是我国最主要的出口茶类，在世界绿茶总贸易量中，我国出口的占到（　　）左右。

A. 80%　　B. 70%　　C. 60%　　D. 50%

2. （　　）以前，茶叶的加工比较简单，采来的鲜叶，晒干或烘干，然后收藏起来，这是晒青茶工艺的萌芽。

A. 汉代　　B. 唐代　　C. 宋代　　D. 清代

3. 由于（　　）下诏，废龙团贡茶而改贡散茶，使得蒸青散茶在明朝前期大为流行。

A. 朱元璋　　B. 康熙　　C. 乾隆　　D. 赵佶

4. 绿茶中（　　）对引起人体致病的部分细菌有抑制效果，同时又不致伤害肠内有益菌的繁衍，因此绿茶具备整肠的功能。

A. 茶碱　　B. 咖啡因　　C. 儿茶素　　D. 抗氧化剂

5. 一般用茶壶冲泡的多采用（　　）。

A. 上投法　　B. 中投法　　C. 下投法　　D. 平投法

6. (　　)则选用无花纹玻璃杯,以便观赏杯中的茶芽优美形态和碧绿晶莹的茶汤。

A. 普通绿茶　　B. 名优绿茶　　C. 花茶　　D. 普洱茶

7. 适宜采用上投法的茶叶有(　　)茶。

A. 西湖龙井　　B. 太平猴魁　　C. 碧螺春　　D. 六安瓜片

8. (　　)茶素以"色绿、香郁、味甘、形美"四绝著称于世。

A. 西湖龙井　　B. 太平猴魁　　C. 碧螺春　　D. 六安瓜片

9. 龙凤团茶的制造工艺,据(　　)《北苑别录》记述,有六道工序:蒸茶、榨茶、研茶、造茶、过黄、烘茶。

A. 赵汝励　　B. 陆羽　　C. 赵佶　　D. 朱权

10. 在西湖龙井茶冲泡中,(　　)是指高提水壶,让水直泻而下,接着利用手腕的力量,上下提拉注水,反复三次,使杯内的茶叶上下翻动,杯中上下茶汤浓度均匀。

A. 温杯洁具　　B. 温润茶芽　　C. 悬壶高冲　　D. 辨香识韵

二、判断题

(　　)1. 花茶是我国产区最广、产量最多、品质最佳的一类茶叶,全国 20 多个省区均生产花茶。

(　　)2. 绿茶属于不发酵茶,是所有茶类当中唯一没有经过发酵的茶,没有经过发酵而保持了茶叶的青绿色,也因此而得名。

(　　)3. 冲泡西湖龙井茶用 80℃开水,水温的掌握都可如此。

(　　)4. 普通绿茶一般选用无花纹玻璃杯,以便观赏杯中的茶芽优美形态和碧绿晶莹的茶汤。

(　　)5. 外形紧结重实的茶采用上投法、中投法和下投法都是可以的。

(　　)6. 西湖龙井茶味鲜醇甘爽,饮后清淡而无涩感,回味留韵,有新鲜槟榔的回味。

(　　)7. 冲水时,注意水柱从高处冲击茶叶三起三落,称为"凤凰三点头",三点头像是对客人鞠躬行礼,是对客人表示敬意。

(　　)8. 冲泡茶叶之前需要温润茶芽,便于内含物析出,为将要进行的冲泡打好基础。

(　　)9. 龙井茶味道清香,假冒龙井茶则多是清草味,夹蒂较多,手感不光滑。

(　　)10. 绿茶中的儿茶素能显著提高 SOD 的活性,清除自由基。

三、问答题

1. 绿茶具有哪些对人体有利的功效?
2. 简述西湖龙井茶的冲泡要领。
3. 简述绿茶三种不同的冲泡方法并列举出相应的茶类。
4. 简述绿茶的历史渊源。
5. 说出西湖龙井茶所需的茶具及冲泡程序。

项目二 香花绿叶相扶持——花茶茶艺

学习目标

- 了解花茶的历史，熟悉花茶的功效
- 能够结合花茶知识进行茶叶推荐
- 掌握花茶的盖碗泡法及冲泡要领
- 能够触类旁通掌握其他泡法

花茶是用茶坯和香花拼合窨制，使茶叶具备花香的茶类，它是中国特有的一种再加工茶。花茶通常是根据窨花用的香花来命名的，茉莉花茶即是用茉莉鲜花窨制加工而成，是花茶中的珍品。冲泡花茶可采用彩色盖碗杯、白瓷茶壶。通过本项目的学习，掌握花茶盖碗杯的冲泡方法及冲泡要领，能够进行花茶茶艺表演，并能触类旁通掌握其他冲泡方法。

工作任务一 花茶详解

案例导入

春天宜饮茉莉花茶

严冬已经过去，气温回暖，大地回春，这时应饮些清香四溢的茉莉花茶。有人说“品饮花茶，敞杯下饮，香气扑鼻；开杯即饮，满口生香；饮后空杯，留香不绝。”茉莉花茶既有茶的味，又有花的香，能沁人肺腑，调节人的生理功能，驱寒去邪去除胸中浊气，促进人体刚阳之气回升。

点评：茉莉花茶含有大量芳香油、香叶醇、橙花椒醇、丁香酯等20多种化合物。根据茶叶独特的吸附性能和茉莉花的吐香特性，经过一系列工艺流程加工窨制而成的茉莉花茶，既保持了绿茶浓郁爽口的天然茶味，又饱含茉莉花的鲜灵芳香，而且茉莉花茶还有松弛神经的功效，驱寒去邪的药效，因此它是春天最佳天然保健饮品。

理论知识

一、花茶简介

花茶又名香片、香花茶，是经过干燥加工、鲜花窨制而成的再制茶，是我国独特的种类茶。以福建、浙江、江苏、安徽、四川为主要产地。花茶的基本生产工艺是：茶坯复火→香花打底→窨制拼合→通花散热→起花→复火→提花→匀堆装箱。花茶因为窨制时选用的香花不同而又分为茉莉花茶、白兰花茶、珠兰花茶、桂花花茶、玫瑰花茶等。“嫩茶、鲜花，芬芳人人夸”，正是花茶的特点。古人把对花喝茶视作别有风韵，嫩茶、鲜花交融，相形益彰，回味无穷。

(一) 历史溯源

1. 源于宋朝

中国在宋朝(960)就有在上等绿茶中加入龙脑香(一种香料)作为贡品,这说明在宋朝已能利用香料薰茶。到宋朝后期,有恐影响茶之真味,不主张用香料薰茶。蔡襄《茶录》中云:“茶有真香而入贡者,微以龙脑,欲助其香,建安民间试茶皆不入香,恐夺其真……正当不用。”但是这已是中国花茶窨制的先声,也是中国花茶的始型。

2. 始于明朝

明朝是中国茶类大发展时期,已废团茶为散茶,大量生产炒青、烘青、晒青绿茶,为花茶生产奠定了基础。同时花茶窨制方法也有很大的发展,出现“茶引花香,以益茶味”的制法。据明朝顾元庆(1564—1639)《茶谱》的“茶诸法”中对花茶窨制技术记载比较详细:“木樨、茉莉、玫瑰、蔷薇、兰蕙、桔花、栀子、木香、梅花皆可做茶。诸花开始摘其半合半放蕊之香气全者。量其茶叶多少,摘花为茶。花多则太香,而脱茶韵,花少则不香,而不尽美。三停茶而一停花始称。如木樨花须去其枝蒂及尘垢、虫蚁,用磁罐一层茶一层花相间至满,纸箬扎固,入锅重汤煮之,取出待冷用纸封裹置火上焙干收用……”又如“莲花茶,仅日末时将半含莲花拨开放细茶撮纳满蕊中,以麻皮略挚令其经宿,次早摘花倾出茶叶用建纸包茶焙干,再如前法又将茶叶入别蕊中,如此者数次取其焙干收用,不胜香美。”这些记载可以看出对花茶的窨法,原料选择、取花量、窨次、焙干等原始的窨茶法,开始逐渐走向成熟,与现行的工艺原理是相通的,这时的花茶才称得上是真正的花茶,但其量是不可多得的。伟大的药物学家李时珍《本草纲目》(1578)一书中就有“茉莉可薰茶”的记载,证实了茉莉花茶明朝就有生产。

3. 成于清朝

据史料记载,清咸丰年间(1851—1861),福州已有大规模茶作坊进行商业茉莉花茶生产。当时福州的长乐帮茶号生产、大生福、李祥春等窨制茉莉花茶运销华北,特别是津、京地区,走海路由福州运至天津,转口北京,深受北京市民的喜爱。因此说福州是中国茉莉花茶的发祥地。有了商品就有了市场,有市场就有买卖,这时北京涌现出不少茶庄,如前门大街由福州人开设的庆林春茶庄,东四大街由安徽人开的吴裕泰茶庄,天津正兴德茶庄等等。他们通通都经营福州茉莉花茶,老顾客说:“吴裕泰”、“正兴德”、“张一元”等老字号茶庄所卖的茉莉花茶“京味”足。“京味”指的就是福建茉莉花茶特有的韵味。

(二) 花茶功效

花茶集茶味与花香于一体,茶引花香,花增茶味,相得益彰。既保持了浓郁爽口的茶味,又有鲜灵芬芳的花香。冲泡品吸,花香袭人,甘芳满口,令人心旷神怡。正如一位国际友人所说:“从一杯中国茉莉花茶中,可领略到春天的气息。”花茶不仅仍有茶的功效,而且花香也具有良好的药理作用,裨益人体健康。例如有些花草茶,具有排出宿便、调节肠胃循环、排毒等功效;具有美容护肤、美体瘦身、排毒除臭的功用,帮助瘦小腹最佳;同时也是饮食油腻者、应酬多的族群首选,防止油性大便对肠道的粘连。

选择供饮鲜花的学问

目前市场上可供饮用的鲜花很多，如金银花、玫瑰花、牡丹、贡菊、百合等，而且每一份鲜花都会配有一份用途说明及泡制方法，深受女性朋友们的喜爱。但是我们在选择这些鲜花泡茶时，最好还是咨询一下医生或美容师的意见，做到合理选用。与此同时还应注意以下几点：

(1) 选择花茶是要注重其品质，观察其成分是否为天然成分。

(2) 传统中医著作中，明确指出所有的花类均属寒性，而女性属阴。阴者寒也，也就是说寒药治热病，所以如果寒性体质饮用花卉茶，应该在茶中加入一些热性的成分，以便平衡药性、增进功效。比如喝菊花茶时加点枸杞，喝玫瑰花茶时滴点红酒，喝桂花茶时加点甘草等，均可平衡其偏寒之性。

(3) 不要只喝单一的花卉，否则容易造成体质虚弱、过敏、咳嗽或产生白带。

(4) 夏天品饮的花卉茶可以先经过冰镇处理，这样口味和感觉会更加独特。

(资料来源：王惟恒.《茶文化与保健药茶》.北京：人民军医出版社，2006)

实践操作

二、花茶冲泡要求

花茶泡饮方法，以能维护香气不致无效散失和显示茶胚特质美为原则。花茶大多用盖碗冲泡，能维护香气和显示茶坯特质。一些特别细嫩的高档花茶可用玻璃杯冲泡，以观其“茶舞”，可看到叶子在水中徐徐展开，展现出蓬勃的生机和活力。“一杯小世界，山川花木情”，堪称艺术享受，称为“目品”。冲泡时，茶和水的比例大约为1：50，即1 g茶用50 mL开水。注水后要立即盖上杯盖，以防香气散失。3分钟后，揭开杯盖，不要急着饮用，先用鼻闻茶汤中氤氲上升的香气，待茶汤凉至适口时，再小口慢品。茶汤入口要稍作停留，并在舌面上往返流动一两次，以使茶汤与味蕾充分接触。细细领略茶味和汤中香气之后，再咽下去。一开茶饮后，留汤三分之一时续加开水，为之二开。如是饮三开，茶味已淡，不再续饮。通过三开茶汤的鼻闻、口尝，综合领略茶味的适口度和香气的鲜灵度、浓度、纯度后，三香具备者为“全香”，茶形、滋味、香气三者全佳者为花茶高品、名品、珍品。

三、花茶冲泡方式

花茶是诗一般的茶叶，融茶味之美、鲜花之香于一体的茶中艺术品。冲泡花茶一般采用彩色盖碗杯，其结构为一套三件头(茶碗、茶盖、茶托)，敞口式茶碗，口大便于注水和观察碗中茶景，反碟式的茶碗盖，既可掩盖茶汤香气，又可用以拨动碗中浮面茶叶、花干，不使饮入口中，茶托(又叫茶船)用于托放茶碗，使饮茶时不致烫手。特别适合于个人品茗时使用，既可品到花茶的真香本味，也是一种较为风雅得体的品茶方法。下面用盖碗杯泡法介绍茉莉花茶茶艺。

(一) 盖碗杯泡法

1. 基本茶具

盖碗杯(景德镇青花瓷)、茶盘、茶叶罐、茶荷、茶匙、水壶、茶巾碟(内放茶巾)、水盂等。

2. 冲泡程式

备具→温碗→投茶→冲泡→奉茶→品饮→收具

(二) 壶泡法

(1) 基本茶具

茶壶及品茗杯(宜选用青花瓷、白瓷或素色花纹瓷具)、杯托、茶盘、茶匙、茶荷、茶叶罐、水壶(宜选用素色花纹瓷或石英壶)、茶巾(以白色为佳)等。

(2) 冲泡程式

备具→温具→赏茶→冲泡→斟茶→奉茶→品尝→收具。

模拟实训

1. 实训安排

实训项目	花茶冲泡练习
实训要求	(1) 熟悉花茶的常用冲泡方法 (2) 熟练掌握花茶的盖碗泡法
实训时间	45 分钟
实训环境	可以进行花茶冲泡练习的茶艺实训室
实训工具	茶盘、盖碗、茶道具、电随手泡、茶荷、花茶 12 g 等
实训方法	示范讲解、小组讨论法、情境模拟

2. 实训步骤及要求

(1) 指导教师展示花茶各种泡法所使用的茶具;

(2) 指导教师演示盖碗杯的冲泡方法;

(3) 讨论并掌握花茶冲泡方法的使用条件;

(4) 重点练习花茶盖碗泡法的流程、手法。

3. 实训演示

如何正确持盖碗饮茶

盖碗茶的品饮方法与玻璃杯的品饮方法有所不同,有其特色。持盖碗饮茶动作要舒缓轻柔,不宜大大咧咧随意将盖子一揭,抄起盖碗来牛饮。首先,右手拇指及中指夹持盖钮两侧,食指抵于钮面,持盖后转动手腕,使盖里呈垂直朝向自己鼻子用力吸气,嗅闻盖面茶香,越是优质的花茶则香气越是鲜灵、浓纯。然后,持盖碗沿里侧(靠自己身体的一侧)将茶汤表面撇向碗外侧,共三次,目的是撇去碗面的浮叶,观看茶汤色泽。最后,将盖斜搁于碗面,使靠身体的一侧碗面留出一条狭缝，女性应双手端起碗托，将碗托底置于左手掌上，右手用拇指及中指夹碗沿，食指抵住盖钮，无名指和小指可微微上翘成兰花指，小口从碗面狭缝中啜饮。

分析提示：男士与女士用盖碗喝茶的手法有所不同，男士用盖碗喝茶可用单手，左手半握拳搭在左胸前桌沿上，右手用拇指及中指夹盖碗，食指抵住钮面，无名指和小指自然下垂，小口从碗面狭缝中啜饮。

理论知识

一、冲泡准备

1. 备具

基本茶具为盖碗杯（景德镇青花瓷）、茶盘、茶叶罐、茶荷、茶匙、水壶、茶巾碟（内放茶巾）、水盂等。

2. 选茶

花茶属于再加工类茶，而茉莉花茶又是众多花茶品种中的名品。茉莉花的香气一直为广大饮花茶的人所喜爱，被誉为可窨花茶的玫瑰、蔷薇、兰蕙等众生之冠。宋代诗人江奎的《茉莉》赞曰："他年我若修花使，列做人间第一香。"茉莉花茶素有茶中"美女"之称，泡饮时可欣赏其外观形态。下面以茉莉花茶为例，进行品质特征的介绍：

(1) 茶色：干茶色泽黑褐油润，汤色黄绿明亮；

(2) 茶香：花香浓郁，鲜灵持久；

(3) 茶味：醇厚鲜爽；

(4) 茶形：条索紧细匀整；

(5) 叶底：嫩匀柔软。

茉莉花茶中花干的数量越多越好吗？

真正的花茶，是以绿茶为花坯经过鲜花窨制而成。利用茶叶的吸附性充分吸收鲜花的香气，然后把花干筛出，再将茶叶烘干。有些高级花茶要反复窨制 3～5 次。但是由于筛出的花干香气已经全无，故不宜再掺入花茶内。所以质量好的花茶是看不到干花的。

3. 煮水

冲泡茉莉花茶的开水温度一般为 90～95℃。

4. 冲泡要领

(1) 温碗。冲泡前，先以初沸水冲洗盖碗杯，目的在于预热和对客人表示尊敬。

(2) 掌握茶量。每碗投茶量为 2～3 g。

(3) 冲水。按同一方向将每个盖碗注入少许开水，以浸润碗中花茶（约 10 秒钟后），然后再向碗中冲水至七八分满，随即加盖，不使香气散失。

(4) 奉茶：双手连托端起盖碗。

(5) 品茶。花茶品饮，以闻香尝味为主，即闻香、观色、啜饮。花茶融茶的神韵与花的芬芳于一体，所以冲泡时要使茶尽展神韵，使花尽吐芬芳。可将杯盖倾斜，使盏中香气逸出，细闻其花香，再用碗盖轻拨茶汤，观其茶色。

二、茶艺演示

花茶是诗一般的茶，它融茶之韵与花之香于一体，通过引花香、增茶味使花香茶味珠联璧合、相得益彰，从花茶中我们可以品出春天的气息。下面就请大家静下心来，与我共同进入这芬芳的花茶世界。

1. 烫杯——春江水暖鸭先知

"竹外桃花三两枝，春江水暖鸭先知"是苏东坡的一句名诗。苏东坡不仅是一个多才多艺的大文豪，更是一个至情至性的茶人。借助苏东坡的这句诗描述烫杯，请各位嘉宾充分发挥自己的想象力，看一看在茶盘中经过开水烫洗之后，冒着热气的茶杯，像不像一只只正在春江中戏水的小鸭子？

2. 赏茶——香花绿叶相扶持

茉莉花茶是选用优质的绿茶作为茶坯，以清香的茉莉鲜花窨制入茶，干茶色绿质嫩，茶中还混合有少量白净明亮的茉莉花干，这称之为"锦上添花"。

3. 投茶——落英缤纷玉杯里

把花茶从茶荷拨进茶杯时，花干和茶叶飘然而下，恰似"落英缤纷"。

4. 冲水——春潮带雨晚来急

冲泡花茶要用90℃左右的开水。水流直泻而下，注入杯中，花茶随水浪上下翻滚，恰似"春潮带雨晚来急"。

5. 闷茶——三才化育甘露美

冲泡花茶一般要用"三才杯"，杯盖代表"天"，杯托代表"地"，中间的茶杯代表"人"。茶人们认为茶是"天涵之，地载之，人育之"的灵物，闷茶的过程象征着天、地、人三才合一，共同化育出茶的精华。

6. 敬茶——一盏香茗奉知己

7. 闻香——杯里清香浮清趣

品饮花茶讲究“未尝甘露味，先闻圣妙香”。请大家先像我一样，用食指和中指托起杯底，拇指扣住杯托，女士可以翘起兰花指，我们称之为彩凤双飞翼。男士应后三指并拢，称之为桃园三结义。

闻香时，“三才杯”的天、地、人不可分离，手轻轻地将杯盖掀起，从缝隙中去闻香。

8. 品茶———舌端甘苦入心底

品茶时应小口喝入茶汤，并在口腔中稍事停留，使茶汤充分地与味蕾接触，以便于更精细地品悟花茶所独有的“味轻醍醐，香薄兰芷”的花香与茶韵。

9. 回味——茶味人生细品悟

茶人们认为，一杯茶可以喝出百味，有的人“啜苦可励志”，有的人“咽甘思报国”。无论茶是苦涩、甘鲜，还是平和、醇厚，从一杯茶中茶人们都会有良多的感悟和联想，所以品茶重在回味。

10. 谢茶——饮罢两腋清风起

唐代诗人卢仝在他传颂千古的《走笔谢孟柬议寄新茶》一诗中写出了“七碗吃不得也，唯觉两腋习习清风生”的品茶绝妙感受。

茶使人神清气爽，延年益寿，只有细细品味，才能感受到那“清风两腋生，神游三山去”的绝妙之处。

模拟实训

1. 实训安排

实训项目	茉莉花茶茶艺表演
实训要求	(1) 熟悉茉莉花茶茶艺表演流程 (2) 能够熟练进行茉莉花茶茶艺表演
实训时间	45 分钟
实训环境	可以进行茶艺表演练习的茶艺实训室
实训工具	茶盘、盖碗、茶道具、电随手泡、茶荷、花茶 12 g 等
实训方法	示范讲解、小组讨论法、情境模拟

2. 实训步骤及要求

(1) 指导教师讲解茉莉花茶茶艺的表演要求；

(2) 指导教师演示茉莉花茶茶艺；

(3) 分组、分步骤练习茉莉花茶茶艺；

(4) 独立进行茉莉花茶茶艺表演。

3. 花茶茶艺中英文解说

程序名称	中文介绍	英文介绍
前言 Introduction	花茶是诗一般的茶，它融茶之韵与花之香于一体，通过引花香、增茶味使花香茶味珠联璧合，相得益彰，从花茶中我们可以品出春天的气息。下面就请大家静下心来，与我共同进入这芬芳的花茶世界。	Scented tea is poetic. It combines the flavor of tea with fragrance of flowers. The tea brings out the fragrance of flowers and flowers add more aroma to tea, perfectly matching and supporting each other. We can smell spring from scented tea. Let's calm down and come into the world of scented tea.
烫杯——春江水暖鸭先知 Scalding tea wares—"ducks first knowing the warmth of spring river"	"竹外桃花三两枝，春江水暖鸭先知"是苏东坡的一句名诗。苏东坡不仅是一个多才多艺的大文豪，更是一个至情至性的茶人。借助苏东坡的这句诗描述烫杯，请各位嘉宾充分发挥自己的想象力，看一看在茶盘中经过开水烫洗之后，冒着热气的茶杯，像不像一只只正在春江中戏水的小鸭子？	"A few branches of peach in blossom extend above the bamboo grove; ducks are the first to know when the river warms in spring." is the well-known poem by Su Dongpo. Su Dongpo is a versatile scholar as well as a tea lover of the true disposition. Honored guests, please use your imaginations: don't the steaming cups look like ducks playing in spring river?
赏茶——香花绿叶相扶持 Appreciating tea leaves—"fragrant flowers and green leaves supporting each other"	茉莉花茶是选用优质的绿茶作为茶坯，以清香的茉莉鲜花窨制入茶。 干茶色绿质嫩，茶中还混合有少量白净明亮的茉莉花干，这称之为"锦上添花"。	Jasmine tea is made of high quality green tea scented with jasmine flowers. Dry tea leaves are green and tender, mixed with a few dry white flowers, which makes it perfect.
投茶——落英缤纷玉杯里 Casting tea—"flowers of different colors falling into a jade cup"	把花茶从茶荷拨进茶杯时，花干和茶叶飘然而下，恰似"落英缤纷"。	Put scented tea from tea holder into cup. Dry flowers and tea leaves fall down slowly, just like"flowers of different colors falling".

续表

程序名称	中文介绍	英文介绍
冲水——春潮带雨晚来急 Pouring water—"spring rain comes late with tide in a hurry"	冲泡花茶要用 90℃左右的开水。水流直泻而下，注入杯中，花茶随水浪上下翻滚，恰似"春潮带雨晚来急"。	The best water temperature is about 90 degrees centigrade for infusing jasmine tea. The hot water is flying down into cup and scented tea rolls up and down with the waves, looking like "spring rain comes late with tide in a hurry".
闷茶——三才化育甘露美 Brewing tea in a covered bowl—"The unity of heaven, earth and human bringing out sweet dew"	冲泡花茶一般要用"三才杯"，杯盖代表"天"，杯托代表"地"，中间的茶杯代表"人"。茶人们认为茶是"天涵之，地载之，人育之"的灵物，闷茶的过程象征着天、地、人三才合一，共同化育出茶的精华。	When we make Jasmine tea, we normally use the tea ware called the "cup of three talents". The lid represents heaven; the cup saucer represents earth; and the teacup itself in the middle represents man. Tea is considered as a spiritual item which is cultivated by heaven, earth and human. The process of brewing tea symbolizes the unity of "heaven, earth and human" to bring the best out of tea.
敬茶——一盏香茗奉知己 Serving tea—a cup of fragrant tea to a bosom friend	将泡好的茶敬奉给客人。	Serve the tea liquor to the distinguished guests.
闻香——杯里清香浮清趣 Smelling the aroma—fragrance in cup arousing interest	品饮花茶讲究"未尝甘露味，先闻圣妙香"。请大家先像我一样，用食指和中指托起杯底，拇指扣住杯托，女士可以翘起兰花指，我们称之为彩凤双飞翼；男士应后三指并拢，称之为桃园三结义。 闻香时，"三才杯"的天、地、人不可分离，手轻轻地将杯盖掀起，从缝隙中去闻香。	"Although not having tasted the sweet dew, smell the wonderful aromas first". Please hold the tea cup by placing your index and middle fingers at the bottom of the saucer and the thumb on its edge. Ladies can extend orchid-like fingers; gentlemen ought to have all three fingers bend together. When smelling, hold the lid, cup and saucer together. Pressing and tilting the lid with your hand, smell the fragrance from the gap.
品茶——舌端甘苦入心底 Tasting tea liquor—sweetness and bitterness going from the tongue into the heart	品茶时应小口喝入茶汤，并在口腔中稍事停留，使茶汤充分地与味蕾接触，以便于更精细地品悟花茶所独有的"味轻醍醐，香薄兰芷"的花香与茶韵。	Drink the tea by small sips and keep the liquor in your mouth for a little moment, making it contact with taste buds fully. Thus you would be able to experience the charm of scented tea— "Light taste clearing your mind, and faint fragrance outdoing orchid."

续表

程序名称	中文介绍	英文介绍
回味——茶味人生细品悟 Appreciating aftertaste—savoring tea as well as life	茶人们认为，一杯茶可以喝出百味，有的人"啜苦可励志"，有的人"咽甘思报国"。无论茶是苦涩、甘鲜，还是平和、醇厚，从一杯茶中人们都会有良多的感悟和联想，所以品茶重在回味。	Tea lovers believe people can experience various tastes from a cup of tea, some "inspiring the ambition while sipping the bitterness", while others "thinking of serving the country after swallowing the sweetness". Whether tea is bitter, sweet or mellow, tea lovers may have a lot of thoughts and associations. Therefore, the most important thing of tasting tea is appreciating aftertaste.
谢茶——饮罢两腋清风起 Expressing thanks—"the cool wind raising in sleeves after savoring"	唐代诗人卢仝在他传颂千古的《走笔谢孟柬议寄新茶》一诗中写出了"七碗吃不得也，唯觉两腋习习清风生"的品茶绝妙感受。 茶使人神清气爽，延年益寿，只有细细品味，才能感受到那"清风两腋生，神游三山去"的绝妙之处。	Lu Tong, a poet of Tang Dynasty, whose poem Seven Bowls of Tea had expressed the wonderful feeling of savoring tea—"the seventh bowl could not be drunk; only the breath of the cool wind rises in my sleeves". Tea makes you refresh and prolong your life. Only tasting tea carefully can you experience the wonderful feeling of "the cool wind rises in sleeves, the mind wanders to the Three Hills".

4. 技能提升——花茶茶艺表演

项目测试

一、选择题

1. 90℃左右水温比较适宜冲泡(　　)茶叶。

A. 绿茶　　B. 花茶　　C. 乌龙茶　　D. 黑茶

2. (　　)又称"三才碗"，蕴含"天涵之，地载之，人育之"的道理。

A. 兔毫盏　　B. 玉书煨　　C. 盖碗　　D. 茶荷

3. "三才杯"是品饮(　　)使用的主要茶具。

A. 普洱茶　　B. 花茶　　C. 绿茶　　D. 黄茶

4. 盖碗主要用来冲泡(　　)。

A. 绿茶　　B. 花茶　　C. 红茶　　D. 乌龙茶

5. 一般春天宜喝(　　)。

A. 花茶　　B. 绿花　　C. 乌龙茶　　D. 红茶

6. 冲泡花茶可采用(　　)。

A. 彩色盖碗杯　　B. 紫砂壶　　C. 玻璃杯　　D. 品茗杯

7. 中国(　　)就有在上等绿茶中加入龙脑香(一种香料)作为贡品，这说明当时已能利用香料薰茶。

A. 唐朝　　B. 明朝　　C. 宋朝　　D. 清朝

8. (　　)是中国茉莉花茶的发祥地。

A. 浙江　　B. 北京　　C. 四川　　D. 福州

9. 花茶是主要以绿茶、红茶或者乌龙茶作为茶坯，再与鲜花窨制而成的一种复合茶，其中以(　　)的香气最为浓郁，是中国花茶中的主要产品。

A. 玉兰花茶　　B. 茉莉花茶　　C. 桂花花茶　　D. 珠兰花茶

10. 花茶中的(　　)可保护皮肤，使皮肤变得细腻、白润、有光泽。

A. 绿原酸　　B. 茶多酚　　C. 脂多糖　　D. 鲜花

二、判断题

(　　)1. 购买花茶时，茶叶中的茉莉花干数量越多则茶叶质量越好。

(　　)2. 花茶一般是以绿茶为茶坯窨制而成的。

(　　)3. 冲泡花茶一般可用90℃左右开水，水温的掌握因茶而定。

(　　)4. 花茶一般选用无花纹玻璃杯，以便观赏杯中的茶芽优美形态和碧绿晶莹的茶汤。

(　　)5. 古人把对花喝茶视作别有风韵，嫩茶、鲜花交融，相形益彰，回味无穷。

(　　)6. 清朝是中国茶类大发展时期，已废团茶为散茶，大量生产炒青、烘青、晒青绿茶，为花茶生产奠定了基础。

(　　)7. 花茶已无茶的功效，但是花香却具有良好的药理作用，裨益人体健康。

(　　)8. 花茶泡饮方法，以能维护香气不致无效散失和显示茶胚特质美为原则。

(　　)9. “他年我若修花使，列做人间第一香”，这句诗词赞美的是玫瑰花。

(　　)10. 品花茶讲究“未尝甘露味，先闻圣妙香”。闻香时，“三才杯”的天、地、人不可分离。

三、问答题

1. 简述花茶的冲泡要领。
2. 花茶具有哪些对人体有利的功效?
3. 简述花茶的主要品种有哪些。
4. 简述花茶的历史溯源。
5. 说出花茶所需的茶具及冲泡程序。

项目三 最是功夫茶与汤
——乌龙茶茶艺

学习目标

- 了解乌龙茶的历史，熟悉乌龙茶的功效
- 能够结合乌龙茶知识进行茶叶推荐
- 掌握乌龙茶的几种冲泡方式
- 掌握潮汕功夫茶、台湾功夫茶的冲泡方法及冲泡要领
- 能够触类旁通进行闽南和武夷山功夫茶艺表演

乌龙茶又称青茶，属半发酵茶类，是介于不发酵茶（绿茶）与全发酵茶（红茶）之间的一种茶叶。既具有绿茶的清香和花香，又具有红茶醇厚的滋味，具有“绿叶红镶边”的特色。乌龙茶主产地在福建、广东、台湾等省，“武夷岩茶”、“安溪铁观音”、“凤凰单枞”、“冻顶乌龙”是乌龙茶中的极品。乌龙茶艺主要以功夫茶艺来表现，中国功夫茶茶艺按照地区及民俗可分为潮汕、台湾、闽南和武夷山功夫茶艺四大流派。通过本项目的学习，掌握潮汕功夫和台湾功夫茶艺的冲泡方法及冲泡要领，能够进行潮汕功夫茶艺、台湾功夫茶艺表演，并能触类旁通掌握闽南和武夷山功夫茶艺的冲泡方法。

工作任务一 乌龙茶详解

案例导入

铁观音减肥作用明显

肥胖症是一种伴随人们生活水平不断提高而出现的营养失调性病症，它是由于营养摄取过多或是体内储存的能量利用不够而引起的。肥胖症不仅给人们日常生活中带来诸多不便，而且也是引发心血管疾病、糖尿病的一个原因。

1996 年，福建省中医药研究院对 102 个患有单纯性肥胖的成年男女，进行了饮用铁观音减肥作用的研究，研究结果表面铁观音减肥效果显著。

福建省泉州市人民医院采用铁观音减肥茶对 164 个患肥胖病的人进行治疗，每天服减肥茶 12～14 g，15 天为一个疗程。经过两个疗程的观察，患者的血脂、甘油三酯和胆固醇都有明显下降，体重也随之减少，治疗总有效率达 70%以上。

点评：铁观音为乌龙茶类，乌龙茶中含有大量的茶多酚物质，不仅可提高脂肪分解酶的作用，而且可促进组织的中性脂肪酶的代谢活动。因而饮用铁观音能改善肥胖者的体型，有效减少肥胖者的皮下脂肪和腰围，从而减轻其体重。

一、乌龙茶简介

乌龙茶，亦称青茶、半发酵茶，是中国几大茶类中独具鲜明特色的茶叶品类。乌龙茶是经过杀青、萎凋、摇青、半发酵、烘焙等工序制出的品质优异的茶类。品尝后齿颊留香，回味甘鲜。乌龙茶的药理作用突出表现在分解脂肪、减肥健美等方面，在日本被称之为"美容茶"、"健美茶"。乌龙茶为中国特有的茶类，主要产于福建的闽北、闽南及广东、台湾三个省。近年来四川、湖南等省也有少量生产。乌龙茶除了内销广东、福建等省外，主要出口日本、东南亚等。

（一）历史溯源

乌龙茶由宋代贡茶龙团、凤饼演变而来，创制于 1725 年(清雍正年间)前后。

据福建《安溪县志》记载："安溪人于清雍正三年首先发明乌龙茶做法，以后传入闽北和台湾。"关于乌龙茶的形成，首先要溯源北苑茶。北苑茶是福建最早的贡茶，也是宋代以后最为著名的茶叶，历史上介绍北苑茶产制和煮饮的著作就有十多种。北苑是福建建瓯凤凰山周围的地区，在唐末已产茶。据《闽通志》载，唐末建安张廷晖雇工在凤凰山开辟山地种茶，初为研膏茶，宋太宗太平兴国二年(977)已产制龙凤茶，宋真宗(998)以后改造小团茶，成为名扬天下的龙团凤饼。

当时任过福建转运吏，监督制造贡茶的蔡襄，特别称颂北苑茶，他在 1051 年写的《茶录》中谈到"茶味主于甘滑，惟北苑凤凰山连续诸焙所产者味佳。"北苑茶重要成品属于龙团凤饼，其采制工艺如皇甫冉送陆羽的采茶诗里所说："远远上层崖，布叶春风暖，盈筐白日斜。"要采得一筐的鲜叶，要经过一天的时间，叶子在筐子里摇荡积压，到晚上才能开始蒸制，这种经过积压的原料无意中就发生了部分红变，芽叶经酶促氧化的部分变成了紫色或褐色，究其实质已属于半发酵了，也就是所谓乌龙茶的范畴。因此，说北苑茶是乌龙茶的前身是有一定科学根据的。

另据史料考证，1862 年福州即设有经营乌龙茶的茶栈，1866 年台湾乌龙茶开始外销。目前乌龙茶除了内销广东、福建等省外，主要出口日本、东南亚等地。

（二）主要品种

乌龙茶是中国茶的代表，是一种半发酵的茶，透明的金黄、橙黄色茶汁是其特色。但其实乌龙茶只是总称，还可以细分出许多不同类别的茶。例如：水仙、黄旦(黄金桂)、本山、毛蟹、武夷岩茶、冻顶乌龙、肉桂、奇兰、凤凰单枞、凤凰水仙、岭头单枞、色种等以及适合配海鲜类食物的铁观音等等。

（三）功效

乌龙茶作为我国的特种名茶，经现代国内外科学研究证实，乌龙茶具有抗肿瘤、提高淋巴细胞及 NK 细胞的活化作用，以及加强免疫功能、预防老化等作用。

乌龙茶的传说

乌龙茶的产生，还有些传奇的色彩，据《福建之茶》、《福建茶叶民间传说》载，清朝雍正年间，在福建省安溪县西坪乡南岩村里有一个茶农，也是打猎能手，姓苏名龙，因他长得黝黑健壮，乡亲们都叫他“乌龙”。一年春天，乌龙腰挂茶篓，身背猎枪上山采茶，采到中午，一头山獐突然从身边溜过，乌龙举枪射击，但负伤的山獐拼命逃向山林中，乌龙也随后紧追不舍，终于捕获了猎物，当把山獐背到家时已是掌灯时分，乌龙和全家人忙于宰杀、品尝野味，已将制茶的事全然忘记了。翌日清晨，全家人才忙着炒制昨天采回的“茶青”。没有想到放置了一夜的鲜叶，已镶上了红边了，并散发出阵阵清香，当茶叶制好时，滋味格外清香浓厚，全无往日的苦涩之味。于是乌龙一家精心琢磨与反复试验，经过萎雕、摇青、半发酵、烘焙等工序，终于制出了品质优异的茶类新品——乌龙茶，安溪也遂之成了乌龙茶的著名茶乡了。

具体功效如下：

1. 有助于预防蛀牙

饭后一杯茶除了能生津止渴、口气清爽之外，乌龙茶还有预防蛀牙的功效。蛀牙形成的原因是由于细菌侵入牙齿组织，而且在组织内产生引起蛀牙的酵素，这种酵素和食物中所含有的糖分起作用，产生蛀蚀牙齿的物质。这种可以蛀蚀牙齿的物质与细菌附着在牙齿上即形成齿垢，累积之后就会发生蛀牙现象。

乌龙茶中含有的多酚类具有抑制齿垢酵素产生的功效，所以吃饭之后饮用一杯乌龙茶，可以防止齿垢和蛀牙的发生。

2. 有利于美容养颜

活性氧是由于紫外线、抽烟、食品添加剂、压力等因素而在体内产生的物质。它通过将体内的脂肪改变成为过氧化脂肪，从而引起系列疾病，阻碍身体健康。同时，活性氧还会造成肌肤老化、产生皱纹等一系列有碍于容颜美丽的问题。

在人体内有一种能够成功分解活性氧的酵素 SOD，这种酵素是保持健康和美容养颜不可或缺的物质。而乌龙茶的多酚类具有和 SOD 同样的功能，并且可以促进提高 SOD 消除活性氧的功能。

我们都知道肌肤的生长需要维生素 C，如果产生活性氧的话，维生素 C 会被消耗殆尽。而乌龙茶多酚类的抗氧化作用因为能够消除活性氧，进而抑制维生素 C 的消耗，所以可以保持肌肤细致美白。加上乌龙茶本身含有维生素 C 的成分，对美白肌肤来说可谓是一举两得。维生素 C 在 2～3 小时内会随尿液排出体外，因此，随时饮用乌龙茶既可以美白又可以确保维生素 C 的补充。

3. 有助于改善皮肤过敏

有调查表明，皮肤病患者中以患过敏性皮炎的人数居多，但到目前为止这种皮炎发生的原因还并不明确。然而乌龙茶却有抑制病情发展的功效。

在国外曾有一位专家通过对 121 个患有过敏性皮炎的成年病人为临床试验对象发现，他们都是用现有的类固醇和抗过敏药物的方法治疗，但还是无法改善病情，直到后来加上每天饮用 400 mL 的浓缩乌龙茶后，再经过一个月后，其中 78 个（占 64%）病人的症状出现明显的改善。

4. 有利于减脂瘦身

我们经常可以听到饮用乌龙茶能够“溶解脂肪”的说法。尤其是吃太多油腻食物后，饮乌龙茶能够分解油脂，那么这种说法是否正确呢？人的脂肪细胞中，未被消耗的能量，被当作中性脂肪来储存，以便运动时作为能源使用。这个时候，中性脂肪在类蛋白脂肪酶等酵素作用下，被分解为必要的能源来使用。饮用乌龙茶可以提升类蛋白脂肪酶的功能。也就是说，并非乌龙茶本身能溶解脂肪，而是它可以提高分解脂肪的酵素，所以饮用乌龙茶后，脂肪代谢量也相对地提高了，从而起到了减肥瘦身的功效。

5. 有助于抗肿瘤、预防老化

乌龙茶具有促进分解血液中脂肪的功效，也能降低胆固醇的含量。国外一份1994年的乌龙茶功效实验报告指出，乌龙茶针对高血脂病和高血压病患者有相当好的疗效。特别是68位参与试验的高血压病患者中，通过一个阶段的测试后，有75%的人血压值出现了下降的趋势。

此外，乌龙茶也有抗肿瘤、提高淋巴细胞及NK细胞的活化作用，以及加强免疫功能、预防老化等作用。专家已经发现乌龙茶中的多酚类还有吸着体内异物并使其一起排出体外的功效。

实践操作

二、冲泡乌龙茶

（一）掌握冲泡技艺

乌龙茶的主要冲泡技法为功夫泡法，简称“功夫茶”。之所以叫功夫茶，是因为这种泡茶的方式极为讲究，操作起来需要一定的功夫，功夫乃沏泡的学问、品饮的功夫。

功夫茶起源于宋代，在广东的潮州府(今潮汕地区)及福建的漳州、泉州一带最为盛行。在潮汕本地，家家户户都有功夫茶具，每天必定要喝上几轮。即使乔居外地或移民海外的潮汕人，也仍然保留着品功夫茶这个风俗。

功夫茶以浓度高著称，初喝似嫌其苦，习惯后则嫌其他茶不够滋味了。功夫茶采用的是乌龙茶叶，如铁观音、水仙和凤凰茶。乌龙茶介于红、绿茶之间，为半发酵茶，只有这类茶才能冲出功夫茶所要求的色香味。

功夫茶是一门易学难懂的艺术，说它是一门艺术并不为过，因为它的名字是用功夫，没有好的功夫就泡不出一泡好茶。而且，在泡茶的过程中还可以看出泡茶和喝茶的人性格是稳重还是急躁。懂功夫茶的人，他能把茶叶的精华慢慢地泡出来，一泡茶喝到完的时候，茶叶中的精华也被发挥得淋漓尽致。品功夫茶最好是在没有风的地方，家里当然是最好的。最后再放点古典音乐，那就另有一番情景了。

（二）选择冲泡方式

乌龙茶艺主要以功夫茶艺来表现，中国功夫茶茶艺按照地区及民俗可分为潮汕、台湾、闽南和武夷山功夫茶艺四大流派。

1. 潮汕功夫茶艺

(1) 基本茶具

潮汕四宝：玉书碨、潮汕风炉、孟臣罐、若琛瓯。

(2) 冲泡程式

备具→温具→置茶→冲点→刮沫→淋罐→烫杯→斟茶→奉茶→品茶

2. 台湾功夫茶艺

(1) 基本茶具

茶盘，紫砂小壶，公道杯，品茗杯、闻香杯组合，赏茶荷，品茗杯托，随手泡，茶道具组合，茶叶罐、茶巾、湿茶漏。

(2) 冲泡程式

备具→煮水→温具→备茶→置茶→初泡→正泡→分茶→敬茶→品茶

3. 闽南功夫茶艺

(1) 基本茶具

双层茶船，盖杯，品茗杯，茶叶罐，赏茶荷，茶道组合，茶巾，随手泡。

(2) 冲泡程式

备具→烫杯→置茶→洗茶→冲泡→分茶→点茶→奉茶→品茶

4. 武夷山功夫茶艺

(1) 基本茶具

双层茶船，茶壶，品茗杯，茶叶罐，赏茶荷，茶道组合，茶巾，随手泡。

(2) 冲泡程式

备具→温壶→置茶→洗茶→冲泡→刮沫→分茶→点茶→奉茶→品茶

模拟实训

1. 实训安排

实训项目	乌龙茶推荐
实训要求	(1) 熟悉乌龙茶相关知识 (2) 掌握乌龙茶冲泡技艺及冲泡方式 (3) 能够进行乌龙茶的推荐介绍
实训时间	45 分钟
实训环境	可以进行冲泡练习的茶艺实训室
实训工具	大红袍、铁观音、凤凰单枞、冻顶乌龙等名品乌龙茶，乌龙茶冲泡用具
实训方法	示范讲解、情境模拟、小组讨论法、小组练习

2. 实训步骤及要求

(1) 指导教师进行讲解介绍；

(2) 学生分组讨论分析指定乌龙茶的品质特点及适用冲泡方式；

(3) 学生分组进行模拟练习乌龙茶推荐。

3. 冲泡演示

工作任务二 潮汕功夫茶艺

案例导入

情迷潮汕功夫茶

张先生是汕头人，现在上海经营一家玩具公司，生意不错，业务量很大。和张先生有交往的人都知道他有个爱好——家乡的潮汕功夫茶。张先生喜欢邀请朋友、同事、生意伙伴和他一起品饮功夫茶，他认为潮汕功夫茶是一种雅俗共赏的大众化品饮艺术，它的特点是随心、随性。主人亲自操作，三两个人一起，或谈生意、或忙里偷闲，在品茗叙谈中，感受主人的亲切热情。张先生靠着潮汕人特有的待客方式结交了不少工作、生活上的朋友，也使他的事业发展蒸蒸日上。

点评：潮汕功夫茶是潮汕的象征，在潮汕地区普及极广，是地地道道的“民间茶文化”。潮汕功夫茶的内涵极为丰富，既有明伦序、尽礼仪的儒家精神，又有优美的茶器及艺茶方式，是潮汕人献给世间的瑰宝。

理论知识

一、潮汕功夫茶简介

潮汕功夫茶又名潮州功夫茶，被称为中国茶道的“活化石”。有道是：“烹调味尽东南美，最是功夫茶与汤。”潮汕功夫茶是较为传统的乌龙茶冲泡方法，所以也有人称其为传统功夫茶，最早流行在广东潮汕地区，现已流传到港台及东南亚地区。

据考，最先把“功夫茶”作为一种品茶程式的名称载于文献的是俞蛟的《梦厂杂著·潮嘉风月》。俞蛟是浙江山阴人，在乾隆五十八年至嘉庆五年(1793—1800)间，任广东兴宁典史，其在《潮嘉风月》中描述道：“工夫茶烹治之法，本诸陆羽《茶经》而器具更为精致。炉形如截筒，高绝约一尺二三寸，以细白泥为之。壶出宜兴窑者最佳，圆体扁腹，努嘴曲柄，大者可受半升许。杯、盘则花瓷居多，内外写山水人物，极工致，类非近代物，然无款识，制自何年，不能考也。炉及壶、盘各一，惟杯之数，同视客之多寡。杯小而盘如满月。此外尚有瓦铛、棕垫、纸扇、竹夹，制皆朴雅。壶、盘与杯，旧而佳者，贵如拱璧。寻常舟中，不易得也。先将泉水贮铛，用细炭煮至初沸，投闽茶于壶内冲之，盖定复遍浇其上，然后斟而细呷之。气味芳烈，较嚼梅花更为清绝。……”按照俞氏的理解，功夫茶是师承于陆羽《茶经》并有所发展，用福建产之茶叶，冲沏过程程序分明。

二、潮汕功夫茶的特点

1. 潮汕功夫茶的冲泡特点

潮汕功夫茶整体上有精、洁、和、思四个特点。精：指的是茶具的精美；洁：指的是茶叶、茶具的洁净；和：和爱本一家，家人一起品茶聊天更能体现家人的和睦，培养感情；思：品茶可以提神，消解疲劳，启发人的思维。

2. 潮汕功夫茶的品饮特点

品功夫茶一是强调热饮，因此杯小如胡桃。二是强调浓饮，因此用茶量大，水量少。三是强调澄饮，泡茶要去沫，饮茶要割(倒)去汤底杂尘。特别是功夫茶因杯小、浓香、汤热，故饮后杯中仍有余香，这是一种比汤面香更深沉、更浓烈的“香韵”，“嗅杯底”香就源于此。

潮汕功夫茶对饮茶者座位有什么要求？

品饮潮汕功夫茶的客人在入座时，要按辈分或身份地位从主人右侧起分坐两旁，贯彻伦序观念。

三、冲泡准备

1. 备具

(1) 潮汕四宝:传统的潮汕功夫茶必须“四宝”备齐,即玉书煨、潮汕炉、孟臣罐、若琛瓯,称为“潮汕四宝”。

玉书煨:是闽南人、广东人、台湾人对陶制水壶的叫法,以广东潮安枫溪所产的最为著名。这种碨一般为扁形,能容水四两,有极好的耐冷热急变性能,水一烧开,在蒸汽推动下,小壶盖会自动掀动,发出“噗、噗、噗”的响声,十分有趣。

潮汕炉:一般为红泥烧制的小火炉,娇小玲珑,颇为别致,因以广东汕头产的为最,因此有“汕头之炉”之称。

孟臣罐:以宜兴出产的紫砂壶最为名贵,大小如一个小红柿,壶身以扁阔为好,便于茶叶舒展,且能留香。惠孟臣是清代制壶名匠,擅制小壶,所以后人把精美的紫砂小壶称为孟臣罐。

若琛瓯:即精细的白色瓷杯,直径不足1寸,一般仅能容纳4 mL左右茶汤,质薄如纸,色洁如玉。

通常,以孟臣罐为中心,四只若琛瓯分列成一个半圆形,平放于一只椭圆形或圆形的茶盘上,且壶、杯、盘三者大小相称。

(2) 茶池:也称双层茶盘,其形状如鼓,瓷质,由一个作为“鼓面”的盘子和一个作为“鼓身”的圆罐构成。盘面上有几个小眼,泡茶之后从壶盖上冲来加热的水可自然流入茶池内。茶池是用来倒剩茶和茶渣的。

(3) 杯盘:用来盛放茶杯。

(4) 壶盘:用来盛放茶壶。

(5) 茶巾:用来清洁器具、操作台。

2. 选茶

潮汕功夫茶要想喝出地地道道的潮州风情,最好选用潮州产的“凤凰单枞”或潮州市饶平县产的“岭头单枞”。下面以凤凰单枞茶为例,进行品质特征的介绍:

(1) 茶色:干茶色泽黄褐呈鳝鱼皮色,油润有光,并有朱砂红点,汤色清澈黄亮;

(2) 茶香:清香持久,有独特的天然兰花香;

(3) 茶味:滋味浓醇鲜爽,润喉回甘;

(4) 茶形:条索粗壮,匀整挺直;

(5) 叶底:边缘朱红,叶腹黄亮;

向来有“形美、色翠、香郁、味甘”四绝之称。

3. 煮水

冲泡潮汕功夫茶可用100℃的沸水。

4. 冲泡要领

(1) 泡前温具。冲泡功夫茶前,先以初沸水冲洗罐和茶杯,目的在于预热和洁具。

(2) 掌握茶量。以茶壶为准,放有茶壶容积的七成茶叶。

(3) 纳茶。打开茶叶,把它倒在一张洁白的纸上,分别粗细,把最粗的放在罐底和滴嘴处,再将细末放在中层,又再将茶叶放在上面,纳茶的工夫就完成了。所以要这样做,因为细末是最浓的，多了茶味容易发苦，同时也容易塞住满嘴，分别粗细放好，就可以使出茶均匀，茶味逐渐发挥。

（4）高冲水。冲水时，水柱从高处朝罐口边缘直冲而入，要一气呵成，不可断续。这样可使热力直透冲罐底部，茶沫上扬，进而促使茶叶散香。

（5）刮沫洗茶。冲点时，水必须冲满冲罐，使茶汤中的白色泡沫浮出罐口，随即用拇指和食指抓起冲罐钮，沿冲罐口水平方向刮去泡沫。用沸水冲到刚满过茶叶时，立即在几秒钟之内将冲罐中之水倒掉，称之为洗茶。随即再向冲罐内冲沸水至九成满，并加盖保香。

洗茶有什么作用？

洗茶又称温润泡，既可把茶叶表面尘灰洗去，又可使茶叶充分吸收水的温度和湿度，进而充分发挥茶之真味。

（6）淋罐加温。用沸水淋遍冲罐外壁追热，使之内外夹攻，以保冲罐中有足够的温度；进而，清除沾附罐外的茶沫。尤其是寒冬冲泡乌龙茶，这一程序更不可少，只有这样，方能使杯中茶叶起香。

（7）低斟巡茶。功夫茶斟茶时，冲罐应靠近茶杯，这叫低斟。这样，一则可以避免激起泡沫，发出“滴答”声；二则防止茶汤散热快而影响香气和滋味。倾茶入杯时，应将罐中茶汤依次来回轮转，倾入茶杯，通常需反复两三次，称其为“巡茶”。罐中茶汤倾毕，尚有余滴，得尽数一滴一滴依次巡，目的在于使各杯茶汤机会均等、浓度一致。

实践操作

四、冲泡演示

中国是茶的故乡。潮汕功夫茶是中国茶文化的杰出代表。“精、洁、和、思”道出功夫茶的茶道精神。“烹香茗，待来客”是潮汕人待客的致高境界。“功夫”二字要在水、火、冲工三者中求知，茶叶、茶具之后就是冲工了。现在让我们向各位来宾一一演示。

1. 典雅宝皿

俗话说：“器为茶之父。”潮汕功夫茶所用的茶具有：

茶池：用于盛放茶具；

潮汕炉：用于煮水；

孟臣罐：即紫砂壶，用于泡茶；

若琛瓯：为品茗杯，杯以小、浅、薄、白为特色，用于品尝茶汤；

茶叶罐：用于储放茶叶；

茶荷：用于观赏茶叶；

茶道具和茶巾。

2. 温杯烫罐

也叫“治器”。包括:起火、掏火、扇炉、洁器、候水、淋杯(壶)等六个动作。先起火大约十几分钟后,当水声飕飕作响时,那就是“鱼眼水”(95℃以上的水)将成了,应立即将水壶提起,淋罐淋杯。

3. 鉴赏佳茗

观形闻香赏佳茗。凤凰单枞茶相传源于宋代,条索紧结壮直,自然花果香,醇厚的滋味,有佳人的风韵,是乌龙茶中名茶,也是冲泡功夫茶之首选。

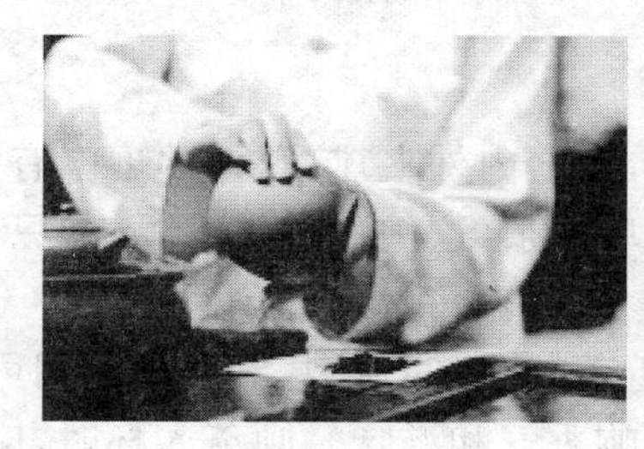

4. 引龙入宫

先将茶叶分出粗细,取其最粗者添于罐底滴口处,次用细末填塞中层,另用稍细之叶撒于上面。这一过程也称之为“纳茶”,是冲泡功夫茶的第一步功夫。

5. 闻声起羹

也叫“候汤”,曾有苏东坡的煎茶诗云:“蟹眼已过鱼眼生”,也就是说用这时候的水来泡茶是最好的。也有《茶说》云:“汤者茶之司命,见其沸如鱼目,微微有声,是为一沸;铫缘涌如连珠,是为二沸;腾波鼓浪,是为三沸;一沸太稚,谓之婴儿沸;三沸太老,谓之百寿汤;若水面浮珠,声若松涛,是为二沸,正好之候也。”科学的说法,泡功夫茶的水温最好是95~100℃。

6. 高山流水

高冲使开水有力地冲击茶叶,使茶的香味更快的挥发,让茶香精迅速挥发,茶叶中单宁酸则来不及溶解,所以茶叶才不会有涩滞。所以冲水这个程序是功夫茶之中最重要的。

7. 清风拂面

用壶盖刮去茶汤表面泛起的泡沫,使茶汤更加清澈洁净。

8. 里应外合

也叫“淋罐”，即盖好壶盖，再以滚水淋于壶上。淋罐的作用：一是使热气内外夹攻，逼使茶香迅速挥发，追加热气；二是小停片刻，罐身水分全干，即是茶熟；三是冲去壶外茶沫。

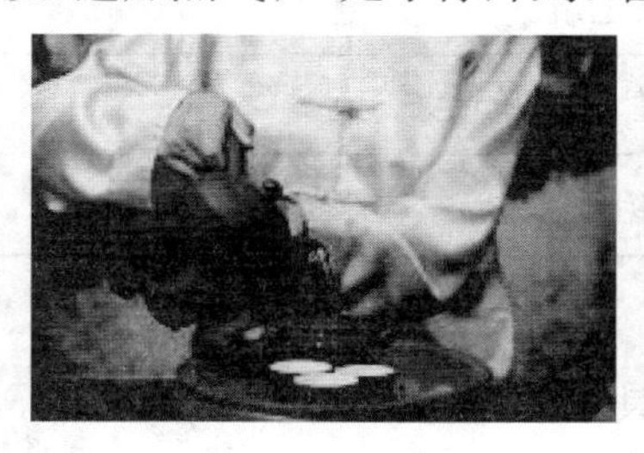

9. 乌龙入海

头一泡冲出的茶汤不喝，直接注入茶海。从茶壶口流向茶海好像蛟龙入海，所以称之为“乌龙入海”。

10. 狮子戏球

即洗杯，乃是冲功夫茶中最有意思、最富有艺术性的动作。即用一个茶杯竖放于另一个茶杯中，用拇指、食指、中指三根手指转动清洗，清洗过程中杯如月轮掠水飞转，声调铿锵，姿态美妙。

11. 关公巡城

即洒茶，洒茶有四字诀：低、快、匀、尽，使每一杯茶同色同香同量。正如所说：“品茗无拘你我他，平分秋色一瓯茶。敬长会友茶义重，杯小茶浓情更浓。”

12. 韩信点兵

韩信点兵点精华，尽善尽美茶文化。

13. 敬奉香茗

奉茶为礼敬嘉宾，敬请嘉宾细品尝。

14. 畅品香茗

品功夫茶诗——胡桃杯上气悠扬，未见花儿闻花香。好茶好水好功夫，细品佳茗韵致绵。

一杯香浓的功夫茶，泡出了多少优美动人的故事。虽然不是酒，却胜似酒，多少人由此而陶醉。

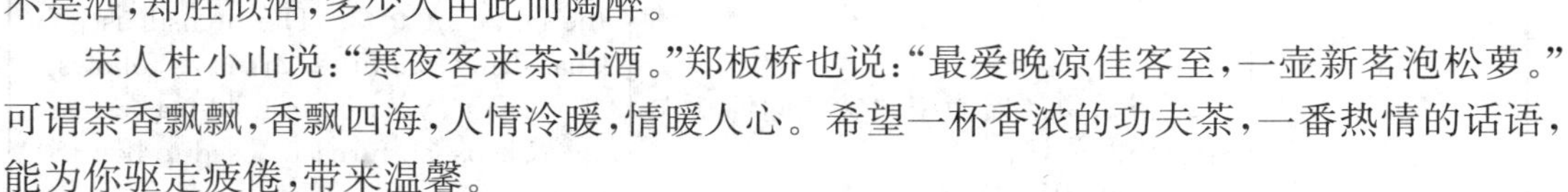

宋人杜小山说：“寒夜客来茶当酒。”郑板桥也说：“最爱晚凉佳客至，一壶新茗泡松萝。”可谓茶香飘飘，香飘四海，人情冷暖，情暖人心。希望一杯香浓的功夫茶，一番热情的话语，能为你驱走疲倦，带来温馨。

模拟实训

1. 实训安排

实训项目	潮汕功夫茶艺
实训要求	（1）熟悉潮汕功夫茶的历史 （2）掌握潮汕功夫茶冲泡要领及冲泡流程 （3）能够进行潮汕功夫茶艺表演
实训时间	90 分钟

续表

实训项目	潮汕功夫茶艺
实训环境	可以进行冲泡练习的茶艺实训室或茶艺馆
实训工具	潮汕四宝、茶池、茶荷、茶道具、茶叶罐、凤凰单枞茶
实训方法	示范讲解、情境模拟、小组讨论法、小组练习

2. 实训步骤及要求

(1) 指导教师展示潮汕功夫茶的各种用具；

(2) 指导教师演示潮汕功夫茶的冲泡方法；

(3) 学生分组讨论并掌握潮汕功夫茶的冲泡要领；

(4) 学生分组练习潮汕功夫茶的冲泡流程、手法。

3. 中英文潮汕功夫茶茶艺解说

程序名称	中文解说	英文解说
前言 Introduction	中国是茶的故乡。潮汕功夫茶是中国茶文化的杰出代表。“精、洁、和、思”道出功夫茶的茶道精神。“烹香茗，待来客”是潮汕人待客的致高境界。“功夫”二字要在水、火、冲功三者中求知，茶叶、茶具之后就是冲功了。现在让我们向各位来宾一一演示。	China is the hometown of tea, and Chaoshan Gongfu tea is an outstanding representative of Chinese tea culture. "Delicacy, cleanness, harmony and thinking" express the spirits of Gongfu tea. "Brewing fragrant tea to treat guests" is the high state of Chaoshan people's hospitality. "Gongfu" means seeking knowledge among water, fire and infusing skill. Besides tea and tea wares, the infusing skill is another important factor in making tea. Now we'll show you the art of making Chaoshan Gongfu tea.
典雅宝皿 Elegant tea utensil	俗话说：“器为茶之父。”潮汕功夫茶所用的茶具有： 茶池，用于盛放茶具； 潮汕炉，用于煮水； 孟臣罐，即紫砂壶，用于泡茶； 若琛瓯，为品茗杯，杯以小、浅、薄、白为特色，用于品尝茶汤； 茶叶罐，用于储放茶叶； 茶荷，用于观赏茶叶； 茶道具和茶巾。	As the saying goes, "Tea utensil is the father of tea". The utensil used in Chaoshan Gongfu tea art is as follows: Tea tray, used to hold tea wares; Chaoshan furnace, used to boil water; Mengchen pot, i. e. red-pottery pot, used to brew tea; Ruochen cup, i. e. tea-sipping cup, small, shallow, thin and white, used for appreciating tea liquor; Tea caddy, used to hold the dry tea; Tea holder, used to appreciate the dry tea; Tea art set and tea towel.

续表

程序名称	中文解说	英文解说
温杯烫罐 Scalding tea wares	先起火大约十几分钟后，当水声飕飕作响时，那就是"鱼眼水"（95℃以上的水）将成了，应立即将水壶提起，淋罐淋杯。	About 10 minutes after the fire is made, the water begins to boil with a wailing sound and it is "boiling water with fish-eye-like bubbles" whose temperature is about 95℃. Pour the water to scald pot and cups.
鉴赏佳茗 Appreciating excellent tea	观形闻香赏佳茗。凤凰单枞茶相传源于宋代。条索紧结壮直，自然花果香，醇厚的滋味，有佳人的风韵，是乌龙茶中名茶，也是冲泡功夫茶之首选。	Observe appearance and smell fragrance to appreciate excellent tea. It was said that Phoenix Dancong originated from the Song Dynasty. It is tight and straight with natural fragrance of flower and fruit as well as mellow. Phoenix Dancong is the famous oolong tea and the first choice to brew Gongfu tea.
引龙入宫 The dragon entering the palace	先将茶叶分出粗细，取其最粗者添于罐底滴口处，次用细末填塞中层，另用稍细之叶撒于上面。这一过程也称之"纳茶"，是冲泡功夫茶的第一步功夫。	At first, separate the rough leaves from the thin ones. Put the rough leaves at the bottom of the pot, then the shredded in the middle and the thin on the top. The procedure is called "placing tea" which is the first step to make Gongfu tea.
闻声起羹 Preparing water	也叫"候汤"，曾有苏东坡的《煎茶》诗云："蟹眼已过鱼眼生"，也就是说用这时候的水来泡茶是最好的。也有《茶说》云："汤者茶之司命，见其沸如鱼目，微微有声，是为一沸；铫缘涌如连珠，是为二沸；腾波鼓浪，是为三沸；一沸太稚，谓之婴儿沸；三沸太老，谓之百寿汤；若水面浮珠，声若松涛，是为二沸，正好之候也。"科学的说法，泡功夫茶的水温最好是95～100℃。	It's also called "waiting for the proper water temperature". "Boiling water with fish-eye-like bubbles appears after crab-eye-like ones", described by Su Dongpo in his poem *Cooking Tea*. It means the water at this stage is the best for tea. The article *On Tea* stated that, "Water is extremely important for tea. When the bubbles of boiling water look like eyes of fish with low sound, it is the first stage of boiling; when the bubbles become strings of pearls, it is the second stage; when the bubbles turn into surging waves, it is the third stage. When the bubbles look like pearls on the surface with the sound of wind blowing through pine woods, it is the second stage, and the water at this stage is the best." According to the scientific research, the water temperature between 95℃ and 100℃ is the best for Gongfu tea.

续表

程序名称	中文解说	英文解说
高山流水 Water flowing from a high mountain	高冲使开水有力地冲击茶叶，使茶的香味更快的挥发，让茶香精迅速挥发，茶叶中丹宁酸则来不及溶解，所以茶叶才不会有涩滞。所以冲水这个程序是功夫茶之中最重要的。	Flush water from a high position to hit leaves forcefully. Before the tannin in tea solves in water, the tea aroma and essence volatilize quickly and the liquor is not astringent. So flushing water is the most important procedure in making Gongfu tea.
清风拂面 The cool wind blowing the surface	用壶盖刮去茶汤表面泛起的泡沫，使茶汤更加清澈洁净。	Remove the floating white foam with the lid to make the tea liquor clean and clear.
里应外合 Working both inside and outside	也叫"淋罐"，即盖好壶盖，再以滚水淋于壶上。淋罐的作用：一是使热气内外夹攻，逼使茶香迅速挥发，追加热气；二是小停片刻，罐身水分全干，即是茶熟；三是冲去壶外茶沫。	It's also called "showering the pot". First cover the pot; and then continue pouring the boiling water over the teapot. "Showering pot" has the following functions. 1. Boiling water works together both inside and outside the pot to release the tea fragrance quickly. 2. Stop pouring, and when the pot surface becomes dry, the liquor is ready. 3. Flush away the tea foam outside the pot.
乌龙入海 The black dragon entering the sea	头一泡冲出的茶汤不喝，直接注入茶海。从茶壶口流向茶海好像蛟龙入海，所以称之为"乌龙入海"。	The first infusion is not for drinking but dropped into the tea tray. The water flowing from the spout to tea tray looks like a dragon entering the sea.
狮子戏球 The lion playing with balls	即洗杯，乃是冲功夫茶中最有意思最富有艺术性的动作。即用一个茶杯竖放于另一个茶杯中，用拇指、食指、中指三根手指转动清洗，清洗过程中杯如月轮掠水飞转，声调铿锵，姿态美妙。	It is "washing cups", the most interesting and artistic action in making Gongfu tea. Place a cup on the other one and then turn and wash them with the thumb, the forefinger and the middle finger. During the procedure, it presents a wonderful gesture with sonorous sound.
关公巡城 Lord Guan making his rounds	将壶提起，在壶池上游走一圈，称之为"关公巡城"，目的在于抹掉茶壶底下的水分。	Move the teapot around on the edge of tea tray, which is called "Lord Guan making his round", in order to remove the extra water under the pot.

续表

程序名称	中文解说	英文解说
韩信点兵 General Hanxin gathering men for a roll call	即洒茶，洒茶有四字诀：低、快、匀、尽，使每一杯茶同色同香同量。“品茗无拘你我他，平分秋色一瓯茶。敬长会友茶义重，杯小茶浓情更浓。”韩信点兵点精华，尽善尽美茶文化。	It is“dividing tea liquor low, fast, even and empty”. Make sure the liquor in each cup shares the same color, fragrance and quantity. “Drinking tea makes no distinction among you, him and me, everyone shares the same pot of tea; The old is respected and friendship is promoted, though small cups of tea can show affection deeply.” The liquor left in the pot is the essence of the tea. Serve each cup with one drop to perfect the tea taste.
敬奉香茗 Presenting the fragrant tea	奉茶为礼敬嘉宾，敬请嘉宾细品尝。	Presenting tea shows our respect to our distinguished guests. Please enjoy your tea.
畅品香茗 Tasting tea liquor	“胡桃杯上气悠扬，未见花儿闻花香。好茶好水好功夫，细品佳茗韵致绵”。一杯香浓的功夫茶，泡出了多少优美动人的故事。虽然不是酒，却胜似酒，多少人由此而陶醉。	“Over the cup floating the mellowness of tea, no flower but the fragrance spreading a thousand li, good mood, good water and good tea, one may feel the charm continuously.” There have been a lot of beautiful stories about fragrant Gongfu tea. It is not wine but better than wine, intoxicating lots of people.
结束语 Concluding remarks	宋人杜小山说：“寒夜客来茶当酒。”郑板桥也说：“最爱晚凉佳客至，一壶新茗泡松萝。”可谓茶香飘飘，香飘四海，人情冷暖，情暖人心。希望一杯香浓的功夫茶，一番热情的话语，能为你驱走疲倦，带来温馨。	Du Xiaoshan in the Song Dynasty once said,“Tea is served as wine to visiting guests on a cold night”. Zheng Banqiao also said, “What I enjoy most is, in a cool evening, to share a pot of fresh Songluo tea with a good friend coming”. The aroma of tea flies all over the world, warming your heart. We hope a cup of Gongfu tea and kind words will take away your weariness, and bring you warmth and fragrance.

4. 技能提升——潮汕功夫茶茶艺表演

工作任务三　台湾功夫茶艺

台式茶具的改革创新

台湾的“茶艺”始于20世纪70年代后期，10年间台湾先后涌现出茶艺馆500余家，并相继出版了一系列介绍茶艺、壶艺以及茶事活动的书报杂志和交流咨询材料。一些著名的茶叶企业和茶艺研究单位还经常组织举办一些茶事介绍、茶艺演示、培训讲座以及茶会活动等，不但十分注意推广茶具的选配知识，同时还研制开发出了一批新型茶具。这些茶具不仅具有浓郁的中华民族特征，而且蕴含了茶文化的内涵，在融合时代精神、符合都市人群的审美情趣以及实用性等方面，都有突破性的进展。由于台湾的茶艺活动首推功夫茶的泡饮方式，因此茶具的改革与组合也都以此为重点展开。首先，为了方便现场烧煮沸水，推出了别具一格的电烧水壶，并取名“随手泡”，顾名思义，这是一种十分方便的泡茶煮水用具。电烧水壶由两部分构成，上部分为内置电热盘的盛水壶，下部分为盘状通电的承座，可方便泡茶者灵活运用。电烧水壶是以不锈钢材料制成，再经抛光呈银白色，光亮洁净。后来又推出了仿古的深褐色。其次，台式功夫茶具组合的一个改进是增加了闻香杯。以往传统功夫茶具只备品茗杯，在品饮茶汤后再闻杯底留香，而台湾将这两项功能细分开，品茗杯专用品饮茶汤，闻香杯专事闻香，不仅配具巧妙，更为茶艺演示增添了情趣。再次，重视茶具的多彩性，提升品饮茶品位。近20年来台湾茶节开发出了不少茶具，如多种样式的茶荷、方便过滤茶汤的茶漏、各种焚香器具等，既具有实用性又具有极强的审美性。

点评：台式茶具的改革创新，不但极好地保留了中国茶饮的文化精髓，而且使泡茶的过程更加方便，视觉效果更强，为中国茶饮的推广提供了一条便宜之路。

理论知识

一、台湾功夫茶简介

台湾功夫茶源自于福建功夫茶，是在传统功夫茶的基础上进行改良的，也称为现代功夫茶。改良后的台湾功夫茶艺更加细腻、丰富，更富艺术情趣，因而不仅在台湾流行，而且也受到大陆茶人的欢迎。其在冲泡上与福建功夫茶较为相似，但在泡茶用具上也增加了许多品种，显得更为讲究、雅致，成为乌龙茶功夫茶艺的主要流派。

台湾功夫茶艺侧重于对茶叶本身、与茶相关事物的关注，以及用茶氛围的营造。欣赏茶叶的色、香及外形，是茶艺中不可缺少的环节；冲泡过程的艺术化与技艺的高超，使泡茶成为一种美的享受。此外对茶具欣赏与应用，对饮茶与自悟修身、与人相处的思索，对品茗环境的设计都包容在茶艺之中。将艺术与生活紧密相连，将品饮与人性修养相融合，形成了亲切自然的品茗形式，这种形式也越来越为人们所接受。

二、台湾功夫茶的特点

1. 讲究茶汤浓淡均匀

台湾功夫茶将冲点后的茶汤先倾入到一个叫公道杯的茶盅（茶海）中，使前后倾入到茶盅中的茶汤混合，致使茶汤均匀一致。这样做，对每个饮茶者而言，可谓是一种公道。

2. 突出对茶香的品赏

台湾功夫茶突出了闻香这一程序，专门制作了一种与茶杯相配套的长筒形闻香杯。

台湾功夫茶是先将公道杯中的茶汤一一倾入到闻香杯中，随后用品茗杯作盖，倒置于闻香杯上，使功夫茶香在闻香杯中得以留存。品饮时，再将品茗杯和闻香杯二者位置倒转，这时，缓缓提起闻香杯，送至鼻端闻香。闻香时，常将闻香杯夹在两手心间来回搓动，用手心热量使闻香杯中的茶香得到挥逸，为饮茶者品赏。

什么是闻香杯？

闻香杯，闻香之用，比品茗杯细长，是乌龙茶特有的茶具，多用于冲泡台湾高香乌龙茶时使用。与饮杯配套，质地相同，加一茶托则为一套闻香组杯。闻香杯一般为瓷质，保温效果较好，可以拢香但不吸香，茶香散发慢，能让饮者尽情地去玩赏品味。

三、冲泡准备

1. 备具

台湾功夫茶为小壶泡法，泡茶用具包括：茶盘，紫砂小壶，公道杯，品茗杯、闻香杯组合，赏茶荷，品茗杯托，随手泡，茶道具组合，茶叶罐，茶巾，湿茶漏。

2. 选茶

台湾功夫茶艺选用的茶叶以圆结形或球形为主。如闽南的铁观音、黄金桂、毛蟹、本山；台湾的冻顶乌龙、梨山乌龙、金萱乌龙、木栅铁观音等均可用台湾功夫茶的冲泡方法进行冲泡。下面以台湾冻顶乌龙为例，进行品质特征介绍：

(1) 茶色：干茶墨绿鲜艳，带油光；汤色橙黄/蜜黄/蜜绿色，澄清明丽，有水底光。

(2) 茶香：干茶有强劲的芳香，花香馥郁，具有桂花清香。

(3) 茶味：滋味甘醇韵浓，回甘性强，茶汤入口富有活性，过喉甘滑、喉韵明显。

(4) 茶形：外形紧结、整齐、卷曲成球形。

(5) 叶底：边缘有红边，中央部分呈淡绿色。

3. 煮水

台湾功夫茶冲泡时，泡茶水温应为95℃以上，方能尽显茶之内质。

4. 冲泡要领

(1) 温壶烫杯。用沸水烫温茶壶、茶海、闻香杯等茶器，以清洁茶具并提高器温。

(2) 洗茶(温润泡)。投茶后向壶内注入1/2壶容积的沸水，短时间内即将水倒出，茶叶在吸收一定水分后即会呈现舒展状态，有利于正泡时茶汤香气与滋味的发挥。

(3) 冲水。以高冲水的手法进行冲水，在沸水的冲击下更能激发茶之香味。

(4) 均匀茶汤。先将紫砂壶中茶汤，包括滴沥在内，全部倾于公道杯(茶盅)中，使茶汤浓淡均匀。

(5) 分茶。将茶海中茶汤倾入到闻香杯中，至七分满为止。再用品茗杯作盖，分别倒置于闻香杯上，当茶汤在闻香杯中逗留15～30秒钟后，用拇指压住品茗杯底，食指和中指夹住闻香杯底，向内倒转，变成闻香杯在上向下倒置，品茗杯在下向上作底。

(6) 品茗。通常先闻香、观色,尔后啜味。用拇指、食指和中指撮住闻香杯,使其成一定倾斜度,并慢慢转动,使茶汤倾入品茗杯中,再将闻香杯送至鼻端闻香。尔后,将闻香杯夹在两手手心间,一边闻香,一边来回搓动,使留在闻香杯中的香气得到最充分的挥发,供人享用。

实践操作

四、冲泡演示

下面以冻顶乌龙茶冲泡为例演示台湾功夫茶艺。

"雅韵悠扬颂太平,高山流水致知音。清心谐美心花放,细说茶情洗耳听。"台湾冻顶山是我国著名乌龙茶——冻顶乌龙的产地,这里景色宜人,气候温和,适宜茶树生长。所产的冻顶乌龙清香可口,醇厚回甘,独具风韵。下面就为大家冲一泡著名的冻顶乌龙。

1. 备具迎客

茶盘:又称茶海,用来承放茶具,承接废水。

闻香杯:用来闻杯底留香。

品茗杯:鉴赏茶汤,品啜佳茗。

茶道,又称茶道六君子,可细分为:茶则,用来量取茶叶;茶针,疏通壶口;茶漏,收拢茶叶,防止茶叶外散;茶匙,拨倒茶叶入壶;茶夹,清洁茶杯;茶盒,收拢茶道具的盒子。

2. 清泉初沸

将泡茶用水烧开,水温达到 95℃以上,正好适合冲泡乌龙茶。

3. 孟臣淋霖

即用开水淋浇壶身,保持壶温,还可起到洁具的作用。孟臣,是明代制壶名家,他所制作的紫砂壶,造型古朴,令人叹为观止。后人常将名贵的紫砂壶称之为孟臣壶。

4. 仙泉浴盅

盅又名公道杯、公平杯,是用来沉淀茶渣、均匀茶汤的。

仙泉浴盅,即将茶壶中的开水倒入公道杯中。

5. 若琛出浴

茶是至清至洁、天含地蕴的灵物，所以泡茶的用具也要至清至洁。将公道杯中的开水均匀的倒入杯中，逐一清洗，以示对各位宾客的尊重。

6. 叶嘉酬宾

“叶嘉”是苏东坡对茶叶的美称，取意茶叶嘉美。叶嘉酬宾，就是请大家鉴赏乌龙茶的外观形状。冻顶乌龙茶外形紧结、整齐、卷曲成球形，色泽墨绿鲜艳、带油光，花香馥郁，具有桂花清香，是我国产量不多的优质乌龙茶。

7. 乌龙入宫

宫，即为壶。将茶叶用茶匙拨入紫砂壶中，投放量为壶容积的1/3左右。

8. 净洗尘缘

即洗茶，也叫温润泡。将开水倒入茶壶后，立即将水倒去，把茶叶表面尘污洗去，使茶叶湿润并提高温度，使香味能更好地发挥。正所谓，涤尽凡尘心自清。洗茶也寓意为洗去泡茶和喝茶人心中的杂念。

9. 高山流水

即悬壶高冲。将壶中的水从低到高，细水长流，激荡茶叶，激发茶性，以便泡出茶之真味。

10. 春风拂面

用壶盖轻轻刮去壶表面的泡沫，使茶汤更为清澈、结净。

11. 重洗仙颜

用沸水再次淋浇壶壁，使壶内外温度保持一致，也可起到养壶的作用。

12. 玉液回壶

此时茶已泡好，乃茶之精华，将壶内的茶汤倒入公道杯中。

13. 祥龙行雨

将公道杯中的茶汤依次巡回，多次低斟于闻香杯中，以保证茶汤浓淡均匀。茶汤只倒七分满，留下三分为人情。

14. 鲤鱼翻身

将品茗杯扣在闻香杯上，然后逐一翻转过来。中国古代传说中鲤鱼翻身跃过龙门可得道升天而去，这里我们也祝愿各位领导、嘉宾事业有成，一帆风顺。

15. 敬奉佳茗

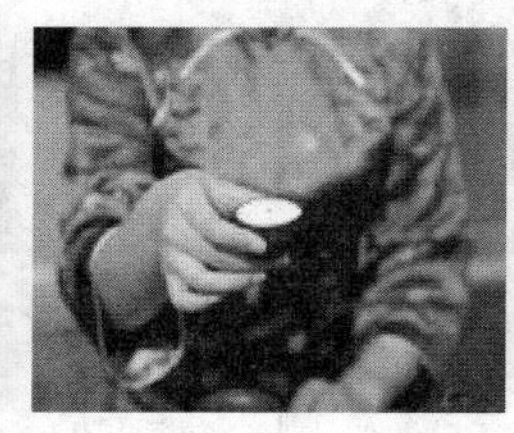

注①

现在就请各位尊贵的客人随同我们的茶艺师一起品啜香茗。

先将闻香杯轻轻抽出移至鼻端前后或左右徐徐移动，嗅闻茶之热香。然后我们用大拇指与食指轻轻握住杯沿，中指托住杯底，即三龙护鼎的指法。男士要将后两指收拢，女士可翘起兰花指。

将杯中茶汤分三口啜饮，徐徐咽下。正所谓一口为喝，二口为饮，三口才称之为品。

16. 重赏余韵

茶汤饮完后，再次拿起闻香杯，嗅闻凝附于杯底的冷香。

"一壶春露暂留客，盏盏金黄品味同。啜饮过后芬芳在，喉底留甘韵无穷。"愿这杯芬芳的茶汤能洗去您一天的辛劳和疲惫，带给您一生的吉祥如意。

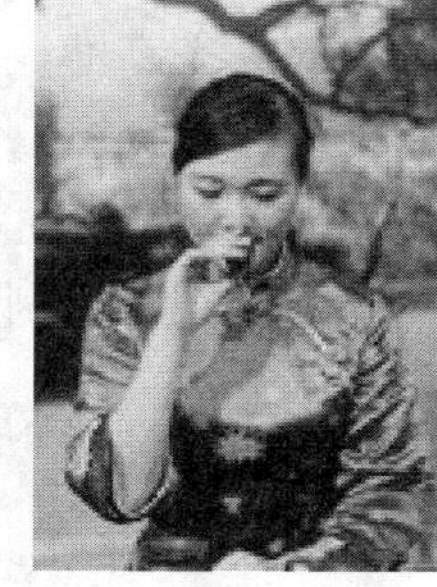

注②

我们的茶艺表演到此结束，谢谢大家！

---

① 此图为"品茗"，手中持的为"品茗杯"。

② 此图为"闻香"，手中持的为"闻香杯"，与上图动作相似，但不是重复。

1. 实训安排

实训项目	台湾功夫茶艺
实训要求	(1) 熟悉台湾功夫茶的主要特征 (2) 掌握台湾功夫茶的冲泡要领及冲泡流程 (3) 能够进行台湾功夫茶艺表演
实训时间	120 分钟
实训环境	可以进行冲泡练习的茶艺实训室或茶艺馆
实训工具	茶盘,紫砂小壶,公道杯,品茗杯、闻香杯组合,赏茶荷,品茗杯托,随手泡,茶道具组合,茶叶罐、茶巾、湿茶漏,冻顶乌龙茶。
实训方法	示范讲解、情境模拟、小组讨论法、小组练习

2. 实训步骤及要求

(1) 指导教师展示台湾功夫茶的冲泡用具并介绍各种用具的使用方法;

(2) 指导教师演示台湾功夫茶的冲泡方法;

(3) 学生分组讨论并掌握台湾功夫茶冲泡用具的使用方法;

(4) 学生分组练习台湾功夫茶的冲泡流程、手法;

(5) 学生分组进行台湾功夫茶艺表演。

3. 中英文台湾乌龙茶茶艺解说

程序名称	中文解说	英文解说
开场白 Introduction	“雅韵悠扬颂太平,高山流水致知音。清心谐美心花放,细说茶情洗耳听。”台湾冻顶山是我国著名乌龙茶——冻顶乌龙的产地,这里景色宜人,气候温和,适宜茶树生长。所产的冻顶乌龙清香可口,醇厚回甘,独具风韵。下面就为大家冲一泡著名的冻顶乌龙。	“Refined music creates peace and tranquility, while bosom friends roaming the beautiful scene; What they enjoy are the leisure and harmony, why not listen to the tea words attentively?” Dongding Oolong, the famous oolong tea in China, grows in Dongding Mountain in Taiwan Province. With its pleasant scenery and warm climate, Dongding Mountain is suitable for the growth of tea bushes. Dongding Oolong is fragrant, tasty and mellow with sweet aftertaste and it has special charm. Now, we'll make the famous Dongding Oolong for you.
备具迎客 Preparing tea utensil to welcome guests	茶盘:又称茶海,用来承放茶具,承接废水; 闻香杯:用来闻杯底留香; 品茗杯:鉴赏茶汤,品啜佳茗。	Tea tray: used to hold tea wares and store waste water; Fragrance smelling cup: used to smell the fragrance remained at the bottom; Tea cup: used for appreciating tea liquor.

续表

程序名称	中文解说	英文解说
备具迎客 Preparing tea utensil to welcome guests	茶道,又称茶道六君子,可细分为:茶则,用来量取茶叶;茶针,疏通壶口;茶漏,收拢茶叶,防止茶叶外散;茶匙,拨倒茶叶入壶;茶夹,清洁茶杯。	Tea art set, also called "six treasures of tea art", includes tea scoop, used to fetch dry tea from the tea canister; tea pin, used to clear the block of the spout of teapot; tea funnel, used to collect dry tea; tea spoon, used to get tea from the tea holder or tea canister; tea tongs, used to wash tea cups.
清泉初沸 Clear spring coming to boil	将泡茶用水烧开,水温达到95℃以上,正好适合冲泡乌龙茶。	Boil the water and the best water temperature is above 95 degrees centigrade for infusing oolong tea leaves.
孟臣淋霖 "The Mengchen" taking a shower	即用开水淋浇壶身,保持壶温,还可起到洁具的作用。孟臣,是明代制壶名家,他所制作的紫砂壶,造型古朴,令人叹为观止。后人常将名贵的紫砂壶称之为孟臣壶。	Rinse the teapot with the boiling water to warm it up, and at the mean time, to clean the tea wares. Mengchen was a great master of red-pottery teapots in the Ming Dynasty. The teapots he made, with the primitive elegance, are greatly admired and cherished. The later generations call the precious red pottery teapots "Mengchen Pot".
仙泉浴盅 "Magical spring" pouring into the cup	盅又名公道杯、公平杯,是用来沉淀茶渣,均匀茶汤。即将茶壶中的开水倒入公道杯中。	The cup is the fair cup, which is used to settle the residue and even the tea soup. This step is to pour the boiling water in the teapot into the fair cup.
若琛出浴 "The jade" coming out of bath	茶是至清至洁、天含地蕴的灵物,所以泡茶的用具也要至清至洁。将公道杯中的开水均匀的倒入杯中,逐一清洗,以示对各位宾客的尊重。	Tea, raised by earth and moistened by sky, is a clean and spiritual item. That's why the tea wares must be washed clean as jade and ice. Pour the boiling water in the fair cup into the sipping cups equally to rinse them. This is to show my respect for everybody present.
叶嘉酬宾 Appreciating excellent tea	"叶嘉"是苏东坡对茶叶的美称,取意茶叶嘉美。叶嘉酬宾,就是请大家鉴赏乌龙茶的外观形状。冻顶乌龙外形紧结、整齐、卷曲成球形,色泽墨绿鲜艳、带油光,花香馥郁,具有桂花清香,是我国产量不多的优质乌龙茶。	Su Dongpo praised and named the tea leaves "excellent tea". Please appreciate the appearance of Dongding oolong tea leaves. As the top-grade tea with limited production in China, Dongding oolong has tight and even leaves that curl into the shape of ball as well as elegant fragrance of osmanthus flower. It is bright and oily in dark green color.

续表

程序名称	中文解说	英文解说
乌龙入宫 The black dragon entering the palace	宫,即为壶。将茶叶用茶匙拨入紫砂壶中,投放量为壶容积的1/3左右。	"The palace" refers to the teapot. Cast the tea into the red pottery teapot with a tea spoon. Usually, the amount of tea leaves is in one third of the teapot's volume.
净洗尘缘 Washing off the dust	即洗茶,也叫温润泡。将开水倒入茶壶后,立即将水倒去,把茶叶表面尘污洗去,使茶叶湿润并提高温度,使香味能更好地发挥。正所谓,"涤尽凡尘心自清"。洗茶也寓意为洗去泡茶和喝茶人心中的杂念。	It is washing tea or moistening tea. Flush boiling water into the pot and pour the water away quickly to clean the tealeaves. Washing tea is to moisten and warm up tea leaves, what's more, to make tea liquor better. This is so-called "washing off the dust of the mundane world for a clear mind". Washing tea means removing the delusions of tea maker and tea drinkers.
高山流水 Water flowing from a high mountain	即悬壶高冲。将壶中的水从低到高,细水长流,激荡茶叶,激发茶性,以便泡出茶之真味。	This means pouring from an elevated pot. Flush water from a low to a high position, little by little until the pot overflows. The water hits tea leaves to better release the tea itself and give out the real fragrance of tea.
春风拂面 Spring wind blowing the surface	用壶盖轻轻刮去壶表面的泡沫,使茶汤更为清澈、结净。	Remove the floating white foam with the lid to make the tea liquor clean and clear.
重洗仙颜 Bathing the immortal twice	用沸水再次淋浇壶壁,使壶内外温度保持一致,也可起到养壶的作用。	Continue pouring the boiling water over the teapot's exterior in order to keep the same temperature inside and outside of the pot. At the same time, it also functions as maintaining pot.
玉液回壶 Moving liquid into the fair cup	此时茶已泡好,乃茶之精华,将壶内的茶汤倒入公道杯中。	Now the tea is steeped and it's the essence of tea. Pour the liquor into the fair cup.
祥龙行雨 Auspicious dragon producing rain	将公道杯中的茶汤依次巡回,多次低斟于闻香杯中,以保证茶汤浓淡均匀。茶汤只倒七分满,留下三分为人情。	Pour the tea from the fair cup into fragrance smelling cups back and forth to even the liquor. A teacup should be 70 percent full. This is called "70 percent tea, 30 percent affection".
鲤鱼翻身 The carp turning over	将品茗杯扣在闻香杯上,然后逐一翻转过来。中国古代传说中鲤鱼翻身跃过龙门可得道升天而去,这里我们也祝愿各位领导、嘉宾事业有成,一帆风顺。	Cover the sipping cup upside down over the top of the fragrance smelling cup and then invert the two cups quickly. According to the ancient Chinese legend, the carp that jumps over the dragon gate will attain wisdom and be immortal. We wish all the guests a successful career and a smooth life.

续表

程序名称	中文解说	英文解说
敬奉佳茗 Presenting the fragrant tea	现在就请各位尊贵的客人随同我们的茶艺师一起品啜香茗。 先将闻香杯轻轻抽出移至鼻端前后或左右徐徐移动,嗅闻茶之热香。然后我们用大拇指与食指轻轻握住杯沿,中指托住杯底,即三龙护鼎的指法。男士要将后两指收拢,女士可翘起兰花指。 将杯中茶汤分三口啜饮,徐徐咽下。正所谓一口为喝,二口为饮,三口才称之为品。	All the respectable guests please savor the fragrant tea with our tea master. At first, gently hold up the fragrance smelling cup to your nose and slowly move it from left to right to smell the warm fragrance. After that, we use the thumb and forefinger to hold the cup with the middle finger supporting the bottom, which is called "three dragons protecting the vessel". Gentlemen should put away the other fingers while ladies can extend orchid-like fingers. Take the tea liquor in three mouthfuls and slowly swallow it. It's so called "the first mouthful is for drinking, the second sipping and the third savoring".
重赏余韵 Appreciating after taste again	茶汤饮完后,再次拿起闻香杯,嗅闻凝附于杯底的冷香。	Having drunk the tea soup, hold up the fragrance smelling cup again to smell the cold fragrance remaining at the bottom of the cup.
结束语 Concluding remarks	"一壶春露暂留客,盏盏金黄品味同。啜饮过后芬芳在,喉底留甘韵无穷。"愿这杯芬芳的茶汤能洗去您一天的辛劳和疲惫,带给您一生的吉祥如意。 我们的茶艺表演到此结束,谢谢大家!	"A pot of spring dew accompanies guests temporally, cups of golden liquor taste alike; the sweet fragrance remains after savoring, with mellow durable throat charm lingering." We hope the fragrant tea liquor will wash out your toil and weariness today, and bring you a lifetime good luck. That's all for our tea art show, thank you all!

4. 技能提升——台湾乌龙茶茶艺表演

项目测试

一、选择题

1. 乌龙茶艺主要以功夫茶艺来表现,中国功夫茶茶艺按照地区及民俗可分为(　　)、台湾、闽南和武夷山功夫茶艺四大流派。

A. 福建　　B. 潮汕　　C. 广州　　D. 四川

2. 乌龙茶由(　　)贡茶龙团、凤饼演变而来,创制于(清雍正年间1725)前后。

A. 汉代　　B. 唐代　　C. 宋代　　D. 清代

3. 乌龙茶中含有的(　　)具有抑制齿垢酵素产生的功效,所以吃饭之后饮用一杯乌龙茶,可以防止齿垢和蛀牙的发生。

A. 多酚类　　B. 咖啡碱　　C. 维生素　　D. 活化剂

4. 功夫茶起源于(　　),在广东的潮州府(今潮汕地区)及福建的漳州、泉州一带最为盛行。

A. 汉代　　B. 唐代　　C. 宋代　　D. 清代

5. (　　)体形较松大、略长,宜用潮州式冲泡法,即主茶具选用小壶或小盖碗,用下投法进行冲泡。

A. 朵型乌龙茶　　B. 颗粒型乌龙茶

C. 卷曲型乌龙茶　　D. 条型乌龙茶

6. (　　)是用来倒剩茶和茶渣的。

A. 茶壶　　B. 茶池　　C. 茶杯　　D. 公道杯

7. (　　)茶向来有"形美、色翠、香郁、味甘"四绝之称。

A. 铁观音　　B. 冻顶乌龙

C. 凤凰单枞　　D. 大红袍

8. (　　)即洗杯,乃是潮汕功夫茶中最有意思最富有艺术性的动作。

A. 关公巡城　　B. 韩信点兵　　C. 高山流水　　D. 狮子戏球

9. 台湾功夫茶源自于(　　)功夫茶,是在传统功夫茶的基础上进行改良的,也称为现代功夫茶。

A. 福建　　B. 广东　　C. 潮汕　　D. 四川

10. 在台湾功夫茶冲泡中,(　　)是用沸水再次淋浇壶壁,使壶内外温度保持一致,也可起到养壶的作用。

A. 春风拂面　　B. 孟臣淋霖　　C. 高山流水　　D. 重洗仙颜

二、判断题

(　　)1. 活性氧是由于紫外线、抽烟、食品添加剂、压力等因素而在体内产生的物质,会造成肌肤老化、产生皱纹等一系列有碍于美容的问题。

(　　)2. 功夫茶以浓度高著称,初喝似嫌其苦,习惯后则嫌其他茶不够滋味了。

(　　)3. 武夷大红袍这类茶的冲泡宜选用福建式泡法即壶泡法。

(　　)4. 潮汕功夫茶整体上有静、洁、和、思四个特点。

(　　)5. 冲泡潮汕功夫茶可用80℃沸水。

(　　)6. 潮汕功夫茶中的洒茶有四字诀——低、快、匀、尽,使每一杯茶同色同香同量。

(　　)7. 闻香杯,闻香之用,比品茗杯细长,是花茶特有的茶具,多用于冲泡香味浓郁的花茶时使用。

(　　)8. 洗茶又称温润泡,既可把茶叶表面尘灰洗去,又可使茶叶充分吸收水的温度和湿度,进而充分发挥茶之真味。

(　　)9. 孟臣罐以宜兴出产的紫砂壶最为名贵,大小如一个小红柿,壶身以扁阔为好,便于茶叶舒展,且能留香。

(　　)10. 冲泡功夫茶前,先以初沸水冲洗罐和茶杯,目的在于预热和洁具。

三、问答题

1. 乌龙茶具有哪些对人体有利的功效?
2. 试述台湾功夫茶的主要特征。
3. 简述潮汕功夫茶的冲泡要领。
4. 如何品饮功夫茶?
5. 说出台湾功夫茶所需的茶具及冲泡程序。

项目四 汤红色艳味最醇
——红茶茶艺

学习目标

- 熟悉红茶的品饮方法
- 掌握红茶的冲泡方法
- 掌握常见调饮红茶的调制方法
- 能够自创一种调饮红茶

红茶，属全发酵茶。它以适宜的茶树新芽叶为原料，经萎凋、揉捻、发酵、干燥等工艺过程精制而成。由于干茶色泽和冲泡的茶汤呈红色，所以称之为“红茶”。

红茶在加工过程中发生了化学反应，鲜叶中的化学成分变化比较大，从而形成了红茶红汤、红叶和香甜味醇的品质特征。红茶饮用广泛，是当前世界上产量最多、销路最广、销量最大的一种茶类。红茶之所以受欢迎，不仅由于它色艳味醇，更由于它收敛性差，性情温和，广交能容。人们常以红茶调饮，其酸如柠檬，甜如蜜糖，润如牛奶，无不交互融合，相得益彰。通过本项目的学习，熟悉红茶的品饮方法，掌握红茶的冲泡方法，能够触类旁通自创调饮红茶。

工作任务一 红 茶 详 解

泡沫红茶

泡沫红茶是台湾人在西式鸡尾酒的调配方法启发下而发明的一种全新的茶饮方式。它具有传统品位、现代追求的空间布置，以满足现代社会年轻人追求新潮的需求。它有干净的吧台，快速而多元的产品，可调制出各式口味，每一种口味各有其风味，可依个人的嗜好选择。在制法上，它利用鸡尾酒用的调酒器，将传统的红茶、绿茶或是乌龙茶拌上各式果汁、香料后，经过摇合，就形成了口味多样、色彩各异的泡沫系列。泡沫红茶发展十余年已经逐渐形成了其独特的特色。它以台湾地区的台中市为发源地，逐步拓展到台湾各地，乃至香港、新加坡、马来西亚、大陆及加拿大地区，被华人们广为接受。据统计，自1993年第一家泡沫红茶在上海创立后，至今已有5 000余家。除了占据上海70%的市场，在大陆十几个省市地区均设有经销商，甚至还出口到美、日等国，并且市场在不断扩大当中，可见泡沫红茶的发展潜力。泡沫红茶是如此的引人入胜，并以另类的茶文化在我们的日常生活中占有重要地位，使现代人在都市生活中又多了一项选择。

点评：红茶是经过采摘、萎凋、揉捻、发酵、干燥等步骤生产出来的，其中发酵是形成红茶品质的关键工序。发酵使茶叶中的茶多酚和单宁酸减少，并促使茶黄素、茶红素等成分和醇类、醛类、酮类、酯类等芳香物质的产生，从而降低了茶叶的刺激性和收敛性，增强了茶叶的兼容性。因此，红茶干茶色泽乌黑，汤色红艳，甜香浓郁，滋味醇厚，可以在泡好的茶汤中加入适宜的辅料进行调饮，别具风味，颇为流行。

理论知识

一、红茶简介

红茶属全发酵茶类，在我国产地较广，品种较多。红茶品质特征为“红汤红叶”，基本工艺流程为萎凋、揉捻、发酵、干燥。红茶的特点不同于绿茶，在于其制法不杀青、不破坏茶叶中酶的活性，而以萎凋和发酵来增强酶的活性，使茶多酚得到充分的氧化。所谓发酵，其实质是茶叶中原先无色的多酚类物质，在多酚氧化酶的催化作用下，氧化以后形成了红色的氧化聚合产物——红茶色素。这种色素一部分能溶于水，冲泡后形成了红色的茶汤，一部分不溶于水，积累在叶片中，使叶片变成红色，红茶的红汤红叶就是这样形成的。红茶收敛性差，性情温和，能配合相宜辅料，如牛奶、柠檬等进行调饮。

（一）历史溯源

红茶起源于16世纪的明朝。最早的红茶生产从福建崇安的小种红茶开始。清代刘靖《片刻余闲集》中记述“山之第九曲处有星村镇，为行家萃聚。外有本省邵武、江西广信等处所产之茶，黑色红汤，土名江西乌，皆私售于星村各行”。自星村小种红茶出现后，逐渐演变产生了工夫红茶。20世纪20年代，印度将茶叶切碎加工而成红碎茶，我国于20世纪50年代也开始试制红碎茶。

（二）主要品种

我国红茶种类丰富，主要包括工夫红茶（条型茶）、红碎茶（碎、片、末型茶）、小种红茶三大品类。工夫红茶以祁门红茶和滇红红茶为代表；小种红茶中的名品为正山小种，红碎茶是以条形红茶切碎后制成的，其中滇红碎茶因其制作工艺不断改善，品质日渐提高，已成为世界茶叶市场上的一支新秀。

（三）红茶功效

1. 利尿解毒功效

在红茶中的咖啡碱和芳香物质联合作用下，增加肾脏的血流量，提高肾小球过滤率，扩张肾微血管，并抑制肾小管对水的再吸收，于是促成尿量增加。如此有利于排除体内的乳酸、尿酸（与痛风有关）、过多的盐分（与高血压有关）、有害物等，以及缓和心脏病或肾炎造成的水肿。另外，红茶中的茶多酚能吸附饮水和食品中的重金属和生物碱，并沉淀分解，具有解毒功效。

2. 消炎杀菌功效

红茶中的多酚类化合物构成成分——儿茶素能与单细胞的细菌结合，使蛋白质凝固沉淀，以此抑制和消灭病原菌，起到消炎的作用。所以细菌性痢疾及食物中毒患者喝红茶颇有益，民间也常用浓茶涂伤口、褥疮，治疗香港脚。

3. 生津清热功效

夏天饮红茶能止渴消暑，是因为茶中的多酚类、醣类、氨基酸、果胶等与口涎产生化学反应，且刺激唾液分泌，使口腔觉得滋润，并且产生清凉感；同时咖啡碱控制下视丘的体温中枢，调节体温，它也刺激肾脏以促进热量和污物的排泄，维持体内的生理平衡。

4. 养胃护胃功效

人在没吃饭的时候饮用绿茶会感到胃部不舒服，这是因为茶叶中所含的重要物质——茶多酚具有收敛性，对胃有一定的刺激作用，在空腹的情况下刺激性更强。而红茶就不一样了。它是经过发酵烘制而成的，茶多酚在氧化酶的作用下发生酶促氧化反应，含量减少，对胃部的刺激性就随之减小了。红茶不仅不会伤胃，反而能够养胃。经常饮用加糖、加牛奶的红茶，能消炎、保护胃黏膜，对治疗溃疡也有一定效果。

此外，由于红茶中可溶性的多酚类化合物较多，还具有防止血管硬化、防止动脉粥样硬化、降血脂、消炎抑菌、防辐射、抗癌、抗突变等多种功效。

二、红茶冲泡

（一）工夫清饮泡法

红茶常用的冲泡方法有工夫清饮泡法和调饮调制法。工夫清饮泡法是我国传统冲泡红茶的方法，调饮调制法的历史也很悠久，且调制出来的红茶饮品颇受年轻人欢迎。

1. 基本茶具

茶盘，小型茶壶（瓷质、紫砂），公道杯（瓷质），品茗杯，赏茶荷，随手泡，茶道具组合，茶叶罐，茶巾，湿茶漏。

2. 冲泡程式

备具烹水→洁器量茶→置茶沏茶→闻香观色→品饮尝味

（二）调饮调制法

“茶为万病药”，调饮茶是我们祖先在与大自然和疾病长期斗争过程中的经验总结和智慧结晶，是世界上最为广大群众所喜爱的饮料。

现在的调饮法，比较常见的是在红茶茶汤中加入糖、牛奶、柠檬片、咖啡、蜂蜜或香槟酒等。所加调料的种类和数量，则随饮用者的口味而异。也有的在茶汤中同时加入糖和柠檬、蜂蜜和酒同饮，或置冰箱中制作不同滋味的清凉饮料，都别具风味。这里还值得一提的是酒茶，即在茶汤中加入各种美酒，形成茶酒饮料。这种饮料酒精度低，不伤脾胃，茶味酒香，酬宾宴客，颇为相宜，已成为近代颇受群众青睐的新饮法。

最早的调饮茶

相传，在三国时蜀国大将张飞率兵巡视武陵时，军中患暑疫，大量士兵中暑。当地群众献上用生米、生茶叶、生姜捣碎后和盐一起冲饮的“三生茶”，饮后暑疫尽消。魏国时期，张揖撰写的《广雅》中曾记载：“荆巴间采叶作饼，叶老者，饼以成米膏出之。俗煮茗饮，先炙令赤色，捣末，置瓷器中，以汤浇覆之。用葱、姜、橘子，其饮醒酒，令人不眠。”此为目前可见到的调饮茶也是关于茶疗配制最早的记载。

1. 调饮红茶的配制原理

近年来调饮茶蓬勃发展，说明它适应人们的生活需求，在社交待客中也有良好的功能。调饮茶配制原理如下：

（1）要有显著的茶味；

(2) 有一至数种性质相宜的配料；

(3) 每种茶料均有明确的数量规定；

(4) 有合理的操作程序；

(5) 有科学的泡饮方法，包括时间、温度、茶汤的颜色；

(6) 有可口的茶汤和具有一定的意境与情趣。

调制中应注意配料，应与茶的颜色相接近，以免混合后使茶汤产生浑浊，红茶在口感上略带"涩"，因此添加的水果应选择较为酸甜的种类，使水果和红茶混合，取得口感上的平衡。

2. 调饮红茶冲泡

(1) 备具

调饮红茶最好选用透明的玻璃器具，玻璃器具质地透明，在冲泡时，既可以观察到调制过程中的变化，还可以欣赏茶品本真的汤色。

(2) 配料

调饮红茶常用的配料有糖、牛奶、柠檬片、荔枝、红枣、咖啡、蜂蜜、香槟酒、果汁、桂花、杏仁、核桃仁、松子等。当然，配料也可以根据红茶的品质及客人的口味进行合理的选择搭配，如一些适宜的水果亦可入茶。

(3) 冲泡要领

①选用的配料要与茶性相和。

②配料的品种和数量要随品饮者的口味而定。

③冲泡调味红茶多采用壶泡法，选用茶具时，应按宾客多少，选用茶壶以及与之相配的茶杯。

(4) 冲泡程式

预泡红茶→投入配料→冲茶搅拌→分茶敬茶

实践操作

三、经典调饮红茶

1. 泡沫红茶

(1) 原料：红茶 50 g，砂糖、冰块、调味料各适量。

(2) 调制

①将红茶放入茶壶中，冲入沸水，盖闷 3～5 分钟，过滤，制得红茶茶汁。

②将砂糖放入透明茶杯中，再将冲泡好的红茶茶汤倒入透明茶杯中，使糖溶化成茶糖水。

③取调酒壶放满冰块，然后将茶糖水倒入调酒壶中。根据个人爱好可加入适当的调味料，如柠檬、葡萄柚、百香草、柳橙和白兰地酒等。加好调料之后，盖紧调酒壶盖子双手紧握，前后用力摇动，摇出泡沫。

④将调酒壶上层中的茶汤倒入杯中，然后再把冰块及泡沫倒

入杯中即可。

特点：茶汤表层浮有碎泡沫，新颖别致，清凉可口。

2. 牛奶红茶

(1) 原料：鲜牛奶 100 g，红茶 3 g，糖适量。

(2) 调制

①将红茶加入壶中，用开水冲泡，盖闷 3～5 分钟，过滤，制得红茶茶汁。

②牛奶煮沸后，加入茶汁，同时加入适量的糖，调匀即成。

特点：口感甜润顺滑，营养滋补，久饮可润泽皮肤。

3. 薄荷柠檬茶

(1) 原料：薄荷糖浆 1 茶匙，薄荷叶 3～4 片，鲜柠檬片 1 片，袋红茶 2 包，冰块适量。

(2) 调制

①薄荷叶洗净，红茶用沸水冲开晾凉，加入薄荷糖浆。

②在容器中加入冰块和柠檬片，倒入冲好的红茶，撒上几片薄荷叶即可。

特点：茶汁微红，澄清；甜而微酸，十分爽口。

4. 水果红茶

(1) 原料：袋装红茶 2 包，苹果 1 只，甜橙 1 只，柑橘适量，乌梅 1 枚，冰糖适量。

(2) 调制

①将 600 mL 沸水，冲入放有红茶的壶中，5 分钟后，取出茶包弃去。

②将苹果丁、乌梅(去核)、柑橘、甜橙榨取的混合果汁，与红茶汁相混合，并搅拌均匀。

③根据个人口味，放入适量冰糖。

特点：茶香果味，滋味醇厚甘甜，清新爽口。

模拟实训

1. 实训安排

实训项目	红茶冲泡
实训要求	(1) 熟悉红茶相关知识 (2) 掌握红茶冲泡方法及调饮红茶的调制方式
实训时间	90 分钟
实训环境	可以进行红茶冲泡练习的茶艺实训室
实训工具	祁门红茶、滇红红茶、红碎茶等红茶样茶，常用调饮红茶配料，红茶冲泡用具
实训方法	示范讲解、情境模拟、小组讨论法、小组练习

2. 实训步骤及要求

(1) 指导教师进行讲解介绍，演示一种调饮红茶的调制方法。

(2) 学生分组讨论指定红茶的品质特点并进行模拟练习红茶推荐。

(3) 学生分组讨论并掌握常见调饮红茶的调制方法。

(4) 学生分组练习调饮红茶的冲泡流程、手法。

(5) 学生分组创制一种调饮红茶。

3. 实训演示

工作任务二 工夫红茶茶艺

世界上销量最多的茶叶——红茶

红茶饮用广泛，是当前世界上产量最多、销路最广、销量最大的一种茶类。世界上经济最强、人民生活最富裕的西欧、北美和非洲及中东产油国，人们饮用的主要饮料是红茶，并还在呈持续增加态势。特别是英国，茶在英国人的生活中据有特殊的位子，已变成特殊的欧式红茶文明深刻至各阶层。在英国，红茶的年消耗量在16万吨左右，英国人每天喝茶约1.65亿杯，茶叶的消耗量占饮料消耗总量的70%左右。因此，红茶为世界第一的地位是不可撼动的。

点评：红茶作为世界销量第一的茶叶，主要有工夫红茶和红碎茶之分，国外绝大多数国家主要是以红碎茶为主，喜欢在茶汤中添加适当的配料进行调饮，而我国仍以清饮为主，工夫清饮是红茶传统的饮用方法。

红茶的品饮方法，因人因事因茶而异，不下百余种，按红茶的花色品种不同，分为工夫饮法和快速饮法；按茶汤的调味与否，分为清饮法和调饮法；按使用的茶具不同，分为杯饮法和壶饮法；按茶汤浸出方法，分为冲泡法和煮饮法。其中工夫饮法是传统工夫红茶的饮用方法。

理论知识

一、工夫红茶简介

工夫红茶包括小种红茶和工夫红茶，著名的如正山工夫小种、坦洋工夫小种、祁门工夫、云南工夫、政和工夫等等，都属条茶类型，重视外形条索紧细纤秀，内质香高色艳味醇。下面以祁门工夫红茶为例，进行品质特征的介绍：

(1) 茶色：干茶乌黑泛光，俗称“宝光”，汤色红艳；

(2) 茶香：内质香气浓郁高长，带有蜜糖香味，上品茶更蕴含着兰花香(誉称“祁门香”)，馥郁持久；

(3) 茶味：滋味甘鲜醇厚，回味隽永；

(4) 茶形：条索细嫩紧秀，长短整齐，嫩毫显露，锋苗好；

(5) 叶底：嫩软红亮；

(6) 茶性：收敛性差，性情温和，广交能容；

(7) 保健功效：祁门红茶中可溶性的多酚类化合物较多，具有防止血管硬化、防止动脉粥样硬化、降血脂、消炎抑菌、防辐射、抗癌、抗突变等多种功效。

二、工夫饮法冲泡

1. 备具

红茶基本特征是红叶红汤，香气持久，滋味浓醇鲜爽，汤色红艳明亮。冲泡工夫红茶宜用紫砂或瓷质茶具。

(1) 白瓷茶具

冲泡红茶以江西景德镇的白瓷茶具为最佳，它有“白如玉，明如镜，薄如纸，声如磬”的美誉，是当代茶器中之精品，白瓷杯衬托红茶红艳的汤色，具有较高的观赏价值。

(2) 青花瓷茶具

青花瓷俗称“青花”，其魅力在于瓷质细洁而色白，釉下彩的蓝色彩绘，幽靓苍翠，图案装饰雅俗共赏。青花瓷泡红茶能使红茶的茶汤清晰，亦为红茶冲泡之上选。

(3) 汝瓷茶具

汝瓷是我国宋代“汝、官、哥、钧、定”五大名瓷之首，汝窑为魁。汝窑的工匠，以名贵的玛瑙入釉，烧成了具有“青如天，面如玉，蝉翼纹，晨星稀，芝麻支钉釉满足”典型特色的汝瓷，亦可匹配红茶。

(4) 紫砂茶具

紫砂茶具透气性能好，使用其泡茶不易变味，暑天越宿不馊。紫砂壶能吸收茶汁，壶内壁不刷，沏茶而绝无异味；壶经久用，壶壁积聚“茶锈”，以致空壶注入沸水，也会茶香氤氲，这与紫砂壶胎质具有一定的气孔率有关，是紫砂壶独具的品质。紫砂茶具冲泡红茶能保持茶之真香真味。

2. 选茶——祁门红茶

3. 煮水

工夫红茶可用95～100℃沸水冲泡，冲泡后加盖，静置闷2分钟。

4. 冲泡要领

(1) 泡前烫杯。用沸水烫温茶杯、茶壶等茶器，以保持红茶投入后的温度。

(2) 掌握茶量。投茶量因人而异、因具而异，也要视不同饮法而有所区别。

(3) 控制水温和浸泡时间。冲泡的开水以95～100℃的水温为佳。浸泡时间视茶叶粗细、档次来衡量，原则是细嫩茶叶时间短，约2分钟；中叶茶约2分30秒；大叶茶约3分钟，这样茶叶才会变成沉稳状态。

(4) 茶汤不宜久放。红茶泡后不要久放，放久后茶中的茶多酚会迅速氧化，茶味变涩。

为什么有些红茶茶汤冷却后会浑浊？

红茶茶汤冷却后出现浅褐色或橙色乳状的浑浊现象被称为“冷后浑”，为红茶质优象征之一。其形成原因是茶多酚及其氧化产物跟化学性质比较稳定而微带苦味的咖啡碱形成络合物。当在高温(接近100℃)时，各自呈游离状态，溶于热水，但随温度降低，它们缔合形成络合物。随缔合反应的不断加大，茶汤由清转浑，表现出胶体特性，最后产生凝聚作用。红茶汤冷却后常有乳状物析出，使茶汤呈黄浆色浑浊，这就是红茶的“冷后浑”现象，与红茶汤的鲜爽度和浓强度有关。

实践操作

三、冲泡演示(以祁门红茶为例)

红茶,顾名思义,叶红汤红,在六大茶类中,发酵最重,浓度最高,包容性最强。它产自中国,现为世界之茶,全球70%的人都在品饮红茶,是西方人日常生活中必不可少的组成部分。

红茶,不喜计较,肚大能容,酸如柠檬,辛如桂圆,甜如蜜糖,润如牛奶,调配红茶,皆为佳品。

今天我们将以工夫清饮的方式冲泡一款产自安徽省祁门县的著名红茶——祁门红茶。

1. 备具迎嘉宾

茶艺是一门艺术,一种文化,一份美学。品茶艺术,注重韵味,茶佳水好茶具美,似红花绿叶相映生辉。首先,为各位嘉宾介绍一下冲泡祁门红茶所使用的精美茶具:

(1) 茶盘:上为船,用来盛放各类茶器,底为仓,用来盛放废水及茶渣。

(2) 白瓷壶:为冲泡红茶的主泡器,以色白如玉而得名,具有坯质致密透明,音清韵长等特点,而祁门红茶,香浓色艳,配以白瓷,相得益彰。

(3) 茶海:又称公道杯,用来均匀茶汤。

(4) 品茗杯:用来品饮佳茗。

(5) 随手泡:即随手冲泡,煮水用具,根据不同的茶类,烹煮不同的水温。

(6) 茶匙:用来拨倒茶叶。

(7) 茶夹:用来夹取品茗杯。

(8) 茶荷:以瓷制造,用来鉴赏干茶。

(9) 杯托:用来放置品茗杯。

2. 临泉听松风

此时随手泡中的水已经微滚,发出鸣声。陆羽《茶经》有水三沸之说:静坐炉边听水声,初沸如鱼目,水声淙淙似鸣泉;二沸、三沸声渐奔腾澎湃,如秋风萧飒扫过松林。

3. 温壶烫杯盏

在冲泡之前，用沸水涤净杯具，提高杯温。

4. 宝光出祁门

祁门红茶条索紧秀，锋苗好，色泽乌黑润泽，干茶有灰色光泽，俗称宝光。宝光出祁门是请各位嘉宾欣赏祁门县出产的优质红茶。

5. 佳茗入茶宫

用茶匙将茶荷中的红茶轻轻拨入白瓷壶中。祁门红茶属条形茶，投茶量为瓷壶的 1/3 即可。

6. 飞流凌空下

冲泡祁门红茶的水温在要 100℃左右，用已沸的水悬壶高冲，可以让茶叶在水的激荡下充分浸润，以利于色、香、味的充分发挥。

7. 祥龙行吉雨

将泡好的茶汤均匀地分入每个品茗杯中以敬嘉宾，茶倒七分满，留下三分情谊绵长。

8. 甘露敬知音

将分好之茶敬奉给各位嘉宾。

9. 花香醉乾坤

一杯茶到手，先要闻香。祁门红茶是世界公认的三大高香茶之一，其香浓郁高长，又有“群芳最”之誉。香气甜润中蕴藏着一股兰花之香。

10. 迎光赏汤色

红茶的红色，表现在冲泡好的茶汤中。祁门红茶汤色红艳亮丽，杯沿有一道明显的“金圈”，迎光看去十分迷人。

11. 细细品佳茗

祁门红茶以香浓味醇为特色，滋味醇厚，回味绵长。祁门红茶性情比较温和，易于交融，因此一般用之调饮，然清饮更能领略祁门红茶特殊的祁门香，领略其独特的内质、隽永的回味、明艳的汤色。

古人云，品茶品人生，先苦后甜；我要说，品茶品健康，健康是福。

希望各位嘉宾，都能够得到这种福气，并将它带给身边的每一个人。谢谢！

模拟实训

1. 实训安排

实训项目	工夫红茶茶艺
实训要求	(1) 熟悉红茶的品饮方法 (2) 掌握红茶冲泡要领及工夫红茶的冲泡流程 (3) 能够进行工夫红茶茶艺表演
实训时间	90分钟
实训环境	可以进行冲泡练习的茶艺实训室或茶艺馆
实训工具	茶道具、电随手泡、茶盘/茶船、白瓷壶、公道杯、品茗杯、杯托、湿茶漏、茶荷、祁门红茶
实训方法	示范讲解、情境模拟、小组讨论法、小组练习

2. 实训步骤及要求

(1) 指导教师展示冲泡红茶的各种用具;

(2) 指导教师演示工夫红茶的冲泡方法;

(3) 学生分组讨论并掌握红茶常用冲泡方法的使用条件;

(4) 学生分组练习工夫红茶的冲泡流程、手法。

3. 中英文工夫红茶茶艺解说

程序名称	中文解说	英文解说
开场白 Introduction	茶之为饮,发乎神农氏,闻于鲁周公,兴于唐而盛于宋,传承五千年,是华夏儿女不可遗忘的文化瑰宝。红茶,顾名思义,叶红汤红,在六大茶类中,发酵最重,浓度最高,包容性最强。它原产自中国,现为世界之茶,全球70%的人都在品饮红茶,它更是西方人日常生活中必不可少的组成部分。红茶,不喜计较,肚大能容,酸如柠檬,辛如桂圆,甜如蜜糖,润如牛奶,调配红茶,皆为佳品。 红茶的饮用极为广泛,如按花色品种而言,有工夫饮法和快速饮法之分;如按调味方式而言,有清饮法和调饮法之分;如按茶汤浸出方式而言,有冲泡法和煮饮法之分。	Why tea becomes a kind of drink, because of the discovery of Shen Nong, the spreading of Luzhou Gong, the developing in Tang Dynasty and the flourishing in Song Dynasty. It is the treasure of Chinese people inheriting a five-thousand-year history. Black tea, whose leaves and liquor are red, is the completely fermented with the highest concentration and best compatibility in the six basic tea types. Originated in China, it is the tea of the world. It is drunk by seventy percent of world population, so it is a necessary part of daily life in the west. Black tea has good compatibility, which produces excellent beverage when drunk with lemon, longan, sugar or milk. There are various ways to drink black tea. They are "Gong fu" black tea and fast black tea according to preparing method; black tea alone and mixed black tea according to flavoring method; brewing black tea and boiling black tea according to cooking method.
开场白 Introduction	今天我们将以工夫清饮的方式冲泡一款产自安徽省祁门县的著名红茶——祁门红茶。	Today, we'll brew the famous Keemun black tea alone produced in Qimen County of Anhui Province in the "Gongfu Tea" approach.

续表

程序名称	中文解说	英文解说
备具迎嘉宾 Preparing tea utensil to welcome guests	茶艺是一门艺术，一种文化，一份美学。品茶艺术，注重韵味，茶佳水好茶具美，似红花绿叶相映生辉。 首先，为各位嘉宾介绍一下冲泡祁门红茶所使用的精美茶具： 茶盘，上为船，用来盛放各类茶器，底为仓，用来盛放废水及茶渣。 白瓷壶，为冲泡红茶的主泡器，以色白如玉而得名，具有坯质致密透明、音清韵长等特点，而祁门红茶，香浓色艳，配以白瓷，相得益彰。 茶海，又称公道杯，用来均匀茶汤。 品茗杯，用来品饮佳茗。 随手泡，即随手冲泡，煮水用具，根据不同的茶类，烹煮不同的水温。 茶匙，用来拨倒茶叶。 茶夹，用来夹取品茗杯。 茶荷，以瓷制造，用来鉴赏干茶。 杯托，用来放置品茗杯。	Tea art is an art, a culture and aesthetics. The art of tasting tea pays attention to the charm, which means good tea matches fine water and exquisite tea ware, just like peas and carrots mutually benefiting. At first, introduce the exquisite tea utensil for Keemun black tea: Tea tray, the upper part is the "boat", used to hold tea wares, the lower is the "cabin", used to store waste water and tea dregs. White porcelain pot, as white as jade, is the major tea set for infusing black tea. The white porcelain is compact and transparent, and it has a silvery and lingering sound when hit. Keemun black tea is bright red in color and mellow in taste. When served in white porcelain tea wares, they perfectly match and support each other. Fair cup, used to even tea liquor. Tea cup, used for appreciating tea liquor. Instant kettle set, water heating device, used to boil water to required temperature according to different tea. Tea spoon, used to cast tea. Tea tongs, used to pick up tea cups. Tea holder, made of porcelain, used to appreciate the dry tea. Saucer, used to place tea cup.
临泉听松风 "Listening to the wind through pine woods by spring"	此时随手泡中的水已经微滚，发出鸣声。陆羽《茶经》有水三沸之说：静坐炉边听水声，初沸如鱼目，水声淙淙似鸣泉；二沸、三沸声渐奔腾澎湃，如秋风萧飒扫过松林。	At the moment, the water in instant kettle begins to boil with sound. According to "three-stage of boiling water" in Lu Yu's Tea Classic: when you sit by stove quietly and listen to the sound of water, at the first stage, the bubbles look like fish eyes, with water murmuring as singing spring ; at the second and the third stage, they sound like surging waves, just like autumn wind blowing through pine woods.

续表

程序名称	中文解说	英文解说
温壶烫杯盏 Scalding tea wares	在冲泡之前，用沸水涤净杯具，提高杯温。	Before tea brewing, rinse the tea wares with boiling water to improve their temperature.
宝光出祁门 “The glimmer of treasure” coming from Keemun black tea	祁门红茶条索紧秀，锋苗好，色泽乌黑润泽，干茶有灰色光泽，俗称宝光。宝光出祁门是请各位嘉宾欣赏祁门县出产的优质红茶。	Keemun black tea leaves are tight and thin. The dry tea looks dark green with grey glimmer, which is commonly called “the glimmer of treasure”. Please appreciate the black tea of top quality from Qimen country.
佳茗入茶宫 The excellent tea entering “the palace”	用茶匙将茶荷中的红茶轻轻拨入白瓷壶中。祁门红茶属条形茶，投茶量为瓷壶的 1/3 即可。	Use the tea spoon to put black tea from the tea holder into the white porcelain pot. Keemun black tea is stripe-shaped, and the amount of tea leaves is 1/3 of the pot's volume.
飞流凌空下 Water pouring from sky	冲泡祁门红茶的水温在要 100℃左右，用已沸的水悬壶高冲，可以让茶叶在水的激荡下，充分浸润，以利于色，香，味的充分发挥。	The best water temperature is about 100 degrees centigrade for infusing Keemun black tea. Flush the boiling water from an elevated pot. The water hits tea leaves to moisten tea and better release the color, fragrance and taste of tea.
祥龙行吉雨 Auspicious dragon producing rain	将泡好的茶汤均匀地分入每个品茗杯中以敬嘉宾，茶倒七分满，留下三分情谊绵长。	Pour the tea into cups evenly, then present to guests. A teacup should be 70 percent full and the rest of 30 percent affection.
甘露敬知音 Sweet dew to a bosom friend	将分好之茶敬奉给各位嘉宾。	Serve the tea liquor to the distinguished guests.
花香醉乾坤 Heaven and earth intoxicated by the flower fragrance	一杯茶到手，先要闻香。祁门红茶是世界公认的三大高香茶之一，其香浓郁高长，又有“群芳最”之誉。香气甜润中蕴藏着一股兰花之香。	It's better to smell the fragrance first when you get a cup of tea. Keemun Black Tea is one of world's three major high-flavored black teas, whose aroma is rich and durable. It's also praised as “the best among the fragrant tea”. There is the scent of orchid in its sweet and mellow aroma.
迎光赏汤色 Appreciating liquor color in light	红茶的红色，表现在冲泡好的茶汤中。祁门红茶汤色红艳亮丽，杯沿有一道明显的“金圈”，迎光看去十分迷人。	The steeped liquor shows the red color peculiar to black tea. It is bright and red with a “golden lap” in the cup, which is extremely charming in light.

续表

程序名称	中文解说	英文解说
细细品佳茗 Savoring tea carefully	祁门红茶以香浓味醇为特色,滋味醇厚,回味绵长。祁门红茶性情比较温和,易于交融,因此一般用之调饮,然清饮更能领略祁门红茶特殊的祁门香,领略其独特的内质、隽永的回味、明艳的汤色。	Keemun black tea is characterized by rich aroma, mellow taste and durable aftertaste. It's mild and compatible, so it is often used to mix with other edible materials. However, when drinking it alone, you can better experience its aroma, unique quality, lasting aftertaste and bright liquor color peculiar to Keemun black tea.
结束语 Concluding remarks	古人云,品茶品人生,先苦后甜;我要说,品茶品健康,健康是福。 希望各位嘉宾,都能够得到这种福气,并将它带给身边的每一个人。谢谢!	As the old saying goes, "Savoring tea is experiencing life, bitter first, sweet later"; and my opinion is savoring tea is keeping healthy, as healthy is a blessing. We hope our distinguished guests have the blessing and share it with everyone around you. Thank you!

4. 技能提升——红茶茶艺表演

项目测试

一、选择题

1. 世界茶叶贸易中交易量最多的茶叶是(　　)。

A. 绿茶　　B. 红茶　　C. 乌龙茶　　D. 黄茶

2. 红茶茶汤出现的"冷后浑"现象,是由于(　　)和茶多酚发生化学反应而形成的。

A. 氧气　　B. 水　　C. 咖啡碱　　D. 维生素

3. 按茶汤浸出方法,红茶品饮分为冲泡法和(　　)。

A. 清饮法　　B. 工夫饮法　　C. 调饮法　　D. 煮饮法

4. 工夫饮法,需要饮茶人在"(　　)"字上下工夫,最能使人进入一种忘我的精神境界。

A. 品　　B. 泡　　C. 喝　　D. 闻

5. 冲泡工夫红茶宜用紫砂或(　　)茶具。

A. 玻璃　　B. 陶质　　C. 金属　　D. 瓷质

6. "宝光出祁门"是指祁门红茶冲泡程序中的(　　)环节。

A. 投茶　　B. 赏茶　　C. 闻香　　D. 品饮

7. 祁门红茶属条形茶,投茶量为瓷壶的(　　)即可。

A. 1/2　　B. 1/3　　C. 1/4　　D. 1/5

8. 红茶在口感上略带"(　　)",因此添加的水果应选择较为酸甜的种类,使水果和红茶混合,取得口感上的平衡。

A. 甜　　B. 酸　　C. 苦　　D. 涩

9. 调饮红茶最好选用(　　)器具。

A. 玻璃　　B. 陶质　　C. 金属　　D. 瓷质

10. 红茶冲泡时,浸泡的时间视茶叶(　　)来衡量,原则是细嫩茶叶时间短,约 2 分钟;中叶茶约 2 分 30 秒;大叶茶约 3 分钟,这样茶叶才会变成沉稳状态。

A. 生产时间　　B. 产地　　C. 粗细、档次　　D. 色泽

二、判断题

(　　)1. 工夫饮法是中国传统的工夫红茶的品饮方法,属于调饮。

(　　)2. 冲泡红茶以江西景德镇的白瓷茶具为最佳,它有"青如天,面如玉,蝉翼纹,晨星稀,芝麻支钉釉满足"的典型特色。

(　　)3. 工夫红茶包括小种红茶和工夫红茶,其中小种红茶属于球形茶;工夫红茶属条茶类型。

(　　)4. 红茶泡后不要久放,放久后茶中的茶多酚会迅速氧化,茶味变涩。

(　　)5. 调饮饮法是指在茶汤中加入调料,使茶叶发挥其本香本味。

(　　)6. 冲泡红茶可用 80～85℃的水。

(　　)7. 祁门红茶因其香气独特,似花不像花、似蜜不像蜜、似果不像果,国际茶坛干脆将其命名为"花果香"。

(　　)8. 调饮茶中每种茶料均可无限量添加。

(　　)9. 相传,在三国时蜀国大将关羽率兵巡视武陵时,军中患暑疫,大量士兵中暑。当地群众献上用生米、生茶叶、生姜捣碎后和盐一起冲饮的"三生茶",饮后暑疫尽消。

(　　)10. 英国人在一些重大的社交场合常以"正统"的英国奶茶来招待宾客,英国奶茶是用牛奶、柠檬和红茶混合而成的。

三、问答题

1. 工夫红茶冲泡应重点掌握哪些技法要领?
2. 简要介绍工夫饮法和调饮饮法。
3. 说出调饮茶的配制原理。
4. 试介绍冲泡红茶适宜使用的茶具。
5. 说出至少两种常见调饮红茶的配方,并介绍调配程序。

项目五 陈年陈韵养身心——普洱茶茶艺

学习目标

- 熟悉普洱茶的品性特征及功效
- 能够结合普洱茶知识进行茶叶推荐
- 能够进行普洱生茶的冲泡
- 能够进行普洱熟茶的冲泡

普洱茶,是中国名茶之秀,素以独特的风味和优异的品质享誉海内外,是我国特有的茶类。普洱茶有散茶和紧压茶、新茶和陈茶、青茶和熟茶之分,由于发酵程度不同,茶性也各不相同。每一种普洱茶都有其独特的个性,只有熟悉所泡茶叶的个性,再通过娴熟的冲泡,才能展现出茶的个性美。茶性决定了茶具的选择、投茶量多少、水温的高低、冲泡节奏快慢,甚至于选用什么水。茶性与冲泡方法之间有着许多微妙的关系。就冲泡技巧而言,粗老茶不同于细嫩茶,青饼不同于熟饼,陈茶不同于新茶等等。通过本项目的学习,掌握普洱茶的特点、品种、功效、冲泡方法及冲泡要领,能够进行普洱茶推荐、普洱散茶和普洱紧压茶的茶艺表演。

工作任务一 普洱茶详解

案例导入

李先生的疑问

李先生到丽江旅游,一天晚饭后到丽江秋月堂茶馆喝茶,恰巧赶上秋月堂茶馆的品茗会。秋月堂茶馆每周举办一次品茗会,邀请丽江名流和游客品评各种茶品。那天,茶馆提供的是优质普洱散茶,李先生尝后对茶叶苦涩浓烈的口感、青黄色的茶汤和绿色的叶底留下了深刻的印象。这也使李先生产生了一个疑问:之前都听说普洱茶是粗枝大叶、汤色红浓艳丽、口感醇厚润滑的,为什么今天喝的和描述的相差那么远呢?

点评:普洱茶可分为生茶和熟茶。普洱熟茶确是汤色红浓艳丽、口感醇厚润滑,但普洱生茶则不是。普洱生茶是指茶青摘采后,以自然方式发酵的茶品,又称"生普洱"。生茶茶汤青黄或金黄,口感苦涩,茶性刺激,放置多年后,茶性才会转为较为温和,所以李先生品尝到的是普洱生茶。

理论知识

一、普洱茶简介

云南省标准计量局于 2003 年 3 月公布了普洱茶的定义:"普洱茶是以云南省一定区域

内的云南大叶种晒青毛茶为原料，经过后发酵加工而成的散茶和紧压茶。”上述概念有三个方面的界定：一是云南省一定区域内的大叶种茶；二是阳光干燥方式；三是经过后发酵加工。其外形色泽褐红或略带灰白，呈猪肝色，内质汤色红浓明亮，香气独特陈香，滋味醇厚回甘，叶底褐红。

（一）历史溯源

普洱茶的历史可以追溯到东汉时期，距今已有两千年之久，民间有“武侯遗种”的说法。云南当地的茶农把本地生产的茶叶采摘晒干后运往府道销售或换取物品。产茶属地中心为普洱府，普洱府又有西南最大的盐矿，茶农都在此季节以茶换盐换马换金银，而茶商则雇佣马帮把茶外销。由于山高路远，交通不便，经过风吹雨淋、反复日晒，到了需求地后，茶味与茶产地青茶差别很大，随着保管时间的长短不同，其他产地茶种无法与之相比。因此，茶来自普洱府，始称“普洱茶”。

（二）主要品种

普洱茶是历史以来形成的云南特有的地方名茶，以茶叶制法或茶叶形制为标准进行品种划分。

1. 依制法分类

依制法不同将普洱茶分为生茶和熟茶两个品种。

（1）生茶：是指茶青摘采后，以自然方式发酵的茶品，又称“生普洱”。生茶含有果酸，单宁酸等成分，茶性刺激，放置多年后，茶性才会转为较为温和。

（2）熟茶：是指在现代科学基础上，利用人工陈化工艺，通过调配合适的温度、湿度，加速茶叶的发酵过程，使茶性变得温和，茶味得到改变。

2. 依型制分类

依型制不同将普洱茶分为散茶和紧茶两个品种。

（1）散茶：指制茶过程中未经过紧压成型，茶叶状为散条型的普洱茶。散茶有用整张茶叶制成的条索粗壮肥大的叶片茶，也有用芽尖部分制成的细小条状的芽尖茶。

（2）紧茶：散茶经过蒸（炒）后，装入各种品类模具并压制成型的普洱茶。紧茶按具体型制又可细分：

①茶饼：扁平圆盘状，其中七子饼每块净重 357 g，每 7 个为一筒，每筒净重 2 500 g，故名“七子饼”。

②沱茶：形状跟饭碗一般大小，每个净重 100 g、250 g，现在还有迷你小沱茶，每个净重2～5 g。

③砖茶：是长方形或正方形的，以 250～1 000 g 居多，制成这种形状主要是为了运输方便。

④金瓜贡茶：压制成大小不等的半瓜形，从 100g 到数千克均有。

⑤千两茶：压制成大小不等的紧压条型，每条茶重量都比较重（最小的每条都有 50 kg 左右）。

（三）普洱茶功效

普洱茶因其滋味醇厚，耐储存，又具有降血脂、助消化、减肥等功效，颇受消费者青睐，被人们誉为“美容茶”、“减肥茶”。但是，因生普洱茶和熟普洱茶两者制作工艺不同，各自功效也不尽相同。

1. 生普洱茶的功效

生普洱茶茶性较烈，有“茶多酚王”之称，优质生普洱茶所含茶多酚可达普通绿茶的3倍。生普洱茶的功效最显著的就是可以消脂减肥，饮用生普洱茶可以刮油，达到减肥瘦身的目的。除此之外，生普洱茶的功效还有生津止渴、提神、抗衰老、抗癌、防辐射等。生普洱茶尤为适合电脑族、白领族。

2. 熟普洱茶的功效

熟普洱茶茶性温和醇香，暖胃不伤胃，尤其适宜女性及老年人饮用。最新研究发现深层排毒是普洱茶的功效之一，普洱茶堪称“美容新贵”。熟普洱茶的功效除了生津止渴、消暑解毒外、还可通便，帮助摆脱便秘苦恼、彻底解决便秘引起的痘痘、口臭、肤色暗沉等问题。另外普洱茶还有助于纤体紧肤，常饮可降低血脂含量，使血管舒张，从而加速血液循环，解决因气血不畅引起的肤色暗沉以及各种恼人的斑点。

实践操作

二、普洱茶的冲泡

（一）冲泡方法

冲泡普洱茶可采用冲泡法和烹煮法。普洱散茶常用冲泡法；普洱紧茶，如七子饼茶、普洱茶砖等，可采用冲泡法，也可用烹煮法。

1. 普洱茶冲泡法

（1）基本茶具

大腹紫砂壶（或陶壶）、煮水器、品茗杯、公道杯、过滤网、茶道具。

为什么普洱茶冲泡需要用大腹紫砂壶？

普洱茶的浓度高，用腹大的壶可避免茶汤过浓；普洱茶适宜用高温来唤醒茶叶及浸出茶容物，而紫砂壶的透气性好且保温性好，故选用大腹紫砂壶冲泡为最佳。

（2）冲泡程式

备具烹水→温壶洁具→量茶置茶→洗茶冲泡→出汤分茶→奉茶品饮

2. 普洱茶烹煮法

（1）基本茶具

煮壶（或煮锅）、盖碗（或品茗杯）、煮炉、茶刀、汤勺、公道杯、过滤网、茶道具、展茶盘。

（2）冲泡程式

①备具→煮水→开茶→置茶→烹煮→分茶→品饮

②备具→煮水→开茶→置茶→烹煮→调制→分茶→品饮

（二）掌握冲泡要点

1. 投放茶量

冲泡普洱时茶叶分量大约占壶身的20%。

2. 多次洗茶

洗茶对于普洱茶来说是不可缺少的程序，因为陈年普洱茶储存的时间较久，所以可能会带有部分的灰尘在里面。洗茶的热水除了可以将茶叶中的杂质一并洗净之外，还具有唤醒茶叶味道的作用。洗茶的速度要快，只要能将茶叶洗净、醒茶即可，不须将它的味道浸泡出来。

3. 注重热嗅

品饮普洱茶必须趁热闻香，举杯鼻前，此时即可感受陈味芳香如泉涌般扑鼻而来，其高雅沁心之感，不在幽兰清菊之下。

4. 细品慢啜

普洱茶需用心品茗，啜饮入口，始能得其真韵，虽茶汤入口略感苦涩，但待茶汤于喉舌间略作停留时，即可感受茶汤穿透牙缝、沁渗齿龈，并由舌根产生甘津送回舌面，此时满口芳香，甘露“生津”，令人神清气爽，而且津液四溢，持久不散不渴，此乃品茗之最佳感受——“回韵”。

模拟实训

1. 实训安排

实训项目	普洱茶推荐
实训要求	(1) 熟悉普洱茶相关知识 (2) 掌握普洱茶冲泡方式及冲泡要点 (3) 能够进行普洱茶的推荐介绍
实训时间	45 分钟
实训环境	可以进行冲泡练习的茶艺实训室
实训工具	普洱散茶、普洱紧茶、生普洱、熟普洱；普洱茶冲泡用具
实训方法	示范讲解、情境模拟、小组讨论法、小组练习

2. 实训步骤及要求

(1) 指导教师进行讲解介绍；

(2) 学生分组讨论分析指定普洱茶的品质特点及适用冲泡方式；

(3) 学生分组进行模拟练习普洱茶推荐。

3. 实训演示

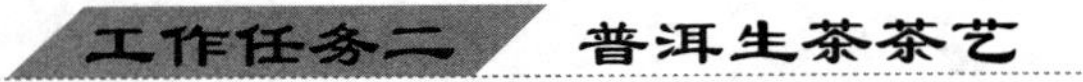

“武侯遗种”的传说

相传，三国时期刘备的高参，武侯诸葛亮(孔明)率兵西征擒孟获时，来到西双版纳，士兵们因为水土不服，患眼疾的人很多。诸葛亮为士兵觅药治眼病，一天来到石头寨的山上，他拄着自己随身带的一根拐杖四下察看，可是拐杖拔不起来，不一会变成了一棵树，发出青翠的叶子。士兵们摘下叶子煮水喝，眼病就好了。拐杖变成的树就是茶树，从此人们始知种茶，始有饮茶。当地的少数民族仍然称茶树为“孔明树”，山为“孔明山”，并尊孔明为“茶祖”。每年农历7月17孔明的生日，他们都会举行“茶祖会”，以茶赏月，跳民族舞，放“孔明灯”（一种扎成像诸葛亮帽子的灯）。孔明山坐落在西双版纳勐蜡县易武乡，最高峰海拔1 900米。孔明山周围的六座山后来也种满了茶树，也就是历史上很有名的普洱茶的六大茶山。

点评：拐杖变茶这只不过是个美丽的神话，但茶叶具有明目的功效倒是有据可循的。在历史上，诸葛亮在擒孟获时只到了云南曲靖一带，并未到过西双版纳，其实在诸葛亮擒孟获之前，西双版纳就已经有了茶树。据傣文记载，1 700 多年前，西双版纳就已栽培茶树。南宋李石《续博物志》云：“西藩之用普茶，已自唐朝”。所谓普茶，即我们现在所说的普洱茶。随着人们对普洱茶药用功效的日渐熟知，普洱茶也成为了保健茶的代名词，在茶艺馆中深受消费者的喜爱

理论知识

一、普洱生茶简介

普洱散茶，传统品类为毛尖、粗叶，现在已发展为普洱绿茶、普洱青茶、普洱红茶、普洱黑茶、普洱白茶五个品类。一般都要经过杀青、揉捻、干燥、堆渥等几道工序。新鲜的茶叶经杀青、揉捻、干燥之后，成为普洱毛青，毛青味浓、锐烈而欠章理。毛茶制作后，经过堆渥转熟的，称为“熟茶”；不经堆渥靠自然转化的，称为“生茶”。

二、普洱生茶冲泡技巧

普洱生茶茶性强烈，置茶时量要少，有时可在冲泡过后凭口感增减茶量。根据其茶性宜选用瓷质盖碗冲泡（以瓷具胎壁略薄者为上），盖碗开口大，降温快，茶汤不至于太苦涩。冲泡水温控制在80℃左右，冲泡时要做到快冲、快泡、快倒，将普洱生茶的刺激性控制在可接受的范围内。喝普洱生茶，可降血脂，增强免疫力，但由于其刺激性较强，因而要看个人体质选用。

三、普洱生茶冲泡准备

1. 备具

茶盘、瓷质盖碗、玻璃公道杯、瓷质品茗杯、随手泡、赏茶荷、茶道具组合、湿茶漏、茶叶罐、茶巾。

2. 选茶

宫廷普洱为熟普洱散茶的代表，现已宫廷普洱为例进行品质特征的介绍：

(1) 茶色：干茶色泽以青绿、墨绿为主，汤色黄绿、青黄色或金黄色，较透亮；

(2) 茶香：清纯持久；

(3) 茶味：滋味苦涩，口感强烈；

(4) 茶形：条索肥硕，断碎茶少；

(5) 叶底：以绿色、黄绿色为主，柔韧有弹性。

3. 煮水

普洱生茶需用80℃沸水冲泡，浸泡时间要视茶汤的浓淡度灵活把握。

4. 冲泡要领

(1) 烫杯。用沸腾的开水烫杯,可以提高杯温,便于冲出茶味。

(2) 掌握茶量。置茶量的多少可视盖杯的容积大小和个人口味而定。

(3) 冲泡。冲泡时要做到快冲、快泡、快倒。

什么是闷泡法?

冲泡程式:温壶温杯→投茶润茶→泡茶闷茶→分茶品茶

闷泡法要领:茶叶浸泡的时间长,每次闷1分钟以上;一般要把多次泡出的茶汤集中到一个公道杯中,然后再分杯品饮。

主要目的:在于惜茶,节约用茶,把茶叶中的有效物质充分沏泡出来。

实践操作

四、冲泡演示

以宫廷普洱茶冲泡为例演示普洱散茶茶艺。

普洱茶,它来自崇山峻岭,经历了马背的蹉跎,苦涩中散发了悠悠兰香。回甘里洋溢着原始森林中野性阳刚之美,岁月的磨砺后,它变得圆融、平和,经历了沧桑,它却依旧是那么美丽、那么自然。不知道它的生命中积淀了多少风霜酷暑,但它却永远是那么新鲜、那么年轻。今天很荣幸为大家冲泡普洱茶,并将历史悠久、滋味醇正的普洱茶呈现于大家面前。

1. 孔雀开屏

孔雀开屏是向同伴展示自己美丽的羽毛,借助这道程序向客人展示布置好的茶席和茶具:

(1) 茶盘:用来盛放各类茶具;

(2) 盖碗:以江西景德镇为最佳。

(3) 品茗杯:用来品饮香茗;

(4) 随手泡:用来煮水候汤;

(5) 茶荷:以瓷制造,用来盛放干茶;

(6) 湿茶漏:用来过滤茶渣;

(7) 茶道具组合和茶巾。

2. 温盏涤器

茶自古便被视为一种灵物,所以茶人们要求泡茶的器具必须冰清玉洁,一尘不染,同时还可以提升壶内外的温度,增添茶香,蕴蓄茶味;品茗杯以若琛制者为佳,白底兰花,底平口阔,质薄如纸,色洁如玉,不薄不能起香,不洁不能衬色;而四季用杯,也各有色别,春宜"牛目"杯、夏宜"栗子"杯、秋宜"荷叶"杯、冬宜"仰钟"杯,杯宜小宜浅,小则一啜而尽,浅则水不留底。

3. 普洱入宫

普洱茶采自世界茶树的发源地，云南乔木型大叶种茶树制成，芽长而壮，白毫多，内含大量茶多酚、儿茶素、溶水浸出物、多糖类物质等成分，营养丰富，古木流芳，投茶量为杯身的 1/3 即可。

4. 悬壶高冲

将水壶之沸水快速冲入盖碗，使茶随水流翻滚而洗涤。然后快速将第一泡茶汤倒出。

5. 涤尽凡尘

将第一泡洗茶之水淋洗茶杯，起到净杯增温的作用。

6. 行云流水

冲泡又称行云流水，即要用新鲜洁净的水来泡茶，冲泡采用高冲水的手法，将水注入盖杯中。

7. 出汤入杯

首次冲泡时间为 1 分钟左右，即可将碗中茶汤倒入公道杯中。

8. 普降甘霖

泡好的茶先倒入公道杯中，又称出汤入杯，再将公道杯中的茶汤依次低斟入品茗杯中。所谓茶友间不厚此薄彼，斟茶时每杯要浓淡一致，多少均等。

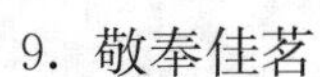

9. 敬奉佳茗

将品茗杯呈圆状放置于托盘中，然后用双手向客人一一敬奉。

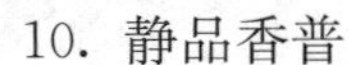

10. 静品香普

新年普洱茶品较苦涩，但苦能马上回甘，涩能立刻生津，其茶汤清爽明亮，较老普洱茶又是另一番境界。品普洱茶时次序有先后，一是品其香味，即靠近杯沿用鼻由轻至深地嗅其香气；二是品其滋味，即将茶汤少量入口，用舌尖将茶汤边吮啜、边打转，以辨别滋味的浓淡、醇甜和苦涩。鲁迅先生说，“有好茶喝，会喝好茶，是一种清福”，让我们都来做生活的艺术家，泡一壶好茶，让自己及身边的人享受到这种清福。

模拟实训

1. 实训安排

实训项目	普洱生茶茶艺
实训要求	(1) 熟悉掌握普洱生茶冲泡要领及冲泡流程 (2) 能够进行普洱生茶茶艺表演
实训时间	90分钟
实训环境	可以进行冲泡练习的茶艺实训室或茶艺馆
实训工具	茶盘、瓷质盖碗、玻璃公道杯、瓷质品茗杯、随手泡、赏茶荷、茶道具组合、湿茶漏、茶叶罐、茶巾，生普洱散茶
实训方法	示范讲解、情境模拟、小组讨论法、小组练习

2. 实训步骤及要求

(1) 指导教师展示普洱生茶的各种用具；

(2) 指导教师演示普洱生茶的冲泡方法；

(3) 学生分组讨论并掌握普洱生茶的品饮方法；

(4) 学生分组练习普洱生茶的冲泡流程、手法。

3. 中英文普洱生茶茶艺解说

程序名称	中文解说	英文解说
开场白 Introduction	普洱茶，它来自崇山峻岭，经历了马背的蹉跎，苦涩中散发了悠悠兰香，回甘里洋溢着原始森林中野性阳刚之美，岁月的磨砺后，它变得圆融、平和，经历了沧桑，它却依旧是那么美丽，那么自然。不知道它的生命中，积淀了多少风霜酷暑，但它却永远是那么新鲜、那么年轻。今天很荣幸为大家冲泡普洱茶，并将历史悠久、滋味醇正的普洱茶呈现于大家面前。	Coming from high mountains, unfermented Pu'er tea not only gives out a special fragrance but presents a wild beauty. Long years of storage and slow process of fermentation make Pu'er tea taste better. It's a great honor to make Pu'er tea for you.
孔雀开屏 Peacock in his pride	孔雀开屏是向同伴展示自己美丽的羽毛，借助这道程序向客人展示布置好的茶席和茶具： (1) 茶盘，用来盛放各类茶具； (2) 盖碗，以江西景德镇为最佳； (3) 品茗杯，用来品饮香茗； (4) 随手泡，用来煮水候汤； (5) 茶荷，以瓷制造，用来盛放干茶； (6) 湿茶漏，用来过滤茶渣； (7) 茶道具组合和茶巾。	We will introduce the exquisite tea wares used and show them to you just as a peacock shows his beautiful feathers to his companions. (1) Tea tray, used to hold tea wares. (2) Covered bowl, best ones from Jingdezhen, Jiangxi Province. (3) Tea sipping cup, used for appreciating tea liquor. (4) Electrical instant kettle, used for boiling water. (5) Tea holder, made of porcelain, used to hold dry tea. (6) Tea funnel, used to filter out tea dregs. (7) Tea art set and tea towel.

续表

程序名称	中文解说	英文解说
温盏涤器 Warming and washing tea wares	茶自古便被视为一种灵物，所以茶人们要求泡茶的器具必须冰清玉洁、一尘不染，同时还可以提升壶内外的温度，增添茶香，蕴蓄茶味；品茗杯以若琛制者为佳，白底兰花，底平口阔，质薄如纸，色洁如玉，不薄不能起香，不洁不能衬色；而四季用杯，也各有色别，春宜"牛目"杯、夏宜"栗子"杯、秋宜"荷叶"杯、冬宜"仰钟"杯，杯宜小宜浅，小则一啜而尽，浅则水不留底。	Tea has long been regarded as a spiritual thing. So tea lovers always wash tea wares with hot water until they are spotless, at the same time, it also helps to bring out fragrance and the best taste of tea. Among tea sipping cups, Ruochen cup is the best, characterized by blue flowers on white background, thin porcelain and jade-like purity. The fragrance and color of tea liquor can be brought out better in such thin and clean cups. In addition, different cups are often used in different seasons, Niumu cup for spring, Lizi cup for summer, Heye cup for autumn, and Yangzhong cup for winter. No matter what kind of cups, they should all be small and shallow.
普洱入宫 Putting Pu'er into pot	普洱茶采自世界茶树的发源地，云南乔木型大叶种茶树制成，芽长而壮，白毫多，内含大量茶多酚、儿茶素、溶水浸出物、多糖类物质等成分，营养丰富。古木流芳，投茶量为杯身的1/3即可。	Picked from the origin of tea trees in Yunnan, Pu'er tea is made of large leafed arbor tea leaves, with long and bold buds and fuzz. It is nutritious, rich in much tea polyphenols, polysaccharides and so on. The quantity of tea is 1/3 of the cup's volume.
悬壶高冲 Pouring from an elevated pot	将水壶之沸水快速冲入盖碗，使茶随水流翻滚而洗涤，然后快速将第一泡茶汤倒出。	Wash the tea leaves by pouring from an elevated pot.
涤尽凡尘 Washing off the dust	将第一泡洗茶之水淋洗茶杯，起到净杯增温的作用。	Rinse the cups with the first brewing tea to clean and warm them.
行云流水 Infusing tea	冲泡又称行云流水，即要用新鲜洁净的水来泡茶，冲泡采用高冲水的手法，将水注入盖杯中。	Infuse the tea by flushing the boiling water from a high position into the cup.
出汤入杯 Pouring tea into cups	首次冲泡时间为1分钟左右，即可将碗中茶汤倒入公道杯中。	Brew the tea for one minute, and then pour the tea liquor into the fair cup.
普降甘霖 Distributing the tea in each cup	泡好的茶先倒入公道杯中，又称出汤入杯，再将公道杯中的茶汤依次低斟入品茗杯中。所谓茶友间不厚此薄彼，斟茶时每杯要浓淡一致，多少均等。	Pour the tea liquor into each sipping cup evenly in a low position in order to treat every tea drinkers alike.

续表

程序名称	中文解说	英文解说
敬奉佳茗 Presenting tea with respect	将品茗杯呈圆状放置于托盘中，然后用双手向客人一一敬奉。	Place the sipping cups in a circle on the tea tray, then present the tea to the guests with both hands.
静品香普 Appreciating the fragrant tea quietly	普洱生茶品较苦涩，但苦能马上回甘，涩能立刻生津，其茶汤清爽明亮，较老普洱茶又是另一番境界。品普洱茶时次序有先后，一是品其香味，即靠近杯沿用鼻由轻至深地嗅其香气；二是品其滋味，即将茶汤少量入口，用舌尖将茶汤边吮啜、边打转，以辨别滋味的浓淡、醇甜和苦涩。	Unfermented Pu'er tea tastes bitter at first, but sweet later. Its liquor is fresh and bright. While the aged Pu'er has a distinctive flavor. The more aged it is , the mellower the fragrance is. To appreciate Pu'er, we should first smell, and second taste in sips.
结束语 Concluding remarks	鲁迅先生说，"有好茶喝，会喝好茶，是一种清福"，让我们都来做生活的艺术家，泡一壶好茶，让自己及身边的人享受到这种清福。	Mr. Lu Xun once said, "Having good tea and appreciating the tea is a kind of easy and care free life." Let's be the artists of life, make a pot of good tea, and enjoy the life.

4. 技能提升——普洱生茶茶艺表演

工作任务三 普洱熟茶茶艺

鼎观格调商务茶院的新服务项目

北京的鼎观格调商务茶院推出新的服务项目——为普洱茶收藏者提供藏茶空间。

在北京，现在收藏普洱茶的人越来越多，为此，鼎观格调商务茶院为收藏者们准备了114席专属空间，帮助他们在最适宜的环境中保存普洱茶。但这114席的空间数量有限，远远不能满足现有的普洱茶收藏者的需求。为什么这么多人喜欢收藏普洱茶呢？因为只有普洱茶才具有收藏价值，其他茶比如西湖龙井，季节性都很强，存放时间越长口感越差，唯独普洱茶是越陈越值得品味。收藏普洱茶有三方面的价值，第一是投资，现在茶金的增幅达到每年10%～15%，具有比较大的增值价值；第二是口感，也就是品尝和品味的价值；第三是健康，也就是养生的价值。普洱茶的这些价值特性决定了它的收藏客群越来越多，尤其收入水平提高以后，茶的养生功能对更多群体产生影响，促使他们进入茶饮爱好者和收藏者的行列。

点评：原产地云南的普洱茶，素有"可以喝的古董"之称。一般来说"隔年茶如草"，茶叶讲究新鲜，时间一长不仅口味变质，功效丧失，身价自然也日趋下跌。但是云南普洱茶却是个特例。当年新茶不值钱，倒是越陈越好。普洱茶是茶叶中唯一具有生命力的茶叶，在空气中能够继续发酵，存放越久，茶香越加醇厚。也就是说，别的茶都是"先发酵"，而普洱茶却是"后发酵"，其在生产、运输、销售、收藏等过程中一直都在发酵。所以，普洱茶具有越陈越香,随着存放时间增长而增值的特性,被称为“可以喝的古董”。

理论知识

一、普洱熟茶简介

普洱熟茶是以大叶种晒青茶经后发酵加工形成,外形色泽红褐,香气独特陈香。普洱熟茶按外形分为熟散茶和紧压熟茶。生散茶经人工快速后熟发酵、洒水渥堆工序,即为熟散茶;熟散茶再经蒸压成型,成为紧压熟茶。

二、普洱熟茶的冲泡方式

普洱熟茶品性温和,独具陈香、醇厚、味甘滑的风韵。冲泡时宜使用紫砂壶,可以减少茶中令人不舒服的杂味。紫砂壶中尤以身圆(茶叶可以在均称的空间里舒展,茶汤的表现必然更圆润)、壁厚(茶壶的续温力较好,使几泡茶汤之间的茶汤口味比较接近)、砂粗(紫砂壶内部的双重气孔,使其具有良好的透气性,泡茶不走味,能较好地保存普洱茶的香气和滋味)、出水流畅(茶壶如果出水不流畅,沸水冲入壶中就不能马上倒出,就会影响口味)者为上。普洱熟茶要求用100℃的沸水冲泡。有的普洱茶出汤慢,需泡2～3泡后才见馥郁芳香的茶汤。

三、冲泡准备(以七子饼茶为例)

1. 备具

紫砂壶、茶盘、玻璃公道杯(玻璃的公道杯更容易欣赏红浓明亮的普洱茶汤,如红酒一般)、瓷质品茗杯(即可观其汤色,又清秀风雅)、普洱茶刀、茶叶罐、茶道具等。

2. 冲泡要领

(1) 开茶。对于普洱紧压茶来说,如何撬开紧压的茶叶也是一个需要掌握的重要技巧。开茶使用的工具为专用的普洱茶刀,刀体略厚不太锋利。紧压茶的茶叶,无论是砖、饼还是沱,基本上是按层分布的。开茶时,可用普洱茶刀从茶叶边缘和侧面刺入,然后轻撬,就能让撬下的茶叶呈现块状。

开茶时需要注意什么?

开茶时刀尖应该向下,不要朝向自己;顺着紧压茶的“脉络”撬茶;茶叶是“剥”下来的,不是砍、不是切,更不是剁,要最大限度地减少开茶过程中的碎茶。

(2) 投茶量。俗语讲“观音怕淡、普洱怕浓”,一定不要以乌龙茶的投茶量来泡普洱茶,会过于浓,因为普洱茶产区的海拔更高,内含物更丰富。

(3) 冲泡时间。应控制在3～5分钟为宜,不能过长。

实践操作

四、冲泡演示

中国是茶的故乡,而云南则是茶的发源地及原产地,几千年来勤劳勇敢的云南各民族同胞利用和驯化了茶树,开创了人类种茶的历史,为茶而歌,为茶而舞,仰茶如生,敬茶如神，茶已深深的渗入到各民族的血脉中，成为了生命中最为重要的元素。同时，在漫长的茶叶生产发展历史中创造出了灿烂的普洱茶文化，使之成为“香飘十里外，味酽一杯中”的享誉全球的历史名茶。今天我们为各位嘉宾带来的是普洱饼茶，下面就由茶艺师为各位嘉宾泡上一壶滋味浓厚纯正的普洱茶。

1. 摆盏备具

在正式冲泡之前，首先为您介绍一下今天所用到的各类茶具：

(1) 茶盘：用来盛放茶具，盛接废水；

(2) 紫砂壶：用来冲泡普洱茶；

(3) 玻璃公道杯：用来均匀茶汤，玻璃的公道杯更容易欣赏红浓明亮的普洱茶汤，如红酒一般；

(4) 瓷质品茗杯：用来品啜佳茗；

(5) 普洱茶刀：用来开茶。

2. 温壶烫杯

用沸腾的开水烫壶温杯，可以提高壶温杯温，便于冲出茶味。

3. 拆饼置茶

用普洱茶刀顺着茶饼的脉络将茶叶一块一块撬落下来，用力要恰到好处，以减少碎茶。

置茶时先放拆散的茶，再放成块的茶。如此可以使散茶泡出味之后，块状的伸展松开才出味(使每泡的茶汤均匀而且耐泡)。置茶量的多少可视壶的容积大小和个人口味而定(一般来说，七子饼茶、茶砖的置茶量约为壶容量的 1/5；沱茶的置茶量比饼茶少一点；普洱散茶约为壶的 1/4 或 1/3)。

4. 净洗尘缘

将刚开的沸水冲入茶壶中，再摇动茶壶(是洗茶之意)，但动作要迅速，不要拖沓。然后将洗茶之水迅速倒出(倒水、洗茶、出水要一气呵成。普洱茶正式冲泡前一般须洗茶 2～3 次，因为普洱茶长期储放难免落上尘埃，洗茶不仅可以去其杂味，清洁茶叶，还能起到温茶、醒茶的作用。但洗茶的速度一定要快，以免影响茶汤滋味）。

5. 高山流水

即冲泡，泡茶的水温对普洱茶汤的香气、滋味都有很大影响。“火煮山泉”，古人以煮水时发出松涛般的响声来确定适宜的泡茶水温。普洱熟茶与普洱陈茶都要求用 100℃的沸水冲泡。

6. 出汤入杯

冲水后立即出汤到公道杯中，首次冲泡时间在 40 秒左右即可将茶汤倒入公道杯中。二次到十次冲泡时间约在 20 秒左右。随着冲泡次数的增加，冲泡时间可以慢慢延长，但具体冲泡时间还是要视茶汤的浓淡度灵活把握，有的普洱茶出汤慢，需泡 2～3 泡后才见馥郁芳香的茶汤（普洱茶比一般茶叶耐泡，一般可以连续 10～20 次以上，直到汤味很淡为止）。

7. 平分秋色

将公道杯中的茶汤分别倒入品茗杯中，茶斟七分，留有三分为人情。

8. 麻姑祝寿

麻姑是我们神话传说中的仙女，在东汉时期得道于江西南城县麻姑山，她得道后常用仙泉煮茶待客，喝了这种茶，凡人可延长寿命，神仙可增加道行，借助这道程序祝大家健康长寿。

9. 时光倒流

在品茶汤之前先欣赏诱人的普洱茶汤，好的普洱茶汤呈透明的深枣红色，上面浮有一层雾；雾越黏，吹之不散，茶汤不酸，则是难得的好茶。淡淡的薄雾，乳白朦胧，令人浮想联翩，普洱茶的香气和汤色随着冲泡的次数在不断的变化，会把你带回到逝去的岁月，让你感悟到人世间的沧海桑田的变化。

10. 品味历史

普洱茶的陈香、陈韵和茶气滋味在你口中慢慢弥散，你一定能品悟出历史的厚重，感悟到逝者如斯的道理。

普洱茶没有醉人的芬芳，也没有销魂的美艳，在岁月的尘埃里，走过的是它平凡的身影。当我们静下纷乱的思绪，轻轻洗去岁月的铅华；透过淡淡的馨香，淡淡的陈韵，赫然发现，这平平淡淡，原竟是我们一生的守候！

希望各位嘉宾饮茶后能宁静致远，由茶养心，感受饮茶之乐！谢谢！

模拟实训

1. 实训安排

实训项目	普洱熟茶茶艺
实训要求	(1) 熟悉普洱熟茶的冲泡方式 (2) 掌握普洱饼茶冲泡要领及冲泡流程 (3) 能够进行普洱紧压茶的冲泡
实训时间	90 分钟
实训环境	可以进行冲泡练习的茶艺实训室或茶艺馆
实训工具	紫砂壶、茶盘、玻璃公道杯、瓷质品茗杯、普洱茶刀、茶叶罐、茶道具，七子饼茶
实训方法	示范讲解、情境模拟、小组讨论法、小组练习

2. 实训步骤及要求

(1) 指导教师演示紧压茶开茶的方法；

(2) 指导教师演示紧压熟茶冲泡的流程；

(3) 学生分组练习紧压茶开茶的方法；

(4) 学生分组练习紧压熟茶冲泡的流程和手法。

3. 中英文普洱紧压茶茶艺解说

程序名称	中文解说	英文解说
开场白 Introduction	中国是茶的故乡，而云南则是茶的发源地及原产地，几千年来勤劳勇敢的云南各民族同胞利用和驯化了茶树，开创了人类种茶的历史，为茶而歌，为茶而舞，仰茶如生，敬茶如神，茶已深深地渗入到各民族的血脉中，成为了生命中最为重要的元素。同时，在漫长的茶叶生产发展历史中创造出了灿烂的普洱茶文化，使之成为“香飘十里外，味酽一杯中”的享誉全球的历史名茶。今天我们为各位嘉宾带来的是普洱饼茶，下面就由茶艺师为各位嘉宾泡上一壶滋味浓厚纯正的普洱茶。	China is the hometown of tea, while Yunnan Province is the original place of tea bushes. For thousands of years, the hardworking people of Yunnan has grown and developed tea. They love tea, dance for it, admire it and worship it. Tea has become an indispensable part in the life of some Chinese. Meanwhile, the culture about Pu'er tea has developed and spread widely so that Pu'er tea has become world-wide known drink. Our tea master will brew a pot of fermented Pu'er for you.

续表

程序名称	中文解说	英文解说
摆盏备具 Introducing tea wares	在正式冲泡之前，首先为您介绍一下今天所用到的各类茶具： 茶盘：用来盛放茶具，盛接废水。 紫砂壶：用来冲泡普洱茶。 玻璃公道杯：用来均匀茶汤，玻璃的公道杯更容易欣赏红浓明亮的普洱茶汤，如红酒一般。 瓷质品茗杯：用来品啜佳茗。 普洱茶刀：用来开茶。	At first, introduce the utensil for brewing Pu'er tea. Tea tray, used to hole tea wares and spilled water. Red pottery teapot, used to brew Pu'er tea. Glass fair cup, used to balance the taste and thickness of tea liquor. It is easy to appreciate the bright red tea liquor of Pu'er in glass ware. Porcelain tea sipping cup, used to taste tea liquor. Pu'er knife, used to split the solid tea.
温壶烫杯 Warming and washing tea wares	用沸腾的开水烫壶温杯，可以提高壶温杯温，便于冲出茶味。	Scald the tea wares with boiling water to raise the temperature of the tea wares inside and outside so that the tea fragrance can be brought out easily.
拆饼置茶 Tearing up the tea cake and casting tea	用普洱茶刀顺着茶饼的脉络将茶叶一块一块撬落下来，用力要恰到好处，以减少碎茶。 置茶时先放拆散的茶，再放成块的茶。如此可以使散茶泡出味之后，块状的伸展松开才出味(使每泡的茶汤均匀而且耐泡)。 置茶量的多少可视壶的容积大小和个人口味而定(一般来说，七子饼茶、茶砖的置茶量约为壶容量的1/5；沱茶的置茶量比饼茶少一点；普洱散茶约为壶的1/4或1/3)。	Split the tea cake piece by piece with Pu'er knife. Be careful not to break the tea too much. Put the torn-up tea leaves first and then pieces solid tea into the pot. In this way, solid tea extends and spreads to give out taste after torn-up tea is brewed. (It makes tea liquor even and durable at each infusion.) The quantity of leaves in the pot depends on the pot's volume and the tea drinker. (Generally speaking, for "seven units tea cake" and tea brick, the amount is 1/5 of the pot's volume; for bowl-shaped tea , the amount is a bit less than that of cake-like tea; and for loose-leafed Pu'er, 1/4 or 1/3 of the pot's volume is enough.)
净洗尘缘 Washing off the dust	将刚开的沸水冲入茶壶中，再摇动茶壶(是洗茶之意)，但动作要迅速，不要拖沓。然后将洗茶之水迅速倒出(倒水、洗茶、出水要一气呵成。普洱茶正式冲泡前一般须洗茶2～3次，因为普洱茶长期储放难免落上尘埃，洗茶不仅可以去其杂味，清洁茶叶，还能起到温茶、醒茶的作用。但洗茶的速度一定要快，以免影响茶汤滋味)。	Pour the boiling water into the tea pot, and shake it. Then pour the hot water out of the pot. This is called washing tea. As there is dust in Pu'er after long time of storage, washing tea can not only remove foreign flavor and clean tea leaves but warm and stimulate tea. Moisten and wash tea 2 or 3 times before brewing. Be quick, not sluggish in case the taste of tea liquor is affected.

续表

程序名称	中文解说	英文解说
高山流水 Flushing water from high	即冲泡，泡茶的水温对普洱茶汤的香气、滋味都有很大影响。普洱茶要求用100℃的沸水冲泡。"火煮山泉"，古人以煮水时发出松涛般的响声来确定适宜的泡茶水温。	When tea brewing, the fragrance and taste of tea depends greatly on the temperature of water. Boiling water at 100℃ is needed to brew fermented Pu'er tea. When boiling water, ancient people told the suitable temperature by the sound of water like the wind through pine trees.
出汤入杯 Pouring tea into cups	冲水后立即出汤到公道杯中，首次冲泡时间在40秒左右即可将茶汤倒入公道杯中。二次到十次冲泡时间约在20秒左右。随着冲泡次数的增加，冲泡时间可以慢慢延长，但具体冲泡时间还是要视茶汤的浓淡度灵活把握，有的普洱茶出汤慢，需泡2～3泡后才见馥郁芳香的茶汤（普洱茶比一般茶叶耐泡，一般可以连续泡10～20次以上，直到汤味很淡为止）。	After 40 seconds, the first infusion can be poured into the fair cup. For later infusions, the time can be prolonged gradually. But the specific time for infusion should depend on the thickness of tea liquor. For some Pu'er tea , the fragrance and taste can be brought out after 2 to 3 infusions (Pu'er tea can yield more times of infusion than other tea, generally more than 10 to 20 infusions, until the liquor is too light to drink).
平分秋色 Distributing the tea into each cup	将公道杯中的茶汤分别倒入品茗杯中，茶斟七分，留有三分为人情。	Pour tea liquor into tea sipping cups. Each cup is 70 percent full, with the rest 30 to express affections.
麻姑祝寿 Fairy Magu wishing longevity	麻姑是我们神话传说中的仙女，在东汉时期得道于江西南城县麻姑山，她得道后常用仙泉煮茶待客，喝了这种茶，凡人可延长寿命，神仙可增加道行，借助这道程序祝大家健康长寿。	Magu was a fairy lady in Chinese legends. According to the legend, she often treated the guests with tea which did not only prolong ordinary people's lives but also increase the immortals'religious attainments. By quoting the legend, Through this procedure, wish everyone here good health and a long life.
时光倒流 Time travelling	在品茶汤之前先欣赏诱人的普洱茶汤，好的普洱茶汤呈透明的深枣红色，上面浮有一层雾；雾越黏，吹之不散，茶汤不酸，则是难得的好茶。淡淡的薄雾，乳白朦胧，令人浮想联翩，普洱茶的香气和汤色随着冲泡的次数在不断的变化，会把你带回到逝去的岁月，让你感悟到人世间的沧海桑田的变化。	Before savoring tea, let's observe the attractive Pu'er liquor first. Good Pu'er liquor is transparent dark red with white mist over the tea. If the thick mist can't be blown away and the liquor is not sour, that's a cup of rare tea. The fragrance of Pu'er tea changes with each pot of tea. When paying careful attention to the fragrance changing, we feel like being taken back to the memory of bygone days and undergoing great changes that have taken place in the world.

续表

程序名称	中文解说	英文解说
品味历史 Appreciating history	普洱茶的陈香、陈韵和茶气滋味在你口中慢慢弥散，你一定能品悟出历史的厚重，感悟到逝者如斯的道理。	Let your mouth be filled with the aged fragrance, flavor and taste of the aged tea, and let yourself have a taste of massive history the tea represents.
结束语 Concluding remarks	普洱茶没有醉人的芬芳，也没有销魂的美艳，在岁月的尘埃里，走过的是它平凡的身影。当我们静下纷乱的思绪，轻轻洗去岁月的铅华；透过淡淡的馨香、淡淡的陈韵，赫然发现，这平平淡淡，原竟是我们一生的守候！ 希望各位嘉宾饮茶后能宁静致远，由茶养心，感受饮茶之乐！谢谢！	Pu'er has not intoxicating fragrance. It looks ordinary. But we will find it is just the ordinary that we really expect after we settle down the distracted mind through the faint fragrance of Pu'er tea. Hope everyone here can enjoy the peace of drinking tea.

4. 技能提升——学习并尝试进行普洱主题茶艺设计

项目测试

一、选择题

1. 普洱茶是以云南省一定区域内的云南(　　)毛茶为原料，经过后发酵加工而成的散茶和紧压茶。

A. 大叶种蒸青　　B. 大叶种炒青　　C. 大叶种烘青　　D. 大叶种晒青

2. 依制法不同将普洱茶分为(　　)和熟茶两个品种。

A. 生茶　　B. 紧茶　　C. 散茶　　D. 黑茶

3. 生普洱茶尤为适合电脑族、白领族饮用，主要因为它具有(　　)的功效。

A. 生津止渴　　B. 抗衰老　　C. 抗癌　　D. 防辐射

4. 冲泡普洱时茶叶分量大约占壶身的(　　)。

A. 10%　　B. 20%　　C. 30%　　D. 40%

5. 品饮普洱茶注重(　　)可感受陈味芳香如泉涌般扑鼻而来。

A. 细品　　B. 温嗅　　C. 热嗅　　D. 冷嗅

6. 普洱生茶茶性强烈，宜选用(　　)冲泡。

A. 瓷质盖碗　　B. 透明玻璃杯　　C. 紫砂壶　　D. 瓷壶

7. 普洱熟茶品性温和，独具陈香、醇厚、味甘滑的风韵。冲泡时宜使用(　　)，可以减少茶中令人不舒服的杂味。

A. 瓷质盖碗　　B. 透明玻璃杯　　C. 紫砂壶　　D. 瓷壶

8. (　　)指普洱散茶冲泡程序中的冲水环节，即要用新鲜洁净的水来泡茶，冲泡采用悬壶高冲，将水注入壶中，壶口会有一层白色泡沫出现，要用壶盖将其轻轻抹去。

A. 温盏涤器　　B. 涤尽凡尘　　C. 瓯里酝香　　D. 行云流水

9. 对于普洱紧压茶来说，在泡茶之前如何(　　)也是一个需要掌握的重要技巧。

A. 煮水　　B. 洗茶　　C. 开茶　　D. 赏茶

10. 普洱茶的香气特点是(　　)。

A. 毫香　　B. 蜜香　　C. 陈香　　D. 花香

二、判断题

(　　)1. 普洱散茶是用整张茶叶制成的条索粗壮肥大的叶片茶。

(　　)2. 普洱饼茶形状跟饭碗一般大小,每个净重 100 g、250 g。

(　　)3. 生普洱茶和熟普洱茶两者制作工艺不同,各自功效也不尽相同。

(　　)4. 熟普洱茶茶性温和醇香,暖胃不伤胃,尤其适宜女性及老年人饮用。

(　　)5. 普洱茶的浓度高,用小壶可避免茶汤过浓。

(　　)6. 普洱散茶,传统品类为毛尖、粗叶,只有普洱黑茶一个品类。

(　　)7. 锅、壶烹煮为普洱紧压茶的唯一的冲泡方式。

(　　)8. 可以在煮好的普洱茶汤中加入适宜的作料进行调饮。

(　　)9. 不要以乌龙茶的投茶量来泡普洱,会过于浓,因为普洱茶产区的海拔更高,内含物更丰富。

(　　)10. 沱茶属于紧压茶类,主要产地为贵州、四川。

三、问答题

1. 普洱茶冲泡为什么需要多次洗茶?
2. 试介绍普洱茶的功效。
3. 简述普洱生茶的冲泡技巧。
4. 什么是开茶?应如何开茶?
5. 试介绍普洱散茶的冲泡要领。

综合考核——茶艺师(中级)模拟测试

第一部分　理论测试

注意事项

1. 考试时间:60 分钟
2. 本试卷依据 2001 年颁布的《茶艺师国家职业标准》命制
3. 请首先按要求在试卷的标封处填写您的姓名、准考证号和所在单位的名称
4. 请仔细阅读各种题目的回答要求,在规定的位置填写您的答案
5. 不要在试卷上乱写乱画,不要在标封处填写无关内容

一、选择题(第 1～160 题。选择一个正确的答案,将相应的字母填入题内的括号中。每题 0.5 分,满分 80 分)

1. (　　)瓷器具有"薄如纸、白如玉、明如镜、声如磬"的美誉。

A. 福建德化　　B. 湖南长沙　　C. 浙江龙泉　　D. 江西景德镇

2. 闽、粤、台流行的"姜茶饮方"是用茶叶、姜和(　　)调配用水煎熬的调饮茶。

A. 花生　　B. 芝麻　　C. 莞椒　　D. 蔗糖

3. 下列(　　)茶是属于拌花茶。

A. 香气浓烈甘美　　B. 香气浓厚净爽

C. 香气浓郁纯正　　D. 有茶味无花香

4. (　　)按鲜叶原料的茶树品种分为大白和小白两大类。

A. 绿茶　　B. 白茶　　C. 茉莉花茶　　D. 朱兰花茶

5. 茶艺表演时音乐的作用是(　　)。

A. 营造艺境　　B. 热闹气氛　　C. 渲染情感　　D. 张扬技艺

6. 茶具这一概念最早出现于(　　)王褒《僮约》中"武阳买茶,烹茶尽具"。

A. 原始时期　　B. 西汉时期　　C. 战国时期　　D. 三国时期

7. 由于乌龙茶制作时选用的是较成熟的芽叶做原料,属半发酵茶,冲泡时需用(　　)的沸水。

A. 70～80℃　　B. 90℃左右　　C. 95℃以上　　D. 80～90℃

8. 拌花茶是属于调饮法的(　　)类型。

A. 食物型　　B. 加香型　　C. 加入性　　D. 旁置型

9. 宁红太子茶艺茶具的摆设形状是(　　)。

A. 大鹏展翅　　B. 孔雀开屏　　C. 祥龙盘珠　　D. 丹凤朝阳

10. 茶叶的物质与精神财富的总和称为(　　)。

A. 茶文化艺术　　B. 广义茶文化

C. 狭义茶文化　　D. 通俗茶文化

11. 安溪乌龙茶艺使用的(　　)制作原料是竹。

A. 茶匙、茶斗、茶夹、茶通　　B. 茶盘、茶罐、茶船、茶荷

C. 茶通茶针、漏斗、水盂　　D. 茶盘、茶托、茶箸、茶杯

12. 不同季节的茶叶中维生素的含量不同,其中含量最高的是(　　)。

A. 春茶　　B. 暑茶　　C. 秋茶　　D. 冬片

13. 宁红太子茶艺第七道将水质、茶质喻为(　　)。

A. 石乳　　B. 兰芷　　C. 河山　　D. 江山

14. 宋徽宗赵佶写有一部茶书,名为(　　)。

A.《大观茶论》　　B.《品茗要录》　　C.《茶经》　　D.《茶谱》

15. 黄茶按鲜叶老嫩不同,分为(　　)三类。

A. 蒙顶茶、黄大茶、太平猴魁　　B. 信阳毛尖、黄大茶、洞庭茶

C. 黄金桂、黄小茶、都匀毛尖　　D. 黄芽茶、黄小茶、黄大茶

16. 接待(　　)宾客,敬茶时应用右手提供服务。

A. 韩国　　B. 美国　　C. 法国　　D. 印度

17. 下列选项中,(　　)不符合茶室插花的一般要求。

A. 以鉴赏为主,摆设位置应较低　　B. 用平实技法,进行自由型插花

C. 花取素色半开,枝叶取单支为好　　D. 一花一叶过于单调,花枝繁茂为佳

18. 最适合茶艺表演的音乐是(　　)。

A. 中外流行音乐　　B. 中国古典音乐　　C. 外国音乐　　D. 少数民族音乐

19. 陆羽泉水清味甘,陆羽以自凿泉水,烹自种之茶,在唐代被誉为(　　)

A. 樵山第一瀑　　B. 华夏第一瀑　　C. 吴中第一水　　D. 天下第四泉

20. 龙井茶泡茶的适宜水温是(　　)左右。

A. 100℃　　B. 70℃　　C. 80℃　　D. 90℃

21. 下列选项不符合茶艺师坐姿要求的是(　　)。

A. 挺胸立腰显精神　　B. 两腿交叉叠放显优雅

C. 端庄娴雅身体随服务要求而动显自然　　D. 坐正坐直显端庄

22. 宋代(　　)的主要内容是看汤色、汤花。

A. 泡茶　　B. 鉴茶　　C. 分茶　　D. 斗茶

23.《空山鸟语》是拟(　　)的古典名曲。

A. 山间流水　　B. 禽鸟之声　　C. 林间蝉噪　　D. 田野蛙鸣

24. 条索紧结,肥硕雄壮,色泽乌润,金毫特显是(　　)的品质特点。

A. 黄山毛峰　　B. 六安瓜片　　C. 君山银针　　D. 滇红工夫红茶

25. 茶艺师与宾客交谈过程中,在双方意见各不相同的情况下,(　　)表达自己的不同看法。

A. 可以婉转　　B. 可以坦率　　C. 不可以　　D. 可以公开

26. 藏族喝茶有一定礼节,三杯后当宾客将添满的茶汤一饮而尽时,(　　)。

A. 继续添茶　　B. 不再添茶　　C. 可以离开　　D. 准备送客

27. 80℃水温比较适宜冲泡(　　)茶叶。

A. 白茶　　B. 花茶　　C. 沱茶　　D. 绿茶

28. 净杯时，要求将水均匀地从茶杯洗过，而且无处不到，宁红太子茶艺将这种洗法称为(　　)

A. 孟臣淋霖　　B. 若琛出浴　　C. 流云拂月　　D. 重洗仙颜

29. 品茗焚香时使用的最佳香具是(　　)。

A. 蔑篓　　B. 木桶　　C. 香炉　　D. 竹筒

30. 六大茶类齐全的年代是(　　)。

A. 明代　　B. 清代　　C. 元代　　D. 汉代

31. 用黄豆、芝麻、姜、盐、茶合成，直接用开水沏泡的是宋代(　　)。

A. 豆子茶　　B. 薄荷茶　　C. 葱头茶　　D. 黄豆茶

32. 苏东坡诗中提到陆羽遗却的一道泉是指(　　)。

A. 安平泉　　B. 仆大泉　　C. 甘露泉　　D. 冰泉

33. 冲泡茶叶和品饮茶汤是茶艺形式的重要表现部分，称为“行茶程序”，共分为三个阶段：准备阶段、操作阶段、(　　)。

A. 品饮阶段　　B. 送客阶段

C. 清洗茶具阶段　　D. 完成阶段

34. 日本人和韩国人讲究饮茶，注重饮茶礼法。茶艺师为其服务时应注意(　　)。

A. 泡茶规范　　B. 斟茶数量　　C. 敬茶顺序　　D. 品茶方法

35. 清香幽雅、浓郁甘醇、鲜爽甜润是(　　)的品质特点。

A. 信阳毛尖　　B. 西湖龙井　　C. 皖南屯绿　　D. 洞庭碧螺春

36. 江、浙一带，人们饮茶注重滋味、香气，喜欢用(　　)茶具泡茶。

A. 盖瓷杯　　B. 玻璃杯　　C. 紫砂壶　　D. 盖茶碗

37. 摩洛哥人酷爱饮茶，(　　)是摩洛哥人社交活动中必备的饮料。

A. 调味冰茶　　B. 甜味绿茶　　C. 柠檬红茶　　D. 咸味奶茶

38. 以下(　　)现象违反了《消费者权益保护法》。

A. 禁止顾客在营业场所吸烟

B. 在消费前向顾客介绍消费细则

C. 依法成立消费者团

D. 当顾客的物品在营业场所内丢失，茶馆不必承担责任

39. 乌龙茶艺“春风拂面”意指(　　)。

A. 刮沫　　B. 淋壶　　C. 烫杯　　D. 冲水

40. 接待印度、尼泊尔宾客时，茶艺师应施(　　)。

A. 拱手礼　　B. 拥抱礼　　C. 合十礼　　D. 扪胸礼

41. 茶叶中的维生素(　　)是著名的抗氧化剂，具有防衰老的作用。

A. 维生素 A　　B. 维生素 B　　C. 维生素 H　　D. 维生素 E

42. 尽心尽职具体体现在茶艺师在茶艺服务中充分(　　)，用自己最大的努力尽到自己的职业责任。

A. 发挥主观能动性　　B. 表现自己　　C. 表达个人愿望　　D. 推销产品

43. 95℃以上的水温适宜冲泡(　　)茶叶。

A. 砖茶　　B. 乌龙茶　　C. 六安瓜片　　D. 黄山毛峰

44. 六大类成品茶的分类依据是(　　)。

A. 茶叶鲜叶原料加工　　B. 茶树品种

C. 茶树产地　　D. 发酵时间

45. “条索紧结、肥壮、沉重,似蜻蜓头,色泽砂绿,鲜润,红点明”是(　　)的品质特征。

A. 太平猴魁　　B. 祁门红茶　　C. 安溪铁观音　　D. 云南普洱茶

46. 在味觉的感受中,舌头各部位的味蕾对不同滋味的感受不一样,(　　)易感受甜味。

A. 舌尖　　B. 舌心　　C. 舌根　　D. 舌两侧

47. 茉莉花茶艺中“三才化育甘露美”喻指(　　)。

A. 润茶　　B. 闷茶　　C. 洗杯　　D. 浸茶

48. “香气清纯,滋味甜爽,汤色橙黄明净,叶底嫩黄匀亮”是指(　　)。

A. 六安瓜片　　B. 君山银针　　C. 黄山毛峰　　D. 滇红工夫红茶

49. “玉书煨、潮汕炉、孟臣罐、若琛杯”是(　　)必备的“四宝”。

A. 四川盖碗茶　　B. 藏族酥油茶　　C. 客家擂茶　　D. 潮汕工夫茶

50. 90℃左右水温比较适宜冲泡(　　)茶叶。

A. 红茶　　B. 龙井茶　　C. 乌龙茶　　D. 普洱茶

51. 茶叶冲泡程序中,“温润泡”的目的是(　　)。

A. 抑制香气的溢出　　B. 利于香气和滋味的发挥

C. 减少内含物的溶出　　D. 保持茶壶的色泽

52. 茉莉花茶艺使用的(　　)是白瓷壶。

A. 烧水壶　　B. 储水壶　　C. 冲水壶　　D. 提水壶

53. 茶叶与茶具的配合是(　　)的关键。

A. 茶艺表演台布置　　B. 茶艺表演者发挥

C. 茶艺表演创造氛围　　D. 茶艺表演成败

54. 锡作为储茶器具的优点是(　　)。

A. 透气、防潮、防氧化、防光,防异味

C. 密封、防潮、防氧化、防光、防异味

B. 透气、透氧、防氧化、防光、防异味

D. 密封、透氧、防氧化、透光、防异味

55. (　　)的程序共有七道。

A. 三清茶艺　　B. 禅茶茶艺

C. 西湖龙井茶艺　　D. 宁红太子茶艺

56. 职业道德品质的含义应包括(　　)。

A. 职业观念、职业良心和个人信念

B. 职业观念、职业修养和理论水平

C. 职业观念、文化修养和职业良心

D. 职业观念、职业良心和职业自豪感

57. 茉莉花茶艺使用的(　　)是三才杯。

A. 看汤杯　　B. 鉴叶杯　　C. 品茶杯　　D. 闻香杯

58. “茶室四宝”是指(　　)。

A. 杯、盏、泡壶、炭炉　　B. 炉、壶、瓯杯、托盘

C. 炉、壶、园桌、木凳　　D. 杯、盏、托盘、炭炉

59. 香品原料主要分为(　　)三类。

A. 天然性、植物性、动物性　　B. 植物性、动物性、合成性

C. 原生性、植物性、合成性　　D. 矿物性、动物性、植物性

60. (　　)是最能反映月下美景的古典名曲。

A.《阳关三叠》　　B.《潇湘水云》　　C.《空山鸟语》　　D.《彩云追月》

61. 安溪乌龙茶艺一般选择(　　)音乐。

A. 幽谷清风　　B. 秋虫鸣唱　　C. 南音名曲　　D. 潇湘水云

62. 自然散发的香品有(　　)。

A. 茶叶、香花　　B. 香精、兰花　　C. 香油、香花　　D. 香草、香木

63. (　　)是焚香散发香气的方式之一。

A. 与煤同烧　　B. 加油燃烧　　C. 与柴合烧　　D. 自然散发

64. 茶艺表演者着装应具有(　　)特色。

A. 民族　　B. 地方　　C. 家乡　　D. 现代

65. 茶的精神财富被称为(　　)。

A. 广义茶文化　　B. 狭义茶文化　　C. 宗教茶文化　　D. 宫廷茶文化

66. 茉莉花茶艺品茶是指三品花茶的最后一品,称为(　　)。

A. 眼观　　B. 手触　　C. 鼻品　　D. 口品

67. 香气清雅,滋味甘醇,汤色黄亮悦目,保持了金银花固有的外形和内涵是(　　)的品质特点。

A. 滇红二夫红茶　　B. 云南普洱茶　　C. 云南沱茶　　D. 金银花茶

68. 鲜爽、醇厚、鲜浓是评茶术语中关于(　　)的褒义术语。

A. 滋味　　B. 香气　　C. 叶底　　D. 汤色

69. 雅志、敬客、行道是(　　)的三个主要社会功能。

A. 茶文化　　B. 竹文化　　C. 石文化　　D. 砚文化

70. (　　)泡茶,汤色明亮,香味俱佳。

A. 河水　　B. 雪水　　C. 湖水　　D. 自来水

71. 燃烧香品的主要原料是(　　)。

A. 水草、沉香木　　B. 香草、沉香木

C. 香草、紫薇木　　D. 香椿、白樟木

72. 初次饮茶者喜欢(　　),茶水比要小。

A. 清香　　B. 醇和　　C. 淡茶　　D. 浓茶

73. 绿茶的发酵度为0°,故属于不发酵茶类。其茶叶颜色翠绿,茶汤(　　)。

A. 橙黄　　B. 橙红　　C. 黄绿　　D. 绿黄

74. 下列选项中,(　　)是茶室插花的目的。

A. 烘托品茗环境　　B. 寓意主题

C. 为茶室增添色彩　　D. 表达心情

75. 鉴别真假茶，应了解茶叶的植物学特征，嫩枝茎成(　　)。

A. 扁形　　B. 半圆形　　C. 圆柱形　　D. 三角形

76. 土耳其人喜欢喝(　　)，饮茶是土耳其一道颇具特色的生活景观。

A. 加香红茶　　B. 草莓红茶　　C. 苹果红茶　　D. 加糖红茶

77. 条形紧秀，锋苗好，色泽具有“宝光”是(　　)的品质特点。

A. 太平猴魁　　B. 祁门红茶　　C. 安溪铁观音　　D. 云南普洱茶

78. 审评茶叶应包括外形与内质两个项目。但大部分茶类都比较注重(　　)两因子。

A. 汤色与滋味　　B. 香气与滋味　　C. 外形与滋味　　D. 色泽与香气

79. 相传苏东坡非常喜欢杭州(　　)的泉水，每天派人打水，又怕人偷懒将水掉包，特意用竹子制作了标记，僧人作为取水的凭证，后人称之为“调水符”。

A. 龙井泉　　B. 仆夫泉　　C. 玉女泉　　D. 虎跑泉

80. 开展道德评价时，(　　)对提高道德品质修养最重要。

A. 批评检查他人　　B. 相互批评　　C. 相互攀比　　D. 自我批评

81. 贸易标准样是茶叶对外贸易中(　　)和货物交接验收的实物依据。

A. 成交计价　　B. 毛茶收购　　C. 对样加工　　D. 茶叶销售

82. 判断好茶的客观标准主要从茶叶外形的匀整、色泽、(　　)、净度来看。

A. 韵味　　B. 叶底　　C. 品种　　D. 香气

83. 下列水中(　　)称为硬水。

A. Cu_2、Al_3 的含量大于 8 mg/L　　B. Fe_2、Fe_3 的含量大于 8 mg/L

C. Zn_2、Mn_2 的含量大于 8 mg/L　　D. Ca_2、Mg_2 的含量大于 8 mg/L

84. 茶艺表演者的服饰要与(　　)相配套。

A. 表演场所　　B. 观看对象　　C. 茶叶品质　　D. 茶艺内容

85. 茶艺师为 VIP 宾客服务，每天都要了解 VIP 宾客的(　　)。

A. 预定节目　　B. 预定情况　　C. 接待动向　　D. 工作情况

86. 茉莉花茶的“春江水暖鸭先知”的寓意是(　　)。

A. 洗杯　　B. 烫杯　　C. 闷茶　　D. 冲水

87. 泡茶和饮茶是(　　)的主要内容。

A. 茶道　　B. 茶仪　　C. 茶艺　　D. 茶宴

88. 茉莉花茶艺“回味”被喻为是(　　)。

A. 尘心洗尽兴难尽　　B. 临风一啜心自省

C. 众人之醉我可清　　D. 茶味人生细品悟

89. 茶艺师在与信奉佛教宾客交谈时，不能(　　)。

A. 问其法号　　B. 问其寺庙名或庵堂名

C. 问其尊姓大名　　D. 问其佛教传说

90. 红茶的呈味物质茶褐素使(　　)，它的含量增多对品质不利。

A. 茶汤发红，叶底暗褐　　B. 茶汤红亮，叶底暗褐

C. 茶汤发暗，叶底暗褐　　D. 茶汤发红，叶底红亮

91. 碧螺春冲泡置茶一般采用(　　)。

A. 上投法　　B. 中投法　　C. 下投法　　D. 点茶法

92. 明代以后，茶馆(室)的茶挂主要是(　　)

A. 国画图轴　B. 书法字轴　C. 油画挂图　D. 年画挂图

93. 构成礼仪最基本的三大要素是(　　)。

A. 语言、行为表情、服饰　B. 礼节、礼貌、礼服

C. 待人、接物、处事　D. 思想、行为、表现

94. 汤色清澈，馥郁清香，醇爽回甜是(　　)的品质特点。

A. 云南普洱茶　B. 滇红工夫红茶

C. 云南沱茶　D. 金银花茶

95. 新茶的主要特点是(　　)。

A. 条索紧结　B. 滋味醇和　C. 香气清鲜　D. 叶质柔软

96. (　　)茶叶的种类有粗、散、末、饼茶。

A. 汉代　B. 元代　C. 宋代　D. 唐代

97. 冲泡绿茶时，通常用一只容量为100～150 mL的玻璃杯，投茶量为(　　)。

A. 1～2 g　B. 1～1.5 g　C. 2～3 g　D. 3～4 g

98. 煎制饼茶前须经炙、碾、罗工序的是唐代的(　　)

A. 煎茶的技艺　B. 庵茶的技艺　C. 煮茶的技艺　D. 泡茶的技艺

99. 明代以后，茶挂中内容主要含义有(　　)。

A. 季节、茶品、价码　B. 季节、时间、客人

C. 工艺、茶类、用水　D. 茶类、茶具、客人

100. 龙井茶艺的(　　)是寓意向嘉宾三致意。

A. 金狮三呈样　B. 祥龙三叩首

C. 凤凰三点头　D. 孔雀三清声

101. (　　)多数人爱饮加糖和奶的红茶，也酷爱冰茶。

A. 日本人　B. 法国人　C. 印度人　D. 美国人

102. “茶汤青绿明亮，滋味鲜醇回甘。头泡香高，二泡味浓，三四泡幽香犹存”是(　　)的品质特点。

A. 安溪铁观音　B. 云南普洱茶　C. 祁门红茶　D. 太平猴魁

103. 反映山水之音的古典名曲是(　　)

A.《情乡行》　B.《潇湘水云》　C.《霓裳曲》　D.《鹧鸪飞》

104. 新茶叶的保存应注意氧气的控制，维生素C的氧化及茶黄素、(　　)的氧化聚合都和氧气有关。

A. 茶褐素　B. 茶色素　C. 叶黄素　D. 茶红素

105. 红茶、绿茶、乌龙茶的香气主要特点是红茶甜香、绿茶板栗香、乌龙茶(　　)。

A. 清香　B. 花香　C. 熟香　D. 浓香

106. 茶艺是(　　)的基础。

A. 茶文　B. 茶情　C. 茶道　D. 茶俗

107. 下列不符合茶艺表演者发型要求的是(　　)。

A. 短发　B. 马尾辫　C. 长发披肩　D. 寸头

108. 琴、棋、书、画是我国古代(　　)修身的四课内容。

A. 儒家　　B. 道家　　C. 隐居者　　D. 士大夫

109. 玉泉催花是宁红太子茶艺(　　)的雅称。

A. 洗器　　B. 献茶　　C. 烧水　　D. 筛水

110. 为(　　)宾客服务时,要注意斟茶不能过满,奉茶时要用双手。

A. 壮族　　B. 苗族　　C. 白族　　D. 藏族

111. 红、绿茶卫生标准规定重金属指标中,绿茶中铅的含量为(　　)

A. <0.2mg/kg　　B. <0.4mg/kg　　C. <0.5mg/kg　　D. <2mg/kg

112. 不适合录制品茶时播放的大自然之声是(　　)。

A. 暴雨雷鸣　　B. 山泉飞瀑　　C. 小溪流水　　D. 雨打芭蕉

113. 品饮(　　)时,茶水的比例以 1∶50 为宜。

A. 铁观音　　B. 青茶　　C. 凤凰水仙　　D. 绿茶

114. 清饮法是以沸水直接冲泡叶茶,清饮茶汤,品尝茶叶(　　)。

A. 香味　　B. 真香本味　　C. 汤色　　D. 欣赏“茶舞”

115. 普洱茶是以云南省一定区域内的云南(　　)毛茶为原料,经过后发酵加工而成的散茶和紧压茶。

A. 大叶种蒸青　　B. 大叶种炒青　　C. 大叶种烘青　　D. 大叶种晒青

116. 普洱熟茶品性温和,独具陈香、醇厚、味甘滑的风韵。冲泡时宜使用(　　),可以减少茶中令人不舒服的杂味。

A. 瓷质盖碗　　B. 透明玻璃杯　　C. 紫砂壶　　D. 瓷壶

117. 收购毛茶的质量标准称为(　　)。

A. 茶叶标准样　　B. 毛茶标准样　　C. 加工标准样　　D. 贸易标准样

118. (　　)茶艺的程序共为 16 道。

A. 武夷　　B. 龙井　　C. 安溪乌龙茶　　D. 宁红太子茶艺

119. 乌龙茶审评的杯碗规格,碗高(　　),容量 110 mL。

A. 60 mm　　B. 55 mm　　C. 45 mm　　D. 50 mm

120. (　　)对“茶醉”无缓解作用。

A. 吃水果　　B. 吃糖果　　C. 吃点心　　D. 抽烟

121. 宁红太子茶艺焚香时使用(　　),是有一定寓意的。

A. 1 个香炉　　B. 2 个香炉　　C. 3 个香炉　　D. 4 个香炉

122. 茶叶保存应注意光线照射,因为光线能促进植物色素或脂质的(　　),加速茶叶的变质。

A. 分解　　B. 化合　　C. 还原　　D. 氧化

123. (　　)的表演程序共为 12 道。

A. 龙井茶艺　　B. 普洱茶艺　　C. 婺绿茶艺　　D. 金佛茶艺

124. 古人对泡茶水温十分讲究,认为“水老”,茶汤品质(　　)。

A. 茶叶下沉,新鲜度提高　　B. 茶叶下沉,新鲜度下降

C. 茶浮水面,鲜爽味减弱　　D. 茶浮水面,鲜爽味提高

125. 阅画、赏花、焚香与品茗是古代(　　)的系统。

A. 论道　　B. 参禅　　C. 茶艺　　D. 习画

126. 在茶艺演示冲泡茶叶过程中的基本程序是：备器、煮水、温壶(杯)、置茶、(　　)、奉茶、收具。

A. 高冲水　　B. 分茶　　C. 冲泡　　D. 淋壶

127. 遵守职业道德的必要性和作用，体现在(　　)。

A. 促进茶艺从业人员发展，与提高道德修养无关

B. 促进个人道德修养的提高，与促进行风建设无关

C. 促进行业良好风尚建设，与个人修养无关

D. 促进个人道德修养、行风建设和事业发展

128. 普洱茶的香气特点是(　　)。

A. 毫香　　B. 蜜香　　C. 陈香　　D. 花香

129. 职业道德是人们在职业工作和劳动中应遵循的与(　　)紧密相联系的道德原则和规范总和。

A. 法律法规　　B. 文化修养　　C. 职业活动　　D. 政策规定

130. 茶叶(　　)是茶叶保鲜的重要条件。

A. 浓　　B. 鲜　　C. 清　　D. 干

131. 在各种茶叶的冲泡程序中，茶叶的用量、(　　)和茶叶的浸泡时间是冲泡技巧中的三个基本要素。

A. 壶温　　B. 水温　　C. 水质　　D. 水量

132. 红茶按加工工艺分为(　　)三大类。

A. 滇红、宁红、宜红工夫　　B. 宁红、政和、小种红茶

C. 工夫、小种红茶和红碎茶　　D. 湖红、川红、正山小种

133. 陆羽《茶经》指出：其水，用山水上，(　　)中，井水下，其山水，拣乳泉石池漫流者上。

A. 河水　　B. 溪水　　C. 泉水　　D. 江水

134. 下列(　　)不属于调饮法饮茶方式。

A. 茶汤中加盐　　B. 茶汤中加糖　　C. 茶汤中加奶　　D. 茶汤中加水

135. (　　)饮茶，大多推崇纯茶清饮，茶艺师可根据宾客所点的茶品，采用不同方法沏茶。

A. 汉族　　B. 苗族　　C. 白族　　D. 侗族

136. 溶液的酸碱度越大，(　　)值越大。

A. pg　　B. pH　　C. ppt　　D. ppm

137. 世界上第一部茶书的书名是(　　)。

A.《茶谱》　　B.《茶经》　　C.《茶酒论》　　D.《采茶录》

138. 茉莉花茶艺投茶的喻意是(　　)。

A. 落英缤纷　　B. 仙女散花　　C. 落雁沉鱼　　D. 落花有意

139. 香气清高、味道甘鲜是(　　)的品质特点。

A. 六安瓜片　　B. 君山银针　　C. 黄山毛峰　　D. 滇红工夫红茶

140. 下列选项中，(　　)不符合热情周到服务的要求。

A. 宾客低声交谈时，应主动回避

B. 仔细倾听宾客的要求，必要时向宾客复述一遍

C. 宾客之间谈话时，不要侧耳细听

D. 宾客有事招呼时，要赶紧跑步上前询问

141.（　　）水无色透明，无悬浮物，其味颇似汽水，具有用以和面烙饼、蒸馒头既不用发酵，也不必用碱中和的奇特功效。

A. 神堂泉　　B. 神泉　　C. 雪银泉　　D. 熏治泉

142. 乌龙茶艺主要以工夫茶艺来表现，中国工夫茶茶艺按照地区及民俗可分为（　　）、台湾、闽南和武夷山工夫茶艺四大流派。

A. 四川　　B. 云南　　C. 广东　　D. 江浙

143. 台湾工夫茶源自于（　　）工夫茶，是在传统工夫茶的基础上进行改良的，也称为现代工夫茶。

A. 福建　　B. 广东　　C. 潮汕　　D. 四川

144. 茶叶中含有（　　）多种化学成分。

A. 100　　B. 300　　C. 600　　D. 1 000

145. 在秦汉时代出现了（　　）。

A. 焚香　　B. 烧纸　　C. 祭祀　　D. 拜神

146. 信阳毛尖内质的品质特点是（　　）

A. 汤色碧绿、滋味甘醇鲜爽　　B. 清香幽雅、浓郁甘醇、鲜爽甜润

C. 内质清香、汤绿味浓　　D. 香高馥郁、味浓醇和、汤色清澈明亮

147. 品茗赏花插的花称为（　　）

A. 斋花　　B. 室花　　C. 茶花　　D. 轩花

148. 宾客进入茶艺室，茶艺师要笑脸相迎，并致亲切问候，通过（　　）和可亲的面容使宾客进门就感到心情舒畅。

A. 轻松的音乐　　B. 美好的语言　　C. 热情的握手　　D. 严肃的礼节

149. 品茗、营业、表演是（　　）的三种形态。

A. 游艺　　B. 文艺　　C. 画艺　　D. 茶艺

150. 女性茶艺表演者如有条件可以（　　），可平添不少风韵。

A. 戴一只玉镯　　B. 戴一只手表　　C. 佩戴金银饰物　　D. 抹香味化妆品

151. 为（　　）宾客服务时，尽量当着宾客的面冲洗杯子，端茶时要用双手。

A. 维吾尔族　　B. 景颇族　　C. 纳西族　　D. 布依族

152. 在冲泡乌龙茶时，第一泡1分钟左右将茶汤与茶分离，从第二泡起每次比前一泡多浸（　　）

A. 30 s　　B. 15 s　　C. 60 s　　D. 75 s

153. 原始社会茶具的特点是（　　）。

A. 金属茶具　　B. 一器多用　　C. 木制茶具　　D. 石制茶具

154. 巴基斯坦人饮茶普遍爱好（　　），而西北部流行饮（　　）。

A. 牛奶绿茶　柠檬红茶　　B. 冰茶　薄荷绿茶

C. 甜味绿茶　牛奶红茶　　D. 牛奶红茶　甜绿茶

155. 钻研业务、精益求精具体体现在茶艺师不但要主动、热情、耐心、周到地接待品茶

客人,而且必须(　　)

A. 熟练掌握不同茶品的沏泡方法　　B. 专门掌握本地茶品的沏泡方法

C. 专门掌握茶艺表演方法　　D. 掌握保健茶或药用茶的沏泡方法

156. 茶艺师与宾客交谈时,应(　　)。

A. 保持与对方交流,随时插话　　B. 尽可能多地与宾客聊天交谈

C. 在听顾客说话时,随时做出反应　　D. 对宾客礼貌,避免目光正视对方

157. 优质绿茶香气的特点是(　　)。

A. 香气馥郁带鲜花香　　B. 板栗香、奶油香或锅炒香

C. 甜香或焦糖香　　D. 清香带海藻味

158. 接待身体残疾的宾客时,应(　　)。

A. 尽可能将其安排在离出、入口较近位置,便于出入

B. 将其安排在窗前

C. 尽可能将其安排在光线好的位置

D. 将其安排在适当位置,遮掩其缺陷

159. 体力劳动者常选用(　　)泡茶。

A. 茶杯　　B. 茶壶　　C. 茶碗　　D. 茶盅

160. 皖南屯绿内质的品质特点是(　　)

A. 汤色碧绿、滋味甘醇鲜爽

B. 清香幽雅、浓郁甘醇、鲜爽甜润

C. 内质清香,汤绿味浓

D. 香高馥郁,味浓醇和,汤色清澈明亮

二、判断题(第161～200题。将判断结果填入括号中。正确的填"√",错误的填"×"。每题0.5分,满分20分。)

(　　)161. 宋代哥窑的产地在浙江龙泉。

(　　)162. 舒城小兰花干茶色泽属于金黄型。

(　　)163. 茶树性喜温暖、湿润,在南纬50°与北纬40°之间都可以种植。

(　　)164. 接待蒙古族宾客,敬茶时应用右手,以示尊重。

(　　)165. 原料不同不属于陶器与瓷器的区别。

(　　)166. 在为VIP宾客提供服务时,茶艺师应根据VIP宾客是新客或常客和茶艺馆的规定配备茶品。

(　　)167. 引发茶叶变质的主要因素是温度、水分、氧气和光线。

(　　)168. 茶船是用来中和茶汤,使之浓淡均匀。

(　　)169. 景瓷宜陶是明代茶具的代表。

(　　)170. 茶艺职业道德的基本准则,应包含这几方面主要内容:遵守职业道德原则,热爱茶艺工作,不断提高服务质量等。

(　　)171. 茶艺师在为信奉佛教宾客服务时,可行合十礼,以示敬意。

(　　)172. 茶礼精神是茶文化的核心。

(　　)173. 提高自己的学历水平不属于培养职业道德修养的主要途径。

(　　)174. 绿茶的种类有炒青、烘青、晒青三种。

(　　)175. 在为宾客引路指示方向时，应用手明确指向方向，面带微笑，眼睛看着目标，并兼顾宾客是否意会到目标。

(　　)176. 在茶叶不同类型的滋味中，平和型的代表茶是武夷岩茶、南安石亭绿等。

(　　)177. 接待傣族宾客，茶艺师斟茶时应把茶斟满杯，以示对宾客的尊重。

(　　)178. 真诚守信是一种社会公德，它的基本作用是提高技术水平和竞争力。

(　　)179. 为了表示尊重，在与宾客交谈时，目光不要注视对方，避免对方紧张。

(　　)180. 茶艺服务中的文明用语包括语气、表情、声调等，在与品茶客人交流时要语气平和、态度和蔼、热情友好。

(　　)181. 消费者与经营者发生权益纠纷时可以与经营者协商和解、可以请求消费者协会调解、可以向有关行政部门申诉、可以提请仲裁机构仲裁、可以向人民法院提起诉讼。

(　　)182. 茶叶中的茶多酚具有降血脂、降血糖、降血压的药理作用。

(　　)183. 茶叶中主要药用成分有咖啡碱、茶多酚、氨基酸、维生素、矿物质等。

(　　)184. 雨水属于软水。

(　　)185.《食品卫生法》中规定茶艺师每两年进行健康体检一次。

(　　)186. 龙井茶艺所用的茶杯为陶瓷杯。

(　　)187. 俄罗斯人喜欢纯茶清饮，茶艺师在服务中可推荐一些素食茶点。

(　　)188. 红茶类属全发酵茶类，其茶叶颜色深红，茶汤呈朱红色。

(　　)189. 瓷器茶具按色泽不同可分为白瓷、青瓷和玉瓷茶具等。

(　　)190. 西湖龙井茶属于典型的扁炒青绿茶。

(　　)191. 茶艺师可以用关切的询问、征求的口气，提议的问话和简洁郑重的回答来加深与宾客的交流和理解，有效地提高茶艺馆的服务质量。

(　　)192. 经营单位取得“卫生许可证”后，向工商行政管理部门申请登记，办理营业执照。

(　　)193. 基本茶类分为不发酵的绿茶类，全发酵的红茶类，半发酵的青茶类，重发酵的白茶类，后发酵的黄茶类和部分发酵的黑茶类，共六大茶类。

(　　)194.《茶叶卫生标准》规定茶叶中 DDT 的含量不能超过 0.2 mg/kg。

(　　)195. 烹茗井在灵隐山，白居易曾经用它煮饮茶汤，因此而得名。

(　　)196. 茶艺师与宾客道别时，可通过巧妙利用一些特别的情景，加上特别的问候，让人倍感温馨，使人留下深刻而美好的印象。如六一节，可选恰当机会亲切地与随大人购物的小孩道别，可说“祝小朋友节日快乐”。

(　　)197. 在茶冲泡过程中，双手将茶奉到宾客面前是中国传统礼节客来敬茶的具体表现。

(　　)198. 审评红、绿、黄、白毛茶的审评杯碗规格，要求杯高 73 mm、杯容量 200 mL，碗高 58 mm、碗容量 200 mL。

(　　)199. 武夷岩茶的汤色主要是金黄型。

(　　)200. 在为 VIP 宾客提供服务时，应选用高档名贵茶具。

第二部分　技能测试

试卷一　口试

(1) 考场、物品准备

①采光良好，无异味的小茶室一个。

②茶艺口试题签 20 个。

(2) 考核内容

①仪容仪表、礼节礼貌的检查

②茶文化知识考核两题，时间为 3 分钟

③茶艺英语考核两题，时间为 3 分钟

(3) 评分标准与评分记录

系别：________ 班级：________ 姓名：________ 学号：________

序号	鉴定内容	考核要点	配分	考核评分的扣分标准	扣分	得分
1	仪表及礼仪	形象自然、得体，穿着服装符合民俗茶艺特点；能够正确运用礼节，表情自然，面带微笑	10 分	服装不符合泡茶要求扣 1 分，配饰繁杂扣 1 分		
				礼节表达不够准确扣 1 分		
				表情生硬扣 1 分，目光低视扣 1 分		
				不注重礼貌用语扣 1 分，仪表欠端庄扣 1 分		
2	知识问答	回答问题及时、准确，语言生动，音色优美动听	10 分	回答问题不够准确扣 5 分		
				语言生硬扣 3 分		
3	茶艺英语	英语表述准确、明白，发音清楚、准确，语速合适	5 分	发音不准，介绍不清楚扣 4 分		
				发音尚准，介绍较完整扣 2 分		
合计：25 分						

试卷二　绿茶(乌龙茶、花茶)茶艺表演

(1) 考场、物品准备

①采光良好，无异味，能容纳单人单桌的小茶室一个。

②茶桌、茶具、音响、考生自备装饰用品。

(2) 考核内容

①仪容仪表、礼节礼貌

②茶艺演示与解说

③操作手法规范、卫生

④茶艺表演的艺术性

（3）评分标准与评分记录

茶艺师操作技能考核评分记录表

考件编号：________ 姓名：________ 准考证号：________ 系别：________

序号	鉴定内容	考核要点	配分	考核评分的扣分标准	扣分	得分
1	仪表及礼仪	服饰符合泡茶要求	10分	服装不符合泡茶要求扣1分，配饰繁杂扣1分		
		走姿身直步适中		走姿摇摆扣1分，脚步过大扣0.5分		
		站姿身直挺自如		站姿身歪腿张扣1分，目光低视扣1分		
		坐姿身直腿合拢		坐姿身欠直目低视扣1分 目光低视仪表欠自如扣1分		
		自我介绍注重礼仪表现		不注重礼貌用语扣1分；仪表欠端庄扣1分		
2	名茶选择准备	选择名茶正确快捷	10分	未能正确选出所需名茶扣5分，选茶犹疑扣3分		
		选罐装茶艺术		装罐不够艺术扣3分，装罐尚艺术扣2分		
		装茶手法卫生		装罐手法不够卫生扣2分		
3	茶具艺术选配摆放	茶具配套齐全	10分	茶具选配错乱、不利索扣5分		
		茶具选配艺术		茶具配套齐全，色泽、大小尚艺术扣2分		
		茶具摆放位置、距离、方向美观，方便操作使用		茶具摆放位置欠正确、欠美观扣3分		
				茶具摆放位置距离不当扣1分		
				茶具花纹方向不注意扣2分		
4	音乐饰品选择	音乐选择与茶艺内涵相辉映	10分	音乐内容与茶艺内涵相违扣4分		
				音乐内容尚能与茶艺相配扣2分		
		装饰用品能够突出茶艺意境		装饰用品与茶艺意境相违扣4分		
				装饰用品尚能辉映茶艺意境扣2分		
5	茶艺解说	完整、流利介绍茶艺程序内容	10分	介绍茶艺程序不完整，语言表达差扣6分		
		语言清晰动听，富有感染性		介绍茶艺程序尚完整，内容欠详，语言平淡扣4分		
				介绍茶艺程序完整，语言欠清晰动听扣2分		

续表

序号	鉴定内容	考核要点	配分	考核评分的扣分标准	扣分	得分
6	茶艺表演操作	表演全过程流畅	15分	未能连续完成,中断或出错3次以上扣9分		
				能基本顺利完成,中断或出错2次以下扣6分		
				能不中断的完成,出错1次扣2分		
		表演操作快慢、起伏有明显的节奏感		表演操作技艺平淡,缺乏节奏感扣6分		
				表演操作技艺得当欠娴熟,节奏感尚明显扣3分		
				表演操作技艺得当、娴熟,节奏感尚明显扣1分		
7	茶艺表演姿态仪容	表演姿态造型美观、艺术感强,仪容自如	10分	表演姿态造型平淡,表情紧张扣6分		
				表演姿态造型尚显艺术感,表情平淡扣4分		
				表演姿态造型美观,仪容表情尚自如扣1分		
		合计:75分				

考评员:________ 年 月 日 核分人:________ 年 月 日

下　编

舞台表演型茶艺

导读

舞台表演型茶艺经过二十多年的实践，各地茶文化工作者们相继编创了许多内容丰富、形式多样的茶艺表演，在中华大地的茶艺活动中“百花齐放，推陈出新”。

茶艺表演作为一种独特的艺术表现形式，既具有一般艺术表演的共性特征，也存在着一些个性特征；茶艺表演在编创过程中应把握好主题思想、人物、动作、道具、服饰、音乐、背景、灯光等八个方面；茶席设计是现代的一个新生名词，是随着茶艺表演的发展而逐渐出现并流行起来的。茶席设计的基本要素主要有茶叶、茶具、铺垫、背景和点缀品；茶艺解说词是对茶艺表演内容的解说，这样可以引导观众如何欣赏茶艺表演，帮助观众理解表演的主题和相关内容，使其更好地达到艺术效果；语言、行为、表情和服饰是构成茶艺礼仪最基本的三大要素，在整个茶事活动中，礼仪应始终贯穿其中，并要有具体的落实。

本编所介绍的舞台表演型茶艺均为河北旅游职业学院茶艺表演队的演出节目。这里面既有以地方泡茶方法为主题编创的《将进茶》茶艺表演和四川《长流铜壶》茶艺表演，有以民俗作为主题编创的《擂茶》茶艺表演，也有以现代茶具和茶品为主题编创的《荷香茶语》工艺花茶茶艺表演，以及以宗教作为主题编创的《禅茶意蕴》茶艺表演，使学习者通过模拟练习、自主编创从而掌握舞台型茶艺表演的编排与演示过程，达到高级茶艺师所应具备的专业知识与技能水平。

项目一　琴棋书画入茶间
——舞台表演型茶艺编创

学习目标

- 舞台表演型茶艺的艺术特征
- 舞台表演型茶艺的编创
- 能够掌握舞台型茶艺表演的茶席设计手法
- 能够针对不同主题进行舞台表演型茶艺的解说词编创

舞台表演型茶艺是指通过对茶叶的冲泡和品饮等一系列形体动作，反映一定的生活现象，表达一定的主题思想，具有一定的场景和情节，讲究舞台美术、音乐、诗词、服饰等的配合，使人得到熏陶和启示，也给人以审美愉悦的一种独特的艺术表现形式。

工作任务一　舞台型茶艺表演认知

案例导入

“茶艺”是否艺术？

日常因解渴需要而大碗（杯）喝茶，只是满足生理上的需要，对泡茶方式和茶具、环境无所要求，自然也就没有什么艺术可言。但只要将喝茶提升到品饮的层次，并为了满足精神上的需求，从而对泡茶方式、器具、环境以及参与者本身都有一定的要求，这自然就具有一定的艺术性。而当人们对这种艺术性有了自觉的追求时，泡茶和品茶也就成为一门生活艺术。生活型的茶艺，因为它的冲泡方式和茶具都富有艺术性，因而日益受到各地茶人的欢迎，已经成为各地茶艺馆的主要经营项目。至于表演型的茶艺，其艺术性自然更强，更具观赏性。经过十多年的实践，舞台表演型茶艺（或称主题茶艺）已经发展为一种新型的文艺形式，它通过茶叶的冲泡和品饮等一系列形体动作，以及一定的场景和情节的设置和舞台美术与音乐的结合，反映一定的生活现象，表达一定的主题，既使人得到熏陶和启示，也给人以审美的愉悦。

点评：茶艺是我国传统艺术中一枝奇葩，是随着人们的日常生活而逐步形成的一门生活艺术，它通过简单的泡茶、品饮使人获得怡目悦口的身心感受，并由此引发人们怡神悦志的精神感受，正所谓“茶性不可污，为饮涤凡尘”。

理论知识

一、舞台茶艺表演的艺术特征

舞台茶艺表演在我国古已有之，随着现代茶艺的蓬勃发展，舞台茶艺表演也逐渐成为一种全新的艺术表现形式。与一般的艺术表演相比，舞台茶艺表演既具有一般艺术表演的共性特征，也存在着一些个性特征，具体包括：

1. 茶之性——静

茶树默默生长在大自然中，禀山川之灵气，得日月之精华，天然赋有谦谦君子之风。自然条件决定了茶性微寒，味醇而不烈，与一般饮料不同，饮后使人清醒而不过度兴奋，更加安静、冷静、宁静、平静、雅静、文静。因此茶事活动一般都应具有静的特点。周渝先生曾说：静不是死板，静是活的，要由动来达到静，是每个人都能够达到的。有些人心里很烦，你要他去面壁、去思考，那更烦、更可怕。可是如果你专心把茶泡好，你自然就进去了，就“静”了。所以动中有静，静中有动，这是一个很简单的入静法门，又是很快乐的。茶艺和一般的艺术不同，它是静的艺术，动作不宜太夸张，节奏也不宜太快，音乐不宜太激昂，灯光不宜太强烈。

2. 茶之魂——和

和既是中国茶道的核心，也是中国茶艺的灵魂。自孔子创立儒家以来，直到后来孟子、荀子等大家的丰富，和一直是中国儒家哲学的核心思想。历代茶人在茶事活动中常会注入儒家修身养性、锻炼人格的功利思想，同时也就将儒家的一些精髓融入茶事当中，并提出茶具有中和、高雅、和谐、和平、和乐、和缓、宽和等意义。因此无论是煮茶过程、茶具的使用，还是品饮过程、茶事礼仪的动作要领，都要不失和的风韵，选择的主题不宜太过对立、冲突、争斗、尖锐。

3. 茶之韵——雅

雅可与高尚、文明、美好、规范等内容组合在一起，与雅一起组成的有高雅、儒雅、文雅、风雅、优雅、清雅、淡雅、古雅、幽雅等等美好的词汇。雅也是中国茶艺的主要特征之一，它是在“和”、“静”基础上形成的神韵。在整个茶艺表演过程中，表演者应从始至终表现出高雅、文雅、优雅的气质，不能俗气、俗套、俗不可耐。

茶艺表演的这三个艺术特征，我们在整个编创过程中应紧紧遵循，从整个茶事活动中体现出来。

二、舞台型茶艺表演编排要求

1. 主题思想

主题思想是舞台茶艺表演的灵魂。无论你是取材于古代文献记载还是现实生活，表演型茶艺都要有一个主题。如周文棠先生根据朱权《茶谱》中记载文献编创的《公刘子朱权茶道》；南昌女子职业学校编创的《唐宫茶艺》，是根据唐代清明茶宴来反映唐代茶文化的盛况；《禅茶意蕴》则是根据佛门喝茶方式及用茶来招待客人的习惯进行的编创，以体现禅茶一味的思想；婺源的《文士茶》则是根据明清徽州地区文人雅士的品茗方式进行的编创，反映的是明清茶文化的高雅风韵；《白族三道茶》则是取材于少数民族茶俗，通过一苦二甜三回味的三道茶，来告诫人们人生要先吃苦后方能享受幸福。有了明确的主题后，才能根据主题来构思节目风格，编创表演程序、动作，选择茶具、服装、音乐等进行排练。

2. 人物

根据主题要求，首先确定表演人数，一般茶艺表演的组合有一人、二人、三人和多人，如南昌女子职业学校的《唐宫茶艺》、《禅茶意蕴》表演可以多达十几人。一人型茶艺表演多数是生活型茶艺表演，或是给客人表演冲泡技艺。二人型茶艺表演一般是一个为主泡，另一个为助泡。主泡负责泡茶，助泡负责端茶具、奉茶等，配合主泡进行泡茶。三人型的由一人担任主泡，另外两人为助泡，配合主泡泡茶。一般主泡位居中间，助泡分别立于左右两旁。多人型的也一般是选择一个为主泡，其余的人为助泡，但分工会有所不同。多人型的还有一种表演方式，可以每个人都是主泡，如《集体功夫茶》每个人的服装、道具、动作都完全统一，没有主次之分。

确定了表演人数之后，接下来就要挑选演员了。茶艺是门高雅的艺术，表演者的文化修养与气质将直接影响茶艺表演的舞台效果，因此必须仔细挑选。茶艺表演人员的形象要求除了要根据大众的审美标准之外，还要综合考虑演员的文化素质和艺术修养，所以应尽可能挑选有一定文化修养又懂茶艺的演员。目前我国茶艺表演一般是以年青女性为多，但也可以根据节目的主题选择男士或年龄较大的演员。如《唐宫茶艺》、《将进茶》中就可选用男演员参与泡茶。此外茶艺表演反映的主体与内容不同，选择的演员形象也要有所不同。例如《唐宫茶艺》，因为唐代是以肥胖为美，故选择的演员就应该丰满一些；宋代是以瘦为美，故《仿宋茶艺》中的演员就应以清秀为主；《擂茶》、《新娘茶》等民俗茶艺则应选那些表情活泼的女孩。主泡和助泡相比，主泡应略高于助泡，其形象、气质要更好一些。不管主泡还是助泡，手都应该纤细、匀称、白皙。

3. 动作

主要是指表演者的肢体语言，包括眼神、表情、走(坐)姿等。总的要求是动作要轻盈、舒缓，如行云流水般，可以运用一些舞蹈动作，但动作幅度不宜太大，也不能过于夸张，以免给人做作之感。泡茶时动作要娴熟、连贯、圆润，避免茶具碰撞，放在左边的茶具应用左手拿，最好不要使双手交叉。茶汤不能洒在桌上。表情要自然，既不能板着面孔，也不能嬉皮笑脸。眼神要专注、柔和不能飘移，更不能东张西望或窥视，给人以不庄重感，但也不能埋头苦干，要有与观众交流的时候。此外编排者还应注意整个程序要紧凑，有变化，要能吸引人。

4. 服饰

包括服装、发型、头饰和化妆。具体包括：

(1) 服饰要根据主题来设计，主要以中国传统服饰为主，一般是旗袍或对襟衫和长裙。裙子不宜太短，不能太暴露。手上不宜佩戴手表、首饰，更不能涂指甲油，也不能染发。妆容以淡妆为好，不宜过于浓艳，以免显得俗气。

(2) 服饰选择方面要考虑应与历史相符合，表演《唐宫茶艺》就应选用具有唐朝典型特点的服饰，《仿宋茶艺》就应选择宋代服饰，一些具有特殊意义的茶服饰也应相互辉映。如《禅茶意蕴》、《道茶》中就要选择特定的僧、道服饰。

(3) 服饰选择时最好还能与所泡的茶相符合，如泡的是绿茶，其特点是叶绿汤清，那就最好不要穿红色、紫色等色泽太深的服饰，最好选择白色、绿色等素雅的颜色。如杭州袁勤迹表演《龙井问茶》时身着白底镶绿边的旗袍，就显得特别清新脱俗，效果非常好。

5. 道具

主要是指泡茶的器具，包括茶具、桌椅、陈设等，是茶艺表演的重要组成部分之一。道

具的选择主要是根据茶艺表演的题材来确定，如反映现代生活题材的就可选用紫砂、盖碗、玻璃等多种茶具，但如果是古代题材就不能选用玻璃器具。清花瓷是在元代才出现的，那么元代以前的茶艺表演就不能选用清花瓷，紫砂茶具是在明清时期才开始逐渐流行的，那么在宋代点茶中就不应出现紫砂壶。茶艺表演中应力戒出现明显的败笔。其次，选用的茶具色彩还应呼应主题，最好能与服饰色彩相互呼应，那样效果会更好。如《文士茶艺》表演中，选用了青花瓷茶具、青色镶蓝边的罗裙，这些都与所泡的绿茶相吻合，而且青花瓷又是江西景德镇的特色，这样使得整个茶艺表演显得十分协调。再如《仿宋茶艺》中选用了宋代盛行的兔毫盏，还插上一枝色彩素雅的鲜花，不仅起到装饰作用，还符合了当时宋代茶人将挂画、焚香、插花、点茶融在一起的喜好。至于民俗茶艺则要选用当地的茶具，但也不能太土，需要适当的艺术化，以免给人一种俗气、难登大雅之堂的感觉。

6. 音乐

音乐可以营造浓郁的艺术气氛，吸引观众注意力，引领大家进入诗意的境界。茶艺表演过程中，演员不宜开口说话，更不能唱歌，所以选用音乐对氛围的营造十分重要。一般来说，民俗类的茶艺多选用当地的民间曲调。如江西的《擂茶》就选用当地名歌《斑鸠调》和《江西是个好地方》；广西的《茉莉花茶艺》则选用民歌《茉莉花》。历史题材的应注意时空，不要时空错乱。如《唐宫茶艺》就要用唐代音乐，《仿宋茶艺》就要选用宋代音乐，总之要与主题相符，并能帮助营造氛围。

我国有很多古典名曲，可供茶艺表演使用。如反映月下美景的有：《春江花月夜》、《月儿高》、《霓裳曲》、《彩云追月》等；反映山水之音的有：《流水》、《汇流》、《潇湘水云》等；反映思念之情的有：《塞上曲》、《阳关三叠》、《远方的思念》等；拟禽鸟之声态的有：《海青拿天鹅》、《平沙落雁》、《空山鸟语》、《鹧鸪飞》等。

你知道品茗环境中常用的音乐曲目是什么吗？

现在常用的茶乐专辑有：

《茶雨》，曲目有：《月落西子湖》、《茶雨》；《听泉》、《戏茶》、《古刹幽境》、《月下飘香》、《闲看柳浪》、《听雨》。

《铁观音》，曲目有：《铁观音》、《凤凰单枞》、《水金龟》、《白毫乌龙》、《永春佛手》、《大红袍》、《铁罗汉》、《白鸡冠》。

《一筐茶叶一筐歌》，曲目有：《湘江茶歌》、《闽乡采茶舞》、《蜀山茶谣》、《采茶谣》、《洞庭茶歌》、《茶山姐妹》、《西子湖畔请茶歌》、《茶郎梦》。

《清香满山月》，曲目有：《从来佳茗似佳人——西湖龙井》、《清香满山月——广东凤凰水仙》、《香泉一合乳——蒙古奶茶》、《寒夜客来茶当酒——西藏酥油茶》、《芒气满闲轩——洞庭碧螺春》、《疏香皓齿有余味——台湾冻顶》、《茶烟轻扬落花风——福建春茶临风》、《啜心自如——闽南功夫茶》。

7. 背景

表演型茶艺多在舞台上进行演出，因此要根据表演主题来进行背景布置。茶艺表演的背景不宜太过于复杂，应力求简单、雅致，以衬托演员的表演为主，让观众的注意力集中在泡茶者身上，不能喧宾夺主。如果没有条件，可选择屏风作为背景隔开，在屏风上可挂些与主题相关的字画。如《禅茶意蕴》茶艺表演，在背景屏风上挂有“煎茶留静者，禅心夜更闲”的书联，既点明了主题，突出了禅意，又淡化了宗教色彩，十分巧妙。当然背景布置也可以是动态的，如杭州袁勤迹表演《日本茶道》时，让片片枫叶从舞台上空飘落下来，意境十分美妙。

8. 灯光

茶艺表演中灯光一般要求柔和，不宜太暗也不能太亮、太刺眼，太暗会看不清茶汤的颜色。更不能使用舞厅中使用的那种旋转灯。南昌白鹭原茶艺馆在表演《禅茶意蕴》时，将灯光打暗，只留下照在主泡身上的一盏聚光灯，将所有观众的注意力都集中在泡茶者身上，既吸引了目光，又增加了庄严肃穆氛围，达到很好的效果。

以上这些都是单个茶艺节目编创中应注意的地方，但如果是整台晚会则还应考虑演出效果。由于茶艺表演普遍都偏静，看久了会让人坐不住，所以中间还可以加入一些活泼热闹的民间茶俗，来活跃大家的情绪。同时还要注意整场节目的形式、风格和色彩的调换，以免给人雷同感。

实践操作

三、茶席设计

（一）茶席设计概述

茶席设计是现代的一个新生名词，是随着茶艺表演的发展而逐渐出现并流行起来的。2003 年起，上海市职业培训指导中心举办的“高级茶艺师培训班”上，将茶席设计作为毕业设计；2004 年，在上海举办的“海峡两岸茶艺交流大会”上，来自北京、浙江、台湾、安徽等各代表队共设计了三十多个茶席设计作品，每个作品都构思巧妙、涵义深刻。一时间，茶席设计几乎成为了茶艺表演的代名词，也成为每个茶艺表演者的必修课。那么究竟什么是茶席设计？很多茶学专家都对“茶席”有一定的见解，如童启庆教授在他的《影像中国茶艺》一书中，这样写到：“茶席，就是泡茶，喝茶的地方。包括泡茶的操作场所、客人的坐席以及所需气氛的环境布置。”周文棠先生在他的《茶道》中这样解释到：“茶席是根据特定茶道所选择的场所与空间，需布置与茶道类型相宜的茶席、茶座、表演台、泡茶台、奉茶处所等。茶席是沏茶、饮茶的场所，包括沏茶者的操作场所，茶道活动的必需空间、奉茶处所、宾客的座席、修饰与雅化环境氛围的设计与布置等，是茶道中文人雅士的重要内容之一。茶席设计与布置包括茶室内的茶座、室外茶会的活动茶席、表演型的沏茶台等。”2005 年乔木森先生在其出版的《茶席设计》一书中更是准确地对茶席设计进行了概括：“所谓茶席设计，就是指以茶为灵魂，以茶具为主体，在特定的空间形态中，与其他的艺术形式相结合，所共同完成的一个有独立主题的茶道艺术组合整体。茶席是静态的，茶席演示是动态的。静态的茶席只有通过动态的演示，动静相融，才能更加完美地体现茶的魅力和茶的精神。”由此可见茶席是一种物质形态，虽在实际内容上划分得不太清楚，但我们可以知道，茶席是指与饮茶、泡茶等有关的环境布置，具有丰富的艺术性，但又要具有实用性。可以作为一种独立的艺术展示，又可和茶艺表演一起进行展示。

（二）茶席设计的基本要素

泡茶要遵循六要素才能泡出一壶好茶，茶席设计也是一样，一般的茶席设计都由以下要素组成：

1. 茶叶

茶席设计的目的是为了提高茶的魅力、展现茶的精神。所以在茶席设计中首当其冲的就是茶叶了。茶叶可以说是茶席设计的灵魂，是茶席设计的目的。只有选定了茶叶才能更好地围绕这个中心来选定主题、构思茶席。

2. 茶具

茶具是茶席设计的重要构成部分，选择时应注意它的艺术性和实用性。茶具的质地可以根据所选择的茶叶品种来定，也可以根据自己的需求来决定，可以特别配置也可以简略配置，随意性较大。但在茶席设计中一般则是根据茶叶来确定，如名优绿茶一般可以选择透明无花纹的玻璃杯或白瓷、青瓷、青花瓷、盖碗杯；花茶一般可以使用青瓷、青花瓷、斗彩、粉彩瓷器盖杯或壶；普洱茶和一些半发酵及重焙火的乌龙茶可以使用紫砂壶杯具；黄茶可以使用奶白杯；红茶可以用内壁施白釉的紫砂杯、白瓷、白底红花瓷、红釉瓷的壶杯具和盖碗杯；白茶可以用白瓷壶杯具，或用反差很大的内壁施釉的黑釉，以衬托出白毫；轻发酵及重发酵的乌龙茶还可以用白瓷和白底花瓷壶杯或盖碗来冲泡。选择茶具时还要注意整套茶具的色彩搭配，既要避免单调，又要求统一和谐，富有艺术情趣。

3. 铺垫

铺垫是指放在茶具下的垫子，可以是整体的，也可以是某个局部，一般以布艺为主。铺垫可以帮我们遮挡桌子，保持茶具的干净，也可以帮我们烘托主题、渲染意境。铺垫可以选择棉布、麻布、蜡染布、化纤、印花、毛织、织锦、丝绸等布艺，也可以选用竹编、石头、纸张、草秆编、树叶等，或者可以什么都不用，直接是桌子、茶几等。在选择铺垫时要注意色彩的搭配，铺垫与铺垫之间、铺垫与茶具之间、铺垫与泡茶者的服饰之间都要注意到，不然铺垫就起不到烘托主题、渲染意境的效果，反而还可能起反面作用。

4. 装饰品

主要包括插花、焚香、挂画以及相关工艺品。

（1）插花。插花是我国文人的一大爱好，早在宋代，茶人们就将“点茶、挂画、插花、焚香”称为“四艺”。茶道插花不同于一般的插花，被称为“茶室之花”或“茶会之花”。茶道插花不仅可以雅化环境，更可以烘托主题。茶道插花讲究色彩清素，枝条屈曲有致，瓣朵疏朗高低，花器高古、质朴，意境含蓄，诗情浓郁，风貌别具。花材上多用折枝花材，注重线条美。常用的花材有松、柏、梅、兰、菊、竹、梧桐、芭蕉、枫、柳、桂、茶、水仙等；在色彩上多用深青、苍绿的花枝绿叶配洁白、淡雅的黄、白、紫等花朵，形成古朴沉着的格调；花器多选用苍朴、素雅、暗色、青花或白釉、影青瓷或粗陶、老竹、铜瓶等。茶道插花的手法以单纯、简约和朴实为主，以平实的技法使花草安详、活跃于花器上，把握花、器一体，达到应情适意、诚挚感人的目的。在意境方面突出“古、静、健、淡”的特点。“古”并非是复古，而是一种幽邃中包含着哲思的状态；“静”并非寂冷无声，而是于静穆中包含着动力；“健”可引伸出健朗、瘦硬、高傲、壮挺、气骨等含义；“淡”则淡雅中含蕴沉厚。茶室插茶无固定形式，随心意而成，以求个性更无意豪华，以求清新隽永，别辟意境。

（2）焚香。茶事活动中通过焚香可以使环境更幽雅，气氛更肃穆。茶事活动中常见香主要有以下几种形态和用途：

①枝香，也就是有香脚的香。有粗有细，细的枝香一般用于平常生活中，粗的一般是用于寺庙中。

②寿香，作为神明祝寿的香，用手工做成寿字型固体篆香。

③香钟，也就是挂香，用来计算时间，点燃时间分七天、十五天、三十天三种；排香，成排连在一起的立香，没有香脚。一支排香有八条或十数条并排，成一条长板状，其上写有“喜”字，是结婚的时候，拜天公、拜祖先时所用的香。

④线香，指的是没有香枝、香脚的线型。用檀香、藿香、白芷、樟脑、马蹄香、荆皮、牡丹皮、大黄、甘松等磨细制成。

⑤环香，类似香钟，具体而微，因重量轻，不用绑线，用一个撑香的金属架顶着，放在香炉中焚烧，现这种香已几乎不再生产。

⑥盘香，分单线型和双线型两种，单线成型的中心圈比较小，造型优美，双线成型的中心圈比较大，造型圆身型。

⑦沉烟香，就是在香物的中心有一条空洞，点燃之后，香烟顺着洞往下流出，形成烟景。

茶席设计集中在选择香时要遵循“不夺香”的规则，即香的香味不能与茶香起冲突。香型要以淡雅型为主。配合茶叶来，浓香的茶需要焚较重的香品，幽香的茶，焚较淡的香品。配合时间来，春天、冬天焚较重的香品，夏天焚较淡的香品。空间大，焚较重的香品，空间小，焚较淡的香品。

（3）挂画。在屏风上悬挂与茶艺与主题有关的字画（以写意的水墨画为时尚，如果是工笔或写实之画作，则求赋色高古，笔墨脱俗），也可悬挂点明主题的茶联，但要含蓄，不宜直露，更不宜有太强的政治色彩，以免有说教之嫌。设色不宜过分艳丽，以免粗俗或喧宾夺主，而裱装又以轴装为上，屏装次之，框装又次之。

(4) 相关工艺品。这是指茶席设计中根据主题需要而用来做摆设的物品。可以是石器、盆景,也可以是生活用品、艺术品、宗教用品等等无所不能。但要注意的是,一定要符合主题,起到装饰的作用,不然反而画蛇添足。

茶席设计展示1:

静、和、雅

作者: 聂秋云 彭乔

静——茶之性。茶性微寒,饮后使人安静,宁静雅静,在茶艺活动中最应体现的便是静的艺术。

和——茶之魂。荷者"出淤泥而不染",在此我们以"荷"意"和",和平之花,体现当代茶人爱和之心。

雅——茶之韵。自古文人称雅士,文人儒雅,以茶、书、诗这些高尚的雅意来体现其雅兴。

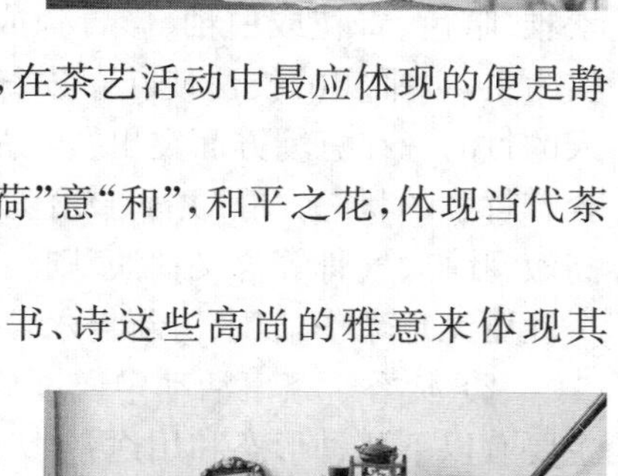

茶席设计展示2:

茶与京剧的对话

作者: 郭玲霞 魏欣

"一杯春露暂留客,两腋清风几欲仙",客来敬茶是中国优良的传统。满怀对京剧文化的热爱,我们将茶艺与京剧结合起来,相得益彰,茶艺可以是首歌,可以是一幅作品,可以是一张京剧脸谱,同样也可以是一种人生态度……

茶席设计展示3:

一枝红梅系茶情

作者: 熊媛 吴萌

茶与梅都是可以雅俗共赏之物,古有客来敬茶,以茶当酒,已成为我们民族的古老传统。"寻常一样窗前月,才有梅花便不同"。

四、茶艺表演解说词编创

茶艺表演时不能过多的开口说话,只是通过冲泡技艺来表现主题,观众不易理解。同时,茶艺表演又是新兴的艺术,许多观众对此还不熟悉,所以需要对表演内容进行解说,这样可以引导观众如何欣赏茶艺表演,帮助观众理解表演的主题和相关内容,使其更好的达到艺术效果。解说词的内容主要包括节目的名称、主题、艺术特色及表演者单位、姓名等内容。

创作解说词时首先应考虑的是观看茶艺表演的群体类别。如果观看者是属于专业人士,解说词就应简明扼要,并挑要点介绍,否则就会画蛇添足,显得多此一举。如果是广大的平民百姓,解说词就要通俗、易懂,专业术语不能太多,不然会使观看者如坠云雾,不知所以然。

其次是要注意解说词的内容。解说词的内容应是对茶艺表演的背景、茶叶特点、人物等进行的简单介绍,应能够使人明白此次表演的主题和内容。如江西的《客家擂茶》在表演前有一段这样的介绍："客家擂茶是流行于江西赣南地区客家人的饮茶习俗。客家人为了躲避战乱，举族迁居到南方的山区，他们保留了一种古老的饮茶习俗，就是将花生、芝麻、陈皮等原料放在特制的擂钵中擂烂，然后冲入开水调制成一种既芳香可口，又具有疗效的饮料，民间称为擂茶。"这段解说词简明扼要地概括了擂茶流行的地点、流行的人物、制作的方法及疗效，让人对擂茶有了一定的了解又增添了兴趣。又如《禅茶意蕴》表演前的介绍："中国的茶道早在唐代就开始盛行，这与佛教有着密切的关系……整个表演在深沉悦耳的佛教音乐中进行，表演者庄重、文静的动作使您不知不觉进入一种空灵寂静的意境。"这段解说词中对禅茶的起源、盛行的原因、追求的意境都作了阐述，即使从未接触过禅茶，通过这番介绍，也能略知一二。

第三是解说词的艺术性，茶艺表演有着非常强的艺术性，如果解说词太过直白，就会降低整个茶艺表演的质量，显得俗气。如《荷香茶语》在表演前这样介绍到："荷花一尘不染，可谓天性空灵。茶性至清至洁，令人神清气爽，荷与茶都曾是古往今来文人笔下高歌咏叹的对象，文人们惊叹于它们的清姿素容，坚贞品格，洒落胸襟，正所谓涤尽凡尘心自清。荷与茶一样，无须浓墨重彩，自得淡墨水色。品味荷花，喧嚣中而求宁静，嗅闻茶香，淡远中而出境界"。话虽不多，但却将茶艺所具有的和、静、雅的特征一一点出，具有很强的艺术感染力。

第四是解说词的运用。茶艺解说语言在表达方面应注意以下几方面：一是使用标准普通话。作为对公众的茶艺表演解说，应采用普通话让大家都能听懂。若不能使用普通话，或普通话不标准，则会使人听不懂，减少解说词的艺术性。二是脱稿。在解说时最好不要拿稿，不然会给人留下对表演不熟练的印象，同时，在解说当中还应与观众交流，拿着稿子就无法交流，也给人一种不尊敬人的感觉。三是语言应带有感情色彩。同样的文字，不同的人阐述可以达到不同的效果。我们在解说时应投入感情，语气应抑扬顿挫，注意朗诵技巧，不然即使表演再精彩，解说词写得再美，毫无感情的解说也会使人感到乏味无趣。

模拟实训

1. 实训安排

实训项目	茶席设计
实训要求	熟悉茶席设计的要素，能够确定主题，根据主题内涵进行茶席各要素的设计组合，进行茶席的文案编写，介绍茶席设计的内涵
实训时间	90 分钟
实训环境	可以进行茶席设计的茶艺实训室
实训工具	各式茶具、茶叶、音乐、学生自备装饰用品、花材、电脑
实训方法	示范讲解、小组讨论法、情境模拟

2. 实训步骤及要求

(1) 讨论并掌握茶席设计的各要素要求。

(2) 选定茶席设计主题。

(3) 组织茶席设计材料。

(4) 茶席设计文案编写内容：

①文字类别(中文、英文或其他语言);

②标题(茶席设计主题);

③主题阐述及设计理念;

④结构说明:茶席设计中有哪些器物组成,怎样摆置,表达何种内涵思想;

⑤结构图示(可以是照片);

⑥动态演示程序介绍:即用什么茶,为什么用,冲泡过程各阶段的内容、用意;

⑦结束语。

3. 茶席设计文案展示

(茶席标题)	
设计理念	
结构说明	
结构图示	
动态演示介绍	
结束语	

工作任务二　舞台型茶艺表演编创

案例导入

"时空逆转的茶艺表演"

一次国际茶会中,一场声势浩大的唐代宫廷茶艺表演正在进行!表演者身穿仿唐服装,在古典音乐伴奏下,手提现代玻璃水壶正在冲泡盖碗茶,茶具选用的也都是青花瓷器。此次表演结束后,有专家评论说这场唐代宫廷茶艺表演是一次"时空逆转的茶艺表演"。

点评:茶艺表演的编创应遵循历史。众所周知唐代泡茶方式是将茶饼碾碎过筛后放到锅里去煮,并不是用茶叶直接冲泡,唐代不仅没有玻璃水壶,就是青花瓷器也是在元代才开始盛行起来的。因此编创茶艺节目时应尽量掌握相关的历史知识和考古常识,以免贻笑大方。

理论知识

一、茶艺表演编创类型

1. 民俗茶艺

我国是一个多民族的国家,各民族对茶都有着共同的爱好,但是正所谓"千里不同风,百里不同俗",不同区域的各少数民族具有各自不同的饮茶习俗。如藏族的酥油茶、蒙古族的奶茶、白族的三道茶、土家族的擂茶、维吾尔族的香茶、苗族的油茶等等。这些民俗茶艺表现形式多种多样,清饮混饮不拘一格,具有很广泛的群众基础。

2. 文士茶艺

文士茶艺是历代文人儒士们在品茗斗茶的基础上不断发展完善起来的一种茶事活动，其特点是文化内涵厚重、注重品茗意境、茶具精巧典雅、表现形式多样、气氛轻松活泼，常和赏月观花、吟诗弄琴、鉴赏古董字画等相结合。比较有名的有唐代吕温写的三月三茶宴、颜真卿等名士的月下啜茶联句以及宋代文人的斗茶等活动。

3. 宫廷茶艺

宫廷茶艺是我国古代帝王为敬神祭祖或宴赐群臣而进行的茶事活动，其特点是场面宏大、礼仪繁琐、气氛庄重、茶具奢华、等级森严并带有政治教化等政治色彩。比较有名的有唐代的清明茶宴，唐德宗时期的东亭茶宴，宋代皇帝游观赐茶、视学赐茶以及清代的千叟茶宴等。

中国茶文化的表现形式为什么是“茶艺”而不是“茶道”？

“茶道”一词最早见于中国唐代，早在《封氏闻见记》中就有记载：“楚人陆鸿渐（陆羽）为茶论，说茶之功效并煎茶炙茶之法，造茶具二十四式以都统笼贮之，远近倾慕，好事者家藏一副。有常伯熊者，又因鸿渐之论广润色之，于是茶道大行。”可见“茶道”一词在我国已使用了 1 200 多年。但是长期以来茶道都是为日本所用，成为日本独特的一种文化载体。反而茶的故乡——中国却一直没有一个准确的名字，只是用茶文化笼统概之。直到 20 世纪 70 年代台湾出现茶文化复兴浪潮之后，台湾民俗学会的理事长娄子匡教授提出了“茶艺”一词并被广泛接受，随之传至港、澳和大陆。为什么叫“茶艺”，而不是“茶道”？这是因为“茶道”虽然是中国自古有之，但是日本的茶道在世界上被广为认可，如果中国也使用茶道一词，会引起误会，此外中国自古认为“道 ”是高高在上的，是非常庄重的，中国人是不轻而言道的，而我们要弘扬的茶文化，应该是既具有中国传统文化的内涵，更要使人们易于接受和掌握的，因此权衡利弊，“茶艺”一词更适合中国的国情并利于国民接受，所以便决定使用“茶艺”一词作为中国的茶文化的表现形式。而“茶道”则是我们的祖先在长期的茶事实践中，融入中华民族传统的文化精华所逐渐形成的精神境界和道德风尚，是现代茶事活动的指导思想。

4. 宗教茶艺

自古茶与宗教就有着密不可分的联系，僧人道士们常以茶礼佛、以茶敬神、以茶助道、以茶修身养性，并逐渐形成了各种宗教茶艺，目前流行较广的有禅茶茶艺和太极茶艺。宗教茶艺的特点是讲究礼仪、气氛庄严肃穆、茶具古朴典雅、强调修身养性或以茶释道。

实践操作

二、唐代宫廷茶艺表演

唐代饮茶风气兴盛，从僧侣平民到宫廷皇帝，无不崇尚饮茶。当时茶叶生产也非常发达，开始征收茶税。唐朝政府在浙江吴兴（今属湖州）建立专门为皇宫生产茶饼的贡茶院，生产紫笋茶，供皇宫使用，每年 4 月 5 日清明节，皇帝要举行盛大的茶宴招待大臣们。每年吴兴的紫笋茶在清明节前两天必须运到首都长安，当紫笋茶运来之时，宫中的嫔妃们就忙碌起来，头上插的牡丹花在晃动，贴在两颊的金花箔也随着酒窝在跳动。正如唐诗所描写的“牡丹花笑金钿动，传奏吴兴紫笋来”。下面介绍的唐代宫廷茶艺表演是根据陆羽《茶经・五之煮》记载的煮茶程序来编排表演的，体现的就是“清明茶宴”的盛况。

1. 表演人员：五位，其中四位宫女，另一位是专门为皇帝煮茶的“茶博士”。整个煮茶活动由“茶博士”负责（表演还可根据舞台效果增加为十二位宫女）。

2. 舞台背景：一幅晚霞中唐代楼阁的背影，附有唐代诗句：“牡丹花笑金钿动，传奏吴兴紫笋来。”点明了主题是反映唐代皇宫中的“清明宴”。

3. 音乐：唐代名曲《春莺曲》。

4. 服装：四位宫女身着大红色唐代宫廷服，带有高发髻。另一位茶博士身穿唐代官袍，头戴官帽。

5. 茶具：唐代宫廷茶艺表演所用茶具是根据1987年陕西法门寺宝塔地宫出土的唐代皇帝使用过的鎏金银茶具仿制。这套出土的唐代金银器烹茶器具，多为唐僖宗（公元873～888年）所供奉，它表明中国在唐代时宫廷达贵饮茶风气已十分盛行，尽管在这以前，我国已有饮茶的茶具和风俗的文字记载，但并无实物为证。这次法门寺地宫出土的一整套茶具正是唐朝饮茶之风盛行的有力物证，为研究我国茶具历史和饮茶习俗提供了有力的佐证。这套法门寺唐代地宫出土的唐僖宗供奉佛祖释迦牟尼指骨舍利系列金银茶具，是迄今世界上发现最早、最完整、古代茶文化史料都未曾记载的珍贵茶具文物。这套完整成套的绝世珍宝，确凿地证实了唐代皇宫、宫廷茶道和茶文化的存在，是皇室宫廷茶文化的完美表现，也是唐宫廷饮茶风尚及奢华的见证。主要包括：鎏金银茶罐、鎏金银茶笼、鎏金银茶碾、鎏金银茶罗、鎏金银龟盒、鎏金银盐台、琉璃茶盏。此外还有《茶经》中所说的风炉、火夹、交床、竹夹、银夹、纸囊、木槌、木砧、拂末、瓢、茶巾、水盂、团扇各1件，托盘4个。

6. 表演程序：

（1）备具：音乐起，由宫女端着茶具出场，茶具分两次端出置于桌上。

（2）进场：宫女缓缓出场，随后茶博士出场。

（3）赏器：在煮茶前，首先要介绍一下此次茶艺表演所用的茶具并依次进行展示。

①鎏金银茶罐：用来盛装茶饼。

②鎏金银茶笼：烘烤后的茶饼放在茶笼中备用。

③鎏金银茶碾：把茶笼中的茶饼用茶碾碾碎。

④鎏金银茶罗：碾碎的茶饼要用茶罗筛成很细的茶粉。

⑥鎏金银盐台：用来装盐的器具。

⑦琉璃茶盏：用来盛装茶汤的器皿，下有托，防止烫伤。

（4）涤器：茶博士将琉璃茶盏温润一遍。

（5）炙茶：宫女用火夹夹起茶饼放在风炉上烘烤，另一宫女用团扇扇火，宫女将茶具依次递给茶博士。

（6）碎茶：将烘烤后的茶饼用木槌敲成碎块。

（7）碾茶：将敲碎了的茶饼放到茶碾中碾成粉末。

（8）罗茶：将碾过的茶末放到茶罗中筛成很细的茶粉。

(9) 煮茶:宫女将水第一次烧开,冒出的水珠如"鱼目蟹眼"一样大小,称为"一沸"时,此时茶博士用茶匙放入少许盐调味;当水第二次烧开,水泡如"涌泉连珠",称为"二沸"时,茶博士要舀出一瓢水备用,然后用竹夹在锅中心搅打,使锅里的水形成旋涡,再舀一勺茶粉从旋涡中心倒下去,最后当锅中的水第三次烧开,水如"腾波鼓浪",称为"三沸"时,茶博士再将刚舀出的那瓢水倒回。这样一锅茶汤就煮好了。

(10) 奉茶:由宫女们将茶汤奉给贵客们品尝,茶博士举杯与大家共品。

(11) 退场:向观众行礼,同时退场。

模拟实训

1. 实训安排

实训项目	茶艺表演编创
实训要求	熟悉茶艺表演编创类型的要求,能够通过小组合作的形式进行主题茶艺表演的创作与演示
实训时间	90 分钟
实训环境	可以进行茶艺表演编创的茶艺实训室、多媒体教室
实训工具	各式茶具、茶叶、音乐、学生自备装饰用品、花材等
实训方法	示范讲解、小组讨论法、情境模拟

2. 实训步骤及要求

(1) 小组讨论

①确定茶艺表演主题;

②分工合作,准备各类茶具、服装、装饰用品、编写解说词。

(2) 分组实训

①主题茶艺表演的茶席设计;

②组织协调人员;

③进行茶艺表演排练。

3. 演绎汇报

项目测试

一、选择题

1. 唐代宫廷茶艺通过清明节敬神祭祖、皇帝款待群臣以及(　　)等礼仪活动时的饮茶活动来表现。

A. 民间文艺汇演　　B. 每日早朝　　C. 喜庆宴　　D. 皇室的日常起居生活

2. 在今天我们看到的唐代宫廷茶艺表演中再现历史的文化内容有(　　)。

A. 龙凤茶团、服饰、茶具　　B. 唐朝宫廷礼仪、服饰、饮茶器具

C. 唐朝礼仪、服饰、茶饼　　D. 唐朝宫廷礼仪

3. 品茗焚香时使用的最佳香具是(　　)。

A. 篾篓　　B. 木桶　　C. 香炉　　D. 竹筒

4. 茶叶与茶具的配合是(　　)的关键。

A. 茶艺表演台布置　　B. 茶艺表演者发挥

C. 茶艺表演创造氛围　　D. 茶艺表演成败

5. 香品原料主要分为(　　)三类。

A. 天然性、植物性、动物性　　B. 植物性、动物性、合成性

C. 原生性、植物性、合成性　　D. 矿物性、动物性、植物性

6. 下列选项中,(　　)是茶室插花的目的。

A. 烘托品茗环境　　B. 寓意主题

C. 为茶室增添色彩　　D. 表达心情

7. 茶艺表演者的服饰要与(　　)相配套。

A. 表演场所　　B. 观看对象　　C. 茶叶品质　　D. 茶艺内容

8. 琴、棋、书、画是我国古代(　　)修身的四课内容。

A. 儒家　　B. 道家　　C. 隐居者　　D. 士大夫

9. 阅画、赏花、焚香与品茗是古代(　　)的系统。

A. 论道　　B. 参禅　　C. 茶艺　　D. 习画

10. 品茗赏花插的花称为(　　)。

A. 斋花　　B. 室花　　C. 茶花　　D. 轩花

二、判断题

(　　)1. 茶艺表演者着装应具有地方特色。

(　　)2. 自然散发是焚香散发香气的方式之一。

(　　)3. 茶艺表演时音乐的作用是渲染情感。

(　　)4. 锡作为储茶器具的优点是密封、防潮、防氧化、防光、防异味。

三、简答题

1. 舞台茶艺表演编排的具体要求有哪些?

2. 茶艺解说词在运用中应注意哪些问题?

项目二 雅俗共赏释茶艺
——民俗茶艺表演编创

学习目标

- 了解我国各地区、各民族的饮茶习俗
- 掌握长流铜壶茶艺表演的编创与实施
- 掌握擂茶茶艺表演的编创与实施
- 能够针对不同环境特点进行布景，组织人员进行茶艺表演

茶俗是民间风俗的一种，它是民族传统文化的积淀，也是人们心态的折射，它以茶事活动为中心贯穿于人们的生活中，并且在传统的基础上不断演变，成为人们文化生活的一部分。从史料记载看，中国的饮茶历史最早，也最懂得饮茶的真趣。“客来敬茶，以茶代酒，用茶示礼”历来都是我国各民族的饮茶之道。我国是一个多民族的国家，共有56个兄弟民族，由于所处地理环境和历史文化的不同，以及生活风俗的各异，使每个民族的饮茶风俗也各不相同。在生活中，即使是同一民族，在不同地域，饮茶习俗也各有千秋。因此就有了“千里不同风，百里不同俗”的说法。各民族在长期传统的生活方式中，形成了丰富多彩的饮茶习俗。

案例导入

文成公主与茶

西藏、边疆少数民族习惯喝奶茶，凡有客来则敬酥油茶。相传这种饮茶方法是由唐朝的文成公主创制的。当年唐朝文成公主远嫁西域，因西藏地处高原，气候寒冷干燥，一日三餐以肉食为主，果蔬很少，生活上很不习惯。每当侍女送来牛奶饮用之后胃总不舒服，于是她想出了一个办法，将茶叶掺入奶中一起饮用，果然胃舒服多了，而且味道也很好，这便是最初的奶茶了。文成公主为了普及饮茶，常以茶赐群臣、待亲朋。众人喝下此茶后，感觉颊齿留香，肠胃清爽，解渴提神，从此饮茶之风在西藏盛行。后来文成公主又发明了酥油茶的制法：她在煮茶时，加入酥油、松子仁和少许盐巴，煮后的茶香喷喷、咸滋滋，味道更好了。于是逢年过节，文成公主都要亲自制作这种酥油茶赏赐给大臣。从此以后，敬酥油茶便成了藏族赏赐、敬客的最隆重礼节，这个风俗一直延续至今。

点评：自唐贞观十五年文成公主将茶叶带入西藏后，使藏民族与茶结下了不解之缘。从最早的“土茶”到“蕃茶”、“团茶”，再到宋代的“蜀茶”，元代的“西番茶”，明清民国时期的“边茶”、“紧压茶”，直到今天我们看到的“藏茶”，随着历史的发展，藏茶已经深深地融入了藏民族的生命旋律之中，她独特而强大的神秘功效，为生活在世界屋脊的藏民族人民的健

康提供了一定的保障。

理论知识

中国地域辽阔，人口众多，民族众多，其饮茶习俗千姿百态，各呈风采。一般来说，北方人爱喝花茶，江南人流行喝绿茶，岭南人喜饮乌龙茶，至于中国的各少数民族，其饮茶风俗更是丰富多彩。

一、汉族的饮茶方式

汉族的饮茶方式，大致有品茶、喝茶和吃茶之分。古人饮茶重在“品”，近代饮茶多为“喝”；至于“吃”，则为数不多。品茶，重在意境，以鉴别茶叶香气、滋味和欣赏茶汤、茶舞、茶色为目的。品饮时，得细品慢啜，“三口方知真味，三番才能动心”。《红楼梦》第四十一回“贾宝玉品茶栊翠庵”中，妙玉借用当时的流行俗语：“一杯为品，二杯即是解渴的蠢物，三杯便是饮驴了。”此话虽然过于偏激，但也说明了品茶重在欣赏，细细品味，注重精神享受，解渴倒是次要。如果是手捧大碗急饮者，只能称之为喝茶了。

汉族人民饮茶的主要方式是清饮，其方法就是将茶直接用开水冲泡，无须在茶汤中加入姜、椒、盐、糖等佐料调味，属纯茶原汁本味饮法。在汉族人心目中，凡有客自远方来，或者是在一些重大的场合，尽管招待规格有高低之分，但清茶一杯总是不会少的，至于工作期间，饭前饭后，都免不了清茶一杯，自娱自乐。汉族饮茶最有代表性的，则要数品龙井、啜乌龙、喝大碗茶了。

1. 北京大碗茶

喝大碗茶的风尚，在汉民族居住地区随处可见，特别是在大道两旁、车船码头、半路凉亭，直至车间工地、田间劳作，都屡见不鲜。自古以来，卖大碗茶也被列为中国三百六十行之一。这种饮茶习俗在我国北方最为流行，尤其早年北京的大碗茶，更是闻名遐迩，如今中外闻名的北京大碗茶商场，就是由此沿袭命名的。

大碗茶多用大壶冲泡，或大桶装茶，大碗畅饮，热气腾腾，提神解渴。这种清茶较粗犷、随意，不需要楼、堂、馆、所等饮茶场所，一张桌子，几条长凳，若干只粗瓷大碗便可，因此，它常以茶摊或茶亭的形式出现，主要为过往客人解渴小憩。

大碗茶由于贴近社会、贴近生活、贴近百姓，自然受到人们的称道。即便是生活条件不断得到改善和提高的今天，大碗茶仍然不失为一种重要的饮茶方式。

2. 杭州龙井茶

龙井茶向以“色绿、香高、味甘、形美”四绝著称，与其说它是一种饮料，还不如说它是一种艺术珍品，“其贵如珍，不可多得”。品饮龙井茶，首先要选择一个幽雅的环境。其次，要学会龙井茶的品饮技艺。沏龙井茶的水以80℃左右为宜，泡茶用的杯以白瓷杯或玻璃杯为上，泡茶用的水以山泉水为最。每杯撮上3～4 g茶，加水7～8分满即可。

品龙井茶时，应先慢慢提起清澈透明的玻璃杯或白底瓷杯，细看杯中翠芽碧水，相映交辉，一旗（叶）一枪（芽），簇立其间；两三分钟后将杯送至鼻端，深深吸一口龙井茶的嫩香，使人清心舒神，细细品味，清香、甘甜、鲜爽之味应运而生，妙不可言。正如清人陆次云曰："龙井茶真者，甘香如兰，幽而不冽；啜之淡然，似乎无味。饮过后觉有一种太和之气，弥沦于齿颊之间，此无味之味，乃至味也。"

3. 潮汕功夫茶

乌龙茶是产于中国福建、台湾、广东等省的半发酵茶叶，乌龙茶采用独特的采制技术，风味自成一体，泡茶技术讲究，品饮方法别致。其中最具代表性的要数潮汕功夫茶的品饮方法。所用茶具，人称"茶室四宝"：一是玉书煨（烧水壶），多为扁形赭褐色，显得既朴素又淡雅；二是潮汕风炉（燃木炭的火炉）；三是孟臣罐（紫砂壶），大如香瓜，小若拳头；四是若琛瓯（茶杯），只有乒乓球那么大，一般只能容纳 4～8 mL 的茶汤。

泡茶用水选择甘冽的山泉水，而且必须做到沸水现冲。经温壶、置茶、洗茶、冲泡、斟茶入杯，便可品饮，啜茶的方式更为奇特，先要举杯将茶汤送至鼻端闻香，只觉浓香透鼻。接着用拇指和食指按住杯沿，中指托住杯底，举杯倾茶汤入口，含汤在口中回旋品味，顿觉口有余甘。一旦茶汤入肚，又觉鼻口生香，咽喉生津，回味无穷。这种饮茶方式，其目的并不在于解渴，主要是在于鉴赏乌龙茶的香气和滋味，重在物质和精神的享受。

4. 四川长壶盖碗茶

茶是古老巴蜀文化的一个重要内容。古往今来，四川名山出名茶，我国最早的名茶就是来自于有"扬子江心水，蒙山顶上茶"的蒙山茶，峨嵋毛峰、青城山雪芽等名茶也相继出现，同时"七义一心"、"精、行、俭、德"等茶道精神在巴蜀地区也广为流传。茶馆、茶肆更是遍布巴蜀城乡和街巷，素来为人们所称道。蜀中饮茶独特的盖碗茶具，独特的长壶冲泡方式，引起了中外游客的兴趣，更体现了巴蜀人一种特殊的生活情趣。

"盖碗茶"是成都最先发明并独具特色。所谓"盖碗茶"，包括茶盖、茶碗、茶船子三部分。茶盖，可以闷茶留香，在茶人们看来代表着"天"；茶碗用以冲水泡茶饮用，代表着"人"；茶船子，又叫茶舟，即承受茶碗的茶托子，代表着"地"。茶人们认为茶是天地之灵物，只有"天涵之，地载之，人育之"才能孕育出茶的精华，有利于身体健康，因此盖碗茶文化，就这样在成都地区应运而生了。这种特有的饮茶方式逐步由巴蜀向四周地区浸润发展，慢慢就遍及于整个南方。后来随着清代茶馆业的快速兴盛，长嘴铜壶逐渐出现在沱江、长江沿岸的茶馆里。因为茶馆喝茶客人多，环境拥挤，有时候侍者难以凑到桌子边去给客人加水，而长嘴铜壶则可以在一米以外的地方给客人添水，既方便了为客人提供服务，又因其令人赏心悦目的一招一式受到客人们的欢迎。长壶盖碗茶艺遂成为四川茶馆的一大风景。

二、少数民族饮茶习俗

1. 蒙古族奶茶

蒙古族人喜欢喝与牛奶、盐巴一道煮沸而成的咸奶茶，选用的茶叶多为青砖茶和黑砖茶，并用铁锅烹煮。煮咸奶茶时，应先把砖茶打碎，并将洗净的铁锅置于火上，盛水2～3 kg。至水沸腾时，放上捣碎的砖茶约 25 g。再沸腾 3～5 分钟后，掺入牛奶，用量为水的 1/5 左右；少顷，按需加适量盐巴，等整锅里茶水开始沸腾时，就算把咸奶茶煮好了。

煮咸奶茶看起来比较简单，其实滋味的好坏、营养成分的多少，与煮茶时用的锅、放的茶、加的水、掺的奶、烧的时间以及先后次序都有关系。如茶叶放迟了，或者将加入茶与奶的次序颠倒了，茶味就会出不来。而烧煮时间过长，又会使咸奶茶的香味逸尽。蒙古族人民认为，只有器、茶、奶、盐、温五者相互协调，才能煮出咸甜相宜、美味可口的咸奶茶。为此，蒙古族妇女还练就了一手煮咸奶茶的好手艺。大凡女孩从懂事起，做母亲的就会悉心向女儿传授煮茶技艺。当姑娘出嫁时，在新婚燕尔之际，也得当着亲朋好友的面，显露一下煮茶的本领，要不，就会有缺少家教之嫌。

如有客人到蒙古族人家做客，总会受到敬奶茶的款待。主人在客人面前放置小茶几一张，几个碗中分别放盐、糖、炒米和奶豆腐。女主人将一碗茶先上后，可根据各人爱好，添加盐或糖、炒米于奶茶中一起饮用，奶豆腐则可蘸白糖吃。奶茶不可一次喝尽，而要有剩余，可让主人不断添加以示礼节。喝完最后一碗奶茶后，客人可施礼道谢，主人则要送行，“奶茶敬客”之礼也至此完毕。

蒙古族年人均茶叶消费量高达 8 kg 左右，多的 15 kg 以上。蒙古族人民如此重饮(茶)轻吃(食)，却又身强力壮，这固然与当地牧区气候、劳动条件有关，也还由于咸奶茶的营养丰富、全面；加之蒙古族喝茶时常吃些炒米、油炸果之类充饥的缘故。

2. 藏族酥油茶

西藏有“世界屋脊”之称，茶叶是当地人民补充营养的主要来源，因此成了西藏人民不可缺少的生活食品。目前，西藏的年人均茶叶消费量达 15 kg，为全国各省、区之首。藏族饮茶，有喝清茶的，有喝奶茶的，也有喝酥油茶的，名目较多，喝得最普遍的还是酥油茶。所谓酥油，就是把牛奶或羊奶煮沸，用勺搅拌，倒入竹桶内，冷却后凝结在溶液表面的一层脂肪。至于茶叶，一般选用的是紧压茶类中的普洱茶、金尖等。酥油茶的加工方法比较讲究，一般先用锅烧水，待水煮沸后，再用刀子把紧压茶捣碎，放入沸水中煮，约半小时左右，待茶汁浸出后，滤去茶叶，把茶汁装进长圆柱形的打茶筒内。与此同时，有另一口锅煮牛奶，一直煮到表面凝结一层酥油时，把它倒入盛有茶汤的打茶筒内，再放上适量的盐和糖。这时，盖住打茶筒，用手把住直立茶筒并上下移动长棒，不断捶打。直到筒内声音从“咣铛、咣铛”变成“嚓咿、嚓咿”时茶、酥油、盐、糖等即混为一体，酥油茶就打好了。

打酥油茶用的茶筒，多为铜质，甚至有用银制的。而盛酥油茶用的茶具，多为银质，甚至还有用黄金加工而成的。茶碗虽以木碗为多，但常常是用金、银或铜镶嵌而成，更有甚者，有用翡翠制成的，这种华丽而又昂贵的茶具，常被看作是传家之宝。而这些不同等级的茶具，又是人们财富拥有程度的标志。

由于酥油茶是一种以茶为主料，并加有多种食料经混合而成的液体饮料，所以，滋味多样，喝起来咸里透香，甘中有甜，它既可暖身御寒，又能补充营养。在西藏草原或高原地带，人烟稀少，家中少有客人进门，偶尔有客来访，可招待的东西很少，加上酥油茶的独特作用，因此，敬酥油茶便成了西藏人款待宾客的珍贵礼仪。

3. 维吾尔族的香茶和奶茶

新疆维吾尔族自治区，地处西北边陲，是一个以维吾尔族为主的多民族聚居地区，维吾尔族人口约占全区的2/3。此外，还有汉、哈萨克、蒙古、回、柯尔克孜等民族。维吾尔族以及居住在这里的其他兄弟民族，平生酷爱喝茶，茶已成了当地人民生活的必需品，把它看成与吃饭一样重要。他们认为，茶有养胃提神的作用，是一种营养价值极高的饮料。所以日常生活中"宁可一日无米，不可一日无茶"。当地居民的体会是："一日三餐有茶，提神清心，劳动有劲；三天无茶落肚，浑身乏力，懒得起床"。当地人连喝过的茶渣也舍不得丢掉，认为用茶渣喂马饲驴，能使马驴有神，毛色油光明亮。

维吾尔族人分布于新疆天山南北，饮茶习俗也因地域不同而有差别。

北疆人常喝奶茶，一般每日需"二茶一饭"。喝奶茶通常以一种用小麦面制成的圆形面饼"馍"为佐食。喝茶讲究喝足、喝透，要喝到出汗才算是喝好了。客人如果已经吃饱喝足，只要在女主人敬茶时，用右手分开五指，轻轻在碗上一盖，就表示"谢谢"请不要再加了。

南疆人则常喝清茶或香茶。南疆维吾尔族煮香茶时，使用的是铜制的长颈茶壶，也有用陶质、搪瓷或铝制长颈壶的，而喝茶用的是小茶碗，这与北疆维吾尔族煮奶茶使用的茶具是不一样的。喜欢香茶是南疆维吾尔族的一大特色，使用的茶叶是茯苓茶，先是准备好的适量姜、桂皮、胡椒、芘等细末香料，放进煮沸的茶水中，再轻轻搅拌，经3～5分钟即成。为防止倒茶时茶渣、香料混入茶汤，在煮茶的长颈壶上往往套有一个过滤网，以免茶汤中带渣。

南疆维吾尔族老乡喝香茶，习惯于一日三次，与早、中、晚三餐同时进行，通常是一边吃馕，一边喝茶，这种饮茶方式，与其说把它看成是一种解渴的饮料，还不如把它说成是一种佐食的汤料，实是一种以茶代汤，用茶做菜之举。

4. 傣族的竹筒香茶

竹筒香茶因原料细嫩，又名"姑娘茶"，产于西双版纳傣族自治州的勐海县。竹筒香茶的傣族语叫"蜡跺"，拉祜族语叫"瓦解那"，是傣族和拉祜族人民别具风味的一种饮料。

竹筒香茶的制法有两种：一是采摘细嫩的一芽二三叶，经铁锅杀青、揉捻，然后装入生长一年的嫩甜竹（又名香竹、金竹）筒内，这样制成的竹筒香茶既有茶叶的淳厚茶香，又有浓郁的甜竹清香。二是将一级晒青春尖毛茶0.25 kg放入小饭甑里，甑子底层堆放厚度6～7厘米浸透了的糯米，甑心垫一块纱布，上放毛茶，约蒸15分钟，待茶叶软化充分吸收糯米香气后倒出，立即装入准备好的竹筒内。竹筒的筒口直径为5～6厘米，长约22～25厘米，边装边用小棍筑紧，然后用甜竹叶或草纸堵住筒口，放在离炭火高约40厘米的烘茶架上，以文火慢慢烘烤，约5分钟翻动竹筒一次，待竹筒由青绿色变为焦黄色，筒内茶叶全部烤干时，剖开竹筒，即成竹筒香茶。这种方法制成的竹筒香茶，三香备齐，既有茶香又有甜竹的清香和糯米香。竹筒香茶外形为竹筒状的深褐色圆柱，具有芽叶肥嫩、白毫特多、汤色黄绿、清澈明亮、香气馥郁、滋味鲜爽回甘的特点。只要取少许茶叶用开水冲泡5分钟，即可饮用。

傣族在田间劳动或进原始森林打猎时，常常带上制好的竹筒香茶。在休息时，他们砍上一节甜竹，上部削尖，灌入泉水在火上烧开，然后再放入竹筒香茶再烧5分钟，待竹筒香茶变凉后慢慢品饮。饮用竹筒香茶，既解渴又解乏，令人浑身舒畅。

5. 纳西族的盐巴茶与“龙虎斗”

纳西族主要生活在云南省丽江地区，海拔多在两千米左右。由于海拔高，气候干燥，主食杂粮，缺少蔬菜，茶叶早已成为他们必不可少的生活资料。冲盐巴茶是纳西族较为普遍的饮茶方法，其制法是：先将特制的容量为200～400 mL的小瓦罐洗净后放在火塘上烤烫，抓一把青毛茶(约5 g)或掰一块饼茶放入罐内烤香，再将火塘旁茶壶里的开水冲入瓦罐，罐内的茶水即沸腾起来，冲出泡沫。有的地方将第一道茶汁倒掉，因为不太干净。第二次再向瓦罐中充入开水，待沸腾停止后，将一块盐巴放在罐内茶水中，再用筷子搅拌三五圈，将茶汁倒入茶盅，一般只倒至茶盅的一半，再加入开水冲淡，就可饮用。边饮边煨，一直到瓦罐中的茶味消失为止。这种茶汤色橙黄，既有强烈的茶味，又有咸味，喝后特别能解除疲劳。

“龙虎斗”的纳西语叫“阿吉勒烤”，其饮用方法非常有趣，也是他们用来治感冒的药用茶。首先用水壶将水烧开。另选一只小陶罐，放上适量茶，连罐带茶烘烤。为免使茶叶烤焦，还要不断转动陶罐，使茶叶受热均匀。待茶叶发出焦香时，向罐内冲入开水，烧煮3～5分钟。同时，准备茶盅，再放上半盅白酒，然后将煮好的茶水冲进盛有白酒的茶盅内。这时，茶盅内会发出“啪啪”的响声，纳西族同胞将此看作是吉祥的征兆。声音越响，在场者就越高兴。纳西族认为龙虎斗还是治感冒的良药，因此，提倡趁热喝下。

6. 傈僳族油盐茶

傈僳族主要聚居在云南的怒江，散居于云南的丽江、大理、迪庆、楚雄、德宏以及四川的西昌等地。喝油盐茶是傈僳人民广为流传的一种古老饮茶方法。

傈僳族喝的油盐茶，制作方法奇特，首先将小陶罐在火塘(坑)上烘热，然后在罐内放入适量茶叶在火塘上不断翻滚，使茶叶烘烤均匀。待茶叶变黄，并发出焦糖香时，加上少量食油和盐。稍时，再加水适量，煮沸2～3分钟，就可将罐中茶汤倾入碗中待喝。

油盐茶因在茶汤制作过程中加入了食油和盐，所以，喝起来“香喷喷，油滋滋，咸兮兮，既有茶的浓醇，又有糖的回味”，傈僳族同胞常用它来招待客人，也是家人团聚喝茶的一种生活方式。

7. 白族的三道茶和响雷茶

白族散居在我国西南地区，但主要分布在云南省大理白族自治州，这是一个十分好客的民族。白族人家，不论在逢年过节、生辰寿诞、男婚女嫁等喜庆日子里，还是在亲朋好友登门造访之际，主人都会以“一苦二甜三回味”的三道茶款待宾客。

三道茶，白语叫“绍道兆”，是白族待客的一种风尚，大凡宾客上门，主人一边与客人促膝谈心，一边吩咐家人忙着架火烧水。待水沸开，就由家中或族中最有声望的长辈亲自司

茶。先将一只较为粗糙的小砂罐置于文火上烘烤，待罐子烤热后，随即取一撮茶叶放入罐内，并不停转动罐子，使茶叶受热均匀。等罐中茶叶“啪啪”作响，色泽由绿转黄，且发出焦香时，随手向罐中注入已烧沸的开水，少顷，主人将罐中翻腾的茶水倾注到一种叫牛眼盅的小茶杯中，但茶汤容量不多，只有半杯而已，一口即干。由于茶汤是经烘烤、煮沸而成的浓汁，因此看上去色如琥珀，闻起来焦香扑鼻，喝进去滋味苦涩。冲好头道茶后，主人就用双手举茶敬献给客人，客人双手接茶后，通常一饮而尽。此茶虽香但是非常苦涩，因此谓之“苦茶”。白族称这一道茶为“清苦之茶”，它寓意了做人的道理：“要立业，就要先吃苦”。喝完第一道茶后，主人会在小砂锅中重新烤茶置水(也可用留在沙罐内的第一道茶重新加水煮沸)。与此同时，将盛器牛眼盅换成小碗或普通杯子，内中放上红糖和核桃肉，冲茶至八分满时，敬与客人。此茶甜中带香，别有一番风味。如果说第一道茶是苦的，那么，苦尽甘来，第二道茶就叫甜茶了，白族人称它为糖茶或甜茶。它寓意“人生在世，做什么事，只有吃得了苦，才会有甜香来。”第三道茶更有意思，主人先将一满匙蜂蜜及3～5粒花椒放入杯(碗)中，再冲上沸腾的茶水。客人接过茶杯时，一边晃动茶杯使茶汤和佐料均匀混合，一遍“呼呼”作响，趁热饮下。此茶可谓甜、苦、麻、辣各味俱全，因此白族称它为“回味茶”。有的主人更是别出心裁，取来一张用牛奶熬成的乳扇，将它置于文火上烘烤，当乳扇受热起泡呈黄色时，随即用手揉碎将它加入第三道茶中。这种茶喝起来既能领略茶香茶味，还能尝到白族传统食品，真是回味无穷！大凡主人款待三道茶时，一般每道茶相隔3～5分钟进行。另外，还得在桌上放些瓜子、松子、糖果之类以增加情趣。

此外，在白族聚居区，还盛行喝响雷茶，白语叫“扣兆”。这是一种十分富有情趣的饮茶方式。饮茶时，大家团团围坐，主人将刚从茶树上采回来的芽叶，或经初制而成的毛茶，放入一只小砂罐中，然后用钳夹住，在火上烘烤。片刻，罐内茶叶“劈啪”作响，并发出焦糖香时，随即向罐内充入沸腾的开水，这时罐内立即传出似雷响的声音，响雷茶也就因此而得名，据说这也是一种吉祥的象征。一旦响雷茶煮好后，主人就提起砂罐，将茶汤一一倒入茶盅，再由小辈女子用双手奉献给各位客人，在一片赞美声中，主客双方一边喝茶，一边叙述友谊，预示着未来生活的幸福美满和吉祥。

8. 侗族、苗族、瑶族的打油茶

在桂北、湖南交界地区和贵州遵义地区，聚居着许多侗族、苗族、瑶族人民，他们虽然衣食住行的风俗习惯有所不同，但是家家户户都喜欢打油茶，人人都爱喝油茶。特别是在喜庆节日或是亲朋好友登门时，他们更是以打法讲究、作料精选的油茶款待客人。油茶起于何时，尚无资料可以考证。但是在他们看来：清茶喝多了要肚胀，油茶吃多了反觉神清气爽。所以当地流传着一句赞美油茶的顺口溜：“香油芝麻加葱花，美酒蜜糖不如它。一天油茶喝三碗，养精蓄力有劲头。”可见居住在那里的人们，已经把喝油茶看得如同吃饭一样重要。男女青年还以喝油茶作为相爱的媒介。

打油茶一般经过四道程序。首先是选茶，通常有两种茶可供选用，一是经专门烘炒的末茶。二是刚从茶树上采下的幼嫩新梢，这可根据个人口味而定。其次是选料，打油茶用料通常有花生米、玉米花、黄豆、芝麻、糯粑、笋干等，应预先制作好待用。第三是煮茶，先生火，待锅底发热，放适量食油入锅，待油面冒青烟时，立即投适量茶叶入锅翻炒，当茶叶发出清香时，加上少许芝麻、食盐，再炒几下，即放水加盖，煮沸3～5分钟，即可将油茶连汤带料起锅盛碗待喝。一般家庭自喝，这又香、又爽、又鲜的油茶已算打好了。如果是打的油茶作庆典或宴请用的，那么，还得进行第四道程序，即配茶。配茶就是将事先准备好的食料，先行炒熟，取出放入茶碗中备好。然后将油炒经煮而成的茶汤，捞出茶渣，趁热倒入备有食料的茶碗中供客人食用。

最后是奉茶，一般当主妇快要把油茶打好时，主人就会招待客人围桌入座。由于喝油茶是碗内加有许多食料，因此，还得用筷子相助，所以，说是喝油茶，还不如说吃油茶更为贴切。吃油茶时，客人为了表示对主人热情好客的回敬，赞美油茶的鲜美可口，称道主人的手艺不凡，总是边喝、边啜、边嚼，在口中发出“啧、啧”声响，还赞不绝口。一碗吃光，主人马上添加食物，再喝两碗。按照当地习俗，客人喝油茶，一般不少于三碗，这叫“三碗不见外”。

你听说过虫茶吗？

虫茶是云、桂、湘等地苗族的一种传统饮品，如果用茶的科学定义来衡量，其实虫茶并不是真正的茶，它实际上是一种名为“化香夜蛾”的粪便。人们食用这种虫子的粪便的方法与我们饮茶相近，故而将其称作“茶”。虫茶约米粒大小，黑褐色，一碗开水，撮入10余粒，初时，只见茶粒飘于水面，继而徐徐释放出一根根绵绵血丝盘旋在水中，犹如晨烟雾霭，袅袅娜娜，蜿蜒起伏，散落水中，然后如飞絮般缓缓地散落到杯底。虫茶汁水呈淡古铜色，甘醇爽口，香气清郁宜人，颇似高档绿茶。据记载虫茶是一种很好的医药保健饮料，具有清热、去暑、解毒、健胃、助消化等功效，对腹泻、鼻衄、牙龈出血和痔出血均有较好疗效，是热带和亚热带地区的一种重要的清凉饮料。据说从清代乾隆年间起，虫茶就被视为珍品，每年定期向朝廷进贡。如今，虫茶已闻名海内外。

9. 回族的刮碗子茶

回族主要分布在我国的大西北，以宁夏、青海、甘肃三省(区)最为集中。回族居住处多在高原沙漠，气候干旱寒冷，蔬菜缺乏，以食牛羊肉、奶制品为主。而茶叶中存在的大量维生素和多酚类物质，不但可以补充蔬菜的不足，而且还有助于去油除腻，帮助消比。所以，自古以来，茶一直是回族同胞的主要生活必需品。

回族饮茶，方式多样，其中有代表性的是喝刮碗子茶。刮碗子茶用的茶具，俗称“三件套”，它由茶碗、碗盖和碗托或盘组成。茶碗盛茶，碗盖保香，碗托防烫。喝茶时，一手提托，一手握盖，并用盖顺碗口由里向外刮几下，这样一则可拨去浮在茶汤表面的泡沫，二则使茶味与添加食物相融，刮碗子茶的名称也由此而生。

回族茶谚又说：“一刮甜，二刮香，三刮茶露变清汤。”即是说“刮”第一遍时只能喝到最先溶化的糖甜味；“刮”第二遍时，茶叶与佐料经过炮制，香味则完全散发，其时味道最佳；而“刮”第三遍时只剩下茶叶淡淡的香气，只能起解渴作用。回族同胞认为，喝刮碗子茶次次有味，且次次不同，又能去腻生津，滋补强身，是一种甜美的养生茶。

10. 拉祜族的烤茶

拉祜族主要分布在云南澜沧、孟连、沧源、耿马、勐海一带。在拉祜语中，称虎为“拉”，将肉烤香称之为“祜”，因此，拉祜族被称之为“猎虎”的民族。饮烤茶是拉祜族古老、传统的饮茶方法，至今仍在普遍饮用。饮烤茶通常分为四个操作程序进行。

(1) 装茶抖烤：先将小陶罐在火塘上用文火烤热，然后放上适量茶叶抖烤，使受热均匀，待茶叶叶色转黄，并发出焦糖香时为止。

(2) 沏茶去沫：用沸水冲满盛茶的小陶罐，随即拨去上部浮沫，再注满沸水，煮沸3分钟后待饮。

(3) 倾茶敬客：就是将在罐内烤好的茶水倾入茶碗，奉茶敬客。

(4) 喝茶啜味：拉祜族兄弟认为，烤茶香气足，味道浓，能振精神，才是上等好茶。因此，拉祜族喝烤茶，总喜欢热茶啜饮。

11. 基诺族的凉拌茶和煮茶

基诺族主要分布在我国云南西双版纳地区，尤以景洪为最多。他们的饮茶方法较为罕见，常见的有两种，即凉拌茶和煮茶。

凉拌茶是一种较为原始的食茶方法，它的历史可以追溯到数千年以前。此法以现采的茶树鲜嫩新梢为主料，再配以黄果叶、辣椒、食盐等佐料而成，一般可根据个人的爱好而定。

做凉拌茶的方法并不复杂，通常先将从茶树上采下的鲜嫩新梢，用洁净的双手捧起，稍用力搓揉，使嫩梢揉碎，放入清洁的碗内；再将黄果叶揉碎，辣椒切碎，连同食盐适量投入碗中；最后，加上少许泉水，用筷子搅匀，静置15分钟左右，即可食用。

基诺族的另一种饮茶方式，就是喝煮茶，这种方法在基诺族中较为常见。其方法是先用茶壶将水煮沸，随即从陶罐中取出适量已经过加工的茶叶，投入到正在沸腾的茶壶内，经3分钟左右，当茶叶的汁水已经溶解于水时，即可将壶中的茶汤注入到竹筒，供人饮用。竹筒，基诺族既用它当盛具，劳动时可盛茶带到田间饮用；又用它作饮具。因它一头平，便于摆放，另一头稍尖，便于用口吮茶，所以，就地取材的竹筒便成了基诺族喝煮茶的重要器具。

12. 佤族的烧茶

佤族主要分布在我国云南的沧源、西盟等地，在澜沧、孟连、耿马、镇康等地也有部分居住，至今仍保留着一些古老的生活习惯，喝烧茶就是一种流传久远的饮茶风俗。

佤族的烧茶，冲泡方法很别致。通常先用茶壶将水煮开，与此同时，另选一块清洁的薄铁板，上放适量茶叶，移到烧水的火塘边烘烤。为使茶叶受热均匀，还得轻轻抖动铁板。待茶叶发出清香，叶色转黄时，随即将茶叶倾入开水壶中进行煮茶。约3分钟后，即可将茶置入茶碗，以便饮喝。

如果烧茶是用来敬客的，通常得由佤族少女奉茶敬客，待客人接茶后，方可开始喝茶。

实践操作

三、民俗茶艺表演编创

(一) 民俗茶艺表演特点

1. 传统性

民俗茶艺表演主要是以一些民间一直流传而且没有经过专业人员加工整理的冲泡技

艺为主。如四川和北方地区的盖碗茶艺，以冲泡花茶为主（也有用盖碗冲泡绿茶的）；闽粤地区的功夫茶艺，用小壶小杯专门冲泡乌龙茶；以及流行于江浙一带用玻璃杯来冲泡名优绿茶的茶艺等等。

2. 改良性

即在传统茶艺的基础上进行加工整理和改良提高，使之规范化、艺术化，更具有观赏性。如将进茶茶艺表演（以潮汕功夫茶为基础改编）、擂茶茶艺表演（以土家族的擂茶和客家擂茶为基础改编创作）等。

（二）民俗茶艺表演赏析——惠安女茶俗表演

《惠安女茶俗》反映的是解放前夕福建惠安县沿海妇女传统的不落夫家制度：惠安女在新婚第二天就要回娘家长住，直到生完小孩婚后才能回到丈夫身边，若婚事未育则不能与丈夫在一起生活，只能在娘家居住。所以惠安姐妹们只有借品茶来相互诉苦、相互帮助排遣心中的苦闷的茶艺表演。这是带有悲剧色彩的茶艺活动，因为惠安女们喝的是功夫茶，属于功夫茶艺，故称茶俗，而不叫做“惠安女茶艺”。茶俗同样可以表演，因为它不但具有一定的观赏性，而且还具有一定的历史价值，能加深我们对中华茶艺文化广博性的认识。

1. 表演人员：五位，即主泡及助泡甲、乙、丙、丁。

2. 背景道具：屏风上挂有渔网，屏风前摆有一张八仙桌并配有五条凳子。点明主题，是在海边渔家。

3. 服装：别具一格的惠安女服饰，打着赤脚。

4. 音乐：根据闽南一带民歌《行船调》改编，配以女声三重唱的伴唱：“海风阵阵吹，海鸥款款飞。心潮如浪涌，品茗共举杯。茶含苦涩味，如饮心中泪。夫君隔天涯，相思人憔悴。”

5. 茶具：一套传统的功夫茶茶具。

6. 表演过程

（1）进场：解说介绍结束后，首先主泡端着功夫茶茶船，踏着音乐的节奏出场，走到桌子中间，放下茶具，再将自己的帽子取下挂在屏风上。随后，助泡甲、乙分别手拿水壶、茶巾从屏风两边出场，走至舞台中间时两人对视交叉，走到主泡两边（即桌子两边），放下茶具；然后，助泡丙、丁分别手拿茶罐、茶碟如同甲、乙一样出场，走到甲、乙身边放下茶具。

（2）行礼：五人同时向观众敬礼，并坐下。

（3）泡茶：随后主泡开始泡茶，所使用方法就是功夫茶的冲泡方法。

（4）品茶：当主泡冲泡好茶汤后，四位助泡依次拿杯，五人同时品饮，喝完后将品茗杯放回原位。

（5）再斟：主泡再进行第二次冲泡。

（6）再品：四位助泡再次拿起杯，但当轮到主泡左边的助泡拿杯时，她却在一旁独自哭泣，想着自己悲惨的命运，不由伤心起来。这时主泡拿着手帕为姐妹擦去眼泪，另一位助泡端起品茗杯递给哭泣的助泡，随后大家一同品饮。

(7) 三斟三品:主泡斟上第三杯茶,四位助泡拿杯欲饮,但刚才哭泣的助泡起身举杯,向其他姐妹表达谢意,然后大家一同起身,举不共饮,互表谢意。

(8) 收具:品完茶后,主泡收好茶具,其他助泡拿起出场时各自手中的茶具。

(9) 退场:大家走到舞台前,向观众谢礼,然后退场。

模拟实训

1. 实训安排

实训项目	茶俗赏析
实训要求	熟悉中国各地方、各民族的饮茶习俗,通过小组合作的方式,阅读茶俗资料,制作多媒体课件,通过视频、音频等多种形式向学习者介绍中国丰富多彩的茶俗
实训时间	45 分钟
实训环境	可以进行茶俗演示的多媒体教室
实训工具	电脑、茶书、摄像机
实训方法	小组讨论、情境模拟

2. 实训步骤及要求

(1) 教师讲解示范(惠安女茶俗赏析)

(2) 分组实训——茶俗讲解

① 阅读讨论中国各地茶俗特点;

② 组织茶俗资料;

③ PPT 汇报演示。

工作任务二 《长流铜壶》茶艺表演

《长流铜壶》茶艺是中国茶艺的奇葩,其历史悠久,源远流长,具有很高的实用性和观赏性。沸水在长嘴中流过,自然降低了温度,水就不会太烫,最适合泡茶,特别是泡盖碗茶。《长流铜壶》茶艺表演用肢体语言表达各种文化内涵,长人知识,发人深省,既营造了茶馆的文化氛围和民俗气息,又提高了茶客的品茗乐趣。

通过《长流铜壶》茶艺表演的学习,使学习者通过模拟练习掌握长壶茶艺的基本动作要领,并能够进行自主编创。

案例导入

独具特点的四川茶馆文化

茶文化在四川已经被演变成独具巴蜀特色的"茶馆文化"。有谚语说四川:"头上晴天少,眼前茶馆多"。四川的茶馆多以竹为棚,摆满竹桌、竹椅。清风徐来,茶香弥漫。选用的茶叶多以茉莉花茶、龙井、碧螺春为主。茶具则选用北方讲究的盖碗。此茶具茶碗、茶船、茶盖三位一体,各自具有独特的功能。茶船即托碗的茶碟,以茶船托杯,既不会烫坏桌面,又便于端茶;茶盖有利于尽快泡出茶香，又可以刮去浮沫，便于看茶、闻茶、喝茶；茶盖倒置，又是一凉茶、饮茶的便利容器。精巧的盖碗茶具，即实用，又美观，构成了一组艺术品。而茶博士的斟茶技巧，更是四川茶馆一道独特的风景线：水柱临空而降，泻入茶碗，翻腾有声；须臾之间，嘎然而止，茶水恰与碗口平齐，碗外无一滴水珠。这既是一门绝技，又是一种艺术的享受。

点评：四川的茶馆一直以来都极为兴盛。不论是风景名胜之地，还是闹市街巷之中，到处都可看到富有地方色彩的民间茶馆。这些茶馆收费低廉，服务周到，茶博士一把长嘴铜壶，顾客一杯香茗，一碟小吃，便可坐上半日。在与亲友纵论畅谈之中，巴蜀大地的茶文化也被体现的淋漓尽致。

理论知识

一、长流铜壶的起源与发展

长流铜壶是中国所独有的茶器具，壶嘴长度多在三尺左右，现在常用的“一米长壶”即是由此而来。长流铜壶在中国出现的时间迄今为止没有确切的文字记载，只流传一些传说故事，比较典型的说法是起源于酒具。

第一说是起源于东北，长嘴壶最早的用途不是用来饮茶而是用于饮酒。因东北寒冷，人们在火塘旁围坐或“席炕而坐”饮酒时，用长嘴酒壶可隔座掺酒而勿劳坐者起身，甚为方便。

第二说是起源于三国时期的后主阿斗，生性多虑，怕人图谋不轨，借侍酒之机行刺。足智多谋的诸葛亮遂特设计出既是长嘴又是弯嘴的青铜酒壶，以防不测。

第三说也是与巴蜀地域有关。传说重庆一带川江上的纤夫因劳动繁重，歇息时都有喜在船上饮酒解乏取乐的习惯。纤夫们彼此熟悉、性格豪爽、关系融洽，喝酒时常邀邻船的纤夫共饮。因要各守其船，而船与船之间总有一定间距，纤夫们便用打通了竹节的竹筒传送酒浆，后才改进为仿龙头古船的形状，打造为龙头铜壶，长长的龙尾即为壶嘴。

后来随着清代茶馆业的快速兴盛，长嘴铜壶逐渐出现在沱江、长江沿岸的茶馆里。因为茶馆喝茶客人多，环境拥挤，有时候侍者难以凑到桌子边去给客人加水，而长嘴铜壶则可以在一米以外的地方给客人添水，既方便了为客人提供服务，又因其令人赏心悦目的一招一式受到客人们的欢迎。晚清时期，长流铜壶开始在全国大部分地区广为流行，长壶茶艺遂成为中国茶馆一大风景。现代，随着茶饮方式的改变，长流铜壶则主要集中在四川地区的一些老茶馆中。

温润泡的茶汤对人体有害吗？

有些说法认为温润泡的目的在于洗茶，所以不适合饮用。其实当干茶第一次接触热水的冲击时，水面浮起的一层泡沫，是由于茶叶本身含有少量皂素，再加上附着在干茶表面的霜状咖啡因，经水柱冲击产生的物理变化，茶汤本身并无有害人体的物质。

二、长流铜壶茶艺的特点

1. 雅俗共赏

“龙行十八式”长嘴铜壶茶艺融传统茶道、武术、舞蹈、禅学和易理为一炉，充满玄机妙理。每一式均模仿龙的动作，式式龙兴云动，招招景驰浪奔，令人目不暇接，心动神驰。

2. 利于茶香、茶味的渍发

泡茶讲究的是“高冲低斟”，高冲水可以激荡茶叶，激发茶性。比如冲泡龙井、黄山毛峰、茉莉花茶等。长流铜壶因为壶嘴特别细，冲劲特别大，容易把茶叶冲开，使茶叶在杯子里上下翻滚，这样冲泡出来的茶特别的香。

从水温来说，泡茶的水温不应该太高，一般冲泡绿茶，水温应保持在 85～88℃。而日常烧开的水都在 100℃，需要经过凉汤降温。而通过长嘴铜壶的长管散热，最后从壶嘴里出来的水的温度基本就在 85～88℃的范围内，水温恰到好处，使泡出来的茶更加香润可口。

从泡茶的时间来讲，普通的花茶要泡 4～5 分钟才可以泡开饮用，而使用长嘴铜壶 3 分钟就可以饮用。

三、长流铜壶茶艺意境营造

1. 舞台背景

“龙行十八式”被称为“中国茶道艺术的活化石”。相传“龙行十八式”是北宋高僧禅惠大师在蒙顶山结庐清修时所创，流传至清末，便逐渐失传。舞台中央的幕布上是四川蒙顶山的风光彩照，两旁有黄底黑字诗联：“长襟豪气沸清泉，壶中别有日月天。茶香琴韵绕梁间，艺囿奇葩换新颜”，点出长壶茶艺主题。

2. 服装

清末民初的服饰，男士身着黄色对襟马褂、黑色长裤和黑布鞋，女士则为红色对襟马褂、黑色散腿长裤和绣花鞋。红色和黄色均系暖色大气之色，可体现“龙行十八式”主题。

四、长流铜壶茶艺茶席设计

1. 茶台布置：泡茶台一张，上面铺有明黄色台布，台布四周绣有金龙。茶台上摆放皇家瓷盖碗四个。

2. 茶叶：产于四川蒙顶山的蒙顶雪芽。

3. 茶道具：长流铜壶三个。

五、长流铜壶茶艺表演程序

第一式　蛟龙出海
第二式　白龙过江
第三式　乌龙摆尾
第四式　飞龙在天
第五式　青龙戏珠
第六式　惊龙回首
第七式　亢龙有悔
第八式　玉龙扣月
第九式　祥龙献瑞
第十式　潜龙腾渊
第十一式　龙吟天外
第十二式　战龙在野
第十三式　金龙卸甲
第十四式　龙兴雨施
第十五式　见龙在田
第十六式　龙卧高岗
第十七式　吉龙进宝
第十八式　龙行天下

实践操作

六、长流铜壶茶艺表演

1. 实训安排

实训项目	长流铜壶茶艺表演
实训要求	掌握长流铜壶茶艺表演的动作要领，能够独立或通过合作的形式进行长流铜壶茶艺表演组织与演示
实训时间	90 分钟
实训环境	可以进行茶艺表演的茶艺实训室
实训工具	长流铜壶、茶叶、音乐
实训方法	示范讲解、小组讨论法、情境模拟

2. 实训步骤及要求

(1) 教师讲解示范

(2) 分组实训——茶艺表演

①讨论长流铜壶茶艺动作要领；

②情景模拟练习长流铜壶茶艺表演。

3. 长流铜壶茶艺表演(中英文)

茶艺表演	中文介绍	英文介绍
龙行十八式茶艺表演文化内涵 Cultural connotation in "18 Dragon-like movements" tea ceremony	"长襟豪气沸清泉，壶中别有日月天。茶香琴韵绕梁间，艺圃奇葩换新颜"。长流铜壶茶艺是中国独特的茶艺表演形式，主要流行在我国四川地区。 "龙行十八式"长流铜壶茶艺融传统茶道、武术、舞蹈、禅学和易理为一炉，充满玄机妙理。每一式均模仿龙的动作，式式龙兴云动，招招景驰浪奔，令人目不暇接，心动神驰。	"Chivalry spirit can even boil clear spring, a pot of tea may bring fresh feeling. In the air are tea fragrance and music lingering, and the new way of tea serving will be amazing." The tea art of long-spouted pot is a tea ceremony peculiar to China, especially popular in Sichuan Province. This tea ceremony, "18 Dragon-like movements" combines with traditional tea art, Chinese Kongfu, dance movements, Zen and principles of Changes, which make the procedure mysterious and artistic. Imitating the movements of the auspicious dragon in China, every movement in the ceremony will make you wonder, just as if you were watching a dazzling display of acrobatics.
茶饮表演程式 Tea drinking performance	第一式　蛟龙出海	Movement 1　a dragon coming out of sea
	第二式　白龙过江	Movement 2　a white dragon crossing the river
	第三式　乌龙摆尾	Movement 3　a black dragon wagging its tail
	第四式　飞龙在天	Movement 4　a dragon flying in the sky
	第五式　青龙戏珠	Movement 5　a green dragon playing with a pearl
	第六式　惊龙回首	Movement 6　a surprised dragon turning its head

续表

茶艺表演	中文介绍	英文介绍
	第七式　亢龙有悔	Movement 7　a high-handed dragon's shame
	第八式　玉龙扣月	Movement 8　a jade dragon holding the Moon
	第九式　祥龙献瑞	Movement 9　a lucky dragon bringing blessing
	第十式　潜龙腾渊	Movement 10　a hidden dragon jumping over a deep pool
	第十一式　龙吟天外	Movement 11　a dragon roaring in the sky
	第十二式　战龙在野	Movement 12　a dragon fighting in the field
	第十三式　金龙卸甲	Movement 13　a golden dragon taking off its armor
	第十四式　龙兴雨施	Movement 14　an auspicious dragon producing rain
	第十五式　见龙在田	Movement 15　meeting a dragon on the field
	第十六式　龙卧高岗	Movement 16　a dragon crouching on a high hill
	第十七式　吉龙进宝	Movement 17　an auspicious dragon contributing a treasure
	第十八式　龙行天下	Movement 18　a dragon walking in the world

4. 技能提升——学习并尝试进行其他长壶茶艺的编创

工作任务三　《擂茶》茶艺表演

《擂茶》茶艺表演是中国茶叶博物馆根据民间茶俗整理创编而成的。欢快而富有民族特色的乐曲声中，两位活泼可爱的农家少女踏歌而来，通过取自民间、用于民间的擂茶擂制茶艺表演，一个以茶交友、以茶待客的民族习俗展现在人们面前。通过对擂茶茶艺表演的学习，使学习者通过模拟练习、自主编创从而掌握编创民族茶艺表演所需的知识与技能。

案例导入

药食同用的特色茶饮

茶叶的应用最早应是始于一个传说。《神农本草》书中记载："神农尝百草，日遇七十二毒，得荼而解之"。（"荼"，又名苦荼，是中国茶叶的古称。）神农氏是中国上古时代一位被神化了的人物形象，与伏羲、燧人氏并成为三皇。传说他不仅是中国农业、医药和其他许多事物的发明者，也是中国茶叶利用的创始人。据说有一次，神农氏采摘各种草木的果实尝其效用，结果连续中毒70余次，最后是采摘到茶树的叶子食用后才得以解毒。神农氏是生活在距今大约5 000多年以前的母系氏族社会向父系氏族社会的转变时期，因此，如果说神农氏是中国茶叶利用的鼻祖，那么茶在中国的使用至少已经有5 000年的历史了。这则上古传说，如今是无法查证的，但茶能解毒的说法，却正好符合茶的药用功能。可以说从那时开始人们就已经将茶作为药用普遍应用于生活中了。正如《神农本草》中关于茶叶作用的记载："茶味苦，饮之使人益思、少卧、轻身、明目"。《桐君录》等古籍中，则有茶与桂姜及一些香料同煮食用，《广雅》中则提到人们用葱、姜、橘子等佐料与茶叶一起烹煮的记载。说明用茶的目的，一是增加营养，一是作为食物解毒。

对于我国边疆少数民族而言，茶的药用功效更为显著。我国很多少数民族，如藏族、蒙古族、维吾尔族等都是生活在高寒地带，日常饮食主要是以牛羊等肉类和奶制品为主，不易消化，而茶的促消化功能更是显得格外重要。所以在我国少数民族地区，就流传着“宁可三日不吃粮，不可一日不喝茶的”谚语。

点评：茶并不仅仅是一种生津止渴的饮料，回顾茶叶的历史可以发现茶应该是一种集药理、营养、止渴等功能为一身的保健饮料。据考古发现，早期的茶叶除了作为药物使用之外，很大程度上还是被作为食物用品。现代我国的一些地方仍然将茶作为一种食材，茶的食用方法也被延续了下来。

理论知识

一、擂茶知识

（一）擂茶起源

擂茶作为中国茶艺百花园中的一枝奇葩，主要流行于我国南方的客家人聚居地。客家人作为我国汉族一支重要的民系，分布在我国湖南、湖北、江西、广西、福建、四川、贵州等地，人口总数已达 7 000 多万。擂茶作为客家人的传统饮茶习俗，是以生米、生姜和茶叶作为主要原料，研磨配置后加水烹煮而成，所以又名“三生汤”。擂茶不仅味浓色佳，而且还能生津止渴，清凉解暑，而且还有健脾养胃，滋补长寿之功能，对客家人来说既是解渴的饮料，又是健身的良药。

擂茶的由来

擂茶由来已久，据传起于东汉。那时候，朝廷有一位被封为伏波将军的名将马援，晚年奉命进击武陵壶头山，路过乌头村(即桃花源一带)。时值盛夏，想不到瘟疫流行，将士病倒了数百人，马援自己也染上了瘟疫。他只得下令在山边的石洞屯兵，派士兵去寻医问药。这里的一位老婆婆见马援军纪严明，所到之处，秋毫无犯，非常感动，便自愿献出了祖传秘方：用生姜、生米、生茶叶擂制成浆，然后冲上沸水，让士兵每日当茶饮用。染病的将士服此汤后，病情大减，慢慢就好了；健康的将士服用此汤后，也避免了瘟疫的传染。擂茶也由此流传开来。

（二）擂茶的制作工艺

做擂茶时，擂者坐下，双腿夹住一个陶制的擂钵，抓一把绿茶放入钵内，握一根半米长的擂棍，频频舂捣、旋转，边擂边不断地给擂钵内添些芝麻、花生仁、草药(香草、黄花、香树叶、牵藤草等)。待钵中的东西被捣成碎泥，茶便擂好了。然后，用一把捞瓢筛滤擂过的茶，投入铜壶，加水煮沸，一时满堂飘香。品擂茶，其味格外浓郁、绵长。

二、意境营造

1. 舞台背景

一幅福建客家人土屋彩照，点明地点是在客家人家里面。两旁有黄底黑字的对联：“莫道醉人惟美酒，擂茶一碗更深情。美酒只能喝醉人，擂茶却能醉透心”，点明了“擂茶”的茶艺主题。

2. 音乐:江西名乐《斑鸠调》。

3. 服装:中式蓝布青花小袄、蓝布肚兜、青花头巾、扎两根麻花辫。

三、茶席设计

1. 茶台设计:茶台为长方形,上铺蓝花布。

2. 茶具

茶具主要有:上好陶土烧制的擂钵1个、山茶木制成的擂棍一根、古铜茶壶1个、粗瓷碗茶6个、茶匙1个、茶巾1条、水盂1个、托盘2个。

3. 茶叶及配料

(1) 夏季配料:绿茶、芝麻、花生、糖、陈皮、薄荷、鱼腥草。

(2) 冬季配料:绿茶、芝麻、花生、糖、生姜、肉桂、陈皮。

4. 表演人员:2人。面带微笑,脚步轻快,动作娴熟轻灵,表现农家少女的纯真、勤劳、热情、好客的礼仪风俗。

实践操作

四、擂茶茶艺表演

1. 引言

"莫道醉人惟美酒,擂茶一碗更深情。美酒只能喝醉人,擂茶却能醉透心"。客家擂茶是福建韩江一带客家人的饮茶习俗。客家人为了躲避战乱,举族迁徙到南方的山区。他们保留了一种古老的饮茶习俗,就是将一些富有营养价值的食品和茶一起放到特制的擂钵擂烂了,再加入一些盐或糖,然后冲入开水,调制成一种既营养又可口的饮料,这就是擂茶。擂茶可以使人健体强身,延年益寿,所以被称为茶中奇葩、中华一绝。

2. 表演程序

(1) 上场:两名表演人员面带微笑,脚步轻快地碎步上场,向观众行礼。

(2) 洗钵迎宾

客家人的热情好客是举世闻名的,每当贵宾临门,她们要做的第一件事就是招呼客人落座后即清洗"擂茶三宝",准备擂茶迎宾。

擂钵,是用硬陶烧制的,内有细密的齿纹,能使钵内的各种原料更容易被擂碾成糊。

这根长长的棍子是擂棍,擂棍必须用山茶树或山苍子树来做,用这样的本质擂出的茶才有一种独特的清香。

这是用竹篾编的"笊篱",是用来过滤茶渣的。

下面为您介绍擂茶所用的各种原料。甘草,它能润肺解毒;陈皮,它能理气调中,止咳化痰;绿茶茶叶,它能提神悦志、去滞消食、清火明目;凤尾草,它能清热解毒,防治细菌性痢疾和黄疸型肝炎。"打底"就是把这些配料放在镭钵中擂成粉状,以利于冲泡后,人体容易吸收。此外还有芝麻、花生,白糖等,用以调和口味。

(3) 投入配料

擂茶的原料都是一些有营养的食品和一些对我们身体非常有益的中药,所以经常喝擂茶可以强身健体,延年益寿。

热情好客的客家姑娘在擂茶前先要将器具温洗一遍，这称为“涤器”。然后再将擂茶的原料拨入擂钵中，现在大家看到的是已经事先擂好的原料。这主要是为了节约时间。像客家人在日常生活中擂这些原料可能需要一个小时的时间。

(4) 初擂——小试锋芒

下面就开始擂制这些原料。首先由我们客家姑娘表现自己的技艺，我们称之为“小试锋芒”。“擂茶”本身就是很好的艺术表演，技艺精湛的人在擂茶时无论是动作，还是擂钵发出的声音都极有韵律，让人看了拍手称绝。

(5) 细擂——各显身手

现在我们客家姑娘要邀请在座的各位嘉宾上台和我们一起擂制。俗话说，“自己动手，丰衣足食”，请嘉宾和同学们踊跃上台和我们的客家姑娘一起“各显身手”。

快要擂好时，将芝麻、白糖倒进擂钵与基本擂好的配料混合。芝麻含有大量的优质蛋白质、不饱和脂肪酸、维生素E等营养物质，可美容养颜抗衰老，加入芝麻后擂茶的营养保健功效将更显著，所以称为“锦上添花”。

（6）冲水

在细擂过程中要不断少量加点水，使混合物能擂成糊状，当擂到足够细时，要冲入热开水。开水的水温不能太高，也不可太低。水温太高易造成混合物的蛋白质过快凝固，冲出的擂茶清淡而不成乳状。水温太低则冲不熟擂茶，喝的时候不但不香，而且有生草味。

（7）过筛

现在擂茶已经制作完成，客家姑娘用竹篾滤去茶渣，其目的是“去粗取精”，使擂茶更好喝。

（8）敬茶

现在我们的客家姑娘将制好的擂茶斟到茶碗中，并按照长幼顺序依次敬奉给客人。擂茶一般不加任何调味品，以保持原辅料的本味，所以第一次喝擂茶的人，品第一口时常感到有一股青涩味，细品后才能渐渐感到擂茶甘鲜爽口、清香宜人。这种苦涩之后的甘美，正如醍醐的滋味，它不加雕饰，不事炫耀，只如生活本身，永远带着那清淡和自然，却让人品后无法忘怀。正因为这样，所以，所有饮过擂茶的人几乎都会迷上它，使擂茶成为自己生活的一部分。

模拟实训

1. 实训安排

实训项目	擂茶茶艺表演
实训要求	熟悉擂茶茶艺表演的编创要求，能够通过合作的形式进行擂茶茶艺表演的组织与演示，并能进行民族茶艺表演的编创
实训时间	90分钟
实训环境	可以进行茶艺表演的茶艺实训室
实训工具	各种少数民族茶具、茶叶、音乐、学生自备装饰用品、花材
实训方法	示范讲解、小组讨论法、情境模拟

2. 实训步骤及要求

（1）教师讲解示范

（2）分组实训——茶艺表演

①讨论并准备擂茶茶艺表演所需要的原料；

②情景模拟练习擂茶茶艺表演

3. 擂茶茶艺表演中英文解说

茶艺表演	中文介绍	英文介绍
擂茶 文化内涵 Cultural connotation in the pounded tea	"莫道醉人惟美酒，擂茶一碗更深情。美酒只能喝醉人，擂茶却能醉透心"。客家擂茶是福建韩江一带客家人的饮茶习俗。客家人为了躲避战乱，举族迁徙到南方的山区。他们保留了一种古老的饮茶习俗，就是将一些富有营养价值的食品和茶一起放到特制的擂钵擂烂了，再加入一些盐或糖，然后冲入开水，调制成一种既营养又可口的饮料，这就是擂茶。擂茶可以使人健体强身，延年益寿，所以被称为茶中奇葩、中华一绝。 俗话说"百闻不如一见"，今天就请各位来尝一尝我们客家的擂茶，当一回我们客家人的贵客。	"Not only does good wine intoxicate, but to the guests pounded tea more affectionate. Although indeed good wine can intoxicate, one's mind pounded tea can stimulate". Drinking the pounded tea is a habit of Hakka, who now live along the Hanjiang river of Fujian province. Hakka people immigrated to the mountain area of the Southern China to flee the wars. An old custom of tea drinking has retained since then, that is, put tea leaves into a mortar along with nutritious seasonings, then slowly pound them into paste and add some sugar or salt, into which some boiling water will be poured. So the tea is called the pounded tea. It is not only delicious but rich in nutrition, which can improve one's health and slow down the speed of aging. As the proverb says, "Seeing for oneself is better than hearing from others", I'd like to treat our distinguished guests with the unique Chinese pounded tea.
洗钵迎宾 Washing the mortar to welcome the guests	客家人的热情好客是举世闻名的，每当贵宾临门，她们要做的第一件事就是招呼客人落座后即清洗"擂茶三宝"，准备擂茶迎宾。 擂钵，是用硬陶烧制的，内有细密的齿纹，能使钵内的各种原料更容易被擂碾成糊。 擂棍必须用山茶树或山苍子树来做，用这样的本质擂出的茶才有一种独特的清香。 "笊篱"是用竹篾编的，是用来过滤茶渣的。 热情好客的客家姑娘在擂茶前先要将器具温洗一遍，这称为"涤器"。	Hakka's hospitality is world-famous. When the distinguished guests coming, the first thing they do is to greet and seat them, and wash the three tools for pounding tea. Mortar is made of hard pottery with close tooth-like notches inside, which helps pound all the materials into paste easily. The long stick, called pounding stick, is made of the wood from camellia tree or cubeb litsea tree. Tea pounded by this kind of stick has an unique fragrance. This is bamboo strainer, used to filter the tea dregs. The hospitable Hakka girls would wash the tea utensils with hot water first.

续表

茶艺表演	中文介绍	英文介绍
投入配料 Casting ingredients	下面为您介绍擂茶所用的各种原料： 甘草，它能润肺解毒。 陈皮，它能理气调中，止咳化痰。 绿茶茶叶，它能提神悦志、去滞消食、清火明目。 凤尾草，它能清热解毒防治细菌性痢疾和黄疸型肝炎。 此外还有芝麻、花生，白糖等，用以调和口味。 大家看到我们擂茶的原料都是一些有营养的食品和一些对我们身体非常有益的中药，所以经常喝擂茶可以强身健体，延年益寿。	Here are some ingredients used to make the pounded tea： Liquorice，moistening lung and removing toxin. Dried tangerine peel，regulating the flow of vital energy and normalizing the function of stomach， and relieving cough and reducing sputum. Green tea，refreshing and pleasing，relieving stagnation and promoting digestion，and reducing internal heat and improving eye-sight. Bracken，reducing internal heat and removing toxin，preventing and curing bacterial dysentery and acute icterus hepatitis. In addition， such ingredients as sesame，peanuts，sugar and so on，can also be used to add different flavor. As you can see，the ingredients of pounded tea are all nutritious things and Chinese herbs that are good for health，so drinking pounded tea frequently can help improve one's health and prolong one's life.
	把这些配料放在擂钵中擂成粉状，以利于冲泡后，人体容易吸收。	Put all the above things into the mortar and pound them into power，which is easily to brew and absorbed by human body.
小试锋芒 Displaying the small part of the art	下面就开始擂制这些原料。首先由我们客家姑娘表现自己的技艺，我们称之为"小试锋芒"。"擂茶"本身就是很好的艺术表演，技艺精湛的人在擂茶时无论是动作，还是擂钵发出的声音都极有韵律，让人看了拍手称绝。	Here comes the procedure of pounding. Let's welcome Hakka girls to do it，which we call "display the small part of the art". Pounding tea itself is a kind of art performance. Not only would the sound of pounding made by a skilled worker but also the pounding action itself have a musical rhythm，giving people a deep impression.

续表

茶艺表演	中文介绍	英文介绍
各显身手 Everyone giving a shot	现在我们客家姑娘要邀请在座的各位嘉宾上台和我们一起擂制。俗话说，“自己动手，丰衣足食”，请嘉宾和同学们踊跃上台和我们的客家姑娘一起“各显身手”。 快要擂好时，将芝麻、白糖倒进擂钵与基本擂好的配料混合。芝麻含有大量的优质蛋白质、不饱和脂肪酸、维生素 E 等营养物质，可美容养颜抗衰老，加入芝麻后擂茶的营养保健的功效将更显著，所以称为“锦上添花”。	Our Hakka girls are inviting the guests present to pound together. Let's make good tea with our own hands. Please join us and enjoy it. When those nearly pounded, put sesame and sugar into the mortar and mix them up. Sesame is rich in fine protein, unsaturated fatty acid, vitamin E and so on, which can beautify and slow down the aging process. After adding sesame, the tea's function of health would be strengthened, that is to say, the sesame makes the tea better.
冲水 Pouring water	在细擂过程中要不断少量加点水，使混合物能擂成糊状，当擂到足够细时，要冲入热开水。开水的水温不能太高，也不可太低。水温太高易造成混合物的蛋白质过快凝固，冲出的擂茶清淡而不成乳状。水温太低则冲不熟擂茶，喝的时候不但不香，而且有生草味。	During further pounding, it is necessary to pour a little water constantly to make the pounded things into paste. When it is pounded fine enough, pour some hot boiling water, whose temperature mustn't be too low or too high. The water with high temperature would solidify the protein of the mixture too fast, so that the pounded tea can't be made into emulsion after brewed. While water with low temperature can't make the tea cooked enough to eat, the tea may even have a flavor of raw herbs.
过筛 Sifting out	现在擂茶已经制作完成，客家姑娘用竹篾滤去茶渣，其目的是“去粗取精”，使擂茶更好喝。	Now the tea has been done, the girls are sifting the dregs out to make the tea taste better.
敬茶 Serving the tea	现在我们的客家姑娘将制好的擂茶斟到茶碗中，并按照长幼顺序依次敬奉给客人。 擂茶一般不加任何调味品，以保持原辅料的本味，所以第一次喝擂茶的人，品第一口时常感到有一股青涩味，细品后才能渐渐感到擂茶甘鲜爽口，清香宜人。这种苦涩之后的甘美，正如醍醐的滋味，它不加雕饰，不事炫耀，只如生活本身，永远带着那清淡和自然，却让人品后无法忘怀。正因为这样，所以，所有饮过擂茶的人几乎都会迷上它，使擂茶成为自己生活的一部分。	Now our Hakka girls is pouring the tea into bowls, and serving the guests in the order of their ages. Generally speaking, seasonings are not required to remain the primary taste of the ingredients. So the pounded tea tastes astringent first for those who have never had it before. However, it will taste fresh and delicious while drunk carefully. The sweetness after bitterness, just like that of life, is so fresh and natural that can't be forgotten. Therefore, all that have had the pounded tea would be fascinated and make drinking it a part of their lives.

4．技能提升——学习并尝试进行其他少数民族茶艺的编创

项目测试

一、选择题

1 我国苗族和侗族人多喜欢饮用(　　)。

A. 奶茶　　B. 香茶　　C. 油茶

2. 罐罐茶是我国(　　)喜用的茶饮方式。

A. 维吾尔族　　B. 回族　　C. 土家族　　D. 藏族

3. 盖碗茶是我国(　　)的传统习惯。

A. 江浙地区　　B. 京津地区　　C. 港台地区　　D. 广东地区

4. (　　)是将茶罐先烤热,加入茶油、白面翻炒后,放入细嫩茶叶和食盐,炒至茶香溢出,加水煮沸。

A. 八宝茶　　B. 酥油茶　　C. 五福茶　　D. 油炒茶

5. 云南白族的“三道茶”分别是(　　)。

A. 一苦二回味三甜　　B. 一甜二苦三回味

C. 一甜二回味三苦　　D. 一苦二甜三回味

6. (　　)是侗族的饮茶习俗。

A. 咸奶茶　　B. 竹筒茶　　C. 打油茶　　D. 酥油茶

7. “龙虎斗”是纳西族人治疗(　　)的秘方。

A. 骨折　　B. 胃病　　C. 感冒　　D. 解暑

8. “(　　)”是将煮好的茶水趁热倒入白酒中,是纳西族人治疗感冒的秘方。

A. 竹筒茶　　B. 咸奶茶　　C. 龙虎斗　　D. 酥油茶

9. (　　)主要流行于我国南方客家人聚居区。

A. 奶茶　　B. 擂茶　　C. 竹筒茶　　D. 酥油茶

10. (　　)又称“三生汤”,其主要原料是茶叶、生姜、生米

A. 奶茶　　B. 擂茶　　C. 竹筒茶　　D. 酥油茶

11. 将乐擂茶常在配料中加一些淡竹叶和金银花,其作用是(　　)。

A. 清热解暑　　B. 预防感冒

C. 治疗肠炎　　D. 增加擂茶的香味

二、判断题

(　　)1. 三道茶是我国纳西族用来招待贵宾的茶饮。

(　　)2. 接待蒙古族宾客,敬茶时应用右手,以示尊重。

(　　)3. 接待傣族宾客,茶艺师斟茶时应把茶斟满杯,以示对宾客的尊重。

(　　)4. 南疆的维吾尔族喜欢用长颈茶壶烹煮清茶。

三、问答题

1. 民俗茶艺表演在编排上应注意哪些问题?

2. 桃江擂茶、临川擂茶、安化擂茶和将乐擂茶有何不同?

3. 喝大碗茶、品龙井茶、泡功夫茶这三种饮茶方式分别流行于我国哪些地区?所使用的茶叶各属于哪种茶类?

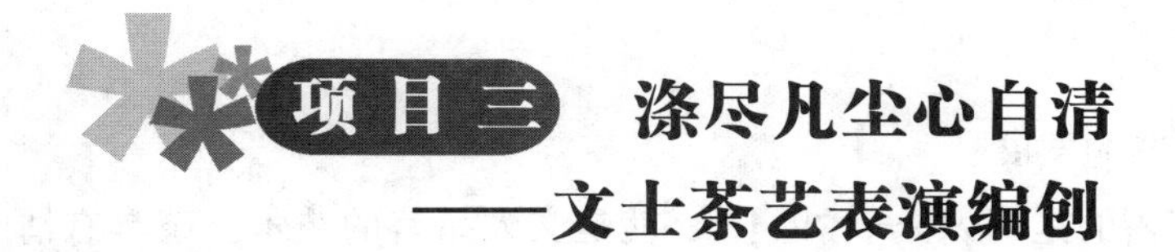

项目三　涤尽凡尘心自清——文士茶艺表演编创

学习目标

- 了解中国传统文化与茶的关联
- 掌握文士茶的特点
- 掌握《将进茶》茶艺表演内涵和表演程序
- 掌握《荷香茶语》茶艺表演内涵和表演程序

中国古代的士和茶有着不解之缘，以茶雅志，以茶陶情，以茶立德。可以说，没有知识分子的介入，便没有中国的茶道。正因为有了这些文人雅士的加入，才形成了中国士大夫们“琴棋书画诗酒茶”、“茶通六艺”的新茶风，有力地推动了中国茶文化的发展。

工作任务一　文士茶艺表演认知

案例导入

杼山三绝

唐大历七年(772)至大历十二年(777)，颜真卿被贬任湖州刺史期间，多次主盟湖州茶会，陆羽、皎然是每会必邀、每会必到。大历八年(773)秋冬，《韵海镜源》的编辑工作基本完成(陆羽参与其事，在编辑部成员名单中位列第三，且贡献颇著)，与此同时，杼山的亭子也快完工，颜真卿请陆羽给亭子命名。陆羽曾认真研究过《周易》，对于天干地支十分熟悉，因此亭建成于大历八年十月二十一日。大历八年是癸丑年，十月是癸亥月，二十一日是癸卯日，于是就以“三癸亭”名之。十月二十一日，颜真卿邀请十余位文朋诗友去三癸亭聚饮，以庆祝此亭落成。在场的除《镜海韵源》编辑部部分成员外，还有在湖州视察的浙西观察判官、殿中侍御史袁高。文士欢聚，自然免不了要品茶饮酒、歌舞联句。颜真卿称此为“群士响集”(颜真卿《杼山妙喜寺碑铭》)，皎然称此为“卫法大臣过，佐游群英萃”(皎然《奉和颜使君与陆处士羽登妙喜寺三癸亭》)，对袁高的光临和群英荟萃有赞美之意。颜真卿为此写了《题杼山癸亭得暮字》，标题下注一行小字：“亭，陆鸿渐所创”。皎然作了《奉和颜使君与陆处士羽登妙喜寺三癸亭》，标题后仍著一行小字“亭即陆生所创”。后人称此“好亭、好匾、好诗”，誉为“杼山三绝”。

点评：唐代社会物欲横流，很多人追求一种奢华的物质生活，“物精极、衣精极、屋精极”是他们的生活目标。人们相互争斗和倾轧，社会流行着奢侈和虚夸之风。当时有正义感的文人士大夫们，对这种奢华之风非常不屑，他们常聚在一起品茶、探讨茶艺、博古论今、无所不谈。茶道被文人视为一种陶冶心性、体悟人生、抒发情感的风雅之事，有独酌自饮的清幽，也有集会联谊的雅趣。

理论知识

一、文士茶艺的发展

中国的“士”指的是知识分子，文士茶，就是文人品茗的艺术。茶具有清幽儒雅品格，是清醒头脑、陶冶性情的朋友。中唐以后的文人以茶叙情已是寻常之举；茶能助文思，助诗兴，吟诗饮茶也更有味道。文士茶是古代文人雅士们的休闲方式，更是他们逃避现实，甚至是孤芳自赏、顾影自怜的好方式。在唐朝，以古都长安为中心，荟萃了大唐的文人雅士和茶界名流，如诗人李白、杜甫、白居易，书法家颜真卿、柳公权，画家吴道子、王维；音乐家白明达、李龟年等。他们办茶会、写茶诗、品茶论道，以茶会友，整合了大唐茶道。据《全唐诗》不完全统计，涉及茶事的诗作有600余首，诗人有150余人。李白、杜甫、白居易等，都创作了大批以茶为题材的诗篇。李白的《赠玉泉仙人掌茶》、杜甫的《重过何氏五首之三》、白居易的《茶山境会亭欢宴》、杜牧的《题茶山》、柳宗元的《竹间自采茶诗》、温庭筠的《采茶歌》、颜真卿等六人合作的《五言月夜啜茶联句》等等，都显示了唐代茶诗的兴盛与繁荣。

二、文士茶的艺术特征

文人品茶不为解渴，更多的是在内心深处寻求一片静谧。因而文人品茶不仅讲究何时何处，还讲究用茶、用水、用火、用炭，讲究与何人共饮。这种种的讲究其实只为一个目的，只为进入修身养性的最高境界。文士茶的风格以静雅为主。插花、挂画、点茶、焚香为历代文人雅士所喜爱，文人品茶更重于品，山清水秀之处、庭院深深之所，清风明月之时，雪落红梅之日，都是他们静心品茶的佳时佳境。正如唐代灵一和尚在诗中写道：

野泉烟火白云间，坐饮香茶爱此山。
岩下维舟不忍去，清溪流水暮潺潺。

文人饮茶以儒雅风流为特征，讲究三雅：饮茶人士之儒雅、饮茶环境之清雅、饮茶器具之高雅；追求三清：汤色清、气韵清、心境清，以达到物我合一，天人合一的境界，这也正是文士们所追求的生活境界。

你知道品茶有“三乐”吗？

品茶有“三乐”，我们将之称为独品得神、对品成趣、众品得慧。

实践操作

三、文人与茶赏析

中唐以后的文人以茶叙友情已是寻常之举；茶能助文思、助诗兴，吟着诗饮茶也更有味道。因此，中国大文人很少不与茶结缘的，茶也成为诗人、文学家们进行文学创作不可缺少的物品。

1. 白居易

字乐天，山西太原人，生于德宗大历七年（772）。白居易的诗文俱佳，尤以诗为后人所称颂，是中唐时期社会写实诗的健将，在他留世的2 800多首诗作中，大约有60首诗是和茶有关。在他的诗作中写有早茶、午茶、晚茶，更有饭后茶、寝后茶，可说一天到晚茶不离口，是一个爱茶且精通茶道、识得茶味的饮茶大行家。

白居易爱茶，每当友人送来新茶，往往令他欣喜不已，白居易是怎样吃茶的呢？唐宪宗元和十二年，白居易在江州做司马，清明过后不久，好友忠州刺史李宣布寄给他寒食禁火日前的新蜀茶，生病中的白居易感受到友情的温暖，欣喜莫名，就动手碾茶、勺水、候火、下末……品尝新茶为快，并且写下《谢李六郎中寄新蜀茶》诗：

故情周匝向交亲，新茗分张及病身。
红纸一封书后信，绿芽十片火前春。
汤添勺水煎鱼眼，末下刀圭搅麴尘。
不寄他人先寄我，应缘我是别茶人。

诗中第五、六句“汤添勺水煎鱼眼，末下刀圭搅麴尘”是吟咏点茶时事，与陆羽《茶经》所记煮茶法是相同的。而陆羽的《茶经·五之煮》则写出下面一段话：“……其沸如鱼目微有声为一沸。缘边如涌泉连珠为二沸。腾波鼓浪为三沸，已上水老，不可食也。初沸则水合量，调之以盐味。……第二沸出水一瓢，以竹夹环激汤心，则量末当中心而下。有顷，势若奔涛溅沫，以所出水止之，而育其华也。……”所谓“鱼眼”即“鱼目”，是指汤沸腾的第一阶段，此时水面上浮出如鱼目般的小泡泡，并发出些微的声音。因此，白诗中的“煎鱼眼”是指自汤一沸的阶段到更沸腾的阶段，亦即进入二沸、三沸的阶段。而“汤添勺水”，即前录《茶经》所言，在二沸阶段舀出一瓢水，于三沸“势若奔涛溅沫”时浇入，这样就可稍微止其沸腾，使其生成华。而“末下刀圭搅麴尘”的“末”，是指将饼茶碾成粉末的意思。作成末的器具，若据《茶经·四之器》所言则是“碾”。“圭”是指掬取粉的“匙”，相当于《茶经·四之器》的“则”。“麴尘”是指黄色的茶末。“末下刀圭搅麴尘”就是说用刀圭掬取已碾成粉末的茶，投入其中搅拌，相当于《茶经》“量末当中心而下”之意。白居易的吃茶法和《茶经》所语，大致是相同的。

白居易任职江州司马时，还曾辟园种茶。江州地近庐山，白居易非常喜欢东西二林间香炉峰下的云水泉石，曾筑草堂于此，茶园便在草堂旁。他有《香炉峰下新置草堂，即事咏怀题于石上》诗，有“架岩结茅宇，斴开茶园”的诗句。诗人在山上，结茅而居，辟茶园，听飞泉，赏白莲，饮酒弹琴，仰天长歌，感到舒泰而自足。

穆宗长庆二年，白居易调到杭州任刺史，两年任内，他钟爱西湖的湖光山色，香茗甘泉，常邀诗僧吟咏品饮，留下了一则与灵隐韬光禅师汲泉烹茗的佳话。诗僧韬光与白居易常有诗文酬答往来。一次白居易以诗邀韬光禅师到城里来喝茶，然韬光嫌城里吵嚷，回一首诗拒绝，白居易只得亲自上山访晤，一起品茶吟诗。杭州灵隐韬光寺的烹茗井，相传就是白居易当年的烹茗处。

2. 卢仝

卢仝(约775—835)，自号玉川子，范阳(今河北涿县)人。他才高有节，时人称誉他“志怀霜雪，操似松柏”，唐文宗太和九年(835)“甘露之变”时被误杀于宰相王涯家中，时年仅40岁。继陆羽的《茶经》之后，卢仝以一首《走笔谢孟谏议寄新茶》(也被称为《卢仝茶歌》)被后人誉为诗化的《茶经》，堪称茶诗中的经典之作，全诗如下：

日高丈五睡正浓，军将打门惊周公。
口云谏议送书信，白绢斜封三道印。

开缄宛见谏议面,手阅月团三百片。
闻道新年如山里,蛰虫惊动春风起。
天子须尝阳羡茶,百草不敢先开花。
仁风暗结珠蓓蕾,先春抽出黄金芽。
摘鲜焙芳旋封裹,至精至好且不奢。
至尊之余合王公,何事便到山人家?
柴门反关无俗客,纱帽笼头自煎吃。
碧云引风吹不断,白花浮光凝碗面。
一碗喉吻润,二碗破孤闷。
三碗搜枯肠,唯有文字五千卷。
四碗发轻汗,平生不平事,尽向毛孔散。
五碗肌骨清,六碗通仙灵。
七碗吃不得也,唯觉两腋习习清风生。
蓬莱山,在何处?玉川子乘此清风欲归去。
山上群仙司下土,地位清高隔风雨。
安得知百万亿苍生命,堕在巅崖受辛苦!
便为谏议问苍生,到头还得苏息否?

诗的内容可分为三部分。开头写谢谏议送来的新茶,至精至好至为稀罕,这该是天子、王公、贵人才有的享受,如何竟到了山野人家,似有受宠若惊之感。中间叙述煮茶和饮茶的感受。由于茶味好,所以一连吃了七碗,吃到第七碗时,觉得两腋生清风,飘飘欲仙,写得江河浪漫极了。最后,忽然笔锋一转,转入为苍生请命,希望养尊处优的居上位者,在享受这至精至好的茶叶时,知道它是多少茶农冒着生命危险,攀悬在山崖峭壁之上采摘来的。诗人期待劳苦人民的苦日子能有尽兴,得有喘口气的一天。可知诗人写这首《饮茶歌》的本意,并不仅仅在夸说茶的神功奇趣,背后蕴藏了诗人对茶农们的深刻同情。

《卢仝茶歌》通过得茶、煎茶、品茶把中国茶道的审美体验描绘得淋漓尽致,特别是对品茶的感受更是写得出神入化。卢仝用优美的诗句阐述了中国茶道的高雅、神韵、精理和美感以及茶人在品茶时的心灵感受,这首诗是继陆羽《茶经》之后的又一文学力作,因而卢仝也被后人尊称为茶仙。自宋以来,《卢仝茶歌》几乎成了人们吟唱茶的典故。嗜茶、擅烹茶的诗人墨客,常喜与卢仝相比,如明人胡文焕的诗句:"我今安知非卢仝,只恐卢仝相及。"品茶、赏泉、兴味酣然时,常以"七碗"、"两腋清风"代称,如宋人杨万里诗句:"不待清风生两腋,清风先向舌端生。"苏轼诗句:"何须魏帝一丸药,且尽卢仝七碗茶。"此常喜欢引用,如苏轼的《试院煎茶》诗句:"不用撑肠拄腹文字五千卷,但愿一瓯常及睡足日高时。"就是化用《饮茶歌》的诗句而成。卢仝的这首《卢仝茶歌》是如何受到世人的仰慕与推崇,就由此可知了。

3. 皎然

皎然俗姓谢,字清昼,湖州(今浙江吴兴)人,南朝谢灵运十世孙。皎然是唐朝著名诗僧,他善烹茶,作有茶诗多篇。皎然推崇饮茶,他的《皎然饮茶歌诮崔石使君》,赞誉剡溪茶(产于今浙江呈县)清郁隽永的香气,甘露琼浆般的滋味,并生动地描绘了一饮、再饮、三饮的感受，与《卢仝茶歌》有异曲同工之妙。全诗如下：

越人遗我剡溪茗，采得金芽爨金鼎，
素瓷雪色缥沫香，何似诸仙琼蕊浆，
一饮涤昏寐，情思爽朗满天地。
再饮清我神，忽如飞雨洒轻尘。
三饮便得道，何须苦心破烦恼。
此物清高世莫知，世人饮酒徒自欺，
愁看毕卓瓮间夜，笑向陶潜篱下时。
崔侯啜之意不已，狂歌一曲惊人耳。
孰知茶道全尔真，唯有丹丘得如此。

诗中首先描写了茶叶生长的外在环境，继之以素瓷茶杯及一抹仙香铺陈场景，茶未饮、人犹醉！诗人言第一饮"涤昏寐"，第二饮"清我神"，第三饮"便得道"，由浅入深，由消极的去除俗念，到积极的锐利精神，再到悟得真道，层次井然，不仅以灵活的比喻写出茶对于世人的醍醐之效，实际上也间接地表达了作为一个文人的终身理想，尤其是诗人诉诸毕卓、陶潜的隐世传奇，更明显呈现其自清自许的心迹。最后两句是对崔氏的赞美语，今人观之便罢。

4. 李白

李白曾游于金陵，遇侄僧中孚，得以品饮叶如手状的"仙人掌茶"，问之则曰出自荆州玉泉寺，传说饮用之后能还童振枯。于是诗兴大发，为后代茶人留下一首《答族侄僧中孚赠玉泉仙人掌茶并序》诗。全诗如下：

尝闻玉泉山，山洞多乳窟。仙鼠白如鸦，倒悬清溪月。
茗生此中石，玉泉流不歇。根柯洒芳津，采服润肌骨。
丛老卷绿叶，枝枝相接连。曝成仙人掌，以拍洪崖肩。
举世未见之，其名定谁传。宗英乃禅伯，投赠有佳篇。
清镜烛无盐，顾惭西子妍。朝坐有余兴，长吟播诸天。

诗中先介绍了茶的出处，并营造出一个神秘的玉泉山洞的神仙境地，玉泉洞中乳水长流，滋养着一些神奇而又长生的动物如仙鼠等。在这芳津乳水边生长出的茶树，采摘下的茶叶，其效用名贵可想而知了。这种茶叶是枝枝相交，叶叶相连，制成之后，如仙人手掌之状。品饮之时，似乎有一仙人正徐徐抚慰着你的心胸。诗中对"仙人掌"茶的产地、出处、品质效用等都有具体详细的描述，因而这首诗也就成为后人研究的重要的茶叶历史资料和咏茶名篇之一了。

5. 范仲淹

范仲淹是北宋有名的政治家、军事家、文学家。众人都知他的散文《岳阳楼记》名闻天下，其实他还写有一首在茶文化史上与卢仝《卢仝饮茶歌》具同等地位的茶诗——《和章岷从事斗茶歌》。

"斗茶"又称为"茗战"，是一套品评、鉴别茶叶优劣的办法，它最先应用于贡茶的选送和市场价格品位的竞争。宋代贡茶的基础在福建建安的北苑，头号茶也盛于此。而后经蔡襄的介绍，朝中上下偕效法比斗，成为一时风尚。每年到了新茶上市时节，茶农们竞相比试各自的茶叶，评优论劣，争新斗奇，竞争激烈。范仲淹在《和章岷从事斗茶歌》中，对当时盛行的斗茶活动，做出了非常精彩生动的描述，全诗如下：

年年春自东南来，建溪先暖水微开。

溪边奇茗冠天下，武夷仙人从古栽。
新雷昨夜发何处，家家嬉笑穿云去。
露芽错落一番荣，缀玉含珠散嘉树。
终朝采掇未盈襜，唯求精粹不敢贪。
研膏焙乳有雅制，方中圭分圆中蟾。
北苑将期献天子，林下雄豪先斗美。
鼎磨云外首山铜，瓶携江上中泠水。
黄金碾畔绿尘飞，碧玉瓯中翠涛起。
斗茶味兮轻醍醐，斗茶香兮薄兰芷。
其间品第胡能欺，十目视而十手指。
胜若登仙不可攀，输同降将无穷耻。
吁嗟天产石上英，论功不愧阶前蓂。
众人之浊我可清，千日这醉我可醒。
屈原试与招魂魄，刘令却得闻雷霆。
卢仝敢不歌，陆羽须作经。
森然万象中，焉知无茶星。
商山丈人休茹芝，首阳先生休采薇。
长安酒价减百万，成都药市无光辉。
不如仙山一啜好，泠然便欲乘风飞。
君莫羡花间女郎只斗草，赢得珠玑满斗归。

诗人运用了夸张手法写斗茶盛事，于是也为它赋予了喜剧色彩。原本是一场患得患失的竞赛，入诗之后，因为有了美感的包装和热闹的动作场面，写出了引人入胜的故事情节。全诗的内容分三部分。首先写这些斗茶的生长环境及采制过程，并点出建茶的悠久历史："武夷仙人从古栽"。中间部分描写热烈的斗茶场面，斗茶包括斗味和斗香，比赛在众目睽睽之下进行，所以茶的品第高低，都有公正的评价。因此，胜利者很得意，失败者觉得很耻辱。结尾多处用典衬托茶的神奇功效，把对茶的赞美推向了高潮，认为茶胜过任何美酒、仙药，啜饮后能飘然升天。

6. 元稹

我国诗歌繁荣昌盛，形式也多种多样，有五七言绝句、律诗，有四言古诗，有不拘声韵平仄的歌行古风，还有回文、宝塔体等形式。以宝塔体写作的诗歌，并非少数，但元稹以宝塔体写就的茶诗传诵千百年的仅有此一首，可说是弥足珍贵了。全诗如下：

茶
香叶，嫩芽。
慕诗客，爱僧家。
碾雕白玉，罗织红纱。
铫煎黄蕊色，碗转曲尘花。
夜后邀陪明月，晨前命对朝霞。
洗尽古今人不倦，将至醉后岂堪夸。

诗前有一小序："以题为韵。同王起诸公送白居易分司东郡作。"也就是说，这首诗是元稹与王起等人为欢送白居易以太子宾客分司东郡的名义去洛阳，元稹在茶宴丘即席所赋。诗人写了茶（香叶、嫩芽）、茶人（诗客、僧家）、茶具（碾雕白玉、罗织红纱、铫煎、碗转）、茶汤（黄蕊色、曲尘花）、品饮环境（明月夜、朝霞晨），最后又点题而出："洗尽古今人不倦，将知醉后岂堪夸。"以此来安慰好友，此去虽是暂别西京，作客东都，但却也是正如黄鹤杳飞，自由自在。

7. 苏轼

到了宋代，首屈一指的文人当然是苏东坡了，这位诗词文书画无一不能的宋代文化精英对茶也是一往情深。他一生写过的茶诗数以百计，精品也是举不胜举，《次韵寄壑源试焙新茶》就是至今仍为人津津乐道的诗作之一。全诗如下：

仙人灵草湿行云，洗尽香肌粉末匀。
明月来投玉川子，春风吹破武林春。
要知玉雪心肠好，不是膏油首面新。
戏作小诗君勿笑，从来佳茗似佳人。

苏轼用他那独特的审美感受将茶独具的美比喻为"从来佳茗似佳人"，这是苏轼品茶美学的最高体现，也成为后人评品佳茗的习惯用语。

8. 爱新觉罗·弘历

历代帝王中爱茶好茶者可谓不在少数，但真正能够将自己品茶的独特感受见诸于文字则是寥寥无几。但爱新觉罗·弘历则是一个例外，他一生中就曾写了250多首茶诗词。这位自称是"君不可一日无茶"的盛世天子好大喜功，最爱巡游，史书记载就有"六下江南"之说。而六次"南巡"就有四次来过西湖茶区，因而他写有多首与"龙井"有关的茶诗。其中有代表性的一首是《观采茶作歌》，全诗如下：

火前嫩，火后老，惟有骑火品最好。
西湖龙井旧擅名，适来试一观其道。
村男接踵下层椒，倾筐雀舌还鹰爪。
地炉文火续续添，干釜柔风旋旋炒。
慢炒细焙有次第，辛苦工夫殊不少。
王肃酪奴惜不知，陆羽茶经太精讨。
我虽贡茗未求佳，防微犹恐开奇巧。

你知道"茶圣"陆羽吗？

陆羽（733—804），唐复州竟陵（今湖北天门）人。字鸿渐、季疵，一名疾，号竟陵子、桑苎翁、东冈子。陆羽精于茶道，以著世界第一部茶叶专著《茶经》而闻名于世，因被后人称为"茶圣"。陆羽不仅在总结前人的经验上作出了巨大贡献，而且身体力行，善于发现好茶，善于精鉴水品。如浙江长兴顾渚紫笋茶，经陆羽品评为上品而成为贡茶，名重京华。陆羽辨水，同一江中之水，能区分不同水段的品质，他还对所经之处的江河泉水，加以排列高下，分为二十等，对后世影响很大。陆羽逝世后不久，他在茶业界的地位就渐渐突出了起来，不仅在生产、品鉴等方面，就是在茶叶贸易中，人们也把陆羽奉为神明，凡做茶叶生意的人，多用陶瓷做成陆羽像，供在家里，认为这有利于茶叶贸易。

陆羽开创的茶叶学术研究,历经千年,研究的门类更加齐全,研究的手段也更加先进,研究的成果更是丰盛,茶叶文化得到了更为广泛的发展。陆羽的贡献也日益为中国和世界所认识。

四、文士茶艺表演赏析

自古以来,茶与文人就有着不解之缘。饮茶的境界与文人雅士崇尚自然山水,恬然淡泊的生活情趣相对应。以茶雅志、以茶立德,无不体现了中国文士一种内在的道德实践。文人品茶更重于品,山清水秀之处、庭院深深之所、清风明月之时、雪落红梅之日,都是他们静心品茶的佳时佳境,文人品茶不为解渴,更多的是在内心深处寻求一片静谧。因而文人品茶不仅讲究何时何处,还讲究用茶、用水、用火、用炭,讲究与何人共饮。这种种的讲究其实只为一个目的,只为进入修身养性的最高境界。

下面介绍的文士茶就是依据文人雅士的饮茶习惯整理而成:

文士茶艺表演所用的茶具为青花梧桐滗盂、汤瓯、泥壶。茶叶为“婺绿茗眉”、水为廖公泉或廉泉之水。伴着悠然的丝竹之声,身着罗裙的表演者款步上台,温文尔雅,端庄大方,就像是一位女才子。摆好茶具,开始焚香,拜祭茶圣陆羽。然后净手、涤器、拭器,用白绢轻轻拭擦茶盏。接下来备茶、洗茶。冲泡时,采用高冲法,加之柔美的“凤凰三点头”,茶只注七成满。奉茶之后,先要闻香、观色,然后才慢啜细品。将文人雅士追求高雅、不流于俗套的意境恰到好处地展现出来。

模拟实训

1. 实训安排

实训项目	茶诗赏析
实训要求	熟悉文士茶艺的文化内涵,能够通过茶诗诵读的方式向学习者介绍中国茶文化的发展演变和精神内涵
实训时间	90 分钟
实训环境	可以进行茶诗诵读欣赏的多媒体教室
实训工具	电脑、茶书、茶具
实训方法	小组讨论法、情境模拟

2. 实训步骤及要求

(1) 分组讨论;

(2) 茶诗欣赏;

(3) 制作多媒体课件;

(4) 演绎汇报。

工作任务二　《将进茶》茶艺表演

《将进茶》茶艺表演是以广东潮汕功夫茶的冲泡方法作为基础,结合中国茶文化的诗词书画艺术以及现代多媒体技术手段编创的民俗性舞台茶艺表演。通过《将进茶》茶艺表演的学习,使学习者通过模拟练习、自主编创从而掌握编创地方茶艺表演所需的知识与技能。

案例导入

《将进酒》与《将进茶》

天生我材必有用,千金散尽还复来。烹羊宰牛且为乐,会须一饮三百杯。

岑夫子,丹丘生,将进酒,杯莫停。与君歌一曲,请君为我倾耳听。

钟鼓馔玉不足贵,但愿长醉不愿醒。古来圣贤皆寂寞,惟有饮者留其名。

陈王昔时宴平乐,斗酒十千恣欢谑。主人何为言少钱,径须沽取对君酌。

五花马,千金裘,呼儿将出换美酒,与尔同销万古愁。

《将进酒》原是汉乐府短箫铙歌的曲调,题目意译即"劝酒歌"。唐代伟大的浪漫主义诗人李白用此题诗,表达了对怀才不遇的感叹,又抱着乐观、通达的情怀,也流露了人生几何及时行乐的消极情绪。茶与酒都可抒情雅志,《将进酒 》洋溢着豪情逸兴,取得出色的艺术成就。《将进茶》则借古人的豪迈抒发今日茶人的情怀,具有同等的艺术效果。

点评:《将进茶》是根据唐朝诗人李白的《将进酒》进行艺术创作的主题茶艺表演,该茶艺表演通过一男一女两位茶艺师来演示潮汕功夫茶的冲泡方法,将中国传统文化的男刚女柔,刚柔相济和中国茶道的核心精神"和、静、雅"展现在人们面前。

理论知识

一、意境营造

"天生我才必有用,千金散尽还复来。"此诗句出自唐代诗人李白的《将进酒》。而《将进茶》就是借古人豪迈诗情,抒发今日茶人满怀壮志的情感。一幅李白斗酒彩照,两旁有黄底黑字对联:"天生我才必有用,千金散尽还复来",点明该茶艺主题。

1. 服装:清末民初的服饰,男士身着黄色对襟马褂、黑色长裤和黑布鞋,女士则为红色对襟马褂、白色百褶裙和绣花鞋。红色和黄色均系暖色大气之色,可体现《将进茶》"大气"之主题。

2. 道具:大泡茶台 1 张、高凳 1 个、小泡茶台 1 张、矮凳 1 个,一前一后错落摆放,茶旗 3 面分别绣有"和"、"静"、"雅"三字。

3. 环境：清和雅致。

二、茶席设计

1. 茶叶：产于广东省潮安县的凤凰单枞，还可用福建省的武夷岩茶和安溪铁观音等。

2. 水品：优质矿泉水。

3. 茶具："潮汕功夫四宝"两套（紫砂和白瓷各一套）：潮汕风炉、玉书煨、孟臣罐（男士用壶，女士用茶盏）、若琛瓯、锡制茶罐 1 个、茶巾 2 块、杯架、壶架各 1 个。

4. 表演人员：一男一女两名茶艺表演人员。男茶艺师在左，女茶艺师在右，映衬中国传统文化男左女右，刚柔相济。

实践操作

三、将进茶茶艺表演

1. 进场

男士走前、女士在后，走至舞台中间。两人相互敬礼，然后男士走到桌前坐下，双手打开放于桌两边，女士站在男士身旁。

2. 展示茶旗

男士展旗，女士接过，向观众展示，依次贴于桌前：

和，乃茶之魂。在茶事活动中应体现出高逸的中和美学境界，不失儒家庄重、典雅的中和风韵。

静，乃茶之性。茶禀山川之灵气，得天地之精华，天然赋有谦谦君子之风。

雅，乃茶之韵。它是在和、静的基础上形成的一种气质，体现了一种神韵，借茶之雅来培育人志之雅，使茶性与人性相契合，使茶道与人道相交融。

女士在展示完“雅”字时，贴于茶几前，然后坐下。下面开始泡茶，男士与女士的动作要求一致统一、形如一人。

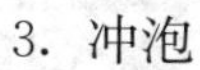
3. 冲泡

（1）展示茶具。传统的潮汕功夫茶所用茶具，人称“茶室四宝”：一是玉书煨（烧水壶），多为扁形赭褐色，显得既朴素又淡雅；二是潮汕风炉（燃木炭的火炉）；三是孟臣罐（紫砂壶），大如香瓜，小若拳头；四是若琛瓯（茶杯），以白瓷小杯最为普遍。

（2）洁器。边洁器边候火，功夫茶的水温应达到沸点。

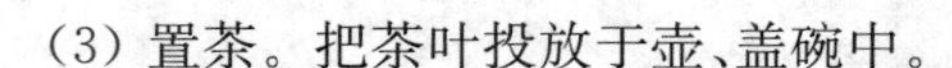

（3）置茶。把茶叶投放于壶、盖碗中。

（4）摇香。两人同时上下摇动，利用壶、盏的余温摇出单枞天然的花香。

（5）初泡。第一次冲水，水漫过茶叶即可，然后立即倒出。

（6）正泡。第二次冲水，即冲点，高冲，且满而不溢。

（7）刮沫。提盖刮去上浮白沫，然后盖定。

（8）洗杯。采用“狮子滚球”的洗杯手法。

（9）分茶。速度均匀，快则汤淡香薄，慢则茶汤苦涩。

（10）奉茶。两人端起茶盘，起身走至舞台中间。男士向女士做一个请示动作，下台奉茶。

4. 退场。两人放下茶盘，走至舞台中间，敬礼退场。

模拟实训

1. 实训安排

实训项目	将进茶茶艺表演
实训要求	熟悉地方茶艺表演的编创要求，能够通过合作的形式进行将进茶茶艺表演的组织与演示，并能进行其他地方茶艺表演的编创
实训时间	90 分钟
实训环境	可以进行茶艺表演的茶艺实训室
实训工具	各具地方特色的茶具、各地代表茶叶、音乐、学生自备装饰用品
实训方法	示范讲解、小组讨论法、情境模拟

2. 实训步骤及要求

(1) 教师讲解示范

(2) 分组实训——茶艺表演

①讨论并准备将进茶茶艺表演所需要的茶道具；

②布境；

③人员分工；

④情景模拟练习将进茶茶艺表演。

3.《将进茶》茶艺表演中英文解说

茶艺表演	中文介绍	英文介绍
将进茶 文化内涵 Cultural connotation in "Jiangjin" tea ceremony	中国茶人在茶事活动中,以茶会友,亲和礼让,无论男女都崇尚以茶待客。《将进茶》所演示的就是男士与女士的沏茶方法,男士的阳刚大气,结合女士的柔美、温婉,一刚一柔,刚柔并济,以此来表演传统品茗方式——潮州功夫茶,从而展现国饮之风韵。	Chinese tea lovers, men or women, all like treating their guests with tea. They make friends through tea-related activities, in which they behave amicably and politely. This performance will demonstrate men's and women's ways of making tea. The traditional Chaoshan Kongfu tea combines man's toughness with woman's softness, which will present the charm of national drink.
展示茶旗 Demonstrating tea flags	和,乃茶之魂。在茶事活动中应体现出高逸的中和美学境界,不失儒家庄重、典雅的中和风韵。 静,乃茶之性。茶禀山川之灵气,得天地之精华,天然赋有谦谦君子之风。 雅,乃茶之韵。它是在和、静的基础上形成的一种气质,体现了一种神韵,借茶之雅来培育人志之雅,使茶性与人性相契合,使茶道与人道相交融。	"Harmony" is the spirit of tea. The tea-related activities should reach the aesthetic world of Confucian thoughts, elegant and profound. "Tranquility" is the character of tea. Endowed with the characters of mountains and rivers, and condensed the essence of the heaven and the earth, tea represents modesty and nobility. "Elegance" is the charm of tea. It is a nonverbal charm based on harmony and tranquility. Man's elegance can be aroused by tea. Through tea drinking, the nature of tea integrates with that of human.
展示茶具 Introducing tea ware	茶船,承载茶具,承接废水。 孟臣罐、三才杯,泡茶主要器具。 品茗杯,古称若琛瓯,以白瓷小杯最为普遍。	Tea tray, used to hold tea wares and store waste water. Mengchen pots and covered bowls, the major tea sets. Tea-sipping cup, also called Ruochen cup in the ancient time, is mainly small white porcelain cup.
温杯烫盏 Scalding tea wares	泡茶前,边洁器边候火。 冲泡功夫茶的水温应达到100℃。	Before making tea, wait for the proper water temperature as washing tea ware. The water temperature should reach 100℃ to make Kongfu tea.

续表

茶艺表演	中文介绍	英文介绍
置茶 Casting tea	现在为您冲泡的是潮州凤凰单枞。 上下摇动，利用壶、盏的余温摇出单枞天然的花香。	We are making Fenghuang Dancong. Shake the tea pot and tea cup up and down, and the remaining warm would bring the natural fragrance of Dancong.
泡茶 Making tea	初泡，水漫过茶叶即可，然后立即倒出。 冲点，沿着壶、盏的边缘冲水且满而不溢。高冲时浸透茶叶，茶末上扬，此时要平刮去沫。 洗杯时杯子前后滚动，好似“狮子滚球”。洗杯时用热水清洁杯身内外，俗话说温杯热罐方能尽显茶之韵味。 分茶时，要速度均匀，快则汤淡香薄，慢则茶汤苦涩。	For the first infusion, make the water spread just over the tea, then pour the water out at once. Pour water along the wall of the pot or cup until they are full not flowing over. When rinsed high, the tea would produce foam on the surface of tea liquid. At this time, the foam should be removed. It is interesting to watch the cup move forward and backward when washed just like the lion playing ball. Moreover, wash both inside and outside of the cup to bring the best flavor out of the tea. Don't distribute tea too fast or too slow. Otherwise the tea liquor would be tasteless or bitter.
敬茶传谊 Expressing friendship with tea	茶是日常生活的必需品，又是传递友谊的纽带。中国乃礼仪之邦，以茶传谊，以茶修身养性，体现了茶人“精行俭德”的高尚品德。	Tea is regarded as life's necessities as well as the ties of friendship. In China, “a land of ceremony and propriety”, tea is not only used to express friendship but to cultivate oneself. It embodies the noble mind of tea lovers.
谢茶 Expressing thanks	古有《将进酒》，今有《将进茶》，各位茶友让我们共品《将进茶》，杯莫停。	There was “Jiangjin” wine in the ancient China, now we have “Jiangjin” tea. Let's enjoy the tea now.

4. 技能提升——学习并尝试进行其他地方茶艺的编创

工作任务三　《荷香茶语》茶艺表演

荷花一尘不染，可谓天性空灵。茶性至清至洁，令人神清气爽；荷与茶都曾是古往今来文人笔下高歌咏叹的对象，文人们惊叹于它们的清姿素容，坚贞品格，洒脱胸襟，正所谓“涤尽凡尘心自清”。荷与茶一样，无须浓墨重彩，自得淡墨水色。品位荷花，喧嚣中而求宁静，嗅闻茶香，淡远中而出境界。《荷香茶语》主题茶艺是河北旅游职业学院精品课程小组成员结合承德避暑山庄敖汉莲“傲寒霜而独立，出污泥而不染”的花之特性与工艺花茶——“秋水伊人”、“亭亭玉立”、“洁白无瑕”的美丽茶相而编创的一个茶艺表演。

案例导入

茶中仙子——工艺花茶

透明的玻璃杯，圆圆的小茶球，注入齐杯的沸水，3 分钟后将完成一次美丽的蜕变，似破茧而出的蝴蝶，绽放它美丽的姿容。正所谓“自古香茗似佳人，芳名一播动天下”，这色香交融的美丽蜕变就是被人们称之为茶中仙子的工艺花茶。

工艺花茶是一种造型茶，它属于特种茶，又名特种工艺茶。工艺花茶是采用茶叶银针与食用鲜花（包括茉莉花、黄菊花、千日红、桂花、金盏花、木蝴蝶、康乃馨等）经过增湿、干燥等处理，手工精心制作，把天然花朵缝置于银针茶叶中形成一个小球状。工艺花茶融茶叶之美、鲜花之香于一体，如诗似画，实为茶中艺术珍品。

点评：工艺花茶汤色浅绿微黄，清澈明亮，滋味鲜浓醇和，回味甘甜，具有很好的美容、养颜、保健功效，因此该茶一经问世就受到了人们的追捧，尤以爱美女士居多。上海湖心亭茶艺馆将工艺花茶在高脚玻璃杯中进行冲泡，将工艺花茶的色、香、味、型淋漓尽致地展现在客人面前，被客人称之为东方美丽的仙子。现在该茶已被广泛应用于各类主题茶艺表演中。

理论知识

一、意境营造

1. 舞台背景

一幅避暑山庄湖区莲景彩照，点明地点是在避暑山庄里面。两旁有绿底粉字的回文诗联：“香莲碧水动风凉，水动风凉夏日长。长日夏凉风动水，凉风动水碧莲香”，点明了《荷香茶语》的茶艺主题。避暑山庄兴建于康熙时期，鼎盛于乾隆王朝。乾隆皇帝在世时每年都有大半年的时间是在承德避暑山庄度过的，清莲和清茶都是乾隆的最爱。传说他在 80 高龄以后，不想再当皇帝，准备退位给太子。老臣们出来劝谏：“国不可一日无君”，乾隆却幽默地答道：“君不可一日无茶”。

避暑山庄作为世界著名的旅游胜地，每年夏秋之际，国内外游人纷至沓来，坐在龙舟之上一边欣赏湖中美景一边品啜佳茗，正好映衬了“蒹葭苍苍，白露为霜。所谓伊人，在水一方。溯洄从之，道阻且长；溯游从之，宛在水中央”，给人以无限的遐想。

2. 音乐：清代乐曲《十六板》。

3. 服装：粉白渐变中式旗袍，精致的盘花纽扣，清代宫廷服，精致的绸缎旗袍、脖颈上围有一条丝绸长围巾，垂在胸前，头戴“大拉翅”旗头和穿花盆鞋，显示出宫廷嫔妃的华贵。

4. 环境：清、和、雅、韵。

二、茶席设计

1. 茶台设计

茶台为长方形，上铺10米长的绿色纱幔，逶迤绵延至舞台下方。纱幔上绣有粉白色的敖汉莲花。茶台上中央是一池莲花盆景。

2. 茶叶选择

荷香茶语茶艺表演所用的茶叶是近年新发展起来的一类工艺花茶。该茶是采用高山茶树嫩芽和多种天然的干鲜花为原料，经过杀青、揉捻、初烘理条、选芽装筒、造型美化、定型烘焙、足干储藏等工艺流程制作而成。工艺花茶集观赏、饮用、保健为一体，不但外形美观，而且经冲泡后，茶叶吸水膨胀，如同鲜花怒放，绚丽多彩，令人赏心悦目，深受中外茶人的欢迎。

工艺花茶的冲泡特别讲究，要使用高透明度的耐热玻璃壶或玻璃杯。玻璃杯或者玻璃壶的高度要在9厘米以上，直径6～7厘米为佳，若使用底部为弧形的玻璃容器冲泡更佳。冲泡的开水，要达到沸点，刚烧开的水为佳。

3. 茶道具

茶具主要有：高脚玻璃杯3只、茶罐1个、茶匙1个、茶巾1条、水盂1个、玻璃水壶1把、托盘2个。

叶底嫩芽也越多越好吗?

不一定，茶叶不同，芽叶的含量、比例也是不同的。有些茶叶必须摘嫩芽，而且嫩芽尖越多越好，如龙井、碧螺春等。但茶叶不完全是越嫩越好，像铁观音、冻顶乌龙等，必须等芽长成对口叶，叶底看起来是成熟的叶片才好，芽尖多了反而是缺点。

三、表演程序

自从唐代陆羽著述《茶经》以来，文人学士们中对饮茶越来越重视，清代则更为讲究。茶以香片为佳，水以清泉为美，御茶均要色清、香浓、味醇、形美。

1. 备具：将茶具摆放于茶桌上，茶桌正中摆放木质茶盘一个，将高脚玻璃杯呈斜线型摆放在茶盘上，茶盘左上侧摆放一瓷质茶叶罐，左下侧摆放茶荷。茶盘右侧摆放一木质茶托，将茶夹置于茶托上边。茶巾置于托盘下侧，水盂置于托盘上侧。茶台左上角放置以荷花为主题的插花。茶台右上角放置石英煮水壶一套。

2. 涤器：主泡将煮水壶中的热水逐一注入高脚玻璃杯，然后采用逆时针旋转的手法进行逐一清洗，使杯子更加的清亮、洁净。

3. 赏茶：主泡左手取茶叶罐，用茶夹取出一个茶球，放置于茶荷中。主泡将茶荷交给助泡，助泡走下舞台向来宾展示茶叶，并进行介绍。

4. 投茶：主泡用茶夹取出茶球投入到玻璃杯中。

5. 润茶：主泡右手提起煮水壶，向每个杯中注入1/3左右的热水。主泡双手端起玻璃杯，逆时针旋转杯身，使茶球充分接触热水，起到滋润、预热的作用。

6. 冲泡：主泡提起煮水壶，以凤凰三点头的手法向每个杯中续水至七分满。

7. 敬茶：主泡将泡好的茶逐一放入助泡手中的托盘，由助泡走下台向来宾敬茶。主泡端起茶杯，向来宾展示茶相。

8. 谢茶：主泡、助泡向来宾行礼，收拾茶具退场。

实践操作

四、茶艺表演

1. 芙蓉迎贵客

“荷叶罗裙一色裁，芙蓉向脸两边开。乱入池中看不见，闻歌始觉有人来。”您好，我是这里的莲花仙子，借助这道程序对您的到来表示诚挚的欢迎，希望您在避暑山庄赏景品茗的同时还可欣赏到高雅的艺术。

2. 荷塘听法雨

茶是至清至洁、天涵地育的灵物，所以泡茶所用的器皿也须至清至洁。清清的山泉如法雨，涤器如雨打碧荷，温杯如芙蓉出水。通过这道程序，杯更干净了，心更宁静了，整个世界都变得清澈空灵。

3. 清宫迎佳人

苏东坡有诗云：“戏作小诗君勿笑，从来佳茗似佳人”。他把优质茶比喻成让人一见倾心的绝代佳人。今天为大家冲泡的是一款工艺花茶——秋水伊人。“所谓伊人，在水一方”。这个美丽的秋水伊人，是由茉莉花、百合花、银针绿茶纯手工精制而成。

茉莉花：能清虚火，去寒积。

百合花：润肺止咳，清心安神，补中益气，清热利尿，清热解毒，凉血止血，健脾和胃。

银针绿茶：味甘温和，明目降火，助消化，益脾胃，降血压，保护心脏，防癌，去腻等。

4. 甘露润莲心

"茶滋于水，水籍于器"，好茶好水方可相得益彰。专家鉴定，热河泉水含有钙、镁、铁等多种矿物质，水的放射性小、密度低，对人体有较高的营养价值。正可谓：澄湖一角见斯泉，风动微漪静不喧。好是百川凝冻日，源头活水自涓涓。我们将煮好的热河泉水注入杯中少许起到润茶的作用。

5. 凤凰三点头

"一湖春雨涨春池，高山流水有知音"，冲泡花茶也讲究高冲水。在冲水时水壶有节奏地三起三落而水流不间断，恰似高山流水感遇知音。注水只宜七分满，敬客要留三分情。

6. 观音捧玉瓶

佛教故事中传说大慈大悲的观音菩萨常捧着一个白玉瓶，净瓶中的甘露可消灾祛病，救苦救难。现在我的茶艺表演人员向各位来宾敬茶，祝福各位嘉宾平安幸福。

7. 杯中观茶舞

请拿到杯的来宾将茶杯托起，让我们细细的观赏这茶芽在杯中翩翩起舞的景象。您看，在热水的浸泡下，茶芽慢慢地舒展开来，亭亭玉立，洁白无瑕，如梦似幻，在水中绽放她那醉人的芬芳，含情脉脉的曼妙舞姿，宛如春兰初绽，又似有生命的绿精灵在杯中舞蹈，所以茶人们称这个特色程序为“杯中观茶舞”，十分生动有趣。

8. 闻香识茶味

此茶清香四溢，口感醇厚，具有养颜美容、清热解毒、降脂减肥、降压健胃以及促进新陈代谢的功效，常饮自得延年益寿。

模拟实训

1. 实训安排

实训项目	《荷香茶语》茶艺表演
实训要求	熟悉工艺茶的冲泡要求，掌握以工艺茶为主题的茶艺表演编创知识，能够通过合作的形式进行《荷香茶语》茶艺表演的组织与演示
实训时间	90 分钟
实训环境	可以进行茶艺表演的茶艺实训室
实训工具	各种材质的茶具、各种工艺茶、音乐、学生自备装饰用品
实训方法	示范讲解、小组讨论法、情境模拟

2. 实训步骤及要求

(1) 教师讲解示范

(2) 分组实训——茶艺表演

①讨论并准备茶艺表演所需要的茶道具；

②布景；

③人员分工；

④情景模拟练习《荷香茶语》茶艺表演。

3.《荷香茶语》茶艺表演中英文解说

茶艺表演	中文介绍	英文介绍
引言 Introduction	自从唐代陆羽著述《茶经》以来，文人学士们对饮茶越来越重视，清代则更为讲究。茶以香片为佳，水以清泉为美，御茶均要色清、香浓、味醇、形美。	Scholars have paid more and more attention to tea drinking since Lu Yu wrote the book *Tea Classic* in Tang Dynasty. It became professional in Qing Dynasty. Jasmine tea was regarded as the best tea and clear spring the best water. The royal teas must have clear color, rich aroma, mellow taste and exquisite appearance.
芙蓉迎贵客 Lotus welcoming guests	"荷叶罗裙一色裁，芙蓉向脸两边开。乱入池中看不见，闻歌始觉有人来。" 您好，我是这里的莲花仙子，借助这道程序对您的到来表示诚挚的欢迎，希望您在避暑山庄赏景品茗的同时还可欣赏到高雅的艺术。	"Green look lotus leaves and the pickers' thin silk skirts, Pink are flowers and girls' faces, looking at each other, Lotus and girls are mingled in one in the ponds, The songs alone tell the ear girls are with lotus." Hello, I'm the lotus fairy here. I hereby extend a warm welcome to your visit, hoping you can appreciate the elegant art when you enjoy the beautiful scenery and savor tea in Imperial Mountain Resort.
荷塘听法雨 Listening to "the rain of Buddha-truth by a lotus pool"	茶是至清至洁，天涵地育的灵物，所以泡茶所用的器皿也须至清至洁。清清的泉水如法雨，哗哗的流水如雨声，涤器如雨打碧荷，温杯如芙蓉出水。通过这道程序，杯更干净了，心更宁静了，整个世界都变得清澈空灵。	Tea, raised by earth and moistened by sky, is a clean and spiritual item. That's why the tea wares must be washed as clean as jade and ice. Clear spring is like the divine rain and pouring water sounds like falling rain; washing wares looks like rain hitting green lotus and scalding cups is like lotus flower coming out of water. After that, cups are cleaner, your mind more peaceful and the whole world clearer and purer.

续表

茶艺表演	中文介绍	英文介绍
清宫迎佳人 Palace welcoming the beauties	苏东坡有诗云:"戏作小诗君勿笑,从来佳茗似佳人"。他把优质茶比喻成让人一见倾心的绝代佳人。今天为大家冲泡的是一款工艺花茶——秋水伊人。 "所谓伊人,在水一方",这个美丽的秋水伊人,是由茉莉花、百合花、银针绿茶纯手工精制而成。 茉莉花:能清虚火,去寒积。 百合花:润肺止咳,清心安神,补中益气,清热利尿,清热解毒,凉血止血,健脾和胃。 银针绿茶:味甘温和,明目降火,助消化,益脾胃,降血压,保护心脏,防癌,去腻等。	The following is a poem written by Su Dongpo: "Please don't laugh at my poem, I just compared the tea to a beauty." He referred to the green tea of high quality as the peerless beauty with whom one will be fallen in love at first sight. Today, we'll make you the scented tea—"Qiu shui yi ren". That means"the beauty I love is on the water somewhere" in Chinese. The delicate scented tea consists of jasmine, lily and needle-shaped green tea. Jasmine can clear deficient heat and remove accumulated cold. Lily can moisten lung and relieve cough, calm mind and keep vigorous, reduce fever and diuresis, clear away heat and toxin, dispel heat from blood and stop bleeding, strengthen the spleen and stomach. Needle-shaped green tea, with sweet flavor and mild nature can improve eyesight and reduce internal heat, help digestion, benefit spleen and stomach, control hypertension, protect heart and prevent cancer and remove fat, etc.
甘露润莲心 Sweet dew quenching the heart of lotus	"茶滋于水,水籍于器",好茶好水方可相得益彰。专家鉴定,热河泉水含有钙、镁、铁等多种矿物质,水的放射性小、密度低,对人体有较高的营养价值。正可谓:澄湖一角见斯泉,风动微漪静不喧。好是百川凝冻日,源头活水自涓涓。我们将煮好的热河泉水注入杯中少许起到润茶的作用。	"Water is the mother of tea while utensil is the father of tea". Good tea and good water match and support each other. Judged by experts, Rehe Spring contains many minerals such as calcium, magnesium and iron, etc. With low radioactivity and low density, it is very nutritious for human body. This is called:"The spring is seen on the corner of limpid lake; quietly, the light wind causes ripples. Just when all streams freeze, the running water murmurs from source". Now let's pour some boiling water from Rehe Spring into cup to moisten tea.

续表

茶艺表演	中文介绍	英文介绍
凤凰三点头 Phoenix nodding head three times	“一湖春雨涨春池，高山流水有知音。”冲泡花茶也讲究高冲水。在冲水时水壶有节奏地三起三落而水流不间断，恰似高山流水感遇知音。注水只宜七分满，敬客要留三分情。	“The spring pool has risen after a spring rain; there are bosom friends as ‘high mountain and flowing water’.” Making scented tea is particular about “rinsing high”. Hold the kettle up and down three times rhythmically with water flowing continuously. Water flowing from a high mountain is just like two good friends getting together. A teacup should be 70 percent full and the rest of 30 percent is affection.
观音捧玉瓶 Mercy Goddess holding the jade flask	佛教故事中传说大慈大悲的观音菩萨常捧着一个白玉瓶，净瓶中的甘露可消灾祛病、救苦救难。现在我们的茶艺表演人员向各位来宾敬茶，祝福各位嘉宾平安幸福。	According to Buddhist legend, Mother Buddha, named Guanyin, the Goddess of Mercy, is always seen to hold a white jade flask. It contains holy dew that would cure all diseases, help the needy and relieve the distressed. Now we present the tea to our distinguished guests, wishing you happiness.
杯中观茶舞 Viewing tea dancing in glass	请拿到杯的来宾将茶杯托起，让我们细细的观赏这茶芽在杯中翩翩起舞的景象。您看，在热水的浸泡下，茶芽慢慢地舒展开来，亭亭玉立，洁白无瑕，如梦似幻，在水中绽放它那醉人的芬芳，含情脉脉的曼妙舞姿。宛如春兰初绽，又似有生命的绿精灵在杯中舞蹈，所以茶人们称这个特色程序为“杯中观茶舞”，十分生动有趣。	Please hold your cups and let’s observe the tea buds dancing in cups. Look, in hot water, the buds are slowly extending and spreading themselves out, elegantly and spotlessly. They give out enchanting fragrance in water and dance gracefully. They look like the orchid just flowering in spring, or the green fairies dancing in the glass. Therefore, tea lovers call the procedure “observing tea dancing in a glass”. It’s extremely lively and amusing.
闻香识茶味 Smelling tea fragrance and savoring tea	此茶清香四溢，口感醇厚，具有养颜美容、清热解毒、降脂减肥、降压健胃以及促进新陈代谢的功效，常饮自得延年益寿。	The scented tea is fragrant and mellow, with function of keeping beauty, clearing away heat and toxin, reducing fat and losing weight, controlling hypertension and strengthening stomach, and promoting metabolism, etc. Drinking it regularly helps prolong life.

4. 技能提升——学习并尝试进行其他文士茶艺的编创

项目测试

一、选择题

1. 文人茶艺一般选用汤味淡雅、制作精良的(　　)。

A. 天目山茶、阳羡茶　　B. 蒙顶石花、顾渚茶

C. 阳羡茶、顾渚茶　　D. 龙井

2. 文人茶艺选用宜兴紫砂壶、景德镇瓯、惠山竹炉和(　　)等茶器。

A. 铜壶　　B. 陶壶　　C. 铁壶　　D. 汴梁锡铫

3. 文人茶艺对室内品茗环境要求以书、花、香、(　　)、文具为摆设。

A. 石　　B. 鱼　　C. 画　　D. 琴

4. 文人茶艺对茶友的选择也极为讲究,要求(　　)。

A. 都是读书人　　B. 人品高雅,有较好的修养

C. 都是喜好茶的人　　D. 一定是会品茶的人

5. 文人茶艺活动的主要内容有(　　)。

A. 斗茶、评水、赏器　　B. 诗词歌赋、琴棋书画、清言对话

C. 点茶、品茶、斗茶　　D. 只谈与茶有关的事

6. 历代文人雅士喜爱将清淡、赏花、玩月、抚琴、吟诗、联句相结合,更多的注重茶之(　　),而非以解渴为目的。

A. 药用　　B. 用具　　C. "品"　　D. 产地

7. "玉书煨、潮汕炉、孟臣罐、若琛杯"是(　　)必备的"四宝"。

A. 四川盖碗茶　　B. 藏族酥油茶

C. 客家擂茶　　D. 潮汕功夫茶

8. 潮汕功夫茶必备的"四宝"中的"若琛杯"是指精细的(　　)。

A. 紫砂小品茗杯　　B. 白色小瓷杯

C. 青色小瓷杯　　D. 黑釉小瓷杯

9. 潮汕功夫茶茶艺中"干壶置茶"是指(　　)。

A. 用沸水烫热茶壶　　B. 将茶叶放进干热的茶壶中

C. 用火将茶叶烤干　　D. 用沸水淋浇茶壶外壁

10. 工艺花茶的主要原料是(　　)。

A. 绿茶　　B. 红茶

C. 乌龙茶　　D. 都可以

11. 工艺花茶的产地主要是在(　　)地区。

A. 北京　　B. 浙江

C. 福建　　D. 台湾

二、判断题

(　　)1. 品潮汕功夫茶应先嗅香气后品滋味,称为尽杯谢茶。

(　　)2. 潮汕功夫茶中"洒茶"讲究将茶水高冲到各个小茶杯中去。

(　　)3. 孟臣罐即紫砂壶,是泡茶的主要器具。

(　　)4. 中国茶诗最繁盛的时期是唐代。

(　　)5.《荷香茶语》是依据茶叶的特点进行艺术创作的茶艺表演类型。

(　　)6. 古人对泡茶水温十分讲究,认为“水老”,茶汤品质茶叶下沉,新鲜度提高。

三、简答题

1. 试分析潮汕功夫茶和台湾功夫茶的区别。
2. 工艺花茶和普通花茶在茶艺表演编排上有何不同?

项目四 且吃了赵州茶去
——宗教主题茶艺表演编创

学习目标

- 了解宗教与茶的关联
- 了解佛教基本知识
- 掌握禅茶茶艺表演的基本流程
- 能够针对不同环境特点进行布景,组织人员进行茶艺表演

几千年来,随着宗教文化的产生、发展及传播,茶与各宗教之间也产生了千丝万缕的联系,并逐渐浸透到宗教文化当中,成为适应各种宗教活动的必需品,随之产生了相应的宗教茶文化。佛教强调“禅茶一味”,以茶助禅,以茶礼佛,在茶中体味苦寂的同时,也在茶中顿悟佛理禅机;道家则为茶道注入了“天人合一”的哲学思想,树立了茶道的灵魂。并提出在茶道中应崇尚自然,崇尚朴素,崇尚真的美学理念和重生、贵生、养生的思想。

工作任务一 宗教茶艺表演认知

赵州和尚吃茶去

赵州禅师(778—897),法号从谂,是禅宗史上一位震古烁今的大师。他幼年出家。后得法于南泉普愿禅师,为禅宗六祖慧能大师之后的第四代传人。唐大中十一年(857),年已八十高龄的赵州禅师行脚至赵州古城,受信众敦请驻锡观音院,弘法传禅达40年,道化大行,僧俗共仰,为丛林模范,人称“赵州古佛”。

有一天,一个和尚来参拜赵州和尚(赵州禅师)。赵州和尚问他是第一次来还是第二次来,那个和尚说是第一次来,赵州和尚告诉他“吃茶去!”。过了几天,又有一个和尚来参拜他,赵州和尚同样问他是第一次来还是第二次来,他说是第二次来,赵州和尚同样告诉他“吃茶去!”。当时在他身边的小和尚就问赵州和尚,第一次来的你叫他吃茶去,我们可以理解,怎么第二次来的也叫他吃茶去呢?这是什么道理呢?赵州和尚就叫这个和尚的名字,小和尚回答我在这,赵州和尚说:“你也吃茶去!”。这就是所谓“吃茶去”这则公案的缘起。

点评:一千多年来,禅宗无数的人对这个公案做了各种各样的解释和体会。这个故事向我们启示了一个非常深刻的佛学道理,学习佛法不是一个知性问题,而是一个实践问题。就像要知道茶的味道一样,你必须亲自去品尝,然后才知道这茶的味道,对禅的体验也同样如此。

理论知识

一、茶与佛教

1. 佛教与茶文化的形成和传播

魏晋时期,品茗吃茶被逐步引入佛教。及至盛唐,佛教在中国的发展达到鼎盛时期。耐人寻味的是,茶文化也恰在此时在中原各地广泛传播,于是,佛教文化与茶文化相互影响、相互融合,自此结下了不解之缘。佛教为茶道提供了"梵我一如"的哲学思想及"戒、定、慧"三学的修习理念,深化了茶道的思想内涵,使茶道更有神韵。特别是"梵我一如"的世界观与道教的"天人合一"的哲学思想相辅相成,形成了中国茶道美学对"物我玄会"境界的追求。

此外佛门茶事活动也为茶道表现形式提供了参考。郑板桥有一副对联写得很妙:"从来名士能评水,自古高僧爱斗茶"。佛门寺院持续不断的茶事活动,对提高茗饮技法,规范茗饮礼仪等广有帮助。在南宋宗开禧年间,经常举行上千人大型茶宴,并把寺庙中的饮茶规范纳入了《百丈清规》,近代有的学者认为《百丈清规》是佛教茶仪与儒家茶道相结合的标志。

由于佛教推崇饮茶,所以自古以来,精于茶事、通晓煮茶的高僧很多,他们持经品茶,精研茶艺,留下了不少佳话和诗词。高僧们写茶诗、吟茶词、作茶画,或与文人唱和茶事,丰富了茶文化的内容。尤其在唐代,僧人大多好茶,有的僧人甚至吃茶成癖。唐代名僧释皎然,人称"诗僧",是陆羽的至交好友,他爱茶、恋茶、崇茶、平生与茶结伴,正如他诗中所写"俗人多泛酒,谁解助茶香"?"茶圣"陆羽,更是和佛教有着不解之缘。相传,陆羽出生后,因家境贫寒而被弃在河边,被一老和尚拾回,留在寺中抚养长大,虽非僧人,但成年后行迹时常出没寺院,并与许多僧人保持着真挚的友谊。这也是茶叶与佛教因缘的一段佳话。

2. 名茶与名寺

禅宗寺院大多数都建于名山胜地、绿水青山之间,而且有着"农禅并重"的传统,因此有条件的寺院都辟有茶园,于是就又有了"名山出好茶,名寺出名茶"的说法。由于一般寺院周围大都环境优异,有一定的海拔高度,土地肥沃,因而特别适宜茶树的栽种,同时,茶叶在寺庙有很大的需求量,世俗社会中很多文人雅士也都很喜欢饮茶,他们同佛院有着很广泛的联系,所以大批僧尼开始开垦山区,广植茶树。我国四大佛教名山,除五台山因地处山西东北,自然环境不适合茶树生长外,其他均产茶叶;在我国南方,几乎每个寺庙都有自己的茶园,众寺僧都善采制、品饮,名山名茶相得益彰。流传至今的名茶不少即源于这些寺院的僧人之手。例如四川蒙山茶,相传为汉代甘露普慧禅师亲手所植,有"仙茶"之誉。武夷岩茶,是乌龙茶的始祖。宋元以来,该茶以寺院所制最为得法,因此当地多以僧人为茶师;江苏洞庭山水月院僧人擅长制茶,出产以寺院命名的"水月茶",即今有名的碧螺春茶。浙江云和县惠明寺的"惠明茶"具有色泽绿润、久饮香气不绝的特点。它曾以优异的质量在1915年巴拿马万国博览会上荣获一等金质奖章和奖状。此外,安徽黄山松谷庵、吊桥庵、去谷寺一带的黄山毛峰,齐云山水井庵附近的六安瓜片,江西庐山招贤寺的庐山云雾茶等,还有蒙顶石花茶、庐山云雾茶、普陀白岩茶、峨嵋峨蕊茶等均出自僧人之手。

何谓"五调"？

"五调"是佛教禅宗坐禅时的一种修习方法，即指调身、调息、调心、调食、调睡眠。

二、茶与道教

道教起源于中国，是中国土生土长的宗教。狭义上的道家是指形成于先秦时期的一个哲学流派，老子、庄子是其主要代表，它是道教的思想渊源之一。广义的道家则包含了作为学派的道家和作为宗教的道教。道教的终极目的是长生不死，理想是羽化升仙。为此，道教发展出许多修炼方术，如斋醮、符咒、炼丹、行气、导引、吐纳、服食等。服食又名服饵，是指服食药物以养生，是道教的主要修炼方术之一。道教服食的有金石、草木等药物，以求长生不老。茶就是草木药物中的一种，下能祛病，中能养性，上能延年。正是在养生延年这一点上，茶与道教发生了结合。

道教与茶结缘早于佛教。中国饮茶始于古巴蜀，而巴蜀正是道教的发源地。道教徒很早就接触到茶，并在实践中视茶为成道之"仙药"。传说黄帝在黄山（古名黟山）炼丹修道，因饮茶而羽化成仙。"神农尝百草，日遇七十二毒，得茶而解之"（《神农本草经》）。"茶之为饮，发乎神农氏"（陆羽《茶经》）。儒家崇尧舜，道家尊炎黄。炎帝神农氏是被道教敬奉的农业神，也是华夏子孙心目中的茶祖。在我国历史发展的进程中，有许多有名的道教中人都是爱茶之士，并与茶结下了不解之缘。如被世人称为葛仙翁或太极左仙翁的葛玄、陶弘景、丹丘子、壶公等人，在潜心向道的过程中都与茶有过千丝万缕的联系，可见道教对饮茶早有深刻认识，并将其与追求永恒的精神生活联系在一起，使茶成为精神文化的一部分，这可谓是道教的首功。

唐代以前，有关道家饮茶、种茶、识茶的记载远多于儒佛。道教徒和道流著书宣扬茶的养生功效，道家对茶的认识、饮茶功效的认识，远比儒家、佛教深刻。正是通过两晋南北朝时期道士、方士、玄谈名士对饮茶的宣扬，促进了饮茶的广泛传播和饮茶习俗的形成，也为茶道的形成奠定了思想基础。

道家的"自然"之"道"，一开始便渗透在茶文化的精神之中，它的虚静恬淡的本性与茶性极其吻合，而道家的人化自然思想更是对中国茶道影响颇深。人化自然首先表现为在品茶时乐于与自然亲近，在思想情感上能与自然交流，在人格上能与自然相比拟并通过茶事实践去体悟自然的规律。这种人化自然，是道家"天地与我并生，而万物与我唯一"思想的典型表现。所以在中国茶人的眼里，自然的万物都是具有人的品格、人的情感，并能与人进行精神上的相互沟通的生命体。大自然的一山一水一草一木都显得格外可爱，格外亲切。人们在品茶时寄情于山水，忘情于山水，心融于山水，平添了茶人品茶的情趣。

当然道士们品茶，也种茶。但凡道教宫观林立之地，也往往是茶叶盛产之地。道士们于山谷岭坡处栽种茶树，采制茶叶，以饮茶为乐，提倡以茶待客，以茶为祈祷，祭献、斋戒，甚而"驱鬼妖"的供品之一。

实践操作

三、宗教茶艺表演赏析——禅茶

禅和茶联系到一起，原因主要有三：一是饮茶具有提神醒脑的作用；二是品茶如参禅，品茶时所需要的安详静谧的心境以及所追求的“自省”境界，和佛教禅宗相似；三是茶有延年益寿的作用。同时古人还认为，茶具有“三德”：一是坐禅通夜不眠；二是满腹时能帮助消化，轻神气；三是“不发”，能抑制性欲。中国的禅宗和尚、居士们修行时要求坐禅，又称“禅定”，即静坐、敛心，达到身心“轻安”，观照“明净”的境界。坐禅时要镇定精神、排除杂念、清心静境，方可自悟禅机。坐禅一坐就是三个月，不但老和尚难以坚持，小和尚年轻瞌睡多，更是难熬。此种耗费精神，损伤体力的坐禅，正好以饮茶来调整精气，饮茶不但能“破睡”，还能清心寡欲，养气颐神，提神驱睡魔，故饮茶历来受到僧人们的推崇，成了寺僧们修炼或修行时常相伴随的饮料，佛禅中人因而也成为了饮茶的有力推动者。

茶和佛教的关系，是一个相互促进的关系，在现实的生活上，佛教特别是禅宗需要茶叶来协助修行，而这种嗜茶的风尚，又促进了茶事业的发展；在精神境界上，禅宗讲求清净、修心、静虑，以求得智，开悟生命的道理。而茶是被药用、特用作物，它有别于一般的农作物，它的性状与禅宗的追求境界颇为相似，于是也就有了“禅茶一味”、“茶意禅味”、“茶禅一体”之说。

饮茶在寺院中不仅有助坐禅、清心养身之功效，而且还有联络僧众感情、团结合作之功效。宋代时，每逢诸山寺院作斋会时，寺庙施主往往以“茶汤”助缘，供大众饮用，此为佛门弟子乐善好施的“善举”之一，称为“茶汤会”。

模拟实训

1. 实训安排

实训项目	宗教茶艺赏析
实训要求	通过对禅茶的意蕴分解，道教茶艺的赏析，熟悉宗教茶艺的艺术内涵和编创要求与方法
实训时间	90 分钟
实训环境	可以进行宗教茶艺演示介绍的多媒体教室
实训工具	电脑、宗教茶艺光盘
实训方法	示范讲解、小组讨论法、情境模拟

2. 实训步骤及要求

(1) 教师讲解示范——宗教茶艺视频

(2) 分组实训——宗教茶艺演绎汇报

①讨论并准备宗教茶艺演绎汇报所需要的资料；

②制作多媒体课件。

3. 演绎汇报

工作任务二　《禅茶意蕴》茶艺表演

禅茶是指由寺院僧人种植、采制、饮用的茶，主要用于供佛、待客、自饮、结缘赠送等。茶与禅本是两种文化，在其各自漫长的历史发展中发生接触并逐渐相互渗入、相互影响，最终融合成一种新的文化形式，即禅茶文化。“禅”是心悟，“茶”是物质的灵芽，禅茶文化，讲求的是“禅茶一味”，即心与茶、心与心的相通。禅茶文化是中国传统文化史上的一种独特现象，也是中国对世界文明的一大贡献。

通过对禅茶茶艺表演的学习，使学习者通过模拟练习、自主编创从而掌握编创宗教茶艺表演所需的知识与技能。

案例导入

《禅茶》的重点在“茶”

2001 年 10 月 19 日在河北赵县柏林禅寺的大雄宝殿前，举行了一场中、韩两国禅茶表演。一场是韩国佛教界演出的《茗园八正禅茶法》，一场由江西省南昌女子职业学校茶艺表演队演出的《禅茶》。韩国由 10 人出场，其中四位是真正的和尚，另外六位是信佛的居士，道具精致，服装崭新，演出也极为严肃认真，虔诚庄重，甚至连配乐都没有，完全是在举行一场真正的佛教礼仪。中方《禅茶》只由三位大专女学生表演，所用的服装道具也十分简朴，因是在佛殿前面演出，故原来的布景和对联都没用，但伴有非常深沉悦耳的佛教音乐。从在场的中外观众(包括韩国的僧侣、居士和河北佛学院的全体学员)的反应和演出后的反映，都表明中方《禅茶》的效果更好，以致韩国客人当场邀请中方的《禅茶》去韩国进行交流演出。

为什么由真正的佛教僧侣和居士演示的《茗园八正禅茶法》其效果反而不如学生的表演的《禅茶》呢？原因当然是多方面的，但其中最主要的是《茗园八正禅茶法》照搬佛教礼仪，是佛教仪式的重演。而《禅茶》是以佛门茶事为素材而编创的茶艺，它是艺术表演，而不是宗教活动。艺术来源于生活，却高于生活。一个成功的艺术节目的演出效果往往是高于生活的原生态。由于《禅茶》编创之时就注意到了这一点，《禅茶》的重点通过茶艺来体现“禅意”，获得其他形式的茶艺所不能取得的艺术效果。佛门重点在禅，而《禅茶》重点在茶。前者是宗教行为，后者却是艺术实践，从而具有审美价值。

点评：茶艺的重点在于科学、艺术地泡好茶，禅也好，佛也好，只能作为背景来使用，而不应该当作主体来表现。更不能将艺术舞台当作宗教的道场。

理论知识

一、意境营造

1. 舞台背景

屏风中间挂有一幅“达摩祖师煮茶图”，寥寥几笔显露出一丝禅意。两边则是从唐诗中选辑出的两句“煎茶留静者，禅心夜更闲”，点出主题，不但有助于观众的理解，而且也可帮助表演者对《禅茶意蕴》主题的把握。

2. 音乐

佛门音乐《同心曲》。此曲是专业音乐者经过改编、配器、演奏和演唱，由男声合五声音阶的五句乐曲，整曲歌词只有“南无阿弥陀佛”六个字。

3. 服饰

服装、鞋袜、佛珠和香料都是从寺院中采购，以加强真实感。其所穿的僧袍也是从现实生活中僧侣们青灰、深褐和中黄三种颜色中认真考虑的，采用中黄僧袍，舞台视觉效果较好。

二、茶席设计

1. 茶叶

禅茶在表演时，为了增强效果，可以使用广东曲江南华禅寺的“六祖甜茶”。六祖慧能是唐代高僧，是南禅宗的始祖，最后在南华禅寺圆寂，其肉体真身至今还保存在寺里。据说他当时将南华禅寺后山上的野茶和一些具有药效的植物叶子混合在一起制作了甜中带苦、苦后回甘具有保健疗效的“甜茶”，至今还受到附近群众的欢迎。这种粗茶是不适合冲泡品饮的，只能是包起来烹煮，这种古老黄茶方法会增强《禅茶意蕴》的禅味和历史感。当然，其他地方在表演《禅茶意蕴》时，如没有条件使用“甜茶”，也可以使用其他寺庙生产的佛茶，如“金佛茶”、“赵州禅茶”、“攒林茶”等，而不宜使用一般的常见的茶叶。

2. 茶道具

烧水的炭炉 1 个(江西农村曾经长期使用的“南丰小泥炉”)、煮茶的茶壶 1 把(农村中常用的旧铜壶)、装茶杯的篮子 1 个(农家常用的普通竹篮子)、木制茶罐 1 个、小茶杯 6 只、茶碟 2 个、纱布 2 块、茶巾 1 块、木制水盂 1 个、木制托盘 2 个、香炉 1 个。其他道具有：点燃红烛的烛台 4 个、长桌 1 张、茶几 1 张、板凳 1 条、淡黄桌布 3 块。

3. 表演人员

由三位茶艺师组成，还可根据舞台效果增加为十一位。

你知道古代著名香品有哪些吗?

伽南香：榕树的木材，经岁久而形成。这种香不能焚点，适合居室摆放或者日常佩戴，异香扑鼻。

龙涎香：抹香鲸肠内分泌物的干燥品。燃点后为蓝色火焰，有优雅的麝香味道。

沉香：沉香木的心材，以黑色、能快速沉水者为佳。

安息香：安息木的树脂干燥后呈红色的半透明体，为调和香精的定香剂。

芸香：原产欧洲的植物，枝叶含芳香油，可以燃点，可以做调香原料。

实践操作

三、禅茶意蕴茶艺表演

(一) 引言

中国的茶道早在唐代就开始盛行，这与佛教的昌盛有着密切的关系。晚上僧侣们坐禅不许睡觉，只能靠茶来提神，“学禅，务于不寐，又不夕食，皆许其饮茶。人自怀挟，到处煮茶。从此转相仿效，遂成风俗”。因此佛门盛行喝茶，有的甚至达到“唯茶是求”的境地。寺院既用茶来供佛，也用茶来招待客人，而且还亲自种茶，称作“禅茶一味”或“佛茶一味”，意指禅味与茶味是可以相互交融的。饮茶注重平心静气品味，参禅则要静心息虑体味，茶道与禅悟均着重在主体感觉，非深味之不可。平常自然，是参禅第一步。

（二）表演程序

1. 上场：随着音乐响起，表演人员依次缓缓出场，站定后向来宾合掌行礼。

2. 手印

（1）主泡盘腿坐下，左右副泡站成八字形

（2）主泡随音乐做第一遍手印

（3）主泡随音乐做第二遍手印，左右副泡蹲下做手印

（4）主泡随音乐做第三遍手印

3. 供香手印

4. 上茶具

左右助泡托茶具上场。主泡依次将左助泡手中茶具(茶罐、茶巾、托盘)和右助泡手中茶具(竹篮、茶杯)依次摆好。

5. 净具

6. 冲泡

禅宗兴盛于唐代,因此佛门禅堂中保留着唐代以前的饮茶方式,既不明点茶,也不是泡茶,而是煮茶,并且是用纱布将茶叶包扎起来后放入壶中烹煮,很有特色。

7. 分茶

主泡将煮好的茶分到杯中,留下一杯,其余茶由助泡奉献给观众,然后举杯同饮。

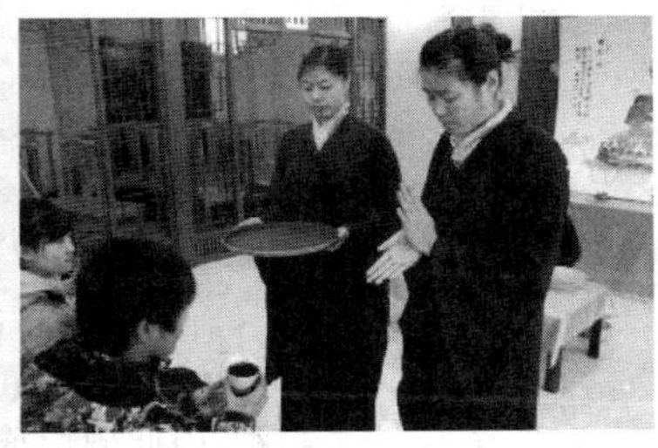

8. 收拾茶具

助泡将茶具整理收走，然后上场和主泡谢幕退场，结束表演。

模拟实训

1. 实训安排

实训项目	《禅茶意蕴》茶艺表演
实训要求	熟悉禅茶茶艺表演的编创要求，能够通过合作的形式进行禅茶茶艺表演的组织与演示，并能进行宗教茶艺表演的编创
实训时间	90分钟
实训环境	可以进行茶艺表演的茶艺实训室
实训工具	各式茶具、茶叶、音乐、学生自备装饰用品、花材
实训方法	示范讲解、小组讨论法、情境模拟

2. 实训步骤及要求

(1) 教师讲解示范

(2) 分组实训——茶艺表演

①讨论并掌握禅茶茶艺表演的演示要求；

②情景模拟练习禅茶茶艺表演。

3. 禅茶茶艺表演中英文解说

茶艺表演	中文介绍	英文介绍
禅茶文化内涵 Cultural connotation in Zen tea	中国的茶道早在唐代就开始盛行了，这与佛教的昌盛有着密切的关系。晚上僧侣们坐禅不许睡觉只能靠茶来提神，因此佛门盛行喝茶，有的甚至达到了“唯茶是求”的境地。寺院既用茶来供佛，又用茶来招待客人，而且还亲自种茶，称作“禅茶一味”。习禅饮茶旨在明心见性。	Early in Tang Dynasty, tea art in China began to prevail and it's closely connected with the flourishing Buddhism. When monks meditated at night, and sleep was forbidden, they had to refresh themselves with tea. Therefore, it's so popular to drink tea in Buddhists that some of them were in the state of "putting the tea first". In temples, tea was used for both worshiping Buddha and entertaining guests. Some Buddhists even planted tea themselves, which means "Zen and tea are close to each other". Meditating and tea-drinking aimed at cleaning one's nature.
禅茶手印 Hand signs	现在为您演示的禅茶是唐代寺庙中用来招待客人的佛门礼俗。表演前先要用各种手式组成的手印向菩萨祷告，表演者庄重文静的动作，使您在不知不觉中仿佛进入了一种空灵静寂的禅的意境，体现了禅宗所提倡的“一日不劳，一日不食”的刻苦、勤劳、俭朴、节约之美德，这也正好映衬了陆羽《茶经》中所强调的“精行俭德”的茶道精神。	Now we'll show you the Zen tea ceremony which is the Buddhist way of receiving guests in temples in Tang Dynasty. The performers pray to Buddha by making Buddhist hand signs consisted of various hand gestures. The solemn graceful posture will take you to the empty and silent realm of Buddhism involuntarily. It reflects the virtue of diligence and frugality shown in Zen Buddhism: "No work, no food". It also proves the spirit of tea ceremony—"clean behavior and thrift virtue", which is emphasized in Lu Yu's Tea Classic.
冲泡 Cooking tea	禅茶所遵循的是唐朝陆羽所提倡的烹茶法，即将碾好的茶叶用纱布包好放在铜壶里煮。	Zen tea observes the cooking method advocated by Lu Yu in Tang Dynasty—that is to wrap the grinded tea leaves in gauze, put it into a copper kettle to boil.
敬茶 Presenting tea	现在居士们为各位嘉宾敬献由她们亲手烹制的清香温润的香茶，通过对禅茶的色、香、味、意的欣赏，陶冶性情，启发智慧。	Now laymen present the warm and fragrant tea to our honored guests. We can gain inspiration and enlightenment simply by appreciating and tasting the color, fragrance, flavor and meaning of the tea.

4. 技能提升——学习并尝试进行道教茶艺的编创

项目测试

一、选择题

1. 在寺庙僧侣中流行的禅师茶艺倡导(　　)的禅宗文化思想。

A. “宁静空无”　B. “静省序净”　C. “俭清和静”　D. 吃茶去

2. 唐代中叶（　）撰写“百丈清规”，将茶融入禅宗礼法。

A. 荣西禅师　B. 皎然　C. 百丈怀海禅师　D. 隐元禅师

3. （　）倡导“以茶悟道”。

A. 荣西禅师　B. 隐元禅师　C. 皎然　D. 赵州从谂禅师

4. 禅师茶艺讲求僧侣们身体力行，自己种茶、制茶、煮茶，以茶供佛，以茶待客，（　），即物求道，不离物言道。

A. 以茶为生　B. 以茶解渴　C. 以茶修行　D. 以茶消暑

5. 禅师茶艺要求茶室如禅室，力求简朴，（　）。

A. 有祖师真容、茶、花、香、画即可　B. 要求设有诵经台、茶具、茶

C. 要求有茶、茶具　D. 要求有经书、茶

6. 宗教茶艺是佛教、道教与茶相结合的结果，可分为禅茶茶艺、三清茶艺、观音茶艺、（　）

A. 太极茶艺　B. 白族三道茶　C. 功夫茶艺　D. 武夷茶道

7. 宗教茶艺的特点为气氛庄严肃穆，礼仪特殊、茶具古朴典雅，以“天人合一”、（　）为宗旨，并讲究修养心性，以茶释道。

A. “客来敬茶”　B. “推广茶文化”　C. 提高茶艺　D. “茶禅一味”

8. 禅师茶艺中（　）的禅宗文化思想的倡导者是泰山降魔师。

A. “以茶修行”　B. “茶禅一味”　C. “以茶修身”　D. “以茶禅定”

二、判断题

（　）1. “吃茶去”是世界茶文化的一个重要典故，为中外茶人所推崇，这个典故的发源地是在陕西法门寺。

（　）2. 唐宋时期茶具是和其他食物公用，木制或陶制的碗，一器多用，没有专用茶具。

三、简答题

1. 试述佛教对茶文化的影响。

2. 禅茶表演在编排上应注意哪些问题？

综合考核——茶艺师(高级)模拟测试

第一部分　理论测试

注意事项

1. 考试时间:90分钟
2. 本试卷依据2001年颁布的《茶艺师国家职业标准》命制
3. 请首先按要求在试卷的标封处填写您的姓名、准考证号和所在单位的名称
4. 请仔细阅读各种题目的回答要求,在规定的位置填写您的答案
5. 不要在试卷上乱写乱画,不要在标封处填写无关内容

一、选择题(第1题～160题。选择一个正确的答案,将相应的字母填入题内的括号中。每题0.5分,满分80分)

1. 职业道德是人们在职业工作和劳动中应遵循的与(　　)紧密相联系的道德原则和规范总和。

A. 法律法规　　B. 文化修养　　C. 职业活动　　D. 政策规定

2. 茶艺师职业道德的基本准则,就是指(　　)。

A. 遵守职业道德原则,热爱茶艺工作,不断提高服务质量

B. 精通业务,不断提高技能水平

C. 努力钻研业务,追求经济效益第一

D. 提高自身修养,实现自我提高

3. 茶艺服务中与品茶客人交流时要(　　)。

A. 态度温和、说话缓慢　　B. 严肃认真、有问必答

C. 快速问答、简单明了　　D. 语气平和、热情友好

4. 世界上第一部茶书的书名是(　　)。

A.《品茶要录》　　B.《茶具图赞》

C.《榷茶》　　D.《茶经》

5. 世界上第一部(　　)的作者是陆羽。

A. 茶书　　B. 经书　　C. 史书　　D. 道书

6. (　　)茶叶的种类有粗、散、末、饼茶。

A. 汉代　　B. 元代　　C. 宋代　　D. 唐代

7. 乌龙茶属青茶类,为半发酵茶,其茶叶呈深绿或青褐色,茶汤呈(　　)色。

A. 绿　　B. 浅绿　　C. 黄绿　　D. 蜜黄

8. 制作乌龙茶的鲜叶原料大都是采摘(　　)。

A. 幼嫩芽叶　　B. 单芽

C. 老叶　　D. 已成熟的对口芽叶

9. 茶褐素是红茶的呈味物质,它的含量增多对品质不利,主要是使(　　)。

A. 茶汤发红，叶底暗褐　　B. 茶汤红亮，叶底暗褐

C. 茶汤发暗，叶底暗褐　　D. 茶汤发黄，叶底暗褐

10. 判断好茶的客观标准主要从茶叶外形的匀整、色泽、净度和内质的(　　)来看。

A. 汤色　　B. 叶底　　C. 品种　　D. 香气、滋味

11. 在茶的冲泡基本程序中煮水的环节讲究(　　)。

A. 不同茶叶所需水温不同

B. 不同茶叶产地煮水温度不同

C. 根据不同的茶具选择不同煮水器皿

D. 不同的茶叶加工方法所需时间不同

12. 150 mL 的绿茶标准审评杯，审评茶时投绿茶茶量为(　　)。

A. 1 g　　B. 5 g　　C. 4 g　　D. 3 g

13. 茶叶中含有(　　)多种化学成分。

A. 100　　B. 300　　C. 600　　D. 1 000

14. 关于劳动者权利表述错误的是(　　)。

A. 取得劳动报酬的权利　　B. 劳动者有权不服从工作安排

C. 享有平等就业和选择职业的权利　　D. 获得劳动安全卫生保护的权利

15. 英国人泡茶用水颇为讲究，必须用(　　)。

A. 生水现烧　　B. 开水凉冷后冲泡

C. 冰水冲泡　　D. 沸腾过后的水冲泡

16. (　　)人传统喝的是“拉茶”，其用料与奶茶差不多，制作特点是用两个距离较远的杯子将奶茶倒来倒去。

A. 美国　　B. 新加坡　　C. 马来西亚　　D. 荷兰

17. “绿茶”的英文是(　　)。

A. Green tea　　B. Black tea　　C. Oolong tea　　D. Yellow tea

18. 在茶艺服务中接待马来西亚客人时，不宜使用(　　)茶具。

A. 绿色　　B. 黄色　　C. 橙红色　　D. 宝蓝色

19. 在茶艺服务接待中，要求以我国的(　　)为行为准则。

A. 规范仪表、规范语言　　B. 礼貌语言、礼貌行动、礼宾规程

C. 规范语言、礼宾规程　　D. 规范语言、规范行动、规范礼节

20. 茶艺师在接待外宾时，要以(　　)的姿态出现，特别要注意维护国格和人格。

A. “民间外交官”　　B. “平等待人”

C. “尊重客人”　　D. “主人翁”

21. “见到您很高兴。”的英文表述错误的是(　　)。

A. Glad to meet you.　　B. It is so nice to meet you.

C. Nice to meet you.　　D. meet you is nice.

22. “请这边走。”用英语最妥当的表述是(　　)。

A. Follow me, please.　　B. The way, please.

C. This way, please.　　D. Go here, please.

23. “请问您还需要点什么？”用英语最妥当的表述是(　　)。

A. Do you need anything more?

B. Do you need something else?

C. Would you like something more?

D. Would you like anything more?

24. “很抱歉，这里没有这个人。”用英语最妥当的表述是(　　)。

A. I'm sorry, there is no one here.

B. I'm sorry, there is no one by that name here.

C. I'm sorry, I don't know him.

D. I don't understand what you said.

25. “ぃちっしせぃませ ”的意思是(　　)。

A. 晚安　　B. 请等一下　　C. 您好　　D. 欢迎光临

26. “ち会ぃてきて光荣てす ”的意思是(　　)。

A. 你想要点什么　　B. 请问几位　　C. 很荣幸见到您　　D. 最近怎么样

27. “电话番号をち教ぇ原ぇませへか”的意思是(　　)。

A. 请问您的地址　　B. 请问您的电话号码

C. 请问您的大名　　D. 请您这边走

28. 晚清书画篆刻家(　　)“茶梦轩”一印，边款中寥寥三十字，却是一篇对“茶”字字源的考证美文。

A. 吴昌硕　　B. 陆原　　C. 杨维桢　　D. 赵之谦

29. 雨花茶是(　　)名优绿茶的代表。

A. 片型　　B. 扁平型　　C. 针型　　D. 卷曲型

30. 江苏吴县的洞庭山是(　　)的产地。

A. 大方茶　　B. 雨花茶　　C. 碧螺春　　D. 绿牡丹

31. 雨花茶的干茶色泽是(　　)的。

A. 灰白　　B. 灰绿　　C. 黄绿　　D. 深绿

32. 滇红品种为云南大叶种，其滋味(　　)。

A. 清醇，收敛性强　　B. 清醇，收敛性弱

C. 浓醇，收敛性强　　D. 浓醇，收敛性弱

33. 铁观音的香气馥郁幽长，滋味醇厚鲜爽回甘，(　　)，汤色金黄清澈明亮。

A. 音韵显　　B. 岩韵显　　C. 青味显　　D. 酸味显

34. 武夷岩茶是(　　)乌龙茶的代表。

A. 闽北　　B. 闽南　　C. 台南　　D. 台北

35. 在乌龙茶中(　　)程度最轻的茶是包种茶。

A. 发酵　　B. 晒青　　C. 包揉　　D. 烘炒

36. 普洱茶主产于(　　)省，为非压制的黑茶。

A. 海南　　B. 湖南　　C. 广西　　D. 云南

37. 潮汕功夫茶被誉为中国茶道的“(　　)”。

A. 始祖　　B. 活化石　　C. 代表　　D. 真功夫

38. “玉书煨、潮汕炉、孟臣罐、若琛杯”是(　　)必备的“四宝”。

A. 四川盖碗茶　　B. 藏族酥油茶　　C. 客家擂茶　　D. 潮汕功夫茶

39. "列器备茶"是潮汕功夫茶茶艺演示的(　　)程序。

A. 最后　　B. 第五道　　C. 第六道　　D. 第一道

40. 潮汕功夫茶茶艺中"干壶置茶"是指(　　)。

A. 用沸水烫热茶壶　　B. 将茶叶放进干热的茶壶中

C. 用火将茶叶烤干　　D. 用沸水淋浇茶壶外壁

41. 潮汕功夫茶中"洒茶"讲究将茶水(　　)到各个小茶杯中去。

A. 回旋冲　　B. 点冲　　C. 高冲　　D. 低斟

42. 潮汕功夫茶以三泡为止,要求各泡的茶汤浓度(　　)。

A. 随心所欲　　B. 一致　　C. 由浓到淡　　D. 因人而异

43. 香港的早茶一般为一壶茶配合吃少量的食物,称之为饮茶的"(　　)"。

A. 一壶两件　　B. 一盅两件

C. 一壶两盅　　D. 一盅两杯

44. 台湾茶人称(　　)为"投汤"。

A. 干壶　　B. 置茶　　C. 冲水　　D. 斟茶

45. (　　)又称"三生汤",其主要原料是茶叶、生姜、生米。

A. 奶茶　　B. 擂茶　　C. 竹筒茶　　D. 酥油茶

46. 桃江擂茶为(　　),不仅是桃江人的日常饮料,还是桃江人待客的佳品。

A. 清饮　　B. 五味饮　　C. 甜饮　　D. 辣饮

47. 罐罐茶可分为面罐茶和(　　)两种。

A. 八宝茶　　B. 酥油茶　　C. 五福茶　　D. 油炒茶

48. (　　)是将茶罐先烤热,加入茶油、白面翻炒后,放入细嫩茶叶和食盐,炒至茶香溢出,加水煮沸。

A. 八宝茶　　B. 酥油茶　　C. 五福茶　　D. 油炒茶

49. (　　)的制作是将砖茶或沱茶煮沸,加一些酥油和少许盐巴,经充分打制而成。

A. 酥油茶　　B. 咸奶茶　　C. 龙虎斗　　D. 打油茶

50. (　　)是侗族的饮茶习俗。

A. 咸奶茶　　B. 竹筒茶　　C. 打油茶　　D. 酥油茶

51. "龙虎斗"是纳西族人治疗(　　)的秘方。

A. 骨折　　B. 胃病　　C. 感冒　　D. 解暑

52. 冰茶制作时冲泡用水的水温以(　　)为宜。

A. 30℃　　B. 20℃　　C. 60℃　　D. 100℃

53. 制作 500 mL 的冰茶,冲泡时,用水量以(　　)为宜。

A. 50 mL　　B. 400 mL　　C. 200 mL　　D. 100 mL

54. 冰茶制作中分茶时,应在每杯中放入(　　)块的小冰块,相当于 20～30 mL 容积。

A. 1　　B. 2　　C. 3～4　　D. 8

55. 按 5 位宾客计算,冲泡调饮红茶的置茶量应以(　　)为宜。

A. 2 g　　B. 5 g　　C. 10 g　　D. 6 g

56. 准备配料茶时,要求泡茶台的右侧放置(　　)。

A. 赏茶碟　　B. 盖杯　　C. 配料缸　　D. 开水壶

57. 冲泡杭白菊和枸杞配绿茶的配料茶，冲泡的水温以（　　）为宜。

A. 30℃　　B. 50℃　　C. 80℃　　D. 100℃

58. 品尝青豆茶，可以靠（　　），使茶叶和配料移到碗边而食用，别有一番情趣。

A. 茶荷　　B. 茶碟

C. 敲打碗边和碗口　　D. 倒置茶碗

59. 唐代宫廷茶艺表演，再现历史的文化内容有（　　）。

A. 龙凤茶团、服饰、茶具　　B. 唐朝宫廷礼仪、服饰、饮茶器具

C. 唐朝礼仪、音乐、茶饼　　D. 唐朝服饰、茶器

60. 古代文人茶艺的精神是追求"精（　　）清和"。

A. 真　　B. 廉　　C. 美　　D. 俭

61. 文人茶艺对茶友的选择也极为讲究，要求（　　）。

A. 一定是会品茶的人　　B. 门第相同

C. 人品高雅，有较好的修养　　D. 都是布衣百姓

62. 文人茶艺活动的主要内容有（　　）。

A. 斗茶、评水、赏器　　B. 诗词歌赋、琴棋书画、清言对话

C. 点茶、品茶、斗茶　　D. 只谈与茶有关的事

63. 历代文人雅士在品茶时讲究环境静雅、茶具之清雅，更讲究饮茶艺境，以（　　）为目的，更注重同饮之人。

A. 斗茶　　B. 赏茶具　　C. 怡情养性　　D. 社交活动

64. 唐代中叶（　　）撰写"百丈清规"，将茶融入禅宗礼法。

A. 荣西禅师　　B. 皎然

C. 百丈怀海禅师　　D. 隐元禅师

65. 宗教茶艺是佛教、道教与茶结合的结果，可分为禅茶茶艺、三清茶艺、观音茶艺、（　　）。

A. 太极茶艺　　B. 白族三道茶

C. 功夫茶艺　　D. 武夷茶道

66. 在茶艺馆完整的顾客接待概念是指茶艺师代表茶馆，向宾客（　　）的过程。

A. 演示茶艺　　B. 提供巡台服务

C. 介绍茶文化　　D. 提供服务与销售

67. 顾客接待环节中的四个重点是：待机接触、拿递展示、介绍推荐、（　　）。

A. 开单收费　　B. 成交送别　　C. 结算收找　　D. 买单

68. 在茶庄实行柜台服务的场所，当有两位茶艺师时应（　　）。

A. 一起站在柜台的中间

B. 一人站着待机，另一人可以坐下休息

C. 站立在柜台两侧的位置

D. 一有宾客到来，两位茶艺师必须同时接待

69. 在茶馆接待服务时，茶艺师从下列（　　）可以判断顾客不是第一次来消费。

A. 走进茶馆，直接找到位置坐下

B. 四处环顾后，寻找相对安静的位置

C. 消费中途有意识寻找洗手间

D. 询问消费项目和品种

70. 在商品服务介绍时，茶艺师应善于观察顾客心理，着重做到引起顾客的注意、培养顾客的兴趣、增强顾客的购买欲(　　)。

A. 对顾客态度好　　B. 与顾客交谈与销售无关的话题

C. 无目的地交谈　　D. 争取达成交易

71. 下列(　　)不是茶艺师为顾客推介商品时的重点。

A. 要建立起彼此信赖的关系

B. 要使顾客自然而然地决断

C. 要与顾客建立和谐的关系

D. 要根据顾客的需要夸大介绍商品的性能

72. 当顾客要离开时，对待在店里询问了很久但没有消费的顾客(　　)。

A. 不必道别　　B. 也应该道别

C. 不予理睬　　D. 茶艺师聚在一起议论

73. 在产茶地区的风景旅游点，提倡(　　)，开展高雅文化旅游活动，如茶俗表演、赋诗作画、品茶评茶、茶艺表演等。

A. 建各具特色的茶室　　B. 举办展销会

C. 举办旅游用品展览　　D. 建商品一条街

74. 审安老人的(　　)是一部图文并茂的茶学著作。

A.《茶具图赞》　　B.《北苑别录》　　C.《东溪试茶录》　　D.《茶录》

75. 按展销会的(　　)可将展销会分为综合性展销会、专题性展销会。

A. 内容　　B. 时间　　C. 主题　　D. 目的

76. 按展销会的(　　)可将展销会分为贸易性展销会、宣传性展销会。

A. 内容　　B. 时间　　C. 性质　　D. 目的

77. 展览会的预备金一般占总费用的(　　)为宜。

A. 1%～5%　　B. 3%～5%　　C. 10%～20%　　D. 5%～10%

78. (　　)在宋代的名称叫茗粥。

A. 散茶　　B. 团茶　　C. 末茶　　D. 擂茶

79. 用黄豆、芝麻、姜、盐、茶合成，直接用开水沏泡的是宋代(　　)。

A. 豆子茶　　B. 薄荷茶　　C. 葱头茶　　D. 姜盐茶

80. (　　)饮用茶叶主要是散茶。

A. 明代　　B. 宋代　　C. 唐代　　D. 汉代

81. 煎制饼茶前须经炙、碾、罗工序的是唐代的(　　)。

A. 点茶的技艺　　B. 煎茶的技艺

C. 煮茶的技艺　　D. 炙茶的技艺

82. 红茶类属于全发酵茶类，茶叶颜色深褐油亮，茶汤色泽(　　)。

A. 橙色　　B. 红亮　　C. 紫红　　D. 黄色

83. 宋代哥窑的产地在(　　)。

A. 浙江杭州　　B. 河南临汝　　C. 福建建州　　D. 浙江龙泉

84. (　　)瓷器素有“薄如纸,白如玉,明如镜,声如磬”的美誉。

A. 福建德化　　B. 湖南长沙　　C. 浙江龙泉　　D. 江西景德镇

85. 90℃左右水温比较适宜冲泡(　　)茶叶。

A. 红茶　　B. 龙井茶　　C. 乌龙茶　　D. 普洱茶

86. 下列(　　)井水,水质较差,不适宜泡茶。

A. 柳毅井　　B. 文君井　　C. 城内井　　D. 薛涛井

87. 茶艺演示过程中,茶叶冲泡基本程序是:备器、煮水、备茶、温壶(杯)、置茶、(　　)、奉茶、收具。

A. 高冲水　　B. 洗杯　　C. 冲泡　　D. 淋壶

88. 科学地泡好一杯茶的三个基本要素是(　　)。

A. 茶具、茶叶品种、温壶　　B. 置茶、温壶、冲泡

C. 茶具、壶温、浸泡时间　　D. 茶叶用量、水温、浸泡时间

89. 不同的茶叶有不同的滋味,(　　)型的代表茶是六堡茶、工夫红茶等。

A. 醇和　　B. 浓厚　　C. 鲜醇　　D. 平和

90. 在荷兰中国餐馆中,最受欢迎的茶是(　　)。

A. 红茶　　B. 绿茶　　C. 茉莉花茶　　D. 普洱茶

91. 酥油茶是将茶和佐料一起(　　)。

A. 放在锅中熬煮

B. 放在打茶筒中捣打

C. 将紧压茶敲碎放在锅中熬煮后倒在加佐料的碗中

D. 放在研钵中捣打

92. 宋代黄儒的《品茶要录》属于茶书中的(　　)类著作。

A. 综合　　B. 专题　　C. 地域　　D. 汇编

93. “我能帮助您吗?”用英语最妥当的表述是(　　)。

A. Can I have any assistance?　　B. Can I help you?

C. Can I be any assistance?　　D. Can I be of some assistance?

94. “很抱歉让您久等了。”用英语最妥当的表述是(　　)。

A. I'm sorry.

B. I'm sorry to have kept you waiting.

C. I'm sorry to be kept waiting.

D. Sorry to wait so long.

95. 茶叶中的涩味物质主要是(　　)

A. 蛋白质　　B. 粗纤维素　　C. 茶多酚　　D. 氨基酸

96. 碧螺春的香气特点是(　　)。

A. 甜醇带蜜糖香　　B. 甜醇带板栗香　　C. 鲜嫩带蜜糖香　　D. 鲜嫩带花果香

97. 特一级黄山毛峰的色泽是(　　)。

A. 碧绿色　　B. 灰绿色　　C. 青绿色　　D. 象牙色

98. 具有代表性的闽南乌龙茶有(　　)、黄金桂、永春佛手、毛蟹等。

A. 铁观音　B. 大红袍　C. 水仙　D. 肉桂

99. 君山银针属于(　　)类。

A. 绿茶　B. 黑茶　C. 黄茶　D. 花茶

100. 台湾"吃茶流" 茶艺程序中"摇壶"的主要目的是(　　)。

A. 使茶壶光润　B. 促进茶香散发　C. 抑制茶香散发　D. 给茶壶保温

101. 台湾"吃茶流" 茶艺程序中"干壶"的主要目的是(　　)。

A. 给茶壶降温　B. 避免壶底水滴落杯中

C. 抑制茶香散发　D. 保持茶壶温度

102. 将乐擂茶常在配料中加一些淡竹叶、金银花,其作用是(　　)。

A. 清热解暑　B. 预防感冒

C. 治疗肠炎　D. 增加擂茶的香味

103. 云南白族的"三道茶"分别是(　　)。

A. 一苦二回味三甜　B. 一甜二苦三回味

C. 一甜二回味三苦　D. 一苦二甜三回味

104. 制作 500 mL 的冰茶,置茶量约需(　　)。

A. 2～3 g　B. 8～9 g　C. 10～12 g　D. 16～18 g

105. 用红碎茶冲泡调饮红茶时,用水量一般以每克茶(　　)为宜。

A. 10～20 mL　B. 30～40 mL　C. 50～60 mL　D. 70～80 mL

106. 冲泡调饮红茶的时间一般以(　　)分钟为宜。

A. 15～20　B. 10～15　C. 5～10　D. 3～5

107. 白兰地红茶调饮冲泡法中调饮的方法是将(　　)。

A. 茶与白兰地一起煮沸　B. 茶汤过滤,再加少量白兰地

C. 茶与白兰地一起冲泡饮用　D. 白兰地冲泡茶叶

108. 唐代宫廷茶艺通过清明节敬神祭祖、皇帝款待群臣以及(　　)等礼仪活动时的饮茶活动来表现。

A. 民间文艺汇演　B. 每日早朝

C. 喜庆宴　D. 皇室的日常起居生活

109. 清代文人茶艺的代表人物有周高起、(　　)、张潮等。

A. 朱权　B. 唐伯虎　C. 李渔　D. 文征明

110. 文人茶艺对室内品茗环境要求以(　　)为摆设。

A. 文房四宝　B. 书、花、香、石、文具

C. 梅、兰、竹、菊　D. 简洁、朴素的家具

111. 在寺庙僧侣中流行的禅师茶艺倡导(　　)的禅宗文化思想。

A. "宁静空无"　B. "静省序净"　C. "俭清和静"　D. "吃茶去"

112. 禅师茶艺中(　　)的禅宗文化思想的倡导者是泰山降魔师。

A. "以茶修行"　B. "茶禅一味"　C. "以茶修身"　D. "以茶禅定"

113. 宗教茶艺的特点为气氛庄严肃穆,礼仪特殊,茶具古朴典雅,以"天人合一"、(　　)为宗旨,并讲究修养心性,以茶释道。

A. "客来敬茶"　B. "推广茶文化"

C. 提高茶艺　　D. “茶禅一味”

114. 当顾客提出要重新泡一壶茶时，顾客属于信息沟通过程四要素中的（　　）。

A. 信息通道　　B. 信息发送者　　C. 信息接受者　　D. 信息

115. 从心理学基本知识来看，茶艺师与宾客的交流特点是（　　）。

A. 非直接交往和非语言交往　　B. 直接交往和非语言交往

C. 非直接交往和语言交往　　D. 直接交往和言语交往

116. 顾客接待的10个基本环节是：待机、接触、出样、（　　）、开票、收找、包扎、递交、送别。

A. 演示、比较　　B. 试饮、比较　　C. 冲泡、品饮　　D. 展示、介绍

117. 在商品、服务的成交阶段，茶艺师应注意的六点是：协助挑选、补充说明、（　　）、仔细包装、帮助搬运、致以谢忱。

A. 一边聊天一边结算　　B. 算账准确

C. 将精力集中到新顾客的接待上　　D. 对顾客的意见不需再重视

118. 在旅游活动中，（　　）是中外游客特别是海外华侨、港澳台胞走访亲友的重要礼品。

A. 玻璃器皿　　B. 瓷器　　C. 民族服装　　D. 茶具

119. 无公害茶对环境的要求，主要指标为（　　）

A. 空气质量，土壤中重量金属含量，灌溉水的质量

B. 空气含氧量，土壤中土层深度，有无灌溉条件

C. 空气中 CO_2 含量，土壤呈酸性，有无水源可利用

D. 空气湿润，土壤肥沃，周边树木多

120. 漫画中的茶事内容常具有言简意赅、生动有趣、耐人寻味的特色，以（　　）的作品最为著名，如《人散后，一钩新月天如水》、《茶店一角》等。

A. 李叔同　　B. 丰子恺　　C. 老舍　　D. 吴三明

121. 北宋诗人梅尧臣名诗，“小石冷泉留早味，紫泥新品泛春华”，其紫泥是指（　　）。

A. 紫砂壶　　B. 白瓷壶　　C. 建盏　　D. 影青茶盏

122. 清代茶叶已齐全（　　）。

A. 七大茶类　　B. 两大茶类　　C. 六大茶类　　D. 五大茶类

123. 宋代（　　）的产地是当时的福建建安。

A. 龙团茶　　B. 栗粒茶　　C. 北苑贡茶　　D. 蜡面茶

124. 茶树扦插繁殖后代的意义是能充分保持母株的（　　）。

A. 早生早采的特性　　B. 晚生迟采的特性

C. 高产和优质的特性　　D. 性状和特性

125. 基本茶类分为不发酵的绿茶类及（　　）的黑茶类等，共六大茶类。

A. 重发酵　　B. 后发酵　　C. 轻发酵　　D. 全发酵

126. “红茶”的英文是（　　）

A. Green tea　　B. Black tea　　C. Oolong tea　　D. Yellow tea

127. 审评红、绿、黄、白茶的审评杯碗规格一致，碗容量为（　　）。

A. 160 mL　　B. 180 mL　　C. 190 mL　　D. 200 mL

128. 茶具这一概念最早出现于西汉时期(　　)中“武阳买茶,烹茶尽具”。

A. 王褒《茶谱》　B. 陆羽《茶经》
C. 陆羽《茶谱》　D. 王褒《僮约》

129. (　　)又称“三才碗”,蕴含“天盖之,地载之,人育之”的道理。

A. 兔毫盏　B. 玉书煨　C. 盖碗　D. 茶荷

130. 80℃水温比较适宜冲泡(　　)茶叶。

A. 白茶　B. 花茶　C. 沱茶　D. 名优绿茶

131. 100℃水温对冲泡(　　)茶叶最适宜。

A. 龙井茶　B. 碧螺春　C. 黄山毛峰　D. 铁观音

132. 以下说法中,品茶与喝茶的相同点是(　　)。

A. 对泡茶意境的讲究　B. 对泡茶水质的讲究
C. 对冲泡茶的方法一致　D. 对茶的色香味的讲究

133. 法国人饮用的茶叶及采用的品饮方式因人而异,以饮用(　　)的人最多,饮法与英国人类似。

A. 红茶　B. 绿茶　C. 花茶　D. 白茶

134. “她正忙着”,汉译英是(　　)。

A. She is busy now.　B. She is bussing now.
C. I am busy.　D. She is waiting now.

135. 韩国茶礼的基本精神是(　　)。

A. 和敬清寂　B. 和敬俭真　C. 廉美和敬　D. 和敬美真

136. (　　)的香气浓郁清长,滋味醇厚鲜爽回甘,具有特殊“岩韵”,汤色橙黄清澈。

A. 铁观音　B. 黄金桂　C. 武夷水仙　D. 冻顶乌龙

137. 凤凰单枞香型因各名枞树形、叶形不同而各有差异,香气清醇浓郁具有自然兰花清香的,称为(　　)。

A. 芝兰香单枞　B. 铁观音　C. 黄金桂　D. 武夷水仙

138. 白茶的香气特点是(　　)。

A. 陈香　B. 蜜香　C. 毫香　D. 花香

139. 明代的董翰、赵梁、元锡、时朋号称制壶“(　　)”。

A. 四元老　B. 四名家　C. 四高手　D. 四大家

140. (　　)喝茶的茶具是木头雕刻的小碗,称“贡碗”,木碗花纹细腻,造型美观,具有散热慢的特点。

A. 藏族　B. 维吾尔族　C. 蒙古族　D. 苗族

141. 潮汕功夫茶必备的“四宝”中的“若琛杯”是指精细的(　　)。

A. 紫砂小品茗杯　B. 白色小瓷杯　C. 青色小瓷杯　D. 黑釉小瓷杯

142. “未尝甘露味,先闻圣妙香”是指(　　)程序。

A. 烫杯　B. 烘茶　C. 候汤　D. 品茶

143. 茶叶冲泡程序中,“温润泡”的目的是(　　)。

A. 抑制香气的溢出　B. 利于香气和滋味的发挥
C. 减少内含物的溶出　D. 保持茶壶的色泽

144. 台湾"吃茶流"的主要精神中"(　　)"是指通过修习茶艺来净化心灵,培养淡泊的人生观。

A. 和　　B. 净　　C. 序　　D. 美

145. 台湾"吃茶流"一般采用(　　)泡法,理念清晰,动作简捷,较易掌握。

A. 大壶　　B. 小壶　　C. 玻璃杯　　D. 盖杯

146. 冰茶的原料以(　　)为主,还可根据个人爱好添加牛奶或柠檬等不同配料。

A. 茶叶和盐　　B. 薄荷和糖　　C. 茶叶和糖　　D. 薄荷和盐

147. 冰茶的原料茶,常用的以红碎茶为主,主要目的是便于(　　)。

A. 茶汤温度降低　　B. 茶汁快速浸出

C. 降低茶汤浓度　　D. 清洗

148. (　　)的调料主要有牛奶、柠檬、蜂蜜、白兰地等。

A. 调饮红茶　　B. 清饮红茶　　C. 清饮花茶　　D. 调饮花茶

149. 调饮茶奉茶时必须每杯茶边放茶匙一个,用来(　　)。

A. 观看汤色　　B. 增加茶汤浓度

C. 打捞添加物　　D. 调匀茶汤

150. (　　)倡导"以茶悟道"。

A. 荣西禅师　　B. 隐元禅师

C. 皎然　　D. 赵州从谂禅师

151. 禅师茶艺讲求僧侣们身体力行,自己种茶、制茶、煮茶,以茶供佛,以茶待客,(　　),即物求道,不离物言道。

A. 以茶为生　　B. 以茶解渴　　C. 以茶修行　　D. 以茶消暑

152. 将自然环境与人文景观结合,可开发深入(　　),参与采茶、制茶及古茶寻根、祭拜等茶文化旅游项目。

A. 风景区　　B. 茶山

C. 茶的发源地　　D. 茶园、茶厂、农家

153. 将旅游与茶乡民俗风情结合,借助旅游来宣传,发展(　　),会取得更好的社会效益和经济效益。

A. 文化遗产　　B. 品茶时尚

C. 制茶工艺　　D. 少数民族茶文化

154. 关于茶馆的记载,最早见于唐代的(　　)

A.《封氏闻见记》　　B.《茶经》

C.《大观茶论》　　D.《煎茶水记》

155. 有机茶生产过程中(　　)。

A. 禁止使用任何人工合成的农药、化肥、除草剂和添加剂

B. 可以少量使用高效低毒化学农药、化肥、除草剂和添加剂

C. 可以使用化学农药、化肥、除草剂和添加剂

D. 禁止使用任何人工合成的农药、化肥、除草剂;但可以使用添加剂

156. 社会经济、政治鼎盛是唐代(　　)的主要原因。

A. 饮茶盛行　　B. 斗茶盛行

C. 习武盛行　　D. 对弈盛行

157. 点茶法是(　　)的主要饮茶方法。

A. 汉代　B. 唐代　C. 宋代　D. 元代

158. 茶树性喜温暖、(　　),通常气温在 18～25℃之间最适宜生长。

A. 干燥的环境　　B. 湿润的环境

C. 阳光直射的环境　　D. 阴冷的环境

159. 青花瓷是在(　　)上缀以青色文饰、清丽恬静,既典雅又丰富。

A. 玻璃　B. 黑釉瓷　C. 白瓷　D. 青瓷

160. 景瓷宜陶是(　　)茶具的代表。

A. 宋代　B. 元代　C. 明代　D. 现代

二、判断题(第 161～第 200 题。将判断结果填入括号中。正确的填"√",错误的填"×"。每题 0.5 分,满分 20 分)

(　　)161. 清代的茶具以陶瓷为主,尤以康熙时期最为繁荣。

(　　)162. 红茶类属不发酵茶类,其茶叶颜色朱红,茶汤呈橙红色。

(　　)163. 茶具这一概念最早出现于西汉时期陆羽《茶经》中"武阳买茶,烹茶尽具"。

(　　)164. 西湖龙井的外形应具有扁平光滑,体表显露茸毫的基本特征。

(　　)165. 盖碗又称"三才碗",一式三件,下有托,中有碗,上置盖。

(　　)166. 在味觉的感受中,舌头各部位的味蕾对不同滋味的感受不一样,舌根易感受甜味。

(　　)167. 茶叶中主要药用成分有咖啡碱、茶多酚、氨基酸、维生素、矿物质等。

(　　)168. 按照标准的管理权限,《乌龙茶成品茶》属于国家标准。

(　　)169. 陈鸣远擅长制作瓜果壶,传世款式有"梅干壶"、"梨皮方壶"、"南瓜壶"等。

(　　)170. 禅师茶艺按照佛教教理选用茶具,安排茶室摆设,赋予象征意义,其中"茶器的底部鼓起"是表示讲求圆虚清净,重心平稳,以求安全。

(　　)171. 在茶艺演示冲泡茶叶过程中的基本程序包括煮水、备茶、置茶、冲泡、奉茶、收具。

(　　)172. 氨基酸具有兴奋、强心、利尿、调节体温、抗酒精烟碱等药理作用。

(　　)173. GB 7718－1994《生活用水卫生标准》是与国家强制性茶叶标准密切关系的标准。

(　　)174. 法国人饮用的茶叶及采用的品饮方式因人而异,以饮用绿茶的人最多,饮法与英国人类似。

(　　)175. 茶艺师在接待外宾的服务中应热情周到、以宾客至上的态度服务。

(　　)176. "を开けてくたさぃ"的意思是"请把窗户打开"。

(　　)177. 当顾客在寻找商品时茶艺师应主动接近顾客。

(　　)178. 将旅游与制茶技术结合,借助旅游来宣传,发展少数民族茶文化,会取得更好的经济效益和社会效益。

(　　)179. 茶文化旅游的特点仅是集文化性、趣味性、休闲性为一体。

(　　)180. "欲把西湖比西子,从来佳茗似佳人"是采用苏轼的诗句结成的对联。

(　　)181. 世界上第一部茶书的书名是《茶谱》。

(　　)182. 泡饮红茶一般将茶叶放在锅中熬煮。

(　　)183. 茶叶中含有 100 多种化学成分。

(　　)184. 解决劳资关系发生的纠纷基本程序是调解、仲裁、诉讼。

(　　)185. “请问您是哪位?”用英语最妥当的表述是“Who's calling,please?”。

(　　)186. 祁红的外形条索细紧挺秀,香气带有蜜糖香,滋味鲜醇嫩甜。

(　　)187. 制作酥油茶一般采用砖茶。

(　　)188. 在茶艺馆完整的顾客接待概念是指茶艺师代表茶馆,向宾客提供服务与销售的过程。

(　　)189. 茶汤变红变褐,主要是茶叶中茶多酚氧化的结果。

(　　)190. 茶叶中的茶多酚具有降血脂、降血糖、降血压的药理作用。

(　　)191. 贸易性展销会的目的是为了促进商品交易。

(　　)192. 在展览会期间对展览会效果进行评估的主要方法有:在会议期间做好观众留言记录,召开观众座谈会,留心媒体报道和评(　　)价等。

(　　)193. 真诚守信是一种社会公德,它的基本作用是提高技术水平和竞争力。

(　　)194. 茶树用扦插法繁殖后代,能充分保持母株的性状和特性。

(　　)195. 红茶的呈味物质构成,有茶黄素、茶褐素、花青素等。

(　　)196. 当劳资关系发生纠纷时,双方经过仲裁解决不服的,可以向本单位劳动争议调解委员会申请调解。

(　　)197. 由浙江音乐家周大风创作词曲的《采茶舞曲》,是结合了江南越剧和滩簧的音调,表现了江南茶乡的山水风光和采茶姑娘的劳动情景。

(　　)198. “ほぃかかてしょぅか”的意思是“请问您的大名”。

(　　)199. 无公害茶的基本要求是安全、卫生,对消费者的身心健康无危害。

(　　)200. 传统的饮茶文化十分讲究饮茶与环境的相配合,品茶环境包括文化环境和自然环境 。

第二部分　技能测试

试卷一　茶叶鉴别

(1) 考场、物品准备

①采光良好，无异味，能容纳茶叶展台一张的小茶室一个；

②中国十大名茶；

③随手泡 2 个，消毒器具一套，盖碗、玻璃公道杯各 10 个，品茗杯若干个。

(2) 考核内容

①仪容仪表、礼节礼貌的检查

②闻香、品味识茶的考核

③中文问答题，时间为 3 分钟

④英文简介茶艺表演内涵，时间为 5 分钟

(3) 评分标准与评分记录(见茶艺师评分表)

茶艺师评分表 1：

系别：________　班级：________　姓名：________　学号：________

序号	鉴定内容	考核要点	配分	考核评分的扣分标准	扣分	得分
1	仪表及礼仪	形象自然、得体，穿着服装符合民俗茶艺特点；能够正确运用礼节，表情自然，面带微笑。	10 分	服装不符合泡茶要求扣 1 分，配饰繁杂扣 1 分		
				礼节表达不够准确扣 1 分		
				表情生硬扣 1 分，目光低视扣 1 分		
				不注重礼貌用语扣 1 分，仪表欠端庄扣 1 分		
2	闻香识茶	能够根据茶香或茶味判断茶叶的名称、类别和产地。	10 分	不能够准确说出茶叶的产地扣 2 分		
				不能准确说出茶叶类别扣 2 分		
				不能准确说出茶叶名称扣 4 分		
3	中文问答	回答问题及时、准确，语言生动，音色优美动听。	5 分	回答问题不够准确扣 5 分		
				语言生硬扣 3 分		
4	英文茶艺介绍	英语介绍茶艺主题内涵准确、明白，发音清楚、准确、语速合适。	5 分	发音不准、介绍不清楚扣 4 分		
				发音尚准、介绍较完整扣 2 分		

试卷二　茶艺表演

(1) 考场、物品准备

①采光良好，无异味，能容纳单人单桌的小茶室一个；

②茶桌、茶具、音响、考生自备装饰用品。

(2) 考核内容

①仪容仪表、礼节礼貌的检查

②茶台设计与布置

③茶艺演示与解说

④操作手法规范、卫生

⑤表演的创新性与艺术性

(3) 评分标准与评分记录(见茶艺师评分表)

茶艺师评分表 2：

系别：________班级：________姓名：________学号：________

序号	鉴定内容	考核要点	配分	考核评分的扣分标准	扣分	得分
1	仪表及礼仪	形象自然、得体，穿着服装符合民俗茶艺特点；能够正确运用礼节，表情自然，面带微笑。	10 分	服装不符合泡茶要求扣 1 分，配饰繁杂扣 1 分		
				礼节表达不够准确扣 2 分		
				表情生硬扣 1 分，目光低视扣 1 分		
				目光低视，仪表欠自如扣 1 分		
				不注重礼貌用语扣 1 分，仪表欠端庄扣 1 分		
2	意境营造	能够根据主题茶艺布置环境、选取音乐，准备服装道具，摆放茶具。	10 分	茶艺环境布置不能反映主题茶艺的文化内涵扣 2 分		
				音乐与主题内涵不对应扣 2 分		
				服装、道具选取不恰当或不对扣 2 分		
3	茶具选用	茶具的材质、色彩、造型符合主题茶艺要求，茶具摆放富有艺术观赏性且易于操作。	10 分	茶具选用不能突出或违背主题茶艺内涵扣 5 分		
				茶具摆放位置欠正确、欠美观扣 3 分		
				茶具使用操作不方便扣 3 分		
4	茶艺表演操作	表演全过程流畅，感情投入、动作起伏有明显的节奏感。	20 分	未能连续完成，中断或出错 3 次以上扣 9 分		
				能基本顺利完成，中断或出错 2 次以下扣 6 分		
				能不中断的完成，出错 1 次扣 2 分		
				表演操作技艺平淡，缺乏节奏感扣 6 分		
				表演操作技艺得当欠娴熟，节奏感尚明显扣 3 分		
				表演操作技艺得当、娴熟，节奏感尚明显扣 1 分		

续表

序号	鉴定内容	考核要点	配分	考核评分的扣分标准	扣分	得分
5	茶艺解说	完整、流利介绍主题茶艺内涵，语言清晰动听，富有感染性。	10 分	茶艺内涵介绍不准确，语言表达差扣 6 分		
				茶艺内涵介绍内容欠翔实，语言平淡扣 4 分		
				茶艺内涵介绍完整，语言欠清晰动听扣 2 分		
6	茶艺表演姿态	表演姿态造型美观、艺术感强，仪容自如。	10 分	表演姿态造型平淡，表情紧张扣 6 分		
				表演姿态造型尚显艺术感，表情平淡扣 4 分		
				表演姿态造型美观，仪容表情尚自如扣 1 分		
合计：75 分						

考评员：________　　年　月　日　　核分人：________　　年　月　日

参考答案

上编　茶艺基础

项目一测试

一、 填空题

1. 人　2. 脸　手　3. 清雅幽静　4. 泡茶的技术　品茶的艺术　泡茶的技术
5. 礼节(礼貌)

二、 判断题

1. √　2. √　3. ×　4. √　5. ×

项目二测试

一、 填空题

1. 茶道精神指导　泡茶的技艺　品茶的艺术　泡茶的技艺　2. 巴蜀　巴蜀　3. 陆羽　公元780　三　4. 茗战　通过比赛来评比茶叶质量的优劣　5. 温湿　不耐寒　不耐旱　耐阴　6. 华南茶区　西南茶区　江南茶区　江北茶区　7. 明太祖朱元璋　茶芽　8. 原始社会的生煮羹饮　唐朝时的烹茶法　宋代的点茶法　明清时期的撮泡法以及现代的饮茶方法的多样化　9. 20℃～30℃　10. 绿茶　红茶　青茶　白茶　黄茶　黑茶　11. 蒸青　烘青　炒青　晒青　12. 叶绿素　红变　13. 咖啡碱　14. 闽北　闽南　广东　台湾
15. 江苏洞庭山　先注水后投茶　16. 绿叶　绿汤　杀青　揉捻　干燥　17. 红叶　红汤　萎凋　揉捻　发酵　干燥　18. 青褐　绿叶红镶边　萎凋　做青　炒青　揉捻　干燥
19. 三黄　闷黄　黄芽茶　黄小茶　黄大茶　20. 粗老　紧压茶　21. 广西　黑　22. 陈香　23. 云南、贵州、四川一带

二、 选择题

1. A　2. B　3. A　4. A　5. B　6. C　7. D　8. C　9. B　10. A　11. D　12. A
13. B　14. B　15. B　16. B　17. A　18. B　19. B

三、 判断题

1. ×　2. √　3. √　4. ×　5. ×　6. √　7. √　8. √　9. ×　10. √

项目三测试

一、 填空题

1. 水为茶之母,器为茶之父　2. 清　轻　甘　冽　活　3. 山水　江水　井水

二、 选择题

1. B　2. B　3. B

项目四测试

一、 填空题

1. 玻璃　2. 内涵　茶道艺术　3. 食器　酒具　4. 食碗　5. 晋　隋唐
6. 陆羽　24　7. 江苏宜兴　天下第一品　8. 福建建窑　建盏　9. 景瓷　宜陶　10.《僮

约》 11. 玉书煨 潮汕炉 孟臣罐 若琛瓯 12. 公道杯 均匀茶汤

二、选择题

1. B 2. C 3. B 4. A 5. B 6. A 7. A 8. C 9. B 10. A 11. B 12. C

三、判断题

1. × 2. √ 3. √ 4. × 5. √ 6. √ 7. √ 8. √

项目五测试

一、选择题

1. D 2. A 3. B 4. C 5. C 6. A 7. D 8. C 9. B 10. A

二、判断题

1. √ 2. × 3. √ 4. × 5. √ 6. × 7. √ 8. × 9. √ 10. ×

项目六测试

一、选择题

1. B 2. A 3. D 4. A 5. D 6. B 7. C 8. D 9. B 10. C

二、判断题

1. × 2. √ 3. × 4. × 5. √ 6. √ 7. √ 8. × 9. × 10. ×

综合考核——茶艺师(初级)模拟测试 第一部分理论测试

一、填空题

1.《神农本草》 2. 药用 食用和饮用 煮茶 点茶 瀹饮 3. 茶 槚 蔎 茗 荈 4. 陆羽 茶圣 5. 道家神仙 6. 色翠 香郁 味醇 形美 7. 杀青 揉捻 干燥 杀青 8. 香气 汤色 滋味 叶底 9. 多酚类物质 生物碱 蛋白质 维生素类 糖类 矿物质 氨基酸 10. (1)一般鲜叶粗,外形粗大 (2)都有渥堆的过程 (3)黑茶成品都要经过发酵,缓慢干燥,内含物质有着一定程度的转化,反映在干茶色泽黑褐油润,汤色澄黄或橙红,滋味醇和不涩,叶底黄褐粗大 (4)黑茶成品大多经过紧压成饼,便于长途运输和贮藏保管 11. 安徽省祁门县 祁门香 12. 防潮 低温 防晒 13. 不可总用一只手去完成所有动作,并且左右手尽量不要有交叉动作 14. 莲心 旗枪 雀舌 15. 福建福州 16. 景瓷 宜陶 17. 江苏洞庭湖 上投 18. 行为专诚 德行谦卑 不放纵自己 19. 香片 烘青绿茶 20. 普洱茶 云南省 生茶和熟茶

二、判断题

1. √ 2. × 3. × 4. √ 5. × 6. × 7. × 8. √ 9. √ 10. √ 11. √ 12. √ 13. √ 14. √ 15. ×

三、选择题

1. C 2. B 3. B 4. D 5. B 6. A 7. C 8. B 9. C 10. B

四、连线题

1. 西湖龙井——杭州市,竹叶青——峨眉山市,君山银针——岳阳市
2. 六堡茶——黑茶,霍山黄芽——黄茶,黄金桂——青茶
3. 发酵——红茶,摇青——青茶,渥堆——黑茶
4. 六安瓜片——片形茶,碧螺春——卷曲形茶,杭州龙井——扁形茶
5. 明亮——汤色,醇厚——滋味,浓郁——香气
6. 茶多酚——涩味,氨基酸——鲜味,咖啡碱——苦味

7. 时大彬——明朝,杨彭年——清朝,顾景舟——现代

五、 简答题

1. 玻璃、漆器、竹木、陶土、瓷器、紫砂、金属等。

2. 产地:浙江杭州。品质特点:色泽翠绿,外形扁平光滑,形似碗钉,汤色碧绿明亮,香馥如兰,滋味甘醇鲜爽。泡饮方法:下投法。

3. 答:(1) 凤凰三点头,表示对客人的欢迎。 (2) 有图案的面向客人,表示把美好的一面留给客人。 (3) 双手的方向,顺时针表示“来来来”,逆时针表示“去去去”。

4. 答:坐在椅子或凳子上,必须端坐中央,使身体重心居中,否则会因坐在边沿使椅(凳)子翻倒而失态;双腿膝盖至脚踝并拢,上身挺直,双肩放松;头上顶下颌微敛,舌抵下颚,鼻尖对肚脐;女性双手搭放在双腿中间,左手放在右手上,男性双手可分搭于左右两腿侧上方。全身放松,思想安定、集中,姿态自然、美观,切忌两腿分开或翘二郎腿还不停抖动、双手搓动或交叉放于胸前、弯腰弓背、低头等。如果是作为客人,也应采取上述坐姿。若被让坐在沙发上,由于沙发离地较低,端坐使人不适,则女性可正坐,两腿并拢偏向一侧斜伸(坐一段时间累了可换另一侧),双手仍搭在两腿中间;男性可将双手搭在扶手上,两腿可架成二郎腿但不能抖动,且双脚下垂,不能将一腿横搁在另一腿上。

5. 略

中编 生活型茶艺

项目一测试

一、 选择题

1. A 2. B 3. A 4. C 5. C 6. B 7. C 8. A 9. A 10. C

二、 判断题

1. × 2. √ 3. × 4. × 5. √ 6. × 7. × 8. √ 9. √ 10. √

项目二测试

一、 选择题

1. B 2. C 3. B 4. B 5. A 6. A 7. C 8. D 9. B 10. A

二、 判断题

1. × 2. √ 3. √ 4. × 5. √ 6. × 7. × 8. √ 9. × 10. √

项目三测试

一、 选择题

1. B 2. C 3. A 4. C 5. D 6. B 7. C 8. D 9. A 10. D

二、 判断题

1. √ 2. √ 3. × 4. × 5. × 6. √ 7. × 8. √ 9. √ 10. √

项目四测试

一、 选择题

1. B 2. C 3. D 4. A 5. D 6. B 7. B 8. D 9. A 10. C

二、 判断题

1. × 2. × 3. × 4. √ 5. × 6. × 7. × 8. × 9. × 10. ×

项目五测试

一、 选择题

1. D 2. A 3. D 4. B 5. C 6. A 7. C 8. D 9. C 10. C

二、 判断题

1. × 2. × 3. √ 4. √ 5. × 6. × 7. × 8. √ 9. √ 10. ×

综合考核——茶艺师(中级)模拟测试 第一部分理论测试

一、 选择题

1. D 2. D 3. D 4. B 5. A 6. B 7. C 8. C 9. B 10. B 11. A 12. A
13. D 14. A 15. D 16. D 17. D 18. B 19. D 20. C 21. B 22. D 23. B
24. D 25. A 26. B 27. D 28. C 29. C 30. B 31. A 32. A 33. D 34. A
35. B 36. A 37. B 38. D 39. A 40. C 41. D 42. A 43. B 44. A 45. C
46. D 47. B 48. B 49. D 50. A 51. B 52. C 53. D 54. C 55. D 56. D
57. C 58. B 59. B 60. D 61. C 62. C 63. D 64. A 65. B 66. D 67. D
68. A 69. A 70. B 71. B 72. C 73. D 74. A 75. C 76. D 77. B 78. B
79. C 80. D 81. A 82. D 83. D 84. D 85. B 86. B 87. C 88. D 89. C
90. C 91. A 92. B 93. A 94. D 95. C 96. D 97. C 98. A 99. B 100. C
101. D 102. D 103. B 104. D 105. B 106. C 107. C 108. D 109. C 110. A
111. D 112. A 113. D 114. B 115. D 116. C 117. B 118. C 119. D 120. D
121. C 122. B 123. A 124. D 125. C 126. C 127. D 128. C 129. C 130. D
131. B 132. C 133. D 134. D 135. A 136. B 137. B 138. A 139. A 140. D
141. B 142. C 143. A 144. C 145. A 146. C 147. C 148. B 149. D 150. A
151. A 152. B 153. B 154. D 155. A 156. C 157. B 158. D 159. C 160. D

二、 判断题

161. √ 162. × 163. × 164. × 165. × 166. × 167. √ 168. × 169. √
170. √ 171. √ 172. × 173. √ 174. × 175. √ 176. × 177. × 178. ×
179. × 180. √ 181. √ 182. × 183. × 184. √ 185. × 186. × 187. ×
188. √ 189. × 190. √ 191. √ 192. √ 193. × 194. √ 195. √ 196. √
197. √ 198. × 199. × 200. ×

下编 舞台表演型茶艺

项目一测试

一、 选择题

1. C 2. B 3. C 4. D 5. B 6. A 7. D 8. D 9. C 10. C

二、 判断题

1. × 2. √ 3. × 4. √

项目二测试

一、 选择题

1. C 2. B 3. B 4. D 5. D 6. C 7. C 8. C 9. B 10. B 11. A

二、判断题

1. × 2. × 3. × 4. √

项目三测试

一、选择题

1. C 2. D 3. C 4. B 5. A 6. C 7. D 8. B 9. B 10. A 11. C

二、判断题

1. × 2. × 3. √ 4. √ 5. √ 6. ×

项目四测试

一、选择题

1. C 2. C 3. D 4. C 5. A 6. A 7. D 8. D

二、判断题

1. × 2. √

综合考核——茶艺师(高级)模拟试 第一部分理论测试

一、选择题

1. C 2. A 3. D 4. D 5. A 6. D 7. D 8. D 9. C 10. D 11. A 12. D
13. C 14. B 15. A 16. C 17. A 18. B 19. B 20. A 21. D 22. C 23. D
24. B 25. D 26. C 27. B 28. D 29. C 30. C 31. D 32. C 33. A 34. A
35. A 36. D 37. B 38. D 39. D 40. B 41. D 42. B 43. B 44. D 45. B
46. C 47. D 48. D 49. A 50. C 51. C 52. C 53. B 54. C 55. C 56. D
57. C 58. C 59. B 60. D 61. C 62. B 63. C 64. C 65. A 66. D 67. B
68. C 69. A 70. D 71. D 72. B 73. A 74. A 75. A 76. C 77. D 78. D
79. A 80. A 81. B 82. B 83. D 84. D 85. A 86. C 87. C 88. D 89. A
90. C 91. B 92. B 93. B 94. B 95. C 96. D 97. D 98. A 99. C 100. B
101. B 102. A 103. D 104. D 105. D 106. D 107. B 108. C 109. C 110. B
111. C 112. D 113. D 114. B 115. D 116. D 117. B 118. D 119. A 120. B
121. A 122. C 123. C 124. D 125. B 126. B 127. D 128. D 129. C 130. D
131. D 132. C 133. A 134. A 135. B 136. C 137. A 138. C 139. B 140. A
141. B 142. D 143. B 144. B 145. B 146. C 147. B 148. A 149. D 150. D
151. C 152. D 153. D 154. A 155. A 156. A 157. C 158. B 159. D 160. C

二、判断题

161. × 162. × 163. × 164. × 165. √ 166. × 167. √ 168. × 169. √
170. √ 171. √ 172. × 173. × 174. √ 175. √ 176. × 177. × 178. ×
179. √ 180. √ 181. × 182. × 183. × 184. × 185. √ 186. √ 187. √
188. √ 189. √ 190. √ 191. √ 192. √ 193. × 194. √ 195. × 196. √
197. √ 198. × 199. √ 200. √

参 考 文 献

[1] 陈宗懋. 中国茶经. 上海:上海文化出版社,1992

[2] 王建荣,吴胜天. 中国名茶品鉴. 济南:山东科学技术出版社,2001

[3] 叶羽. 茶事服务指南. 北京:中国轻工业出版社,2004

[4] 周君怡. 清心泡壶中国茶. 北京:中国轻工业出版社,2002

[5] 乔木森. 茶席设计. 上海:上海文化出版社,2005

[6] 林治. 中国茶艺集锦. 北京:中国人口出版社,2005

[7] 郭丹英,王建荣. 中国老茶具图鉴. 北京:中国轻工业出版社,2006

[8] 党毅. 饮茶与养生 400 问. 北京:中国医药科技出版社,1995

[9] 滕军. 日本茶文化概论. 北京:东方出版社,1997

[10] 骆彦卿,帅茨平. 中国紫砂图录. 北京:中国商业出版社,2000

[11] 劳动和社会保障部,中国就业培训技术指导中心. 茶艺师(基础知识). 第 1 版. 北京:中国劳动社会保障出版社,2004

[12] 劳动和社会保障部,中国就业培训技术指导中心. 茶艺师(初级技能、中级技能、高级技能). 第 1 版. 北京:中国劳动社会保障出版社,2004

[13] 吴重远,吴甲选. 与茶文化长结不解缘. 农业考古,1994(4)

[14] 赖功欧. 茶理玄思. 北京:光明日报出版社,1999

[15] 徐晓村. 中国茶文化. 北京:中国农业大学出版社,2005

[16] 吴觉农. 茶经述评. 北京:中国农业出版社,2005

[17] 陈文华. 中国茶文化学. 北京:中国农业出版社,2006

[18] http://www.wenhuacn.com/

[19] http://www.bartea.com/

[20] http://www.qingyun.com/column/yinshi/cha.htm